武汉大学学术丛书
自然科学类编审委员会

主任委员 ▶ 刘经南

副主任委员 ▶ 卓仁禧　李文鑫　周创兵

委员 ▶（以姓氏笔画为序）

文习山　石　兢　宁津生　刘经南
李文鑫　李德仁　吴庆鸣　何克清
杨弘远　陈　化　陈庆辉　卓仁禧
易　帆　周云峰　周创兵　庞代文
谈广鸣　蒋昌忠　樊明文

武汉大学学术丛书
社会科学类编审委员会

主任委员 ▶ 顾海良

副主任委员 ▶ 胡德坤　黄　进　周茂荣

委员 ▶（以姓氏笔画为序）

丁俊萍　马费成　邓大松　冯天瑜
汪信砚　沈壮海　陈庆辉　陈传夫
尚永亮　罗以澄　罗国祥　周茂荣
於可训　胡德坤　郭齐勇　顾海良
黄　进　曾令良　谭力文

秘书长 ▶ 陈庆辉

刘礼华

1963年4月出生于江西省武宁县，分别在华东水利学院、武汉水利电力学院、武汉大学获得学士、硕士、博士学位。现任武汉大学土木建筑工程学院工程力学系副主任，教授，博士生导师，水工金属结构安全检测研究所所长，国家自然科学基金获得者，2006年度全国优秀力学教师，湖北省力学学会第七、八届常务理事，长期从事教学和科研工作。主持参与了"高压闸门水封的非线性计算理论与实验研究"、"古田溪水电厂水工金属构件安全研究"、"紧水滩电站水工闸门及启闭机结构安全检测"等50余项纵横向科研项目。先后发表了"高水头弧形闸门伸缩式水封的粘弹性仿真计算方法"、"不可压缩超弹性止水材料的粘弹性计算方法研究"、"单位力法计算弧形闸门的扭转问题"等有关学术论文60余篇，参编出版了《结构力学》，编著出版了《结构力学实验》和《动力学实验》，获得了"一种高水头橡皮水封止水效果试验装置"等2项专利。

欧珠光

1940年11月出生于广西壮族自治区合浦县，1964年7月毕业于武汉水利电力学院。武汉大学教授，湖北省力学学会第四、五、六届理事、常务理事、副秘书长、副理事长兼学术委员会主任委员。1997年被中国力学学会授予"中国力学学会先进工作者"称号。长期从事力学与水工方面的教学与科研工作。曾主持参与了"福建坑口水电站碾压砼振动压实规律的研究"、"广西岩滩水电站碾压砼围堰快速施工中的碾压砼振动压实机理的研究"、"紧凑型线路间隔棒短路电流冲击力的试验研究"，还参与了"高水头闸门水封的非线性计算及实验研究"、"古田溪水电站水工金属构件安全研究"等20余项科研项目。先后发表了《岩滩水电站围堰碾压砼振动压实机理的研究》、《碾压砼振动压实的实验研究》和《应用非线性有限元法对某水封安装过程进行仿真计算》等学术论文20余篇，其中有5篇分获湖北省自然科学优秀论文一、二、三等奖。参编出版了《碾压砼筑坝——设计与施工》、《力学及其工程应用》，主编出版了《理论力学》，编著出版了《结构力学实验》、《动力学实验》和《工程振动》。

陈五一

1961年5月出生于重庆市酉阳县,1984年7月毕业于华东水利学院。现任成都勘测设计研究院副院长,教授级高级工程师,四川省勘测设计大师,四川省学术和技术带头人,四川省有突出贡献的优秀专家,长期从事水利水电工程勘测设计和科研工作。先后参加过渔子溪二级、冶勒、东西关、太平驿、冷竹关、硗碛、自一里、小天都、水牛家等三十几座大中型水电站的各阶段设计工作,主持国家及四川省重点工程瀑布沟、龙头石、深溪沟、大岗山、猴子岩、泸定、双江口等10多座水电站的设计工作,发表论文5篇。获2006年度四川省咨询行业先进个人一等奖,"大渡河水电规划调整环境影响报告书"获全国优秀工程咨询成果一等奖,"引水式水电站气垫调压室关键技术研究及应用"成果获得四川省科技进步一等奖,"高坝泄洪消能若干新技术研究及应用"成果获得四川省科技进步一等奖,主持设计的小天都、冶勒水电站获四川省优秀设计一等奖,获得了"大坝防渗结构新形式"等四项专利。

武汉大学学术丛书
Wuhan University Academic Library

水工钢闸门检测理论与实践

刘礼华
欧珠光
陈五一
著

武汉大学出版社
WUHAN UNIVERSITY PRESS

图书在版编目(CIP)数据

水工钢闸门检测理论与实践/刘礼华,欧珠光,陈五一著.—武汉:武汉大学出版社,2008.8
武汉大学学术丛书
ISBN 978-7-307-06480-5

Ⅰ.水… Ⅱ.①刘… ②欧… ③陈… Ⅲ.钢闸门—检测 Ⅳ.TV663

中国版本图书馆 CIP 数据核字(2008)第 123715 号

责任编辑:王金龙　　责任校对:刘　欣　　版式设计:支　笛

出版发行:武汉大学出版社　　(430072　武昌　珞珈山)
　　　　　(电子邮件:wdp4@whu.edu.cn　网址:www.wdp.com.cn)
印刷:武汉中远印务有限公司
开本:720×980　1/16　　印张:37.25　　字数:527 千字　　插页:3
版次:2008 年 8 月第 1 版　　2008 年 8 月第 1 次印刷
ISBN 978-7-307-06480-5/TV·31　　　　定价:82.00 元

版权所有,不得翻印;凡购我社的图书,如有缺页、倒页、脱页等质量问题,请与当地图书销售部门联系调换。

序

水工钢闸门是水利水电枢纽建筑物的主要组成部分之一，其运行状况直接影响到工程的适用性、安全性和耐久性，国内外都有因闸门故障而导致整个枢纽出事的教训。近年来，随着水利水电枢纽规模的不断大型化，水工钢闸门的尺寸和荷载也不断刷新纪录，达到过去难以比拟的水平，闸门安全问题也显得更为重要。

和大体积混凝土建筑物相比，水工钢闸门似乎是较为简单的结构，但是，我们必须看到闸门有它的特殊性。首先，为了挡水、泄洪，闸门在其寿命期内，要经受成千乃至上万次的启闭操作，要承受高速水流引起的剧烈、复杂的震动（流固耦合震动）；其次，水工钢闸门是由薄壁构件组成的金属结构，更容易受到空蚀和腐锈的破坏。因此，它也更需要在运行期内加强监测和维护。

为此，20世纪70年代后，我国有关科研院（所）就开始了对大型在役闸门进行原型检测的研究活动，如：西津电站表孔平面闸门振动原型检测、丰满电站深孔弧形闸门振动原型检测等。随着水电事业的发展和科学技术的进步，1995年国家首次发布了《水工钢闸门和启闭机安全检测技术规程》，对水工钢闸门检测内容和周期提出了明确的要求，加强了在役水工钢闸门运行的安全质量管理。

《水工钢闸门检测理论与实践》一书内容丰富、层次分明，首先详尽阐述了水工钢闸门的种类、特点、结构组成、结构计算基本理论，并举例加以说明，使读者对水工钢闸门有比较全面系统的了解；然后用较大篇幅介绍了水工钢闸门材料力学性能、腐蚀状况、无损探伤、静动态检测、启闭力检测的理论与技术方法，包括检测系统与仪器和结构有限元计算与分析等内容；此外，针对水工钢闸门检测特点、测点如何布置、仪器测试系统如何选取与标定、传感器如何安装与防护、测试数据如何处理、应力折减系数与闸门振动判据如何选取、人字门斜背拉杆预应力如何调试、冲击荷载作用下如何进行闸门安全监测等若干技术问题作了专题介绍；最后介绍了闸门测试误差分析、检测数据的处理与振动信号频谱分析理论，并提出了对闸门进行可靠度鉴定与耐久性评估的一般方法。

作者从理论原理、检测方法、仪器使用和工程检测实例等方面，较系统地撰写了《水工钢闸门检测理论与实践》全书内容。该书吸收了当前闸门检测的先进技术，具有多学科（如钢结构设计理论、信号采集与处理、结构计算与分析等）交叉融合的特点，是一本学术性与实用性相结合的专著。作者把闸门检测理论与多年工程经验结合起来，提出了许多自己的创新观点与建议，在内容编排上，该书还有系统性强、理论联系实际、叙述深入浅出、内容精练、结构紧凑等特点。

水工钢闸门的安全检测与评估现已日益普及，闸门检测技术对水利水电事业的作用日益明显，但目前还没有见到有关水工钢闸门检测理论系统内容的专著。自然侵蚀、结构损伤及功能改变都会涉及水工钢闸门的检测与评估，该书的出版将填补我国在这方面的空白，也必将促进水工钢闸门现代检测理论和方法在水利水电工程中的普及与应用。是为序。

潘家铮

中国科学院院士

中国工程院院士

2008 年 4 月 18 日

前　言

由于水工钢闸门在水利水电枢纽中起着特殊作用——挡水与防洪，所以水工钢闸门的安全运行一直是人们关注的主要问题之一。

目前，水工钢闸门采取的是"静态设计、动态校核弥补"的工程设计方法，即根据静态荷载进行闸门设计计算，由动态状态进行校核弥补。动态校核弥补表现在两个方面：一是设计之前进行闸门泄水模型试验；二是闸门建成之后进行现场原型振动测试（校核弥补的主要方式），通过这些工作来评价闸门的安全性。事实上，一个闸门从建成到安全运行若干年后，由于自然环境的影响，施工、管理的保护维修不及时等人为因素的影响，闸门的焊缝错台、咬边、虚焊、漏焊、未焊透，闸门的金属构件锈蚀、损坏、老化脱落，闸门的止水橡皮磨损、老化脱落等现象相当常见，致使闸门由一个安全的门逐渐转变成一个不安全的门。为此，不少的水利水电工作者曾向我们咨询：应如何开展这方面的评价工作？

当前，无论在国内还是在国外，都没有关于闸门的现场检测理论与技术方面的专著，为了适应水利水电事业的蓬勃发展，满足与水工钢闸门设计、施工、研究、运行和管理等相关专业人员的需要，经过慎重考虑，我们决定尽己所能，从实际使用的角度，将自己近 10 年来的研究成果和所掌握的有关理论知识及工作实践经验汇集成册,介绍给大家,以便使读者对水工钢闸门检测相关的理论与技术有全面的了解。

本书关于钢闸门检测的工程实践数据主要取材于 10 多年来湖北、湖南、四川、江西、浙江、安徽、福建、重庆、广西等省、市、自治区的 20 多个大、中型水利水电工程的金属结构安全检测和复核的评估报告。

本书对水工钢闸门检测技术理论与实践做了专门介绍,全书共分 11 章。

第 1 章介绍水工钢闸门的种类、特点、结构组成、结构计算的基本理论及工程实例。

第 2 章主要介绍钢闸门材料的化学成分及材料力学性能的检测理论与技术。

第 3 章叙述闸门的腐蚀状况、腐蚀检测理论、检测仪器、检测方法及其工程实例。

第 4 章介绍水工钢闸门的无损探伤理论、探伤仪器设备、探伤方法、基于神经网络的闸门损伤检测法及闸门的无损探伤工程实例。

第 5 章主要介绍闸门的静态检测系统与仪器,检测仪器分类、工作原理、工作特性,静态应变测量的方法及静态检测工程实例。

第 6 章主要介绍闸门动态检测的内容、动态特性参数的检测基本原理和方法、测试系统与仪器及动态特性参数识别,闸门动应变、振动加速度及振动位移的测试系统、仪器及测试方法和动态测试的工程实例。

第 7 章介绍闸门动力有限元分析法的基本理论、方法、计算力学模型及闸门有限元计算的工程实例。

第 8 章介绍闸门启闭力的理论计算方法、卷扬式启闭机、液压式启闭机的启闭力的检测方法、检测系统、仪器及检测的工程实例。

第 9 章主要介绍水工钢闸门检测的测点布置、仪器设备选用、测试仪器及系统的标定、传感器的安装与防护、导线安装与防护、干扰信号的防范、测试数据的处理、应力折减系数、闸门振动判据、船闸人字门背拉杆预应力调试的计算与方法和冲击荷载作用下的闸门安全监测方法等若干技术问题。

第 10 章简要介绍闸门测试误差分析、检测数据的处理分析与振动信号的频谱分析理论与方法。

第 11 章介绍闸门在外观检查、质量检测和结构计算分析的基础上，根据需要可对闸门的使用作可靠度鉴定并对其耐久性作出评估。

本书在撰写过程中，承蒙中国水电顾问集团中南勘测设计研究院总工冯树荣教授级高工（博导）和武汉大学土木建筑工程学院朱以文教授（博导）对本书审阅并推荐；得到中国水电顾问集团成都勘测设计研究院金属结构室和长江水利委员会长江勘测规划设计研究院金属结构室等单位相关技术人员的大力支持与帮助；还得到武汉大学土木建筑工程学院曾又林教授、张宏志高工、陈安元工程师的大力支持与帮助；研究生朱凼凼、陈亚鹏、吕念东、李翠华、熊威、夏梦、李文、魏晓斌等在闸门的结构计算、测试分析、数据整理以及资料收集等方面做了很多工作，特别是夏梦同学做了大量的打字、制图及核对工作，在此一并表示诚挚的感谢。

由于作者水平有限，书中的不当之处与错误在所难免，恳请广大读者批评指正。

作　者

2007 年 11 月于武汉大学

目　录

第1章　水工钢闸门计算的基本理论与方法 ……………………… 1
　1.1　概述 ………………………………………………………………… 1
　1.2　平面钢闸门 ………………………………………………………… 4
　1.3　弧形钢闸门 ………………………………………………………… 61
　1.4　人字钢闸门 ………………………………………………………… 106

第2章　钢闸门材料检测 ……………………………………………… 130
　2.1　钢闸门材料 ………………………………………………………… 130
　2.2　水工钢闸门材料力学性能检测 …………………………………… 138

第3章　闸门腐蚀状况检测 …………………………………………… 145
　3.1　概述 ………………………………………………………………… 145
　3.2　腐蚀检测仪器 ……………………………………………………… 146
　3.3　腐蚀检测方法及结果的可靠度分析 ……………………………… 148
　3.4　水工钢闸门腐蚀状况检测工程实例 ……………………………… 150

第 4 章 无损探伤 ………………………………………………… 168
4.1 概述 …………………………………………………………… 168
4.2 探伤仪器设备 ………………………………………………… 169
4.3 水工钢闸门的无损探伤 ……………………………………… 178
4.4 水工钢闸门无损探伤工程实例 ……………………………… 188
4.5 基于神经网络的闸门损伤检测 ……………………………… 203

第 5 章 闸门的静态检测 ………………………………………… 210
5.1 闸门静态检测系统与仪器 …………………………………… 211
5.2 电阻应变片的工作原理及其工作特性 ……………………… 212
5.3 电阻应变片的选用、粘贴与防护 …………………………… 216
5.4 电阻应变测量中的电桥原理及电桥的应用 ………………… 221
5.5 静态应变测量 ………………………………………………… 228
5.6 闸门静态检测工程实例 ……………………………………… 237

第 6 章 闸门的动态检测 ………………………………………… 251
6.1 概述 …………………………………………………………… 251
6.2 闸门动态特性参数（模态参数）的测试 …………………… 253
6.3 闸门动应变（动应力）的测试 ……………………………… 263
6.4 闸门振动加速度的测试 ……………………………………… 270
6.5 闸门振动位移的测试 ………………………………………… 275
6.6 闸门动态检测工程实例 ……………………………………… 277

第 7 章 闸门动力分析的有限元法 ……………………………… 301
7.1 概述 …………………………………………………………… 301
7.2 闸门动力分析的基本理论 …………………………………… 303
7.3 有限单元法 …………………………………………………… 308
7.4 闸门门体结构动力有限元计算的力学模型 ………………… 322
7.5 闸门结构动力有限元计算的工程实例 ……………………… 324

第 8 章 闸门启闭力检测 ………………………………………… 341
8.1 概述 …………………………………………………………… 341

  8.2 闸门启闭力理论计算 …………………………………… 342
  8.3 卷扬式启闭机启闭力检测 ………………………………… 359
  8.4 液压式启闭机启闭力检测 ………………………………… 369
  8.5 闸门启闭力检测的振动频率法 …………………………… 373

第9章 闸门检测的若干技术问题 ………………………………… 383
  9.1 闸门测点布置 ……………………………………………… 383
  9.2 仪器设备的选用 …………………………………………… 384
  9.3 测试仪器及其系统的标定 ………………………………… 393
  9.4 传感器的安装与防护 ……………………………………… 401
  9.5 测量导线的有关问题 ……………………………………… 405
  9.6 测试中的干扰信号及防范措施 …………………………… 407
  9.7 测试数据的处理 …………………………………………… 411
  9.8 闸门应力折减系数 ………………………………………… 425
  9.9 闸门振动判据 ……………………………………………… 431
  9.10 船闸人字门斜背拉杆预应力调试的计算与方法 ……… 441
  9.11 冲击荷载作用下的闸门安全监测方法 ………………… 471

第10章 误差与检测数据分析 ……………………………………… 483
  10.1 测试的基础知识 ………………………………………… 483
  10.2 误差分析 ………………………………………………… 494
  10.3 检测数据处理分析 ……………………………………… 505
  10.4 钢闸门振动信号频谱分析 ……………………………… 517

第11章 闸门的可靠度鉴定 ………………………………………… 538
  11.1 闸门可靠度鉴定的基础知识 …………………………… 539
  11.2 闸门可靠度鉴定的方法及特点 ………………………… 546
  11.3 闸门可靠度鉴定 ………………………………………… 549
  11.4 闸门耐久性评估 ………………………………………… 561

参考文献 ……………………………………………………………… 576

第1章
水工钢闸门计算的基本理论与方法

1.1 概 述

水工钢闸门是用来关闭和开启水工建筑物过水孔口的活动结构物。它是水工建筑物的重要组成部分,其安全可靠的运行对确保水工建筑物的使用效果具有重要意义。

水工钢闸门的种类很多,从其结构特征主要可分为平面闸门、弧形闸门和人字闸门;从其工作性质主要可分为工作闸门、事故闸门和检修闸门;从其闸室位置主要可分为非淹没式(露顶)闸门和淹没式(表孔、深孔)闸门;从其运行方式主要可分为非自动操作闸门(一般闸门)和水力自动操作闸门(为翻板闸门、舌瓣闸门和水箱水力自动弧形闸门等),等等。

水工钢闸门的主要特点有:

(1)原闸门设计理论和计算方法较多地按平面结构分析,未考虑闸门的整体性和构件间的共同工作,致使闸门偏于安全,某些构件有较大的强度储备。

(2)钢材料较其他材料轻便可靠、安全耐久、材料节省、加工方便，抗震性能较好，但易于腐蚀生锈。

（3）长久与水接触，易于腐蚀、漏水，运行时易于振动。

（4）闸门的门体是由板、梁、柱或桁架通过螺栓、铆钉或焊接连接而成的，还附设有止水结构，门上还有起吊设备等。因此，连接构件的强度、防腐和维护，橡皮止水结构的耐久性等显得非常关键和重要。

由于水工钢闸门具有上述特点，经长期运行后，其面板、梁、柱及吊耳等会锈蚀、老化，连接构件也可能损坏、老化脱落，闸门整体性能受到影响，止水橡皮磨损、老化脱落而漏水，行走支承老化、磨损损坏，以及启闭设备和相关的电力设施损坏、老化，等等，均会影响水工建筑物的运行效果及安全。

据我们了解，在全国的大大小小的水库、水电站、水渠中的钢闸门，经过长期运行之后，均出现过这样或那样的问题。如山东省黄河段的涵闸工程中就有24座涵闸门的面板或部件存在着不同程度的锈蚀，锈蚀部件主要是导轨、导轮、吊耳、吊环等，比较严重的有12座。又如江西省××水电站已运行30多年，发电主闸门受损严重，已全部换新；左岸溢洪道的三扇弧门的主梁腹板、小次梁、支臂与主梁连接处锈蚀严重，其中1#弧门上主横梁右端后翼缘内板已锈穿；2#弧门下游面拉杆与下主梁连接处明显变形，弧门面板、主梁翼缘、纵向小次梁翼缘均有明显变形；三扇弧门的止水橡皮均老化，部分脱落，漏水严重。右岸溢洪道的两扇弧门主要腹板、小次梁、支臂与主梁连接处及连接螺栓锈蚀严重。其中左侧弧门上主横梁右端腹板及第四、五根小次梁的翼缘均已锈穿，右侧弧门小次梁也已锈穿，弧门主梁与支臂的连接螺栓锈蚀严重；两扇弧门的止水橡皮均老化、部分脱落损坏，漏水严重。江西省某水电站也已运行40多年，其溢洪道弧门面板、主梁、小横梁支腿等严重锈蚀，焊缝错边，止水橡皮老化、损伤，漏水严重。其启闭机表面也已锈蚀，减速箱漏油等。重庆市丰都县的某水电站虽然只运行9年，也有问题：其五扇弧门的拼接焊缝质量较差，错台、咬边、未焊透的较多，如1#弧门左上支腿腹板一条连接焊缝明显开裂长达550mm，宽达1mm，隔板翼缘之间的连接缝错台5mm，中孔弧门的止水橡皮老化，部分脱落，漏水严重。支铰处螺栓、座板锈蚀，闸墙埋件表面锈蚀。中孔平门的滚轮、定向轮、螺栓及局部表面、翼缘表面锈蚀。五个门槽的埋件也已锈蚀。坝顶门机部分表面及螺栓锈蚀，控制系统装置老化，电线保护锈套锈蚀严重，部分已锈穿。

浙江省某流域一级电站已运行10多年，其工作门和检修门虽然都尚好，但其浅孔弧门的面板锈蚀明显，橡皮止水老化，漏水严重。二级电站也只运行10年左右，其溢洪道弧门的面板下部分防锈漆脱落、锈蚀，支腿表面也已锈蚀，主梁与面板连接处锈蚀严重，甚至形成0.5mm深的锈蚀坑，个别地方的橡皮止水老化损坏、漏水，启闭机油管漏油。

安徽省泾县某水电站运行多年以后，其中孔工作弧门在第一次维修喷锌前就已锈蚀，如面板、主梁腹板、支臂腹板有锈坑。维修后其表面又有锈蚀，现其止水橡皮老化、损坏、漏水，动水启动时振动厉害。中孔检修平门的滚轮表面锈蚀、转动不畅，闸门顶梁吊点处有锈蚀。底孔工作弧门的支臂隔板，吊点下游的翼缘板和闸门拉杆均腐蚀厉害，拉杆有锈坑，深达1~2mm，面积占95%，连接螺栓锈蚀，门槽衬板表面全部锈蚀，止水橡皮老化，漏水严重。闸门启闭机油漆老化，开度指示器不能正常工作。潜山县某水库运行33年后，其发电低涵进口的工作闸门门楣、门叶支腿锈蚀和变形均严重，在200mm×200mm面积内有15个直径10mm、深达1~2.5mm的锈坑，启闭拉杆已锈蚀和变形，启闭不灵活。发电检修平门及启闭设备明显锈蚀，两侧滚轮已锈死不能转动。闸门顶部横梁翼缘变形达15mm，止水橡皮老化、断裂损坏、漏水等。宿松县某水库也已运行40多年，其高低涵进口的两扇闸门在水下20多米，不能提出水面，无法检测。闸门启闭机为老式螺杆启闭机，均已锈蚀，部分监测设备已老化不能使用，拉杆锈蚀容易卡死。启闭机房在启闭时产生振动，线路设备老化损坏等。桐城市某水库运行了40多年，溢洪道不设检修闸门，其工作弧门一直挡水，止水橡皮老化、漏水严重，开启时啃轨、卡阻，启闭机室大梁、横梁有裂纹，钢丝绳断股。放水底孔工作弧门锈蚀严重，局部构件蚀余厚度只有7mm，止水口橡皮老化、损坏等。

福建省闽江支流的某水电厂二级电站运行30多年后，尾水平面闸门门体腐蚀严重,面板、腹板、翼等有腐坑多处,在100mm×100mm面积内就有40~50个腐蚀坑,坑深在0.5~2.5mm,最深处有3.4mm。闸门焊缝多处错边、咬边、漏焊和虚焊等,甚至在焊缝表面也有几处腐坑。四级电站的泄洪弧门门体喷锌层大面积脱落,面板有30%~40%锈蚀。三扇门叶主梁的部分板格、次梁间隙及底梁以下部位均严重腐蚀。止水橡皮老化、破损、漏水严重。螺栓锈蚀也十分严重。

四川省岷江西岸的大渡河某一级电站电站已运行30多年了,闸门锈蚀较严重、止水橡皮老化脱落。其中冲沙底孔工作弧门的腐蚀面积达到100%。纵梁翼缘与一小横梁间的焊缝裂开宽度达5~10mm。闸门底部止水橡皮磨损、老化、破烂,支铰与铰轴咬死,转动不便。底孔事故检修闸门,两个反向导轮座板局部变形,滚轮转动也不灵活,抱轴,油尼龙套与支座发生相对转动,定轮轴套松动、外移和脱落等。更严重的是闸门靠自重与配重的动水落门不到底。

综上所述,水利工程中的金属结构,尤其是闸门结构,多年运行之后,都会出现锈蚀、老化和损坏,必须依照工程管理条例作定期的全面的安全检测,维护和加固修理或拆除等,以保证水工建筑物的安全运行。

本书将首先介绍一般的平面闸门、弧形闸门和人字闸门的结构组成、工作特点和设计计算方法等,然后,分别介绍对它们的检测原理、方法、技术及可靠度分析,并结合课题研究举例说明。

1.2 平面钢闸门

1.2.1 平面钢闸门的结构组成

平面钢闸门一般由活动的门体(门叶)结构、闸门槽的埋设构件和启闭机械设备等三大部分组成。

1.2.1.1 门体结构

平面钢闸门的门体又称门叶,是一种活动的挡水结构,如图1-1所示。它是由面板、梁格、横向和纵向联系、行走支承(滚轮或滑块)

以及止水结构等部件组成。

面板是用来直接挡水的，直接承受水压力，并将之传给梁格。面板通常设在闸门的上游面，为了设置止水结构的方便，面板也可设置在闸门的下游面。

梁格是用来支承面板，以缩小面板的跨度并减小面板的厚度。要求其具有足够的强度和刚度，把面板传来的水压力传递到闸门的支承部件上。梁格主要包括主梁、次梁（水平次梁、竖直次梁、顶梁和底梁）和边梁。为保证闸门在其自重和水压力共同作用下，每根梁都能处在它所承担的外力作用平面内，就必须通过横向和纵向联结系（实腹隔板或桁架）来保证整个梁格在闸门空间的相对位置，增强闸门门叶结构在空间（横向与纵向）的应有刚度。

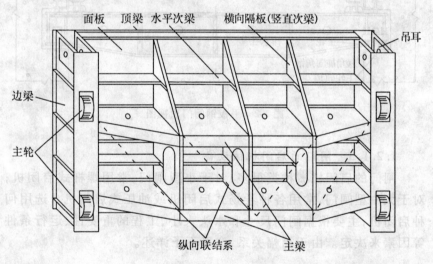

图 1-1　平面钢闸门门叶结构示意图

行走支承是在门叶结构上设置滚轮或滑块以及导向侧轮和反轮。其作用是把梁格传来的力再传给土建结构并保证门叶移动时灵活可靠。

吊耳设置在门叶结构上部，是用来连接启闭机的牵引构件。

止水结构也称水封，设置在门叶结构与孔口周边之间的所有缝隙里。如固定在门叶结构上的定型止水橡皮或固定在孔口周边的充压伸缩式山型止水橡皮等。

1.2.1.2 闸门槽的埋设构件

闸门槽的主要作用是支承闸门,使闸门的启闭移动灵活方便,便于止水,并能把闸门承受的水压力传给闸墩。为此,必须在闸门槽上埋设以下构件:支承门叶结构的轨道(主轮、侧轮和反轮的轨道);在闸门坐落的底槛上以及在止水橡皮对应处安装平整的型钢;在门槽和孔口的边棱处设置保护混凝土的加固角钢等。如图1-2所示。

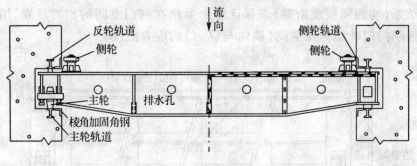

图1-2 平板钢闸门顶视图

1.2.1.3 闸门的启闭机械设备

闸门的启闭机械种类很多,对于小型闸门,常用螺杆式启闭机;对于大中型闸门,常用各种卷扬式启闭机或油压式启闭机。选用何种启闭机,主要根据闸门尺寸和水头大小、工程的重要性、运行条件等因素来决定。由于篇幅关系,这里不予详述。

1.2.2 平面钢闸门的结构设计

平面钢闸门的结构设计主要分为平面钢闸门的结构布置及结构计算两部分,下面分别予以介绍。

1.2.2.1 平面钢闸门的结构布置

平面钢闸门的结构布置主要是:确定闸门上需要设置哪些构件,构件的数目及构件所在的位置等。结构布置是否合理,直接涉及能否使闸门达到结构简单、适用方便、安全可靠、经济耐用、节约材料、便于制造等要求。下面具体阐述结构布置的原则和方法。

1.2.2.1.1 主梁的布置

1. 主梁的数目。主梁是闸门的主要承力构件,其数目取决于闸门的尺寸和水头的大小。主梁在闸门中的受力情况相当于简支梁受到均布载荷作用,依结构力学知识,梁的最大弯矩与其跨度的平方成正比 $\left(M=\dfrac{ql^2}{8}\right)$,而梁的相对挠度与其跨度的立方成正比 $\left(\dfrac{f}{l}=\dfrac{5ql^3}{384EI}\right)$。又依材料力学知识,抗弯截面模量 W 与梁高的平方成正比,而抗挠曲变形的惯性矩与梁高的立方成正比。所以,当闸门跨度较大,而门高较小,即 $L \geqslant 1.5H$ 时,须减少主梁数目,增大主梁的高度,减少其挠度,增加梁的刚度,此时,主梁的数目最多为两根。因此,大跨度的非淹没式闸门,多用这种双主梁式闸门。反之,当闸门跨度较小,而门高较大,即 $L \leqslant H$ 时,主梁的数目一般应多于两根,称为多主梁式闸门。

2. 主梁的位置。为便于制造,一般按等载荷的原则来确定主梁的位置,其方法的基本思路是:假定有 n 根主梁,就将整个闸门所受的水压力图形分成面积相等的 n 等份,每块等分面积的形心高程,就是布置主梁的位置。其具体作法有图解法和数值法两种。

(1) 图解法确定主梁位置的方法步骤如下:对非淹没式闸门,如图 1-3(a)所示,其水压力为三角形分布。以水头 H 为直径(图中的 AB)作一个半圆,根据所确定的主梁数目 n,将直径 AB 分为 n 等份,从等分点作水平线交于圆弧上 $1,2\cdots$ 等点,然后以点 A 为圆心,分别以 $A_1,A_2\cdots$ 为半径画弧线,与直径 AB 相交于点 $B_1,B_2\cdots$ 过这些交点引出水平线,这些水平线便把三角形分布的水压力图形分为面积相等的 n 等份。每个等分面积的形心如何找呢?三角形面积的形心容易找到,对于梯形面积则可将其斜边分为三等份,从其竖边的顶、底两点分别作与斜边的上、下两个三分点的连线,从这根连线的交点 d 引水平线,这条水平线就通过该梯形面积的形心,主梁的位置就在这个高程上。

对于淹没式闸门,如图 1-3(b)所示,在水面以下深度 a 处的淹没式闸门,承受的水压力为梯形分布。确定主梁位置的方法与非淹没式闸门确定主梁位置的方法类似,不同之处仅在于应以半圆直径 AB 的 A 点为圆心,以水深 a 为半径画弧与半圆相交于 C',从 C' 再引水平线交 AB 于 C 点。然后根据主梁的数目 n 来等分 BC,以下的作图步骤与非淹没式闸门确定主梁位置的作图方法步骤完全相同,不再重复。

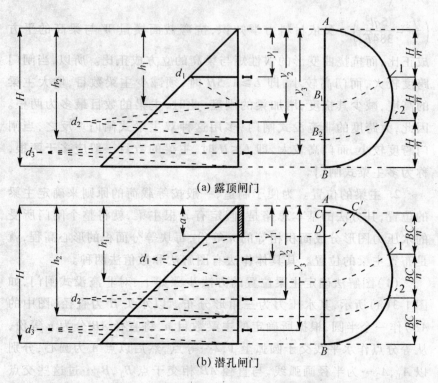

图 1-3 承受相等水压的主梁布置图解法

(2)数解法确定主梁的方法如下:若确定的主梁数目为 n,水面至门底的距离为 H,由门顶算起的主梁号数为 K,水面至门顶的距离为 a,则闸门第 K 根主梁至水面的距离 y_k 为

$$y_k = \frac{2H}{3\sqrt{n+\beta}}[(K+\beta)^{1.5} - (K+\beta-1)^{1.5}] \qquad (1\text{-}1)$$

式中:$\beta = \dfrac{na^2}{H^2 - a^2}$。

式(1-1)适用于淹没式闸门的主梁位置的确定。若为非淹没式闸门,可令式(1-1)中的$\beta = 0$,则其主梁位置可由下式

$$y_k = \dfrac{2H}{3\sqrt{n}}[K^{1.5} - (k-1)^{1.5}] \qquad (1-2)$$

确定。

对于高水头的深孔闸门,一般孔口尺寸较小,门顶与门底的水压差相对较小,此时,主梁的位置也可按等间距布置。计算时应按最下面那根受力最大的主梁来计算,闸门的其他主梁也采用相同截面,这样钢材用量稍有增加,但对加工制造带来便利。

(3)双主梁平面闸门的主梁位置的确定。双主梁平面闸门用得较多,这里作专门介绍。如图 1-4 所示,根据力学的平衡原理,主梁的位置应该对称于水压力的合力 P,且两个主梁的间距 b 应尽量大些。同时为保证门顶悬臂部分有足够的刚度,要求 $C \leqslant 0.45H$。当然,还要注意到主梁间距需满足滚轮布置的要求。

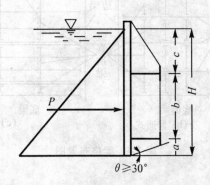

图 1-4 双主梁平面闸门的主梁布置图

对于实腹式主梁的工作闸门或事故闸门,从下主梁的下翼缘边到闸底的连线与平面的夹角 θ 一般不小于 30°,以免在启闭闸门时,门底过水的射流冲击主梁腹板和翼缘而形成真空,从而引起闸门振动并增加启门力。当 θ 角不满足要求时,可以采取调整主梁位置或在主梁腹板上开气孔等补气措施。

1.2.2.1.2 梁格的布置

为减小闸门面板的厚度,使之经济合理,而采用梁格来支承面板。梁格的布置形式有三种。

(1)简式。如图1-5(a)所示,对跨度较小,门较高的闸门,可不设次梁,直接由多个主梁支承面板。

(2)一般式。如图1-5(b)所示,对高跨比接近1的中等跨度的闸门,为了节约主梁的材料,而增大主梁的间距,减少主梁数目、加大主梁的截面尺寸;又为了不增加面板厚度,可以设置竖直次梁来增加对面板的支承。

(3)复式。如图1-5(c)所示,对跨度较大,门高较小的闸门,主梁的数目应进一步减少,为使面板保持经济合理的厚度,宜在竖直次梁间再设置水平次梁,这样的梁格系统较为复杂,故称之为复式梁格。

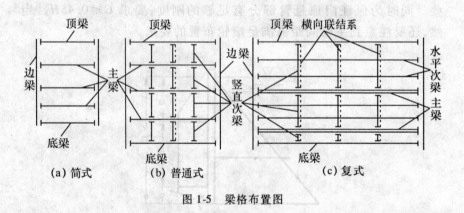

图1-5 梁格布置图

这种梁格布置时,水平次梁的间距一般为40～120cm,且应采取上疏下密。而竖直次梁的间距一般为100～300cm。

1.2.2.1.3 梁格的连接形式

梁格连接的形式如图1-6所示,有齐平连接和高差连接两种形式。

(1)齐平连接。如图1-6(a)所示,该式是整个梁格的上翼缘齐平且直接与面板相连。这种连接形式的优点是:梁格与面板形成整体,可以把部分面板作为梁截面的一部分,以减少梁格的用材量;面板为四面支承,其受力条件也较好。其缺点是:在次梁间的交接处,水平次梁要切断,再与竖直次梁相连,构件繁多,制造费工。为此,常采用横向隔板兼作竖直次梁,如图1-6(c)所示。由于隔板截面尺寸较大,有较多的强度富余,故可在隔板开孔,使水平次梁穿过而成连续梁,改善水平次梁的受力条件,这就简化了接头的构造,克服了上述缺点。这种连接也称为具有横向隔板的齐平连接。

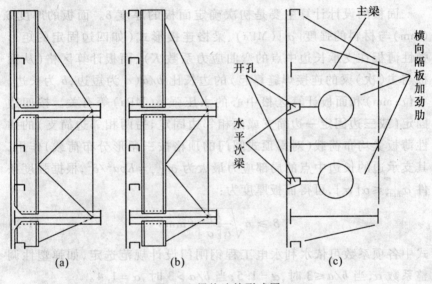

图1-6 梁格连接形式图

(2)层叠连接。如图1-6(b)所示,该形式是主梁和水平次梁齐平直接与面板相连,而竖直次梁则离开面板降到水平次梁下游,使水平次梁可在面板与竖直次梁之间穿过而形成连续梁。此时,面板为两边支承,面板和水平次梁都可看做主梁截面的一部分,参加主梁的受力分析。

综上所述,可以看出结构布置是结构设计的重要环节,同时也是一件比较复杂的工作,必须进行分析比较,才能选定合理的结构布置。

1.2.2.2 平面钢闸门的结构计算

在闸门的结构布置确定后,即可进行闸门的结构计算。计算的内容有:闸门的面板、次梁、主梁、顶梁、底梁、行走支承(滑道或滚轮支承)、止水、启闭力、吊耳和埋固构件等构件的强度、刚度、稳定性和截面尺寸等计算。计算方法上除了传统的计算外,还可用有限元分析对其整体进行计算。

1.2.2.2.1 面板的结构计算

1. 面板的设计计算

面板的设计计算主要是初次确定面板的厚度 δ。面板的厚度 δ(mm)与材料的强度 $[\sigma]$(MPa)、梁格连接形式(如四边固定的矩形弹性薄板在支承长边中点的弯曲应力系数 K)、面板计算区格(从面板与主(次)梁的连接焊缝算起)的边长比 b/a(a 为短边,b 为长边,单位:mm)和面板计算区格中心的水压强 p(MPa)等有关。按四边固定(或三边固定一边简支或两相邻边固定、另两相邻边简支)的弹性薄板受均布荷载(对露顶式闸门的顶格按三角形分布荷载)作用,其支承边的长边中点的局部应力最大为 $\sigma_{max} = Kpa^2/\delta^2$,根据强度条件 $\sigma_{max} \leq \alpha[\sigma]$,可得面板厚度为:

$$\delta \geq a\sqrt{\frac{Kp}{\alpha[\sigma]}}(\text{mm}) \tag{1-3}$$

式中各项系数可依水利水电工程钢闸门设计规范选定,如弹塑性调整系数 α,当 $b/a \leq 3$ 时,$\alpha = 1.5$;当 $b/a > 3$ 时,$\alpha = 1.4$。

当初算得的各区格的板厚相差较大时,应适当调整区格间距再次试算,直至各区格所需板厚大致相等。当门较高、顶底水压力相差较大时,可采用上下两种不同的板厚。此外,所选的板厚应与钢板产品规格一致,一般不应小于 6mm,常用的厚度为 8~16mm。

2. 面板参加主(次)梁整体弯曲时的强度验算

当面板厚度 δ 及主(次)梁截面选定后,或闸门运行多年后,面板的强度需要验算或审核。验算时须考虑面板的局部弯曲与主(次)梁的整体弯曲的共同作用下的双向应力状态,还需按材料力学的第四强度理论对折算应力进行验算。根据理论分析与实验结果得知,其验算公式为:

(1) 当面板区格边长 $b/a > 1.5$，且长边布置在沿主（次）梁轴线方向（如图 1-7）时，只需按下式验算面板长边中点 A 的折算应力：

$$\sigma_{zh} = \sqrt{\sigma_{my}^2 + (\sigma_{mx} - \sigma_{ox})^2 - \sigma_{my}(\sigma_{mx} - \sigma_{ox})} \leq 1.1\alpha[\sigma]$$

(1-4)

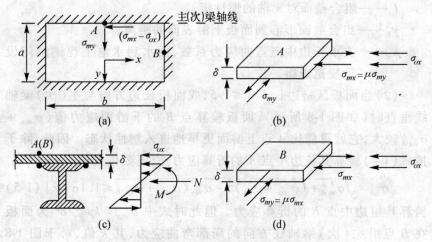

(a) 面板计算区格 (b) 支承长边中点 A 的应力状态
(c) 对应面板验算点的梁上翼缘的整体弯曲应力状态
(d) 支承长边中点 B 的应力状态

图 1-7 当面板区格的边长比 $b/a > 1.5$，且长边在沿主（次）梁轴线方向时的面板与对应面板验算点的主（次）梁上翼缘的整体弯曲应力状态图

式中：$\sigma_{my} = k_y p a^2 / \delta^2$——垂直于主（次）梁轴线方向面板支承长边中点（验算点）A 的局部弯曲应力；

$\sigma_{mx} = \mu \sigma_{my}$——面板沿主（次）梁轴线方向的局部弯曲应力。其中 μ 为泊松比，取 $\mu = 0.3$；

$\sigma_{ox} = \dfrac{M}{W_{max}} + \dfrac{N}{A}$——面板上游面验算点处由主（次）梁上翼缘的整体弯矩和轴压力产生的压应力；

M——面板上游面验算点处截面的主（次）梁整体弯矩；

N——主(次)梁轴向承受总的压力(若梁上无轴压力,则 $N = 0$);

A——验算点处的面板与主(次)梁一起构成的组合截面面积;

$W_{\max} = \dfrac{I_x}{y_1}$——验算点处组合截面的抗弯截面模量;

I_x——组合截面对 x 轴的惯性矩;

y_1——组合截面形心到面板上游表面的距离;

k_y——支承长边中点弯曲应力系数,由水利水电工程钢闸门设计规范查得。

(2)当面板区格边长 $b/a \leq 1.5$,或面板长边方向与主(次)梁轴线垂直时(如图 1-8 所示),面板验算点 B 的下游面应力值($\sigma_{mx} + \sigma_{ox}$)较大,它就可能比 A 点上游面更早地进入塑性状态。因此,除了按式(1-4)验算其长边中点 A 的折算应力外,还要按式(1-5)

$$\sigma_{zh} = \sqrt{\sigma_{my}^2 + (\sigma_{mx} + \sigma_{ox})^2 - \sigma_{my}(\sigma_{mx} + \sigma_{ox})} \leq 1.1\alpha[\sigma] \quad (1\text{-}5)$$

验算其短边中点 B 的折算应力。但此时式中 $\sigma_{mx} = kpa^2/\delta^2$ 为面板在 B 点沿主(次)梁轴线方向的局部弯曲应力,其 k 值,对于图 1-8(a),若其四边固定,或三边固定一边简支,或两相邻边固定、两相邻边简支,$k = k_x$;而对于图 1-8(b),则 $k = k_y$。σ_{ox} 为对应于面板下游面 B 点的主(次)梁上翼缘处的整体弯曲应力,若轴压力 $N = 0$,则按下式计算:

$$\sigma_{ox} = (1.5\xi_1 - 0.5)\dfrac{M}{W} \quad (1\text{-}6)$$

式中: ξ_1——面板兼作主(次)梁上翼缘的有效宽度系数,见水利水电工程钢闸门设计规范;

M——对应于面板验算点 B 的主(次)梁截面处的弯矩;

W——对应于面板验算点 B 处主(次)梁的组合截面的抗弯截面模量。

此时,式(1-4)与式(1-5)中的 σ_{mx}、σ_{my}、σ_{ox} 等一律取绝对值。

(3)面板与梁格连接产生的侧拉力 N 可按下式计算:

$$N = 0.07\delta\sigma_{\max} \quad (N)$$

式中: N 的方向垂直于焊缝;

第1章 水工钢闸门计算的基本理论与方法　15

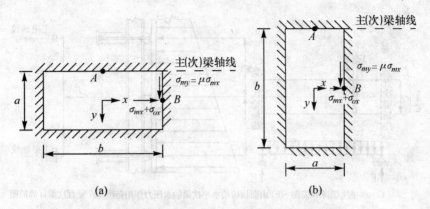

图 1-8　当面板区格的边长比 $b/a \leqslant 1.5$,或面板长边方向与主(次)梁轴线垂直时应力状态

$\sigma_{\max}$ 为厚度为 δ 的面板中的最大应力,一般可采用 $\sigma_{\max} = [\sigma]$。

此外,若已知贴角焊缝容许剪应力为 $[\tau_t^h]$,则面板与梁格连接焊缝厚度 h_f 可按下式计算:

$$h_f \geqslant \sqrt{N^2 + (T/2)^2}/0.7[\tau_t^h] \quad (\text{mm}) \tag{1-7}$$

式中:$T = \dfrac{QS}{I}$——Q、I 为计算位置上,梁的剪力和截面惯性矩,S 为一个翼缘和参加工作的部分面板截面积对梁的中和轴的面积矩之和。

焊缝厚度 h_f 一般不应小于 6mm,且应采用连续焊缝。

1.2.2.2.2　次梁的结构计算

1. 次梁的荷载与计算简图

分为层叠连接与齐平连接两种情况。

(1)梁格为层叠连接时,次梁的荷载及计算简图。

如图 1-9 所示,水平次梁是支承在竖直次梁上的连续梁,由面板传给水平次梁的水压力,其作用范围是按面板跨度的中心线来划分的(图 1-9(a)、(b)),水平次梁所承受的均布载荷由下式计算:

$$q = p\dfrac{a_上 + a_下}{2} \quad (\text{N/mm}) \tag{1-8}$$

式中:p——次梁所负担的水压面积中心处的水压强度(MPa 或 N/

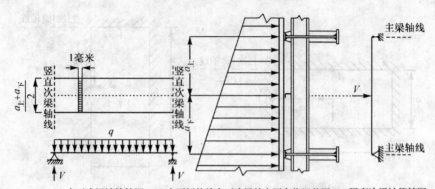

(a) 水平次梁计算简图 (b) 由面板传给水平次梁的水压力作用范围 (c) 竖直次梁计算简图

图 1-9　梁格为层叠连接时次梁的荷载与计算简图

mm^2);

$a_{上}$、$a_{下}$——分别为水平次梁轴线到上、下相邻梁之间的距离(见图 1-9(b))。

水平次梁的计算简图如图 1-9(a)所示的连续梁。

竖直次梁为支承在主梁上的简支梁,承受水平次梁传来的集中载荷 V,V 为水平次梁边跨内侧支座反力,其计算简图如图 1-9(c)所示。

(2) 梁格为齐平连接时次梁的荷载及计算简图。

如图 1-10 所示,水平次梁及竖直次梁同时支承着面板,面板上的水压力即按夹角的平分线划分给各梁承受。例如,当竖直次梁的间距大于水平次梁的间距时,水平次梁(如梁 AB)所负担的水压作用面积为六边形(图中阴影部分)。取该六边形面积中心处的水压强度 p 为整个面积上的平均水压强度,然后沿跨度方向将每一单宽面积上的水压力都简化到水平次梁的轴线(跨度中部的荷载集度 $q = p \dfrac{a_{上} + a_{下}}{2}$)上,这样得到的梁轴方向为梯形分布的荷载,就是水平次梁的作用荷载。如果以实腹隔板来代替竖直次梁,并在隔板上开孔使水平次梁从中穿过被支承在隔板上,这时水平次梁必须按连续梁计算(图 1-10(d))。当采用的是竖直次梁,水平次梁在竖直次梁处断开后再连接于竖直次梁上时,水平次梁一般应该按简支梁来计算,其计算简图如图 1-10(b)所示。

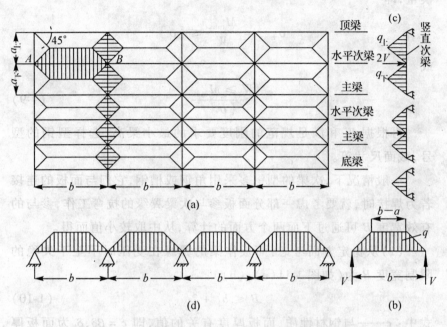

图 1-10　梁格为齐平连接时次梁的荷载及计算简图

竖直次梁为支承在主梁和顶梁、底梁上的简支梁,如图 1-10(c)所示。它们除了承受由面板直接传来的水压力之外,还承受由水平次梁传来的集中荷载 $2V$。由图 1-10(a)可知,面板水压力作用面积为一条对角线与梁轴垂直的正方形。因此,作用在竖直次梁上的荷载是三角形分布荷载(见图 1-10(c)),其上、下两个三角形顶点处的荷载集度 $q_上$ 和 $q_下$ 分别为:

$$q_上 = a_上 p_上 \quad (\text{N/mm})$$
$$q_下 = a_下 p_下 \quad (\text{N/mm})$$

式中:$a_上$、$a_下$——分别为水平次梁的上、下间距(mm)(图 1-10(a));
　　　$p_上$、$p_下$——分别为上、下两个正方形水压作用面积中心处的水压强度(MPa 或 N/mm²)。

2. 次梁的计算与构造

根据上面介绍的计算简图,就可用下式求其内力或所需的截面模量,即

$$\sigma_{max} = \frac{M_{max}}{W} \leq [\sigma]$$

或

$$W \geq \frac{M_{max}}{[\sigma]} \tag{1-9}$$

再根据 W 和满足规范的刚度要求的最小梁高,选择型钢的型号、截面尺寸等。

一般情况下,次梁的型钢多采用角钢或槽钢,它们与面板的连接若为焊接时,就要考虑一部分面板参与次梁翼缘的抗弯工作,参与的有效宽度 B 可通过下面两个方面的计算,从中取较小值而得。

(1) 从稳定方面考虑:面板作梁的翼缘在受压时不至于失稳的限制宽度 B 为(如图 1-11(a)、(b)):

$$B \leq b_1 + 2c \tag{1-10}$$

式中:c——与钢材性质、面板厚度有关的值,即 $c = \beta\delta$,δ 为面板厚度,而 $Q_{235}(A_3)$ 的 $\beta = 30$,$19Mn$ 的 $\beta = 25$;

b_1——次梁梁肋宽度,当次梁有上翼缘时为上翼缘宽度(如图 1-11)。

(2) 从应力分布不均方面考虑:面板沿宽度上的应力分布不均而折算的有效宽度(见图 1-12)为:

$$B = \xi_1 b \quad 或 \quad B = \xi_2 b \tag{1-11}$$

式中:$b = \frac{b_1 + b_2}{2}$——b_1、b_2 分别为次梁与两侧相邻梁的间距;

ξ_1、ξ_2——有效宽度系数,按表 1-1 查得。ξ_1 适用于次梁的正弯矩图为抛物线的梁段,如均布荷载作用下的简支梁或连续梁的跨中部分;ξ_2 适用于次梁负弯矩图近似地取三角形的梁段,如连续梁

的支座部分或悬臂梁的悬臂部分。

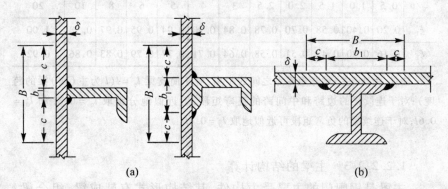

图 1-11 部分面板参与次梁翼缘抗弯工作的限制宽度 B 的示意图

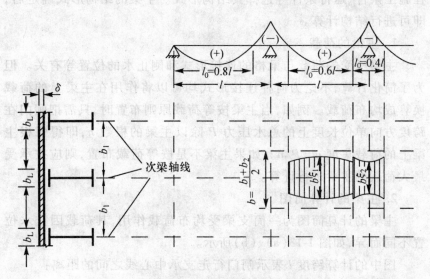

图 1-12 面板参与次梁工作时，因沿宽度上的应力
分布不均而折算的有效宽度示意图

表 1-1　　　　　　　　宽度系数 ξ_1、ξ_2 表

l_0/b	0.5	1.0	1.5	2.0	2.5	3	4	5	6	8	10	20
ξ_1	0.20	0.40	0.58	0.70	0.78	0.84	0.90	0.94	0.95	0.97	0.98	1.00
ξ_2	0.16	0.30	0.42	0.51	0.58	0.64	0.71	0.77	0.79	0.83	0.86	0.92

注：l_0 为次(主)梁弯矩零点之间的距离,对于简支梁 $l_0 = l$ (l 为主(次)梁的跨度);对于连续梁的边跨和中间跨的正弯矩段,可近似地分别取 $l_0 = 0.8l$ 和 $l_0 = 0.6l$;对于连续梁的负弯矩段可近似地取 $l_0 = 0.4l$。

1.2.2.2.3　主梁的结构计算

主梁是钢闸门的主要受力构件,其结构形式有轧成梁、组合梁、桁架或变截面梁等。主要依据工程重要性、闸门大小、水头高低、工程施工条件、运行条件等选择其结构形式。主梁的结构形式确定后,即可进行结构计算。

1. 主梁的荷载

主梁所受的荷载与梁格的连接形式和侧止水的位置等有关。但为了简化计算,不论为何种连接形式均可以将作用在主梁上的荷载换算成均布荷载。例如,当主梁按等荷载原则布置时,只需把闸门在跨度方向单位长度上的总水压力 P 除以主梁的根数 n,即得每根主梁上的荷载集度 $q = P/n$。如果主梁不是按等荷载布置,则应按承受最大荷载的主梁进行计算。

2. 主梁的计算简图

主梁的计算简图为一简支梁受均布荷载作用,其荷载因止水位置不同而异,如图 1-13(a)、(b)所示。

图中的计算跨度 l 表示闸门行走支承中心线之间的距离：

$$l = l_0 + 2d$$

式中：l_0——闸门孔口宽度；

　　　d——主梁支承中心至闸墩侧面距离,根据规范确定,一般为 $d = 0.15 \sim 0.4$ m。

　　　l_q——荷载跨度,等于两侧止水之间的距离。

3. 主梁的内力计算

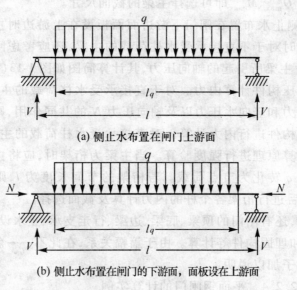

图 1-13 主梁计算简图

(1) 侧止水布置在闸门上游面时的主梁内力。

主梁两端的最大剪力:

$$Q_{\max} = \frac{ql_q}{2} \quad (\text{N}) \qquad (1\text{-}12)$$

主梁跨中的最大弯矩:

$$M_{\max} = \frac{ql_q(l - 0.5l_q)}{4} \quad (\text{N} \cdot \text{mm}) \qquad (1\text{-}13)$$

如果横向联结系采用实腹式隔板且水平次梁为连续梁时,并考虑水平次梁与主梁共同工作(弯曲),则主梁的最大弯矩为:

$$M_{\max} = \frac{ql_q(l - 0.5l_q)}{4} \left(\frac{I_主}{I_主 + \frac{n_次}{n_主}I_次} \right) (\text{N} \cdot \text{mm}) \qquad (1\text{-}13')$$

式中:$I_主$、$I_次$——分别为主梁和水平次梁的截面对中和轴的惯性矩;

$n_主$、$n_次$——分别为主梁数目和水平次梁的数目(顶梁除外)。

根据 Q_{max}、M_{max} 即可选择主梁的截面尺寸。

（2）侧止水布置在闸门下游边而面板设在上游边时主梁的内力计算。此时对于不直接承受水柱荷载的主梁，还应考虑闸门侧向水压力 N 对主梁所引起的轴向压力，其计算简图如图 1-13（b）所示，应按偏心受压构件计算内力。对于直接承受水柱荷载的主梁，由于受水平水压力和竖向水压力以及轴向压力 N 的共同作用，则应按双向偏心受压构件进行内力计算。对直接承受水柱荷载的主梁腹板，应按面板计算原理进行强度验算。当主梁为桁架时，应将主梁承受的均布荷载 q 转化为节点荷载。若桁架的节间长度为 l，则节点荷载 $p = ql$。然后进行桁架各个杆的内力计算及截面选择。

此外，还有闸门的顶梁、底梁、边梁、行走支承、止水设备、启闭门力、吊耳和埋固构件等计算。由于篇幅关系，在此不一一叙述。下面将通过例子加以说明。

1.2.2.2.4 平面钢闸门的计算实例

由于本书主要是介绍水工钢闸门检测相关技术的有关理论知识和经验，因此，在平面钢闸门的计算例子中也主要介绍原有的钢闸门或其构件在强度、刚度和稳定性方面的校核计算。

Ⅰ．某水电站工程的进水口工作门的结构计算

根据《水利水电工程钢闸门设计规范》（SL74—95）第 1.0.6 条规定，闸门按平面框架进行计算。

1. 闸门基本参数

（1）闸门孔口尺寸

闸门孔口尺寸：宽 × 高 = 4.0m × 4.0m

（2）闸门的荷载跨度

闸门的荷载跨度为两侧止水的间距：$l_q = 4.1 m$

（3）闸门计算跨度

闸门计算跨度为 $l_0 = 4.4 m$。

（4）计算水头

计算水头为 $h = 23.5 m$。

（5）闸门材料常数

闸门材料常数见表 1-2。

表 1-2　　　　　　　　　闸门材料常数

材料	弹性模量 E(MPa)	泊松比 μ	重力加速度 g(mm/s^2)
Q235	210000	0.3	9800

(6)闸门构造

进水口工作门为平板门。闸门采用面板+主横梁+小横梁+纵隔板+边柱+横梁翼缘+隔板翼缘体系。梁格布置尺寸见图1-14。

图 1-14　闸门梁格布置图(单位:mm)

2. 计算工况

闸门静力计算水头为23.5m+闸门自重。

3. 计算方法

闸门承受静水压力和自重,其计算模型是:面板承受作用在闸门上的静水压力,然后传给梁格的各个构件。梁格板四角上的荷载分配,按角2等分线计算,而梁格板中部的荷载分配,按2等分线计算。水平次梁承受上下两个梁格板传来的梯形荷载。竖直次梁一方面承受其两侧梁格板传来的三角形荷载,同时又承受由水平次梁传来的集中荷载。边梁一方面直接承受由面板传来的荷载,同时又承受由水平次梁传来的集中荷载。水平主梁承受直接由面板传来的梯形荷载和竖直次梁和边柱传来的集中荷载。最后,全部荷载由边梁传到侧轮。

为简化计算,通常把各构件承受的荷载折算为一种荷载,即各构件只计算两侧梁格板传来的水平力(如水平次梁、竖直次梁、主梁等)或只计算其他构件传来的集中荷载(如边梁等)。

4. 门叶结构计算

(1)水平次梁计算

1)荷载计算

由图 1-14 可以看出,1~5 号梁和 6~10 号梁的截面形式和布置情况一样,而 6~10 号梁承受的荷载要比 1~5 号梁要大,现取 6~10 号梁进行计算。

水平次梁按承受均布荷载的 4 等跨连续梁计算,计算简图如图 1-15 所示。每根梁上的荷载可按其相邻间距和之半法,即按式(1-8)计算,具体为:

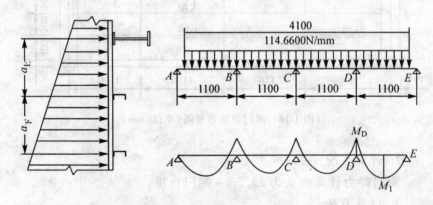

图 1-15 水平次梁计算简图

$$q = p \frac{a_\text{上} + a_\text{下}}{2} \quad (\text{N/mm})$$

式中:p——中心水压强度,$p = 10 \times h$(N/mm^2);h——水头(mm);

$a_\text{上}$、$a_\text{下}$ 分别为水平次梁轴线到上、下相邻梁之间的距离(mm)。

计算结果见表 1-3。

由表 1-3 可知,承受线荷载最大的是 7 号处主梁,其值为 118.3644N/mm,而另一较大线荷载为 114.6600N/mm,才是水平次梁承受的最大荷载,此处为 8 号次梁。所以,应该以 8 号次梁进行验算。

2)内力计算

视结构为等跨均布载荷的连续梁,根据结构力学知识,可进行内力及挠度计算。其弯矩计算式为:

$$M = kql^2 \tag{1-14}$$

查水电站机电设计手册表 5-21 得内力系数 K,再由式(1-14)得

表 1-3　　　　　　　　框架结构荷载值

梁号	梁轴线处水压强度 $p(\text{N}/\text{mm}^2)$	梁间距(mm)	$\dfrac{a_\text{上}+a_\text{下}}{2}$(mm)	$q = p\dfrac{a_\text{上}+a_\text{下}}{2}$ (N/mm)
6(次梁)	0.2097	100	330	69.2076
7(主梁)	0.2152	560	550	118.3644
8(次梁)	0.2205	540	520	114.6600
9(主梁)	0.2254	500	450	101.4300
10(底小梁)	0.2293	400	250	57.3300
		100		

注:表中主梁载荷为将主梁视为次梁的计算依据,不作为主梁结构计算的依据。

$M_1 = 0.077ql^2 = 0.077 \times 114.6600 \times 1100^2 = 1.0677 \times 10^7 (\text{N} \cdot \text{mm})$

$M_B = -0.107ql^2 = -0.107 \times 114.6600 \times 1100^2 = -1.4845 \times 10^7 (\text{N} \cdot \text{mm})$

$M_{\max} = M_B = -1.4845 \times 10^7 (\text{N} \cdot \text{mm})$

3)截面特性(支座截面 B)

①面板参与次梁作用的有效宽度 B

对于连续梁中负弯矩段或悬臂段,面板的有效宽度按式

(1-11)取

$$B = \xi_2 b$$

式中：b——主、次梁的间距，$b = \dfrac{b_1 + b_2}{2}$；

b_1、b_2——次梁与两侧相邻梁的间距，即 $b = \dfrac{540 + 500}{2} = 520$ (mm)；

ξ_2——有效宽度系数，适用于负弯矩图，可近似地取为三角形的梁段，即连续梁的支座或悬梁部分，按规范查表求出。

由于 $l_0 = 0.2(l_1 + l_2) = 0.2(1100 + 1100) = 440$ (mm)，则 $l_0/b = 440/520 = 0.846$，查表 1-1 得 $\xi_2 = 0.268$，代入式(1-11)得 $B = 0.268 \times 550 = 139$ (mm)。

② 次梁截面特性见表 1-4，截面尺寸见图 1-16。

表 1-4　　　　　　　次梁截面特性

截面特性	$A(\text{mm}^2)$	$y_0(\text{mm})$	$I(\text{mm}^4)$	$S(\text{mm}^3)$	W_q (mm^3)	W_h (mm^3)	$W_{\min}$ (mm^3)
数值	5588.4	80.36	3.8046×10^7	2.1150×10^5	4.7344×10^5	2.8902×10^5	2.8902×10^5

4）强度计算

轧成梁的剪应力一般很小，可不必验算。

在一个主平面内受弯构件按下式验算相应截面的正应力：

$$\sigma = \dfrac{M}{W} \qquad (1\text{-}15)$$

式中：M——所验算截面的弯矩；W 为验算正应力截面的抗弯截面模量；

$[\sigma]$——钢材的抗拉容许应力，A3 钢的 $[\sigma] = 160\text{MPa}$。

将所求数据代入式(1-15)得

$$\sigma = \dfrac{-1.4845 \times 10^7}{2.8902 \times 10^5} = -51.36 \text{MPa} < [\sigma] = 160 \text{MPa}$$

故次梁满足强度要求。

第 1 章 水工钢闸门计算的基本理论与方法

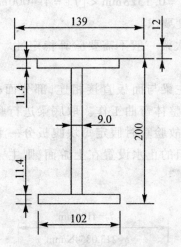

图 1-16 次梁截面尺寸(mm)

5)挠度验算

最大挠度按下式计算

$$f = k \frac{ql^4}{100EI} \tag{1-16}$$

式中:k 为系数,可由静力学手册或水电站机电计算手册查得四跨连续梁的 $k = 0.632$;

  l 为两相邻支座的跨度;

  q 为载荷分布强度;

  E 为材料的弹性模量;

  I 为计算截面的惯性矩。

最大挠度发生在边跨跨中,其相应值为:

  $k = 0.632; l = 1100 \text{mm}; q = 114.6600 \text{ N/mm}$

  $E = 2.1 \times 10^5 \text{ MPa}; I = 3.8046 \times 10^7 \text{ mm}^4$

将以上数据代入式(1-16),得

$$f_{\max} = 0.632 \times \frac{114.6600 \times 1100^4}{100 \times 2.1 \times 10^5 \times 3.8046 \times 10^7} = 0.1328 \text{ (mm)}$$

对于一般次梁,容许挠度 $[f] = \dfrac{l}{250} = \dfrac{1100}{250} = 4.4000$ (mm)

又 $f_{max} = 0.1328\text{mm} < [f] = 4.4000\text{mm}$

故水平次梁满足刚度要求。

6）型钢截面的次梁一般不需要验算稳定性。

（2）主梁计算

平面钢闸门的主梁与面板直接相连，部分面板作为主梁翼缘的一部分，参与主梁的整体弯曲工作。取底梁进行验算，由于底梁后翼缘为上下腹板共用，故验算时假定每块腹板分一半，显然计算结果比实际值偏大。本闸门的止水设置在上游面，则主梁按简支梁计算，其计算简图见图 1-17。

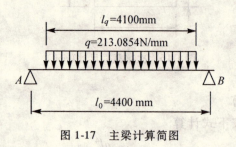

图 1-17 主梁计算简图

1）载荷及内力

由资料知，闸门总水压力为 $356.6 \times 9.8\text{kN}$，即

闸门总水压力：

$$P_z = \frac{1}{2}\gamma(2H_s - h)hB_{zs} \tag{1-17}$$

式中：γ 为水的容重，取 $9.8 \times 10^{-6}\text{ N/mm}^3$；

H_s 为计算水头，$H_s = 23500$ mm；

h 为垂直止水距离，$h = 4050$ mm；

B_{zs} 为两侧止水距离，$B_{zs} = 4100$ mm；

l_q 为载荷跨度，$l_q = 4100$ mm。

将以上数据代入式（1-17）得，$P_z = 3.4946 \times 10^6\text{N}$

一共 4 根主梁，其每根主梁承受的线载荷为：

$$q = \frac{P_z}{n \times l_q} = \frac{3.4946 \times 10^6}{4 \times 4100} = 213.0854(\text{N/mm})$$

q 作用下的最大弯矩、剪力,可分别按式(1-13)与式(1-12)计算,即

$$M_{max} = \frac{ql_q}{2}\left(\frac{l_0}{2} - \frac{l_q}{4}\right) = \frac{213.0854 \times 4100}{2} \times \left(\frac{4400}{2} - \frac{4100}{4}\right)$$
$$= 5.1327 \times 10^8 (\text{N} \cdot \text{mm})$$

$$Q_{max} = \frac{ql_q}{2} = \frac{1}{2} \times 213.0854 \times 4100 = 4.3683 \times 10^5 (\text{N})$$

2)截面特性

①根据式(1-11),可得到面板参与主梁作用的有效宽度 B(按9号梁计算)为

$$B = \xi_1 b$$

ξ_1 适用于正弯矩图为抛物线的梁段,如均布力作用下的简支梁或连续梁的跨中部分。

由于 $b = \frac{400+500}{2} = 450(\text{mm})$,$l_0 = 4400$ mm,

故 $l_0/b = 4400/450 = 9.7778$,

查相关表格得 $\xi_1 = 0.9785$

故 $B = \xi_1 b = 440.325$ mm,

②主梁截面如图 1-18 所示,其截面特性见表 1-5。

3)强度验算

依式(1-15)可得主梁的重要数据。

前翼缘正应力:

$$\sigma_{前} = \frac{M_{max}}{W_q} = \frac{5.1327 \times 10^8}{5.6305 \times 10^6} = 91.1589 \text{MPa} < [\sigma] = 160 \text{ MPa}$$

表 1-5　　　　　　　　主梁截面特性

截面特性	$A(\text{mm}^2)$	$y_0(\text{mm})$	$I(\text{mm}^4)$	$S(\text{mm}^3)$	W_q (mm^3)	W_h (mm^3)	W_{min} (mm^3)
数值	19627	326.7634	1.8400 $\times 10^9$	2.4999 $\times 10^6$	5.6305 $\times 10^6$	4.2272 $\times 10^6$	4.2272 $\times 10^6$

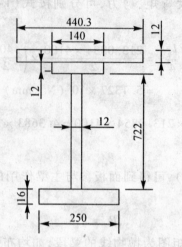

图 1-18 主梁截面尺寸(mm)

后翼缘正应力：

$$\sigma_{后} = \frac{M_{后}}{W_h} = \frac{5.1327 \times 10^8}{4.2272 \times 10^6} = -121.4208 \text{MPa} < [\sigma] = 160 \text{ MPa}$$

而主梁的最大剪应力为：

$$\tau_{max} = \frac{QS}{It} = \frac{4.3683 \times 10^5 \times 2.4999 \times 10^6}{1.8400 \times 10^9 \times 12}$$

$$= 49.4579 \text{MPa} < [\tau] = 95 \text{ MPa}$$

故主梁满足强度要求。

4) 挠度验算

为简化计算，可将主梁视为在计算跨度的全跨内受均布水压力，受均布荷载的等截面简支梁，依结构力学知识，其最大挠度为：

$$f_{max} = \frac{5}{384} \frac{ql^4}{EI} \tag{1-18}$$

式中：q——梁的均布荷载 $q = 213.0845 \text{N/mm}$；

l——梁的计算跨度 $l = 4400 \text{mm}$；

I——等截面梁的截面惯性矩 $I = 1.8400 \times 10^9 \text{mm}^4$；

E——钢材 Q235 的弹性模量 $E = 2.1 \times 10^5 \text{MPa}$。

代入已知数据，得

$$f_{max} = \frac{5}{384} \times \frac{213.0854 \times 4400^4}{2.1 \times 10^5 \times 1.8400 \times 10^9} = 2.6913 \text{ (mm)}$$

$$[f] = \frac{l}{750} = \frac{4400}{750} = 5.8667 \text{(mm)}$$

$$f_{max} < [f]$$

故主梁也满足刚度要求。

5) 稳定性验算

整体稳定性验算：当梁的受压翼缘与闸门面板连接时，可不验算梁的整体稳定性。

局部稳定性验算：主梁腹板高度与厚度之比 $h/t = 722/12 = 60.1667 < 80$，满足局部稳定性要求。

(3) 面板强度验算

面板本身在局部弯曲的同时还随主（次）梁整体弯曲，面板为双向受力状态。由于 $b/a > 1.5$，根据式(1-4)，其验算公式为：

$$\sigma_{zh} = \sqrt{(\sigma_{my})^2 + (\sigma_{mx} - \sigma_{ox})^2 - (\sigma_{my})(\sigma_{mx} - \sigma_{ox})} \leq 1.1\alpha[\sigma]$$

式中：$\sigma_{mx} = \mu\sigma_{my}$ ——面板区格沿主（次）梁轴线方向的局部弯曲拉应力，其中 μ 为泊松比，取 $\mu = 0.3$；

$$\sigma_{my} = k_y q a^2 / t^2 \qquad (1-19)$$

σ_{my} ——垂直于主（次）梁轴线方向、面板区隔的支撑长边中点上游面的局部弯曲拉应力；

σ_{ox} ——对应于面板验算点的主（次）梁上翼缘的整体弯曲压应力，可按式(1-6)计算；

k_y ——支撑长边中点弯曲应力系数，从有关规范中查得 $k_y = 0.5$；

q ——面板计算区格中心的水压强度，$q = \gamma h g = 9.8 \times 10^{-6} \times h$ N/mm^2；

h ——区格中心水头，mm；

α ——弹塑性调整系数，当 $b/a \leq 3$ 时，$\alpha = 1.5$，当 $b/a > 3$ 时，$\alpha = 1.4$；

a、b ——分别为面板区格的短边和长边的长度（从面板与主

（次）梁的连接焊缝算起），mm；

$[\sigma]$——钢材的抗弯容许应力，以 N/mm² 计；

t——板厚，mm。

取最下面板板格进行验算：

$b = 1100$mm，$a = 400$ mm，$3 > b/a = 2.75 > 1.5$；$t = 12$mm，$h = 23200$mm

$q = \gamma h = 9.8 \times 10^{-6} \times 23200 = 0.2274$（N/mm²）；

$\sigma_{my} = 0.5 \times 0.2274 \times 400^2/12^2 = 126.3333$（N/mm²）；

$\sigma_{mx} = 0.3 \times 126.3333 = 37.9000$（N/mm²）；

$\sigma_{ox} = 91.1589$ N/mm²

将结果代入(1-19)得

$\sigma_{zh} = \sqrt{126.333^2 + (37.90000 - 91.1589)^2 - 126.3333 \times (37.90000 - 91.1589)}$
$= 159.7654$（N/mm²）

$1.1\alpha[\sigma] = 1.1 \times 1.5 \times 160 = 264$（N/mm²）

$\sigma_{zh} = 159.7654 < 264$（N/mm²）

故面板满足强度要求。

(4) 隔板计算

采用等高连接的实腹式梁格结构，竖直次梁承受着由其两侧面板传来的水压荷载及水平次梁传来的集中荷载。为使计算方便，竖直次梁的荷载可简化为三角形或梯形分布的水压荷载，这样简化对竖直次梁的最大弯矩的计算影响不大。由闸门结构分析可知，第 7 根与第 9 根主梁之间的隔板受力最大，选其作为校核验算的对象。其计算简图如图 1-19 所示，隔板计算结果见表 1-6。

1) 内力计算

$q_i = p_i \times 1100$（p_i 为第 i 根主梁的梁轴线处的压强）

$\bar{q} = (q_i + q_{i+1})/2$

跨中弯矩：$M_{max} = \frac{1}{8}\bar{q}l^2 = \frac{1}{8} \times \bar{q} \times l_i^2$

$M_{max} = 3.2763 \times 10^7$（N·mm）

支座剪力：$Q = \frac{1}{2}\bar{q}l = \frac{1}{2} \times 242.33 \times 1040 = 1.2601 \times 10^5$（N）

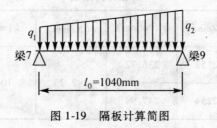

图 1-19 隔板计算简图

2）截面特性

①根据式（1-11），得面板参与隔板作用的有效宽度 B（按 7 号和 9 号主梁之间的隔板计算）为 $B = \xi_1 b$。

$b = 1100 \text{mm}, l_0 = 1040 \text{ mm}, l_0/b = 0.9455$，

查表 1-1 得 $\xi_1 = 0.380$

故 $B = 418.0 \text{mm}$

②隔板截面如图 1-20 所示。

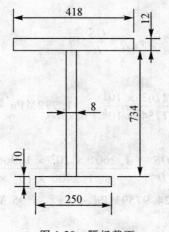

图 1-20 隔板截面

表 1-6　　　　　　　　　　隔板计算结果

第 i 根梁	$p_i(\text{N/mm}^2)$	$q_i(\text{N/mm})$	$\bar{q}(\text{N/mm})$	$l_i(\text{mm})$	$M_{max}(N \cdot \text{mm})$
7	0.2152	236.72	242.33	1040	3.2763×10^7
9	0.2254	247.94			

其截面特性见表 1-7。

表 1-7　　　　　　　　　　隔板截面特性

截面特性	$A(\text{mm}^2)$	$y_0(\text{mm})$	$I(\text{mm}^4)$	$S(\text{mm}^3)$	W_q (mm^3)	W_h (mm^3)	W_{min} (mm^3)
数值	13388	308.7156	1.2400×10^9	1.9662×10^6	4.0212×10^6	2.7754×10^6	2.7754×10^6

3）强度验算

根据式 $\sigma = \dfrac{M_{max}}{W}$ 与 $\tau_{max} = \dfrac{QS}{It}$，得

后翼缘正应力：

$$\sigma_{后} = \frac{M_{max}}{W_h} = \frac{3.2763 \times 10^7}{2.7754 \times 10^6} = 11.772 \text{MPa} < [\sigma] = 160 \text{ MPa}$$

剪应力：

$$\tau_{max} = \frac{QS}{It} = \frac{1.2601 \times 10^5 \times 1.9662 \times 10^6}{1.2400 \times 10^9 \times 8}$$

$$= 24.9759 \text{MPa} < [\tau] = 95 \text{ MPa}$$

故隔板强度满足要求。

当隔板截面尺寸较大时，由静水压力产生的弯曲应力很小，可不进行验算。

（5）边梁应力计算

边梁采用定轮支撑，故根据其受力特点可不必进行边梁应力验算。

5. 计算结果

进水口工作门各部件的结构计算结果列入表1-8中。

结构计算结果表明,在23.5m计算水头作用下,进水口工作门部件均满足强度与刚度的要求。

表1-8　　　　　　　　　闸门结构计算表

构件	弯曲应力(MPa)			剪应力(MPa)			挠度(mm)	
	最大应力	允许应力	所在部位	最大应力	允许应力	所在部位	最大挠度	允许挠度
次梁	-51.36	160	8号梁与隔板相交的后翼缘			轧成梁的剪应力一般很小,可不必验算	0.1328	4.40
隔板	11.77	160	底部两主横梁之间的隔板后翼缘	24.98	95	底部两主横梁之间的隔板腹板		
主横梁	-121.53	160	跨中截面后翼缘	49.46	95	跨中截面腹板	2.69	5.87
面板	折算应力 $\sigma_{zh}=159.77$MPa$<1.1\alpha[\sigma]=264$MPa							
边柱	边梁采用定轮支撑,故根据其受力特点可不必进行边梁的应力验算							

Ⅱ. 某水电站工程溢洪道上工作门的三维有限元计算

某水电站工程的溢洪道上的泄洪闸门采用平面钢闸门。根据《水利水电钢闸门设计规范》(SL74—95)第1.0.6条规定,本闸门采用三维有限元方法进行计算。

1. 基本参数

闸门基本参数如下:

(1)闸门的基本尺寸

9#平板门孔口尺寸(宽×高)12m×18m,设计水头23.5m。

(2)闸门坐标系

9#平板门计算用的空间直角坐标系原点在闸门底部,x轴沿主梁方向向右，z 轴向上，y 轴指向上游。

(3) 闸门材料常数

闸门材料为 16Mn 钢，材料常数见表 1-9。

表 1-9　　　　　　　　　　闸门材料常数

弹性模量 E	质量密度 ρ	容重 γ	泊松比 μ	重力加速度 g
206000MPa	7.85×10^{-9} t/mm³	7.693×10^{-5} N/mm³	0.3	9800mm/s²

(4) 闸门构造

9#闸门为平面闸门，由上、中、下三部分组成，每部分实际上是独立地工作，有独立的止水。因此，可将上、中、下三部分分开计算；每部分闸门均采用面板+主横梁+纵隔板+主梁下翼缘+纵隔板下翼缘体系。闸门在两侧设主轮，静力挡水时闸门由主轮支撑；闸门静力计算工况为正常挡水，设计水头 23.5m。

2. 计算方法

9#平面闸门计算按三维有限元分析进行，其基本原理是将闸门离散为板、梁、杆单元，用 ALGOR FEAS 程序（即 SUPER SAP）计算。

静力是按 SD2H→DECODS→COMBSSTH→SSAPOH→SVIEWH 的顺序计算的。用 SD2H 分别构筑各部分的模型，对板、杆单元用 DECODS 添加有限元参数，用 COMBSSTH 将各部分模型连接起来，形成有限元数据文件。用 SSAPOH 进行有限元计算，用 SVIEWH 进行有限元结果的后处理。

有限元计算时闸门各物理量的量纲见表 1-10，有限元计算规模见表 1-11。

表 1-10　　　　　　　　　闸门各物理量的量纲

长度	质量	力	时间	应力
mm	t	N	S	MPa

表 1-11　　　　　　　9#平面闸门有限元计算规模

闸门部位	结点数	方程数	板单元数	杆单元数
上	2572	15397	2935	8
中	1822	10897	1981	8
下	1750	10469	2026	0

3. 9#平板门三维有限元计算

(1) 计算模型

为方便有限元建模,将结构分为若干部分(如面板、主梁等,SAP里称之为层),分别对每部分建模,划分单元。为反映各层不同的厚度、压力等,再将各层分为若干颜色。

为尽可能反映闸门的设计情况,将闸门构件(面板、主梁、主梁翼缘、纵隔板、纵隔板翼缘、次梁、次梁翼缘等,斜杆除外)都离散为板单元。斜杆离散为杆单元。

闸门静力挡水时,两侧主轮轴外侧约束 x、y 向位移,底止水约束 z 向位移。

静力荷载为闸门构件自重和水压力。

水压力按下式计算:$p = 水头(mm) \times 1(t/m^3) = 水头 \times 0.98 \times 10^{-5}(MPa)$

水头按各段中点计算。

(2) 闸门上部分静力计算结果

1) 闸门上部分位移

闸门上部分变形图见图 1-21,闸门上部分面板位移见图 1-22。闸门上部分主梁下翼缘横向位移见表 1-12。

由图 1-21、图 1-22 可见,闸门上部分的位移为中间大、两侧小。闸门面板上部、下部由次梁与纵隔板组成的板格中部位移大,最大位移为 11.8mm。

表 1-12　　闸门上部分主梁下翼缘横向位移(mm)

部位	$x=-3.25m$	跨中
上主梁下翼缘	4.4	5.8
下主梁下翼缘	5.9	7.8

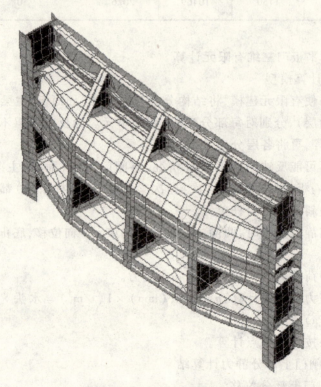

图 1-21　闸门上部分变形图

2)闸门上部分应力

闸门上部分下游面 Mises 应力见图 1-23,上游面 Mises 应力见图 1-24。

由图 1-23、图 1-24 可见,闸门面板下游面应力比上游面应力大,

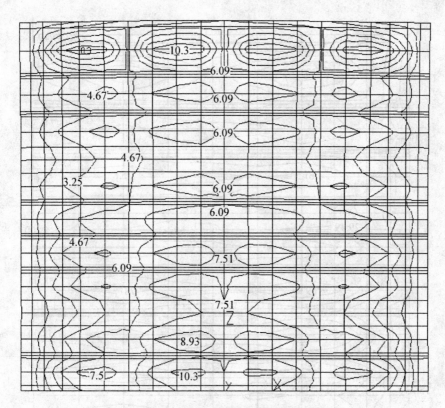

图 1-22 闸门上部分面板位移（mm）

面板应力呈格子效应，在由主梁、次梁和纵隔板组成的格子中间应力较大，最大 Mises 应力在面板下游面上部，为 104.6 MPa。

次梁腹板 Mises 应力见图 1-25。由图可见，顶梁在与面板连接处应力较大，最大 Mises 应力为 81.8MPa，底梁在与纵隔板下翼缘连接处应力较大，最大 Mises 应力为 88MPa。其他次梁应力较小。

次梁下翼缘 Mises 应力见图 1-26。由图可见，底梁翼缘应力较大，最大 Mises 应力为 78.1MPa。其他次梁应力较小。

主梁腹板 Mises 应力见图 1-27。由图可见，主梁腹板端部有应力集中现象，原因是计算时假定主轮为点接触，所以集中应力较大。实际结构主轮构造复杂，应力集中现象没有这么严重。

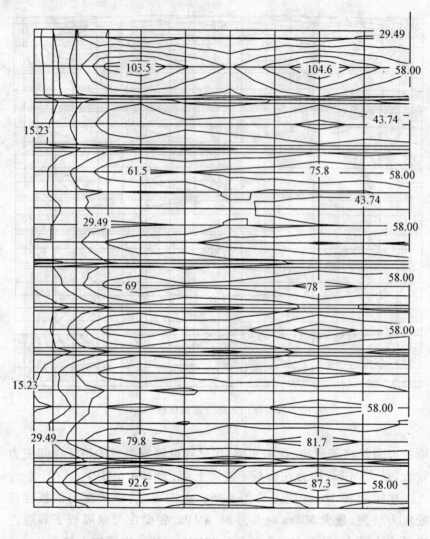

图 1-23 闸门上部分下游面 Mises 应力图(MPa)

主梁腹板跨中 Mises 应力最大值为 77.3MPa,发生在下主梁下游面。

纵隔板腹板 Mises 应力见图 1-28。由图可见,端柱腹板在主轮处有应力集中现象,由于计算时假定主轮为点接触,所以集中应力较

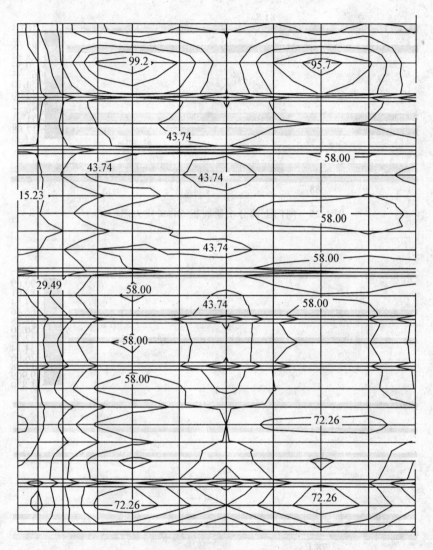

图 1-24 闸门上部分上游面 Mises 应力图(MPa)

大。实际结构的主轮构造复杂,应力集中现象没有这么严重。

端柱腹板除主轮处外,其他部位应力都不大。中间纵隔板腹板应力最大值为 56.9MPa,发生在下部与次梁连接处。$x = \pm 3.25$m 处

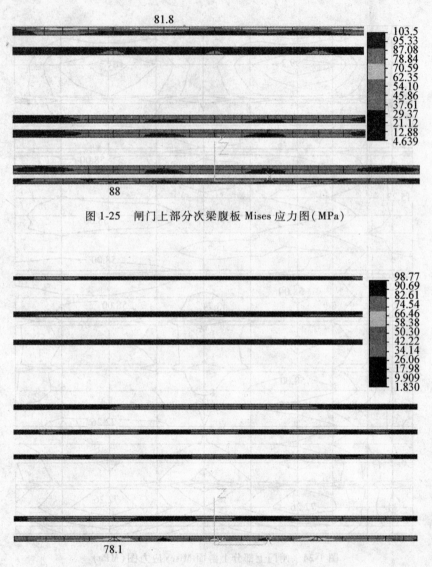

图 1-25　闸门上部分次梁腹板 Mises 应力图(MPa)

图 1-26　闸门上部分次梁下翼缘 Mises 应力图(MPa)

纵隔板腹板应力最大值为 65.9MPa,发生在下部与次梁连接处。

主梁、纵隔板下翼缘 Mises 应力见图 1-29。由图可见,在主轮处有应力集中现象,实际结构主轮构造复杂,应力集中现象没有这么严重。

纵隔板下翼缘除主轮处外,其他部位应力都不大。主梁下翼缘 Mises 应力在跨中较大,两侧较小。上主梁下翼缘跨中 Mises 应力为 54.2MPa,下主梁下翼缘跨中 Mises 应力为 84.6MPa。

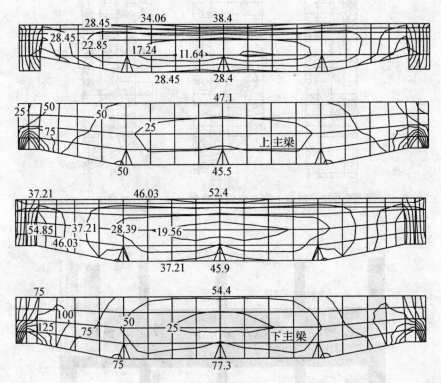

图 1-27 闸门上部分主梁腹板 Mises 应力图(MPa)

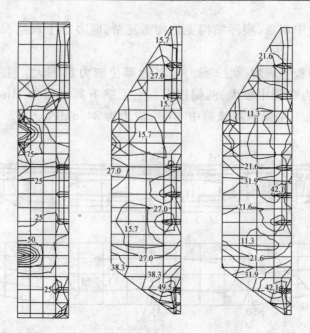

图 1-28　闸门上部分纵隔板腹板 Mises 应力图（MPa）

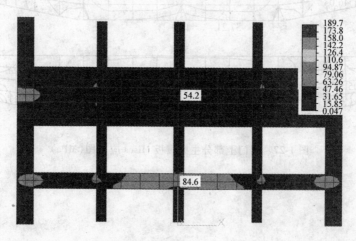

图 1-29　闸门上部分主梁、纵隔板下翼缘 Mises 应力图（MPa）

斜杆正应力见图 1-30。由图可见，四根斜杆受压，最大压应力为

32.1MPa，四根斜杆受拉，最大拉应力为25.1MPa。

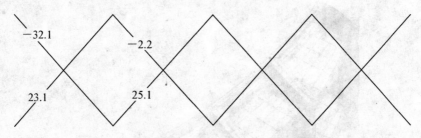

图 1-30　闸门上部分斜杆正应力图（MPa）

综上所述，得到闸门上部分各构件的最大 Mises 应力，如表 1-13 所示。

表 1-13　　　　　上部分闸门构件的最大应力（MPa）

构件	应力种类	最大应力	所在部位	允许应力
面板下游面	Mises 应力	104.6	上部	
面板上游面	Mises 应力	99.2	上部	
次梁腹板	Mises 应力	88	底梁与纵隔板下翼缘连接处	
次梁下翼缘	Mises 应力	78.1	底梁	$[\sigma]=198$
主梁腹板	Mises 应力	77.3	下主梁下游面	$[\sigma_{cd}]=297$
纵隔板腹板	Mises 应力	65.9	$x=\pm 3.25$m 处纵隔板下部	$[\sigma_{zh}]=327$
主梁下翼缘	Mises 应力	84.6	下主梁跨中	
斜杆	拉力	25.1	斜杆	
斜杆	压力	-32.1	斜杆	

（3）闸门中部分静力计算结果

1）闸门中部分位移

闸门中部分变形见图 1-31，闸门中部分面板位移见图 1-32。闸门中部分主梁下翼缘横向位移见表 1-14。

由图 1-31、图 1-32 可见，闸门中部分的位移为中间大、两侧小。

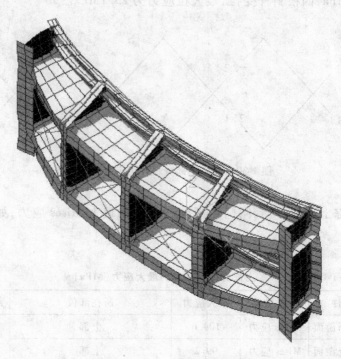

图 1-31　闸门中部分变形图

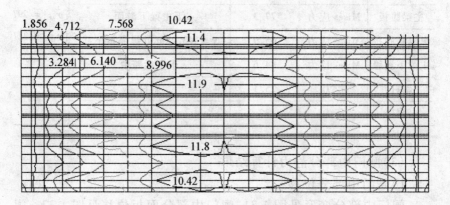

图 1-32　闸门中部分面板位移（mm）

闸门面板上部由次梁与纵隔板组成的板格中部位移大,最大位移为11.9mm。

表1-14　　　闸门中部分主梁下翼缘横向位移(mm)

部位	$x=-3.25\mathrm{m}$	跨中
上主梁下翼缘	7.6	10.1
下主梁下翼缘	7.5	10.1

2) 闸门中部分应力

闸门中部分下游面Mises应力见图1-33,上游面Mises应力见图1-34。

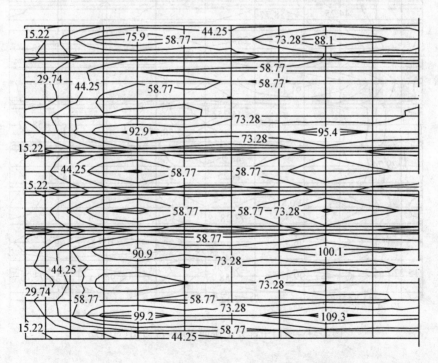

图1-33　闸门中部分下游面Mises应力图(MPa)

由图可见,面板应力呈格子效应,在由主梁、次梁和纵隔板组成的格子中间应力较大,最大 Mises 应力在面板上游面下部,为 109.9MPa。

次梁腹板 Mises 应力见图 1-35。由图可见,上面次梁应力小,下面次梁应力大。最大 Mises 应力为 88.8MPa,发生在底梁与纵隔板下翼缘连接处。

次梁下翼缘 Mises 应力见图 1-36。由图可见,上面次梁应力小,下面次梁应力大。最大 Mises 应力为 93.2MPa,发生在底梁与纵隔板下翼缘连接处。

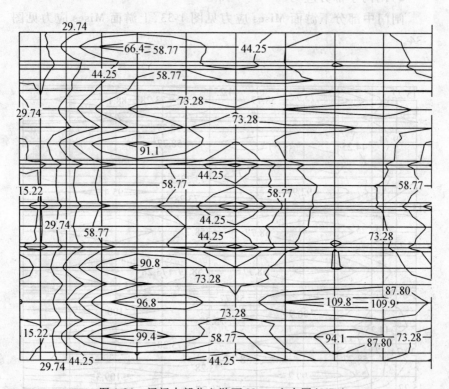

图 1-34　闸门中部分上游面 Mises 应力图(MPa)

主梁腹板 Mises 应力见图 1-37。由图可见,主梁腹板端部有应力集中现象,原因是计算时假定主轮为点接触,所以集中应力较大。

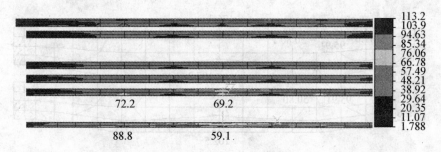

图 1-35 闸门中部分次梁腹板 Mises 应力图(MPa)

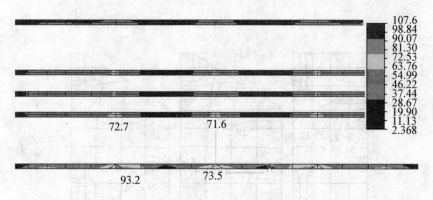

图 1-36 闸门中部分次梁下翼缘 Mises 应力图(MPa)

实际结构主轮构造复杂,应力集中现象没有这么严重。

主梁腹板跨中 Mises 应力最大值为 107.2MPa,发生在上主梁下游面。

纵隔板腹板 Mises 应力见图 1-38。由图可见,端柱腹板在主轮处有应力集中现象,由于计算时假定主轮为点接触,所以集中应力较大。实际结构主轮构造复杂,应力集中现象没有这么严重。

端柱腹板除主轮处外,其他部位应力都不大。中间纵隔板腹板应力最大值为 63.4MPa,发生在上部与次梁连接处。

主梁、纵隔板下翼缘 Mises 应力见图 1-39。由图可见,在主轮处有应力集中现象,实际结构主轮构造复杂,应力集中现象没有这么严重。

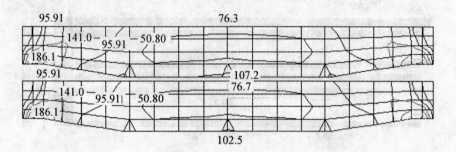

图1-37 闸门中部分主梁腹板Mises应力图(MPa)

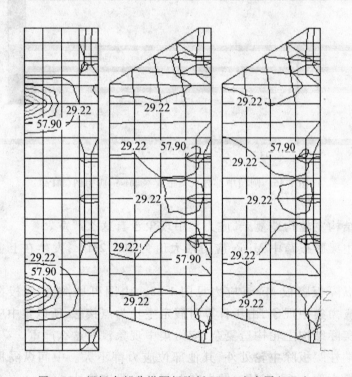

图1-38 闸门中部分纵隔板腹板Mises应力图(MPa)

纵隔板下翼缘Mises应力除主轮处外,其他部位应力都不大。主梁下翼缘Mises应力在跨中较大,两侧小。上主梁下翼缘跨中

Mises应力为117.9MPa,下主梁下翼缘跨中 Mises 应力为110.8MPa。

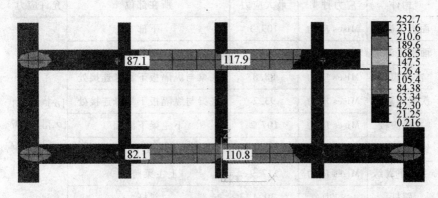

图 1-39 闸门中部分主梁、纵隔板下翼缘 Mises 应力图(MPa)

斜杆正应力见图 1-40。由图可见,四根斜杆受压,四根斜杆受拉,最大压应力为 6.1MPa,最大拉应力为 39.4MPa。

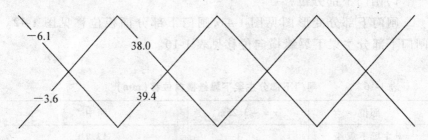

图 1-40 闸门中部分斜杆正应力图(MPa)

综上所述,得到闸门中部分各构件的最大应力,如表 1-15 所示。

表 1-15　　闸门中部分各构件的最大应力(MPa)

构件	应力种类	最大应力	所在部位	允许应力
面板下游面	Mises 应力	109.3	下部	
面板上游面	Mises 应力	109.9	下部	
次梁腹板	Mises 应力	88.8	底梁与纵隔板下翼缘连接处	
次梁下翼缘	Mises 应力	93.2	底梁与纵隔板下翼缘连接处	$[\sigma]$ = 198
主梁腹板	Mises 应力	107.2	下主梁下游面	$[\sigma_{cd}]$ = 297
纵隔板腹板	Mises 应力	71.4	$x = \pm 3.25$m 处纵隔板上部	$[\sigma_{ch}]$ = 327
主梁下翼缘	Mises 应力	117.9	上主梁跨中	
斜杆	拉力	39.4	斜杆	
斜杆	压力	-6.1	斜杆	

(4)闸门下部分静力计算结果

1)闸门下部分位移

闸门下部分变形图见图 1-41，闸门下部分面板位移见图 1-42。闸门下部分主梁下翼缘横向位移见表 1-16。

表 1-16　　闸门下部分主梁下翼缘横向位移(mm)

部位	$x = -3.25$m	跨中
上主梁下翼缘	10.3	13.7
下主梁下翼缘	10.1	13.5

由图 1-41、图 1-42 可见，闸门下部分的位移为中间大，两侧小。闸门面板上部由次梁与纵隔板组成的板格中部位移大，最大位移为 15.6mm。

2)闸门下部分应力

闸门下部分下游面 Mises 应力见图 1-43，上游面 Mises 应力见图 1-44。

由图 1-43、图 1-44 可见，闸门面板下游面应力比上游面应力大，

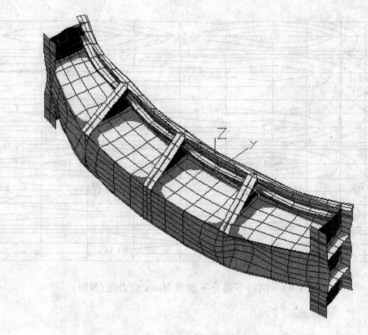

图 1-41 闸门下部分变形图

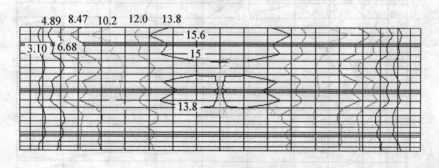

图 1-42 闸门下部分面板位移(mm)

面板应力呈格子效应,在由主、次梁和纵隔板组成的格子中间下游面应力较大,最大 Mises 应力在面板下游面,为 123.4MPa。

次梁腹板 Mises 应力见图 1-45。由图可见,中间次梁腹板应力

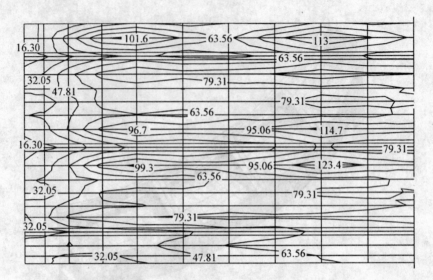

图 1-43　闸门下部分下游面 Mises 应力图（MPa）

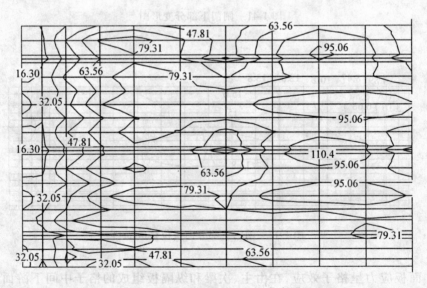

图 1-44　闸门下部分上游面 Mises 应力图（MPa）

较大,最大 Mises 应力为 84.1MPa,发生在中间次梁 $x = \pm 3.25\text{m}$ 处。

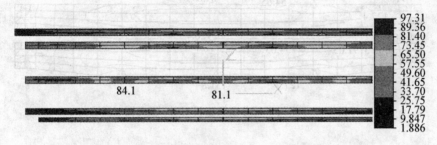

图 1-45　闸门下部分次梁腹板 Mises 应力图(MPa)

次梁下翼缘 Mises 应力见图 1-46。由图可见,顶次梁、中间次梁翼缘应力较大,最大 Mises 应力为 90MPa,发生在中间次梁 $x = \pm 3.25\text{m}$ 处。

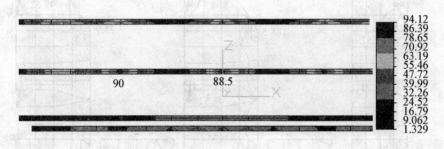

图 1-46　闸门下部分次梁下翼缘 Mises 应力图(MPa)

主梁腹板 Mises 应力见图 1-47。由图可见,主梁腹板端部有应力集中现象,原因是计算时假定主轮为点接触,所以集中应力较大。实际结构主轮构造复杂,应力集中现象没有这么严重。

主梁腹板跨中 Mises 应力最大值为 131.8MPa,发生在下主梁下游面。

纵隔板腹板 Mises 应力见图 1-48。由图可见,端柱腹板在主轮处有应力集中现象,由于计算时假定主轮为点接触,所以集中应力较大。实际结构主轮构造复杂,应力集中现象没有这么严重。

端柱腹板除主轮处外,其他部位应力都不大。中间纵隔板腹板

图 1-47　闸门下部分主梁腹板 Mises 应力图（MPa）

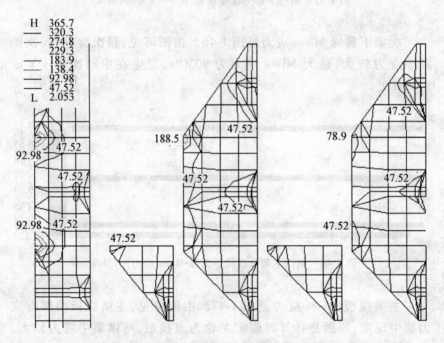

图 1-48　闸门下部分纵隔板腹板 Mises 应力图（MPa）

应力最大值为 78.9MPa，发生在上部与主梁下翼缘连接处。$x = \pm 3.25$m 处纵隔板腹板应力最大值为 188.5MPa，发生在上部与主梁下翼缘连接处。

主梁、纵隔板下翼缘下游面 Mises 应力见图 1-49，下游面弯曲应力 σ_x 见图 1-50，上游面弯曲应力 σ_x 见图 1-51。由图 1-49 至图 1-51

可见,在主轮处有应力集中现象,实际结构主轮构造复杂,应力集中现象没有这么严重。

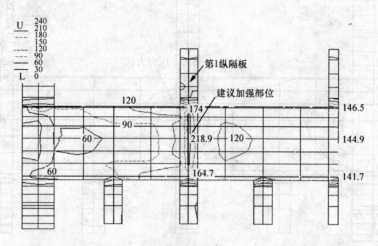

图1-49 闸门下部分主梁、纵隔板下翼缘下游面Mises应力图(MPa)

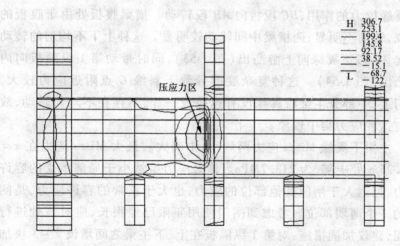

图1-50 闸门下部分主梁、纵隔板下翼缘下游面弯曲应力σ_x(MPa)

闸门顶视图见图1-52。由图1-52可见,闸门主梁后翼缘受力方向在纵隔板边上有转折,转折点B离纵隔板C有一定的距离。由于

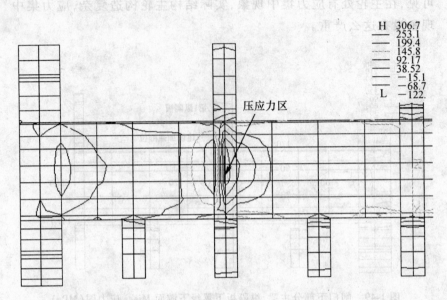

图1-51 闸门下部分主梁、纵隔板下翼缘上游面弯曲应力 σ_x(MPa)

下翼缘拉力的作用,BC 段将向 AB 段转动。横梁腹板处由于腹板的约束,转动不明显;两横梁中间转动较明显。这种上下不均匀的转动引起 AC 段下翼缘向上游凸出(图 1-53),同时带动第 1 纵隔板向内侧凸出(图 1-54)。这种复杂变形导致下翼缘 C 点附近应力较大。闸门上、中部分主梁后翼缘没有连接成一片,不存在不均匀转动,故没有这种应力集中现象。

主梁下翼缘 Mises 应力两侧小,中间大。最大 Mises 应力在 $x=\pm 3.25\mathrm{m}$ 处中部,为 218.7MPa。该处应力虽然小于局部承受的容许应力,但远大于闸门其他部位的应力,也大于正常的容许应力,是闸门的一个薄弱部位。考虑到闸门使用年限已经很长,应对该处进行加固,建议加固措施:对第 1 纵隔板在上、下主梁之间增设 2~3 块加劲肋,加劲肋宽度与纵隔板后翼缘宽度相同,前面与面板连接,后面与主梁下翼缘连接,以减小下翼缘的不均匀转动。

综上所述,得到闸门下部分各构件的最大应力,如表 1-17 所示。

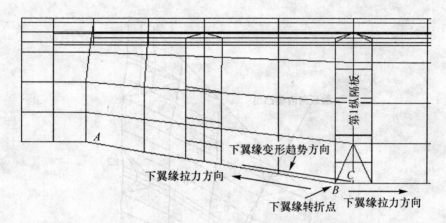

图 1-52 闸门下部分顶视图

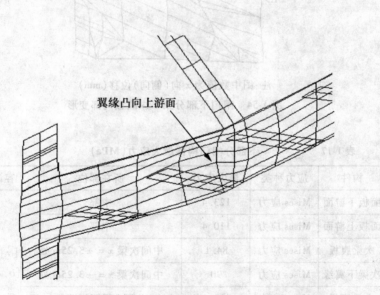

图 1-53 闸门下部分主梁、纵隔板下翼缘局部变形放大图

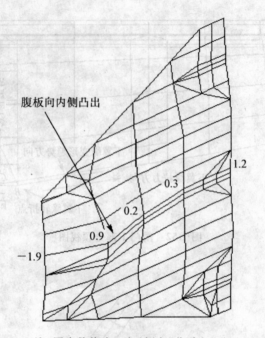

注:图中数值为 x 向(侧向)位移(mm)

图 1-54　闸门下部分第 1 纵隔板局部变形

表 1-17　　　　下部分闸门构件最大应力(MPa)

构件	应力种类	最大应力	所在部位	容许应力
面板下游面	Mises 应力	123.4	中部	
面板上游面	Mises 应力	110.4	中部	
次梁腹板	Mises 应力	84.1	中间次梁 $x=\pm 3.25$m 处	$[\sigma]=198$
次梁下翼缘	Mises 应力	90	中间次梁 $x=\pm 3.25$m 处	$[\sigma_{cd}]=297$
主梁腹板	Mises 应力	131.8	下主梁下游面	$[\sigma_{zh}]=327$
纵隔板腹板	Mises 应力	188.5	$x=\pm 3.25$m 处纵隔板上部	
主梁下翼缘	Mises 应力	218.7	$x=\pm 3.25$m 处	

(5)结论

从总体上来看,闸门上部分应力与位移小,中部分应力与位移增大,下部分应力与位移最大。

闸门各部分应力基本满足强度要求。

闸门下部分主梁下翼缘 Mises 应力在 $x = \pm 3.25\text{m}$ 处中部为 218.7MPa。该处应力远大于闸门其他部位的应力,超出正常的容许应力 10.1%,是闸门的一个最薄弱部位(局部区域)。考虑到闸门使用年限已经很长,建议对该处进行补强加固。

1.3 弧形钢闸门

1.3.1 概述

弧形钢闸门的结构组成与平面钢闸门一样,也是由门体结构、闸室的埋设构件和启闭机械设备三大部分组成,如图 1-55 所示。不同之处是其面板为圆弧形,且启闭闸门时,门体结构绕固于闸墩上的支铰的水平轴转动。通常令设置铰轴中心和弧形面板的圆心相重合,故作用在圆弧面板上的水压力的合力总是通过铰心。这样,启闭时只需克服闸门自重、止水和铰轴的摩擦阻力对轴心的阻力矩。与平面闸门相比,其启闭省力,运转可靠,泄流条件较好,这使弧门得到广泛应用。

由于弧门面板的曲率不大,弧门各部分结构的计算方法与平面闸门基本相同。故在本书只就弧门的结构特点、门上所受载荷、支铰位置及主框架的构造与计算等加以介绍,其他的不再重述。

1.3.2 门体结构的布置与形式

1.3.2.1 梁格的布置与连接方式

弧门支承面板的梁格布置与连接方式与平面闸门相同,也是分为齐平连接(图 1-56(a),(b))和层叠连接(图 1-56(c),(d))两种。

1.3.2.2 支铰

弧门的支承铰是整个闸门的重要组成部分。它是弧门的支承行走装置,将闸门所受的全部水压力和部分自重传给铰支座(闸墩侧

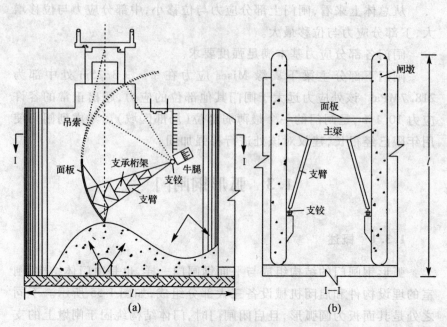

图 1-55　弧形钢闸门的结构组成

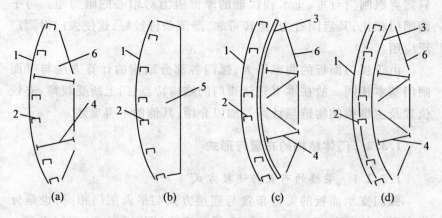

图 1-56　弧形钢闸门梁格布置形式

1. 面板；2. 小横梁；3. 小纵梁；4. 大横梁；5. 主纵梁；6. 竖向隔板或桁架

面的牛腿上),同时又是启闭时闸门转动的支承中心。因此,支铰的位置对启门力大小及闸门工作的可靠性影响较大。应尽量布置在过水时不受水流及漂浮物冲击并不被泥沙堵塞的位置上。一般溢流坝上的非淹没式闸门,支铰应布置在门槛以上的$(1/2 \sim 3/4)H$附近的位置;河道中的水闸弧门,支铰应布置在高出下游校核洪水位 $0.5m$ 的位置;对于潜孔式的弧门,支铰可布置在 $1.1H$ 以上的位置,H 为门高。弧面半径 R 依闸门高度 H 和支铰位置而定,非淹没式门一般 $R=(1.1 \sim 1.5)H$;而潜孔式门一般 $R=(1.2 \sim 2.2)H$。

1.3.2.3 主框架形式

弧门的主梁支承在闸门两边的支臂上,支臂末端支承在固定于闸墩侧面的支铰上。主梁与支臂构成主框架,又称门架。它承受由面板和次梁传来的水压力,将力传给支铰。其结构形式有主横梁式结构和主纵梁式结构两种。前者适用扁而宽的孔口,如非淹没式弧门采用较多;后者适用于高而窄的孔口,如淹没式的潜孔弧门采用较多。

1. 主横梁式的主框架结构

主横梁式的主框架的主梁为水平放置,根据其布置方式可分为以下几种,如图 1-57 所示。

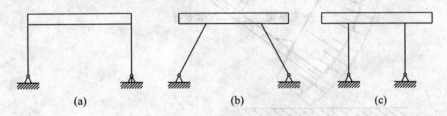

图 1-57 弧形钢闸门主横梁式主框架结构形式

(1)直支臂 Π 形框架。其支臂方向与主梁正交。优点是其支臂对闸墩的侧推力较小,支铰简单,制造和安装较方便。缺点是主梁跨度较大,耗材量较多。目前,工程中除在闸孔空间受到限制的船闸上偶尔使用外,已不再采用。

(2)斜支臂八字形框架。其支臂与主梁斜交。从力学观点上看,这种主梁的悬臂(一般是悬臂长为跨长的 1/5 左右)负弯矩会减少主梁跨中弯矩，使其用材量减少，因而工程中得到广泛使用。但斜支臂增加侧推力，使支臂与支铰的制造与安装较为复杂。

（3）带悬臂的直臂Π形框架。这种结构，同时具备上述两种结构的优点，克服了它们的缺点。美中不足的是要求一定的土建条件，如非淹没式闸门需要加设支承小墩，但在潜孔式孔口上往往具有这种条件，从而得到广泛应用。

2. 主纵梁式的主框架结构

主纵梁式的主框架为竖立放置，主纵梁与上下两个支臂构成主框架（见图1-58）。对孔口宽高之比较小的弧形钢闸门，采用此种形式大有好处。

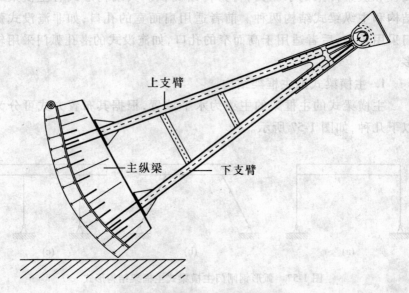

图1-58　主纵梁式主框架结构形式

1.3.2.4　主梁的布置

在主横梁式的弧形钢闸门中一般都采用双主梁，因此，支臂也以采用两根肢杆较多。只有当门高较大（$H > 7 \sim 9\text{m}$）时，才考虑采用三个主框架，此时，主梁的位置应按等荷载原则来确定。

1.3.3 闸门的荷载计算

作用在弧门上的荷载主要有静水压力、闸门自重和启闭力等。

1.3.3.1 弧门的静水压力计算

弧门承受的静水压力大小与闸门形式（非淹没式、淹没式和潜孔式）、支铰位置和闸门上下游水位等有关。静水压力计算时首先分解为水平水压力 P_x 和竖直水压力 P_y，然后合成为总水压力 P。现以非淹没式弧形钢闸门承受上、下游水压力（图1-59）为例来说明。具体情况可按规范要求计算。

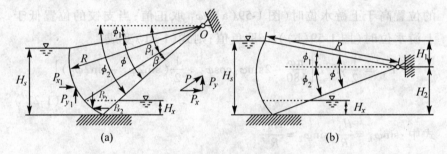

图1-59 弧门所承受的上、下游静水压力

上游水压力：

水平
$$P_{x_1} = \frac{1}{2}\gamma H_s^2 B \tag{1-20}$$

竖直 $P_{y_1} = \frac{1}{2}\gamma R^2 B\left[\frac{\pi\varphi}{180} + 2\sin\varphi_1\cos\varphi_2 - \frac{1}{2}(\sin2\varphi_1 + \sin2\varphi_2)\right]$

$$\tag{1-21}$$

下游水压力

水平
$$P_{x_2} = \frac{1}{2}\gamma H_x^2 B \tag{1-22}$$

竖直

$$P_{y_2} = \frac{1}{2}\gamma R^2 B\left[\frac{\pi\beta}{180} + 2\sin\beta_1\cos\varphi_2 - \frac{1}{2}(\sin2\beta_1 + \sin2\varphi_2)\right]$$

$$\tag{1-23}$$

总水压力 $P = \sqrt{\left(P_{x_1} - P_{x_2}\right)^2 + \left(P_{y_1} - P_{y_2}\right)^2}$ (1-24)

$$\alpha = \arctan \frac{P_y}{P_x} \quad (1-25)$$

式中：γ——水的容重；

H_s、H_x——分别为上、下游水位到堰顶的距离；

B——闸孔宽度；

R——弧门面板曲率半径；

φ——弧门面板中心角；

φ_1、φ_2——弧门上支臂、下支臂与支铰水平线的夹角。当支铰的位置高于上游水位时（图 1-59(a)）φ_1 取正值；当支铰的位置低于上游水位时（图 1-59(b)）φ_1 取负值；则式(1-21)变成：

$$P_{y_1} = \frac{1}{2}\gamma R^2 B\left[\frac{\pi\varphi}{180} - 2\sin\varphi_1\cos\varphi_2 + \frac{1}{2}(\sin2\varphi_1 - \sin2\varphi_2)\right]$$
(1-21′)

式中：$\sin\varphi_1 = \frac{H_1}{R}$，$\sin\varphi_2 = \frac{H_2}{R}$；

β——弧门面板与下游水位交点到支铰的连线与弧门下支臂的夹角（如图 1-59(a)）；

β_1——弧门面板与下游水位交点到支铰的连线与通过支铰心的水平线的夹角（如图 1-59(a)）；

α——合力 P 的作用线与水平线的夹角。

由总水压力 P 分配到两个主框架上的 P_1 与 P_2 可用图解法（图 1-60(a)）或按下式求得：

$$\frac{P_1}{\sin(\beta_2 - \alpha)} = \frac{P_2}{\sin(\alpha - \beta_1)} = \frac{P}{\sin\beta} \quad (1-26)$$

当上、下主框架的布置对称于静水压力时（图 1-60(b)），每个主框架承受的水压力各为：

$$P_1 = P_2 = \frac{P}{2\cos\frac{\beta}{2}} \quad (1-27)$$

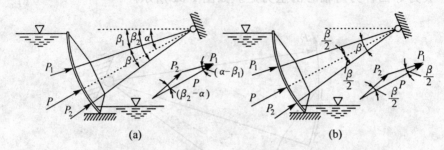

图 1-60 静水总压力在两个主框架上的分配

1.3.3.2 弧门的自重计算

弧门的自重一般在设计完成后,即可求得。初估时可按下式计算。

1. 非淹没式弧门

当 $B \leq 10\text{m}$ 时,$G = K_c K_b H^{0.42} B^{0.33} H_s (\text{kN})$; (1-28)

当 $B > 10\text{m}$ 时,$G = K_c K_b H^{0.63} B^{1.1} H_s (\text{kN})$ 。 (1-29)

式中:H、B——分别为孔口高度(m)和宽度(m);

H_s——设计水头(m);

K_c——材料系数:普通碳素钢 $K_c = 1.0$,低合金钢 $K_c = 0.8$;

K_b——孔口宽度系数:$B \leq 5$ 时,$K_b = 0.29$;$5\text{m} < B < 10\text{m}$ 时,$K_b = 0.472$;$10\text{m} < B < 20\text{m}$,$K_b = 0.075$;$B > 20\text{m}$ 时,$K_b = 0.105$。

2. 潜孔式弧门

计算公式为

$$G = 0.012 K_2 A^{1.27} H_s^{1.06} \quad (1\text{-}30)$$

式中:K_2——孔口高宽比修正系数,当 $B/H \geq 3$ 时,$K_2 = 1.2$,其他情况时,$K_2 = 1.0$;

A——孔口面积。

弧门重心可假定位于弧面圆心角 φ 的等分角线上,且离开支承轴 O 为 $(0.8 \sim 0.9)R$ 处,R 为弧面半径。

1.3.3.3 弧门的启闭力计算

弧门的启门力要克服门重 G、止水摩擦阻力、铰轴摩擦阻力和下吸力等四种力对轴心的阻力矩。如图 1-61 所示。

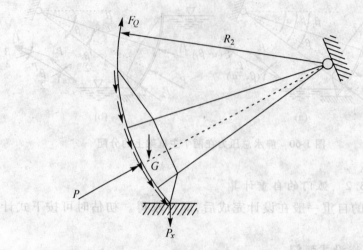

图 1-61 弧形钢闸门的启门力计算简图

启门力 F_Q 可按下式计算：

$$F_Q = \frac{1}{R_2}\left[1.2(T_{zd}r_0 + T_{zs}r_1) + n_G'Gr_2 + G_jR_1 + P_xr_3\right](kN) \quad (1-31)$$

式中：T_{zd}——铰轴摩擦力（kN），$T_{zd} = Pf$；其中 P 为总水压力，f 为轴套的摩擦系数；

T_{zs}、P_x——分别为止水摩擦阻力和下吸力，可参照平面闸门的有关公式计算；

G——弧门自重（kN）；

G_j——闸门加重块重量（kN）；

n_G'——闸门自重修正系数，一般采用 1.0~1.1；

R_1、R_2——分别为加重块和启门力对弧门转动中心的力臂（m）；

r_0、r_1、r_2、r_3——分别为铰轴摩阻力、止水摩阻力、弧门自重和下吸力对弧门转动中心的力臂（m）。

此外，启门力 F_Q 的计算还可参考《水利水电工程钢闸门设计规范》。

1.3.4 主横梁式弧形钢闸门主框架的设计计算

1. 主框架的内力计算

主框架横梁上的荷载主要是由弧形竖直次梁和部分面板传来的力,为简化计算,可将这些力折算成一种计算荷载。这里的计算荷载可近似地将每个框架承受的静水压力 P_1 换算成沿主梁跨长上作用的均布荷载 $q = P_1/l$(l 为主梁长度)。

主框架的荷载确定后,便可以进行内力计算,由于框架的结构形式、几何尺寸均未定,还须作些设定和假设,从而进行计算。计算时首先计算其铰支座的侧推力,然后计算其内力。下面根据弧门支臂的结构形式分别介绍。

(1) 直支臂主框架

计算简图为具有一次超静定的受均布力作用的两铰钢架(见图 1-62)。如果主梁和支臂都为实腹截面时,支铰处的侧推力为:

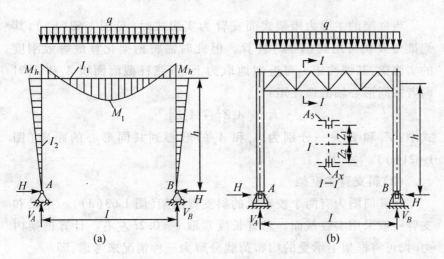

图 1-62 直支臂式主框架计算简图

$$H = \frac{ql^2}{4h(2K_0 + 3)} \tag{1-32}$$

主梁与支臂的单位刚度比值为:

$$K_0 = \frac{I_1/l}{I_2/h} = \frac{I_1 h}{I_2 l} \quad (1\text{-}33)$$

上两式中：l——主梁的计算跨度；

h——支臂主框架的高度，取自铰轴中心至主梁截面形心的距离；

I_1——主梁的截面惯性矩；

I_2——支臂的截面惯性矩。

为求得 H，须先参考已有的类似结构估定 K_0 值，当主梁和支臂都为实腹截面时，$K_0 = 4 \sim 10$，一般可假定 $K_0 = 8.5$ 左右。在主梁和支臂的截面被选定以后还应加以核算，如假定的 K_0 值与实际的 K_0 值相差超过 30%，则必须以实际的 K_0 重新计算主框架的内力。

在求得框架支铰的反力 H、V_A 和 V_B 后，就可进一步算出框架任意截面上的弯矩 M、轴力 N 和剪力 Q（图 1-62(a)）。支臂与主梁在刚结点处的弯矩 $M_h = -Hh$；主梁跨中弯矩 $M_1 = \frac{ql^2}{8} - Hh$。

当框架的主梁为桁架式而支臂为实腹式时（见图 1-62(b)），其侧推力 H 仍可用式(1-32)计算。但此时需将桁架化算成等效刚度的实腹梁，其惯性矩 I_1 可近似地取为上、下弦杆截面面积 A_s 和 A_x 对两者共同形心轴的惯性矩：

$$I_1 \approx A_s Z_1^2 + A_x Z_2^2$$

式中：Z_1 和 Z_2——分别为 A_s 和 A_x 的形心到共同形心的距离（图1-62(b)）。

(2) 斜支臂主框架

计算简图为有两个铰支承的斜支臂刚架（图 1-63(d)）。主梁和支臂一般采用实腹截面。悬臂长度常取 $c = 0.2l$ 左右。计算框架内力时，可将框架上承受的均布荷载分解为三种情况来考虑，即

① 悬臂段 c 的负弯矩 $M_c = -\frac{qc^2}{8}$（图 1-63(a)）；

② 悬臂段荷载传至刚架节点的集中力 $P_c = qc$（图 1-63(b)）；

③ 作用于主梁跨间 b 上的均布荷载 q（图 1-63(c)）。

由上述三种情况所产生侧推力的总和为：

第1章 水工钢闸门计算的基本理论与方法　71

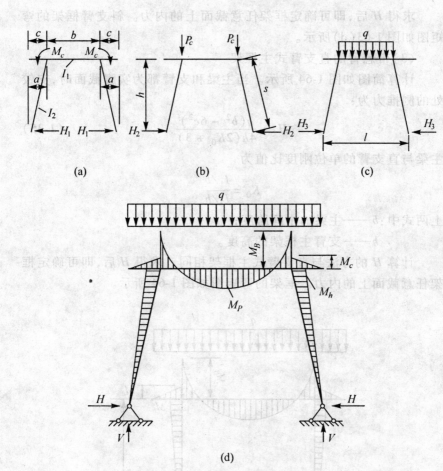

图 1-63　斜支臂式主框架计算简图

$$H = H_1 + H_2 + H_3 = -\frac{3qc^2}{2h(2K_0+3)} + \frac{qca}{h} + \frac{qb}{4h} \times \frac{b+2a(2K_0+3)}{2K_0+3}$$

(1-34)

式中：K_0——主梁与斜支臂的单位刚度比值，$K_0 = \dfrac{I_1/b}{I_2/s}$，设计时可假定 $K_0 = 4.5$ 左右；

s 和 a——分别为斜支臂的长度及其在主梁上的投影长度；

b——主梁的中间跨度。

求得 H 后,即可确定框架任意截面上的内力。斜支臂框架的弯矩图如图 1-63(d) 所示。

(3) 带悬臂的直支臂式主框架

计算简图如图 1-64 所示。当主梁和支臂都为实腹截面时,支铰处的侧推力为:

$$H = \frac{q(b^2 - 6c^2)}{4h(2K_0 + 3)} \tag{1-35}$$

主梁与直支臂的单位刚度比值为

$$K_0 = \frac{I_1/b}{I_2/h}$$

上两式中:b——主梁的中间跨度;
h——支臂主框架的高度。

计算 H 的方法与直支臂式主框架相同。求得 H 后,即可确定框架任意截面上的内力。框架的弯矩图如图 1-64 所示。

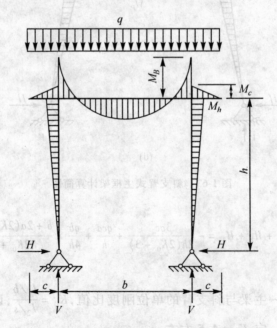

图 1-64 带悬臂的直支臂式主框架计算简图

在此必须指出,上述方法是在主框架设计过程中的一般计算方法,对于水工钢闸门运行多年,或根据水电站大坝安全定期检查的要求,必须对闸门和其启闭机系统进行检测和安全复核。此时水工钢弧门主框架的结构形式、几何特性、荷载情况均是已知,对主框架的内力计算就比较简单了。因为主框架是两铰刚架结构,它属于一次超静定问题,可以用"结构力学"中的"力法"求得其铰支座的水平侧推力,或用"结构力学"中推荐的内力求解器直接求解。计算结果如图 1-62(a)、图 1-63(d)和图 1-64 所示。

2. 框架主梁和支臂

(1)框架主梁在设计时视跨度和荷载大小可采用轧成梁、组合梁或桁架。它承受弯矩、剪力和轴心压力,由于轴心压力不大,选择实腹主梁截面时,可只考虑弯矩和剪力作用,同时把容许应力降低 10% 左右;然后再考虑弯矩和轴心压力的共同作用,验算主梁跨中截面的正应力以及支臂连接处主梁截面的正应力、剪应力和折算应力。

(2)框架支臂可用轧成工字钢或一对槽钢。当荷载较大时,可用焊接工字形组合截面。选择支臂截面形式时应注意与主梁连接的方便。框架支臂一般为偏心受压柱,其计算长度在框架平面内取由铰轴中心至主梁中轴的距离的 1.2～1.5 倍(一般取 1.3 倍),在垂直于框架平面内取支承桁架中最长的一段节间长度。

斜臂式主框架构造图见图 1-65。

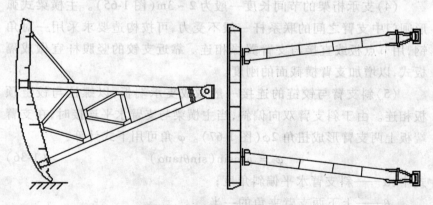

图 1-65 斜支臂式主框架构造图

(3)主梁与支臂的连接应采用能承受刚节点弯矩的刚性连接。斜支臂与主梁的连接构造形式如图 1-66 所示。在支臂端部一顶板,顶板的悬臂部分用肋板加强。顶板一般用粗制螺栓与主梁翼缘相连。螺栓所受的拉力可偏安全地按支臂端部的弯矩算得。另外在主梁下翼缘下面焊一抗剪板,它与顶板的接触面须刨平顶紧,以承受支臂传来的侧推力。

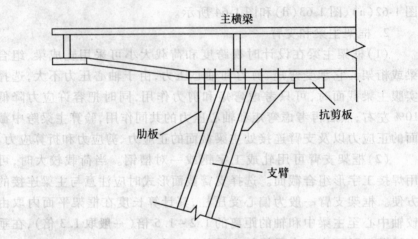

图 1-66 斜支臂与主梁的连接构造形式

(4)支承桁架的节间长度一般为 2~3m(图 1-65)。主横梁式弧形闸门中支臂之间的联系杆一般不受力,可按构造要求采用一对角钢,用节点板或直接与支臂翼缘相连。靠近支铰的竖腹杆宜做成隔板式,以增加支臂横截面的刚度。

(5)斜支臂与铰链的连接一般做成支承端板,以螺栓与铰链顶板相连。由于斜支臂双向偏斜,当主横梁与支臂水平连接时,在支臂端板上两支臂形成扭角 2φ(图 1-67)。φ 角可用下式计算:

$$\varphi = \arcsin(\sin\theta\tan\alpha) \quad (1-36)$$

式中:α——斜支臂水平偏斜角度;
θ——上下两支臂夹角的一半。

必须指出,对弧门主框架进行安全检测、复核计算时,框架主梁

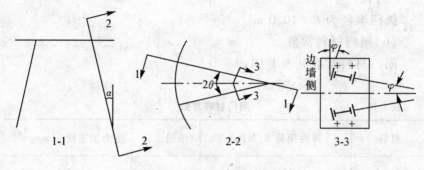

图 1-67 斜支臂的扭角

及支臂是否锈蚀、损伤,其几何特性是否受影响,框架主梁与支臂之间的连接、支臂与铰支座间的连接,其连接方式、连接的构件等是否维持原样、是否受损变化等情况都要考虑周全,以免影响复核计算结果。下面举例说明。

1.3.5 弧形钢闸门的计算例子

弧形钢闸门的计算例子包括传统的计算和有限元计算两种方法。主要介绍一些水电工程中运行多年的弧门或其构件在强度、刚度和稳定性方面的校核计算的内容。

Ⅰ. 某水电站左岸溢洪道弧门结构计算

根据《水利水电工程钢闸门设计规范》(SL74—95)第 1.0.6 条规定,闸门按平面框架进行计算。

1. 闸门基本参数

(1)闸门孔口尺寸

闸门孔口尺寸:宽×高 = 12.0m×6.0m

(2)闸门的荷载跨度

闸门的荷载跨度为两侧止水的间距: $l_q = 12.0$ m

(3)闸门设计水头

闸门设计水头为 $h_1 = 8.0$m。

(4)闸门正常蓄水位水头

闸门正常蓄水位水头为 $h_2 = 5.5$m。

(5) 弧门半径

弧门半径为 $R = 10.0$ m。

(6) 闸门材料常数

闸门材料常数见表 1-18。

表 1-18　　　　　　　　　闸门材料常数

材料	弹性模量 E(MPa)	泊松比 μ	重力加速度 g(mm/s²)
A3	210000	0.3	9800

(7) 闸门构造

左岸溢洪道工作门为弧形门。闸门采用层叠式连接,即面板+主横梁+小横梁+纵隔板+主梁翼缘+纵隔板翼缘+支臂桁架+支铰体系等。闸门设一 ⼑⼑ 形斜支臂,静力挡水时闸门由斜支臂和底槛支撑。

梁格布置尺寸图见图 1-68(a)、(b)、(c)。

2. 计算工况

① 设计水头 8.0m(水位 72.0m) + 闸门自重。

② 运行水头 5.5m(水位 69.5m) + 闸门自重。

3. 计算方法

闸门承受静水压力和自重,其计算模型是:面板承受作用在闸门上的静水压力,然后传给梁格的各个构件。梁格板四角上的荷载分配,按角二等分线计算,而梁格板中部的荷载分配,按二等分线计算。水平次梁承受上下两个梁格板传来的梯形荷载。竖直次梁一方面承受其两侧梁格板传来的三角形荷载,同时又承受由水平次梁传来的集中荷载。边梁一方面直接承受由面板传来的荷载,同时又承受由水平次梁传来的集中荷载。水平主梁承受直接由面板传来的梯形荷载和竖直次梁和边柱传来的集中荷载。全部荷载由主横梁经支臂传到支铰最后传至闸墩。

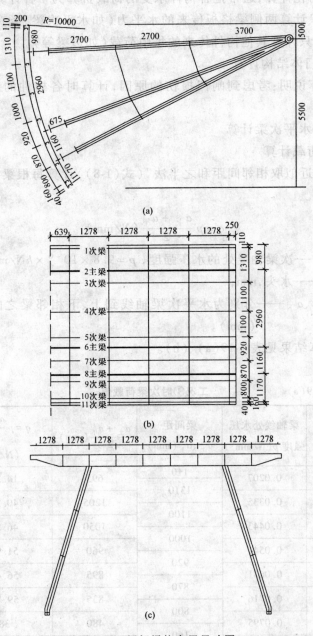

图 1-68 闸门梁格布置尺寸图

为简化计算,通常把各构件承受的荷载折算为一种计算荷载,即各构件只计算两侧梁格板传来的水平力(如水平次梁、竖直次梁、主梁等)或只计算其他构件传来的集中荷载(如边梁等)。

4. 门体结构计算

计算说明:考虑到闸门损伤的原因,计算时各构件的厚度均减0.5mm。

(1)水平次梁计算

1)荷载计算

按"近似取相邻间距和之半法"(式(1-8))计算每根梁上的线荷载。

$$q = p\frac{a_上 + a_下}{2}(\text{N/mm})$$

式中:p——次梁轴线处的水压强度,$p = 9.8 \times 10^{-6} \times h \text{N/mm}^2$;

h——水头,mm;

$a_上$、$a_下$——分别为水平次梁轴线到上、下相邻梁之间的距离(mm)。

计算结果见表1-19(a)、(b)。

表1-19(a)　　　　　工况①时次梁荷载值

梁号	梁轴线处水压强度 $p(\text{N/mm}^2)$	梁间距 $a_上$、$a_下$(mm)	$\dfrac{a_上+a_下}{2}$(mm)	$q = p\dfrac{a_上+a_下}{2}$ (N/mm)
1	0.0207	110	695	14.3865
		1310		
3	0.0335		1205	40.3675
		1100		
4	0.0443		1050	46.5150
		1000		
5	0.0541		960	51.9360
		920		
7	0.0631		895	56.4745
		870		
9	0.0716		835	59.7860
		800		
10	0.0795		480	38.4
		160		
11(底小梁)	0.0810		100	8.15
		40		

第1章 水工钢闸门计算的基本理论与方法　79

由表1-19(a)、(b)可知,水平次梁承受线荷载最大的是9号次梁,分别为工况①59.7860N/mm,工况②39.3285 N/mm,现以9号次梁,进行验算。

2) 内力计算

为计算简单,视结构为等跨均布荷载的连续梁(如图1-69所示),其内力及挠度按结构力学方法计算,计算过程如1.2.2.2.4平面钢闸门的计算实例一中所介绍的那样,此处不再重述。其计算结果如表1-20所示。

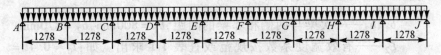

图1-69　水平次梁计算简图

表1-19(b)　　工况②时次梁荷载值

梁号	梁轴线处水压强度 $p(\mathrm{N/mm^2})$	梁间距 $a_上$、$b_下$(mm)	$\dfrac{a_上 + a_下}{2}$(mm)	$q = p\dfrac{a_上 + a_下}{2}$ (N/mm)
1		110		
3	0.0090	1310	995	8.9550
4	0.0198	1100	1050	20.7900
5	0.0296	1000	960	28.4160
7	0.0386	920	895	34.5470
9	0.0471	870	835	39.3285
10	0.0550	800	480	26.4000
11(底小梁)	0.0565	160 40	100	5.6500

表1-20　　　　　　　　9号次梁不同工况内力最大值

次梁B支座	工况①	工况②
$M_B(\text{N}\cdot\text{mm})$	-10313885.77	6784700
剪力(N)	46276.39	

3)截面特性(9号次梁B支座截面)

a)面板参与次梁作用的有效宽度B,对于连续梁中负弯矩段或悬臂段,面板的有效宽度按式(1-11)取

$$B = \xi_2 b$$

式中:b——主、次梁的间距 $b = \dfrac{b_1 + b_2}{2} = 835\text{mm}$;

b_1、b_2——次梁与两侧相邻梁的间距,$b_1 = 800\text{mm}$,$b_2 = 870\text{mm}$;

ξ_2——有效宽度系数按规范或查表1-1求出。如:$l_0 \approx 0.4l = 0.4 \times 1278 = 511.2\text{mm}$,则 $l_0/b = 511.2/835 = 0.6122$,查表1-1 得 $\xi_2 = 0.1914$,代入式(1-11)得:$B = 0.1914 \times 835 = 159.819 \approx 160(\text{mm})$。

根据实测结果,考虑锈蚀等原因,次梁各钢板厚度减去0.3mm,便得到次梁验算的截面尺寸,如图1-70所示。

b)次梁截面特性见表1-21。

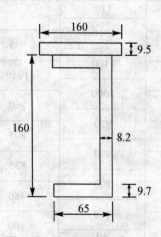

图1-70　次梁截面尺寸(mm)

表 1-21 次梁截面特性

截面特性	$A(\text{mm}^2)$	$I(\text{mm}^4)$	$S(\text{mm}^2)$	W_q (mm^3)	W_h (mm^3)	W_{min} (mm^3)
9号次梁	3.9356×10^3	1.5741×10^7	1.1154×10^5	2.7729×10^5	1.3963×10^5	1.3963×10^5

4）强度计算

a）弯曲应力

在一个主平面内受弯构件按式(1-15)验算相应截面的正应力：

$$\sigma = \frac{M}{W} = 73.8658 \text{ MPa} < [\sigma]$$

式中：M——所验算截面的弯矩；

W——所验算正应力截面的抗弯截面模量；

$[\sigma]$——钢材的抗拉容许应力，A3 钢的容许应力 $[\sigma]$ = 160MPa。

b）剪切应力

按 $\tau_{max} = \dfrac{QS}{It} < [\tau]$ 验算相应截面的剪应力。

$\tau = 46276.39 \times 1.1154 \times 10^5 / 1.5741 \times 10^7 / 8.2 = 39.9893$ MPa $< [\tau] = 95$ MPa

次梁应力计算结果见表 1-22。

表 1-22 次梁应力计算结果

	工况①（单位：MPa）	工况②（单位：MPa）	容许应力
9号次梁	73.8658	48.5906	$[\sigma]$ = 160MPa

从计算结果看,次梁在设计水位 72m 时能满足强度要求,在运行水位 69.5m 时也能满足强度要求。

5）挠度验算

最大挠度按式(1-16)计算：

$$f = \frac{kql^4}{100EI}$$

式中：l——两相邻支座的跨度；

q——荷载分布强度；

K——连续梁在均布荷载作用下的各跨中点挠度影响系数，由有关闸门设计规范或静力计算手册(如《水电站机电设计手册》)查得，当跨度超过五跨(这里为 9 跨)后,取 $k=1$；

E——材料的弹性模量；

I——计算截面的惯性矩。

最大挠度发生在边跨跨中,其相应值为：

$l = 1278\text{mm}$ $\quad q = 59.7860\text{N/mm}$

$E = 2.1 \times 10^5 \text{ MPa}$ $\quad I = 1.5741 \times 10^7 \text{mm}^4$

将以上数据代入式(1-16)，结果如表 1-23 所示。

表 1-23 次梁挠度验算

	工况①(单位:mm)	工况②(单位:mm)	容许挠度(单位:mm)
9 号次梁	0.4825	0.3174	$[f] = \dfrac{l}{250} = 5.112$

故水平次梁满足刚度要求。

6) 型钢截面的次梁一般不需要验算稳定性。

(2) 隔板计算

在采用等高连接的实腹式梁格结构,竖直次梁承受着由其两侧面板传来的水压荷载及水平次梁传来的集中荷载。为使计算简便,竖直次梁的荷载可简化为三角形或梯形分布的水压荷载,这样简化对竖直次梁的最大弯矩的计算影响不大。隔板按两端悬臂简支梁计算,其计算简图见图 1-71。

1) 内力计算

在工况 ①(设计水位 72m)时的内力计算。

荷载：$q_i = p_i b$（p_i 为第 i 根梁的梁轴线处的压强）

$q_4 = p_4 b = 0.0815 \times 1278 = 104.157$（N/mm）

内力如图 1-72 所示,其中：

第1章 水工钢闸门计算的基本理论与方法　83

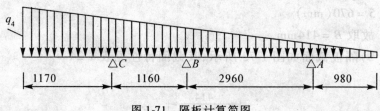

图1-71　隔板计算简图

最大弯矩　$M_{\max} = M_C = 67576661.10(\mathrm{N \cdot mm})$
最大剪力　$Q_{\max} = Q_C = 112341.65(\mathrm{N})$

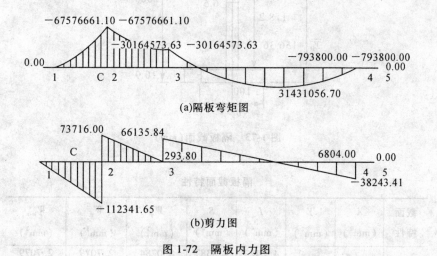

图1-72　隔板内力图

2)截面特性(支座截面)

a)面板参与隔板作用的有效宽度 B 为：
$$B = \xi_2 b$$

式中：ξ_2 适用于弯距图可近似取三角形的梁段，如支座部分与悬臂端。

由 $b = 1278\mathrm{mm}$，$\dfrac{l_0}{b} = \dfrac{1170 + 0.2 \times 1160}{1278} = 1.0970$，查表1-1得 $\xi_2 = 0.3240$。

得 $B = \xi_2 b = 414.00\text{mm}$，又 $B \leq b_1 + 2c = 100 + 2\beta\delta = 100 + 2 \times 30 \times 9.5 = 670(\text{mm})$

故取 $B = 414\text{mm}$。

b) 隔板截面如图 1-73 所示，其截面特性见表 1-24。

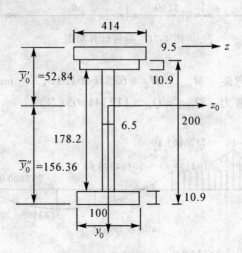

图 1-73　隔板截面（mm）

表 1-24　　　　　　　　　隔板截面特性

截面特性	A (mm²)	$\overline{Y}$ (mm²)	I (mm⁴)	S (mm²)	W_q (mm³)	W_h (mm³)	$W_{\min}$ (mm³)
数值	7271.3	52.84	4.2422 ×10⁷	2.3387 ×10⁵	8.0284 ×10⁵	2.7079 ×10⁵	2.7079 ×10⁵

3) 强度验算，由式 (1-15)

$$\sigma_{\max} = \frac{M_{\max}}{W_{\min}}$$

后翼缘正应力 $\sigma_{后} = \dfrac{M_{\max}}{W_h} = \dfrac{67576661.10}{2.7079 \times 10^5} = 249.5\text{MPa} > [\sigma] = 160\text{MPa}$

故在工况①下隔板强度不满足要求。

在工况②(设计水位59.5m)时的内力计算。

荷载:$q_i = p_i b$(p_i 为第 i 根梁的梁轴线处的压强)

$$q_4 = 68.3832 \text{ (N/mm)}$$

最大弯矩:$M_{max} = M_C = 4.3642 \times 10^7 \text{(N·mm)}$

最大剪力:$Q_{max} = Q_C = 5.3568 \times 10^4 \text{(N)}$

后翼缘正应力:$\sigma_后 = \dfrac{M_{max}}{W_h} = \dfrac{43642000}{2.7079 \times 10^5} = 161.2 \text{MPa} \approx [\sigma] = 160 \text{ MPa}$

剪应力:

$$\tau_{max} = \dfrac{Q_{max} S}{It} = \dfrac{53568 \times 2.339 \times 10^5}{4.2422 \times 10^7 \times 6.5}$$

$$= 45.4628 \text{MPa} < [\tau] = 95 \text{ MPa}$$

故在工况②下隔板强度基本满足要求。

(3)主框架计算

1)荷载

a)如图 1-74 所示,在工况①(设计水头8.0m)下,水平水压力按梯形荷载计算为

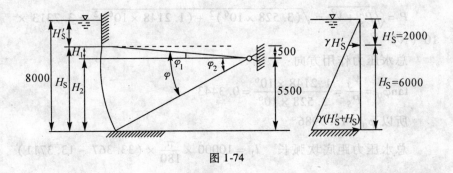

图 1-74

$$P_s = \dfrac{1}{2}\gamma[(H_S + H_S') + H_S']hB$$

$$= \dfrac{1}{2} \times 9.8 \times 10^{-6} \times [(6000 + 2000) + 2000] \times 6000 \times 12000$$

$$= 3.528 \times 10^6 \text{(N)}$$

由于支铰位置低于上游水位,故其竖向水压力应按式(1-21')计算,即

$$V_S = \frac{1}{2}\gamma R^2 B\left[\frac{\pi\varphi}{180} - 2\sin\varphi_1\cos\varphi_2 + \frac{1}{2}(\sin2\varphi_1 - \sin2\varphi_2)\right]$$

式中: $\sin\varphi_1 = \dfrac{H_1}{R} = \dfrac{6000-5500}{10000} = 0.05$,所以 $\varphi_1 = 2.866°$

$\sin\varphi_2 = \dfrac{H_2}{R} = \dfrac{5500}{10000} = 0.55$,所以 $\varphi_2 = 33.3670°$

$\varphi = \varphi_1 + \varphi_2 = 2.866° + 33.3670° = 36.233°$

$\dfrac{\pi\varphi}{180} = 0.6324$

$\sin2\varphi_1 = 0.0999$

$\sin2\varphi_2 = 0.9187$

$\cos\varphi_2 = 0.8352$

故 $V_S = \dfrac{1}{2} \times 9.8 \times 10^{-6} \times 10000^2 \times 12000 \times [0.6324 - 2 \times 0.05 \times$

$0.8352 + \dfrac{1}{2} \times (0.0999 - 0.9187)]$

$= 1.2148 \times 10^6 \text{(N)}$

总水压力:

$P = \sqrt{P_S^2 + V_S^2} = \sqrt{(3.528 \times 10^6)^2 + (1.2148 \times 10^6)^2} = 3.7313 \times 10^6 \text{(N)}$

总水压力作用方向:

$\tan\varphi_0 = \dfrac{V_S}{P_S} = \dfrac{1.2148 \times 10^6}{3.528 \times 10^6} = 0.3443$

所以 $\varphi_0 = 18.9986°$

总水压力距底坎弧长 $l_1 = 10000 \times \dfrac{\pi}{180} \times (33.367 - 13.3711)$

$= 3489.9 \text{(mm)}$

b) 主框架计算

弧门主框架计算简图见图 1-75(a),轴力见图 1-75(b)。

其中: $\alpha = \arcsin = [2081/(2700 + 2700 + 3700)] = 13.2205°$;

$\sin\alpha = 0.2287, \cos\alpha = 0.9735, \tan\alpha = 0.2349$;

$a = (2700 + 2700 + 3700) \times 0.2349 = 2137.6\text{mm}$;

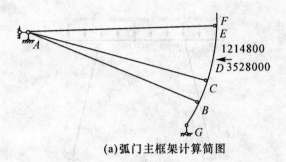

(a)弧门主框架计算简图

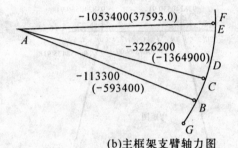

(b)主框架支臂轴力图

图 1-75

$$c = 2137.6 + 250 = 2387.6 \text{mm};$$
$$b = 12000 - 2 \times 2387.6 = 7224.8 \text{mm};$$
$$h' = 2700 + 2700 + 3700 = 9100 \text{mm};$$
$$K_0 = \frac{I_{\text{主梁}}}{b} \cdot \frac{h'}{I_{\text{支腿}}} = \frac{1.2173e \times 10^9}{7224.8} \times \frac{9100}{2.0208 \times 10^8} = 7.5873.$$

闸门荷载简化为如图1-76(a)所示的结构荷载。

下框架还承受启闭机的启门拉力,由于拉力所引起的应力相对较小,在此忽略不计。根据上面分析结果,取最下层框架计算。

2)框架内力计算

框架按超静定结构用结构力学方法计算,计算过程省略,内力计算结果如图1-76(b)、(c)、(d)所示。

因面板传给主梁的力是经纵梁传给主梁,边梁承受的力是中间纵梁的一半。故每根纵梁传递到主梁的集中力是3226200/9 = 358470(N)

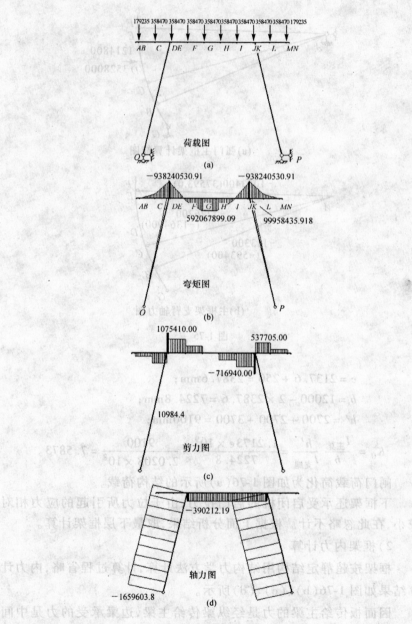

图 1-76 闸门内力图

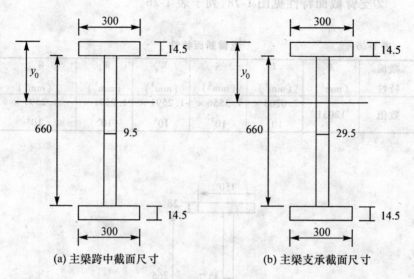

图 1-77 主梁截面尺寸(mm)

3）截面特性

①主梁断面特性，见图 1-77(a)、(b)，列于表 1-25(a)、(b)。

a）主梁跨中截面特性，见图 1-77(a)。

b）主梁支承截面特性，见图 1-77(b)。

表 1-25(a)　　　　　　　　主梁跨中截面

截面特性	A (mm^2)	y_0 (mm)	I (mm^4)	S (mm^2)	W_q (mm^3)	W_h (mm^3)	W_{min} (mm^3)
数值	14970	344.5	1.2173×10^9	1.9843×10^6	3.5334×10^6	3.5334×10^6	3.5334×10^6

表 1-25(b)　　　　　　　　主梁支承截面

截面特性	A (mm^2)	y_0 (mm)	I (mm^4)	S (mm^2)	W_q (mm^3)	W_h (mm^3)	W_{min} (mm^3)
数值	28170	344.5	1.6964×10^9	3.0733×10^6	4.9243×10^6	4.9243×10^6	4.9243×10^6

②支臂截面特性见图 1-78,列于表 1-26。

表 1-26　　　　　　　　支臂断面特性

截面特性	A (mm²)	I (mm⁴)	S (mm²)	W_q (mm³)	W_h (mm³)	W_{min} (mm³)
数值	12031	2.0208×10⁸	7.3556×10⁵	1.2591×10⁶	1.2591×10⁶	1.2591×10⁶

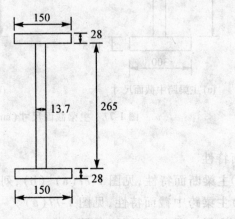

图 1-78　支臂截面(mm)

4) 框架应力验算

①主横梁

a) 跨中截面应力。跨中截面应力按下式计算:

$$\sigma = \frac{H'}{A} \pm \frac{M_{主梁}}{W}$$

前翼缘(受压):

$$\sigma_{前} = -\frac{390212.19}{14970} - \frac{592067899.09}{3.5334 \times 10^6}$$

$$= |-193.6295|\ (\text{MPa}) > [\sigma] = 160(\text{MPa})$$

后翼缘(受拉):

$$\sigma_{后} = -\frac{390212.19}{14970} + \frac{592067899.09}{3.5334 \times 10^6}$$

$$= 141.4969(\text{MPa}) < [\sigma] = 160(\text{MPa})$$

b) 支承截面应力。正应力：

$$\sigma = \frac{H'}{A} \pm \frac{M}{W}$$

前翼缘（受拉）：

$$\sigma_{前} = -\frac{390212.19}{28170} + \frac{938240530.19}{4.9243 \times 10^6}$$

$$= 176.6807(\text{MPa}) > [\sigma] = 160(\text{MPa})$$

后翼缘（受压）：

$$\sigma_{后} = -\frac{390212.19}{28170} - \frac{938240530.19}{4.9243 \times 10^6}$$

$$= -204.3828(\text{MPa}) > [\sigma] = 160(\text{MPa})$$

剪应力：

$$\tau = \frac{QS}{It}$$

$$\tau = \frac{1075410 \times 3.0733 \times 10^6}{2.047 \times 10^9 \times 29.5}$$

$$= 66.0433 \text{MPa} < [\tau] = 95 \text{ MPa}$$

故主梁强度不满足要求。

② 支臂

a) 弯矩作用平面内的稳定验算：

$$\sigma = \frac{N}{\varphi_p A}$$

偏心率：

$$\varepsilon = \frac{M_{支腿}}{N} \cdot \frac{A}{W} = \frac{99958435.918}{1659603.8} \times \frac{12031}{1.2591 \times 10^6} = 0.5755$$

长细比：

$$\lambda = \frac{\mu h'}{\gamma}, h' = 9100 \text{mm}$$

$$\gamma = \sqrt{\frac{I}{A}} = \sqrt{\frac{2.0208 \times 10^8}{12031}} = 129.6017 \text{mm}$$

$$\lambda = \frac{1.3 \times 9100}{129.6017} = 91.2797$$

根据 ε、λ 查得 $\varphi_p = 0.5093$，

$$\sigma = \frac{1659603.8}{0.5093 \times 12031} = 270.8501 \text{ MPa} > [\sigma] = 160 \text{MPa}$$

b) 弯矩作用平面外的稳定验算：

$$\sigma = \frac{N}{\varphi_p A}$$

偏心率：

$$\varepsilon = \frac{M'}{N} \frac{A}{W} \approx \frac{99958435.918}{1659603.8} \times \frac{12031}{1.2591 \times 10^6} = 0.5755$$

长细比：

$$\lambda_y = \frac{l_y}{\gamma_y}, l_y = 2700 \text{mm}$$

$$\gamma_y = \sqrt{\frac{I_y}{A}} = \sqrt{\frac{1.5807 \times 10^7}{12031}} = 36.2471 \text{mm}$$

$$I_y = \frac{2}{12} \times 28 \times 150^3 + \frac{1}{12} \times 265 \times 13.7^3 = 1.5807 \times 10^7$$

$$\lambda_y = \frac{2700}{36.2471} = 74.4887$$

根据 ε、λ 查得 $\varphi_p = 0.5530$

$$\sigma = \frac{1659603.8}{0.5530 \times 12031} = 249.4466 \text{ MPa} > [\sigma] = 160 \text{MPa}$$

故支臂在设计水位下工作也不满足强度要求。

(4) 面板板格应力计算

取下主梁下侧的中间板格计算：$a = 736\text{mm}$，$b = 1178\text{mm}$，$\delta = 9.5\text{mm}$，$q = 0.0725\text{N/mm}$，$b/a = 1.6005 > 1.5$。面板板隔的折算应力按式(1-4)进行验算：

$$\sigma_{zh} = \sqrt{(\sigma_{my})^2 + (\sigma_{mx} - \sigma_{ox})^2 - (\sigma_{my})(\sigma_{mx} - \sigma_{ox})} \leqslant 1.1\alpha[\sigma]$$

$$\sigma_{my} = k_y q a^2 / \delta^2 = \frac{0.5 \times 0.0725 \times 736^2}{9.5^2} = 217.5787 \text{MPa}$$

$$\sigma_{mx} = \mu\sigma_{my} = 0.3 \times 217.5787 = 65.2736 \text{MPa}$$

$$\sigma_{ox} = \frac{H'}{A} + \frac{M_{ox}}{W_q}$$

$$H' = N\sin\alpha + V\cos\alpha = 324280$$

$$M_{ox} = \left[\frac{qb}{2}\left(\frac{b}{2} - x\right) - \frac{q}{2}\left(\frac{b}{2} - x\right)^2\right] - M$$

$$= \frac{0.0725}{2} \times \left[1178 \times \left(\frac{1178}{2} - 639\right) - \left(\frac{1178}{2} - 639\right)^2\right]$$

$$= -779655450.52 = -7.7966 \times 10^8 (\text{N} \cdot \text{mm})$$

$$\sigma_{ox} = \frac{324280}{14970} + \frac{-7.7966 \times 10^8}{3.5334 \times 10^6} = -198.988(\text{MPa})$$

由以上数据得到面板的折算应力为：$\sigma_{zh} = 244.2088$ MPa

$$1.1\alpha[\sigma] = 1.1 \times 1.5 \times 160 = 264$$

即 $\sigma_{zh} < 1.1\alpha[\sigma]$

故面板强度满足要求。

在工况②下：

水平水压力为

$$P_S = \frac{1}{2}\gamma H_S^2 B = \frac{1}{2} \times 9.8 \times 10^{-6} \times 5500^2 \times 12000 = 1778700 \text{ (N)}$$

$$V_S = \frac{1}{2}\gamma R^2 B\left[\frac{\pi\varphi}{180} - 2\sin\varphi_1\cos\varphi_2 - \frac{1}{2}(\sin2\varphi_2 - \sin2\varphi_1)\right]$$

式中：$\sin\varphi_1 = \frac{H_1}{R} = 0$，所以 $\varphi_1 = 0°$

$$\sin\varphi_2 = \frac{H_2}{R} = \frac{5500}{10000} = 0.55，所以 \varphi_2 = 33.3670°$$

$$\varphi = \varphi_1 + \varphi_2 = 33.3670°$$

$$\frac{\pi\varphi}{180} = 0.5824$$

$$\sin2\varphi_1 = 0$$

$$\sin2\varphi_2 = 0.9187$$

$$\cos\varphi_2 = 0.8352$$

故 $V_S = \frac{1}{2} \times 9.8 \times 10^{-6} \times 10000^2 \times 12000 \times [0.5824 - 0 + \frac{1}{2} \times 0.9187]$

$= 7.2353 \times 10^5 (N)$

总水压力为

$P = \sqrt{P_S^2 + V_S^2} = \sqrt{(1778700)^2 + (7.2353 \times 10^5)^2} = 1.9202 \times 10^6 (N)$

总水压力作用方向为

$$\tan\varphi_0 = \frac{V_S}{P_S} = \frac{7.2353 \times 10^5}{1778700} = 0.4068$$

所以 $\varphi_0 = 22.1365°$

总水压力距底坎弧长 $l_1 = 10000 \times \frac{\pi}{180} \times (33.367 - 22.1365) = 1960.1$ mm

工况②下计算结果如表1-27所示。

表1-27　　　　左岸溢洪门计算结果(单位:MPa)

框架	主梁跨中截面		主梁支座截面			支臂稳定		面板	次梁	隔板
	前翼缘	后翼缘	前翼缘	后翼缘	剪应力	平面外	平面内			
应力①	193.62	141.49	176.68	204.38	66.04	249.44	270.85	244.2	73.86	249.5
应力②	81.91	59.86	74.75	86.46	27.94	105.53	114.58	103.3	48.59	161.2

5. 计算结果

左岸溢洪弧门各部件的结构计算结果列入表1-27中。闸门结构计算结果表明,在设计水头作用下,主梁、支臂及隔板的应力均超过容许应力,闸门不能正常工作。

6. 小结

将A3钢的应力容许值和左岸溢洪弧门各构件应力计算结果分别列入表1-28和表1-29中,闸门计算结果表明:

表 1-28　　　　　　　　A3 钢应力容许值

组别	厚度 δ(mm)	[σ]₁(MPa)	[τ](MPa)
$[\sigma]_1$	(δ≤16)	160	95
$[\tau]_2$	(δ>16~40)	150	90

表 1-29　　　　　左岸溢洪门构件应力(单位:MPa)

框架应力	主梁跨中截面		主梁支座截面			支臂稳定		面板	次梁	隔板
	前翼缘	后翼缘	前翼缘	后翼缘	剪应力	平面外	平面内			
①	193.62	141.49	176.68	204.38	66.04	249.44	270.85	244.2	73.86	249.5
②	81.91	59.86	74.75	86.46	27.94	105.53	114.58	103.3	48.59	161.2

左岸溢洪弧门在设计水位 72.0m 的工况下,主框架(主横梁和支臂)、隔板的应力均超过容许应力不能正常工作,只有次梁的应力小于容许应力,即

(1)次梁最大弯曲应力为 73.86MPa($<[\sigma]=160$MPa),满足强度要求。

(2)隔板最大弯曲应力为 249.5MPa($>[\sigma]=160$MPa),不满足强度要求。

(3)主横梁支座截面后翼缘的弯曲应力为最大,应力值为 204.38MPa($>[\sigma]=150$MPa),跨中截面应力值为 193.62MPa($>[\sigma]=150$MPa),均不能满足强度要求。

(4)底部面板折算应力 $\sigma_{zh}=244.2$MPa($<1.1\alpha[\sigma]=264$MPa),可以满足强度要求。

(5)支臂平面内稳定应力 $\sigma=270.85$MPa($>[\sigma]=160$MPa),平面外稳定应力 $\sigma=249.44$MPa($>[\sigma]=160$MPa),故不能满足稳定运行要求。

但是,左岸溢洪弧门在运行水位 69.5m 的工况下,各构件应力均在容许应力范围内,满足强度与稳定要求,能正常工作。仅隔板的应力为 $\sigma=161.2$MPa,稍许超过容许应力$[\sigma]=160$MPa,对强度与稳定均未造成影响。

Ⅱ. 某水电站工程冲沙底孔 15# 弧形闸门的三维有限元计算。

某水电站工程的冲沙底孔内采用了弧形钢闸门。根据《水利水电工程钢闸门设计规范》(SL74-95)第 1.0.6 条规定,本闸门采用三维有限元方法进行计算。

1. 基本参数

闸门的基本参数如下:

(1)闸门的基本尺寸

15# 弧门孔口尺寸(宽×高)5m×6m,面板的弧面半径为 12 m,设计水头为 78m。

(2)闸门坐标系

15# 弧门计算用的空间直角坐标系原点在两支铰连线中点,y 轴沿主梁方向向右,z 轴向上,x 轴指向下游。

(3)闸门材料常数

闸门的材料为 16Mn 钢,材料常数见表 1-30。

表 1-30　　　　　　　　　　闸门材料常数

弹性模量 E	质量密度 ρ	容重 γ	泊松比 μ	重力加速度 g
206000MPa	$7.85 \times 10^{-9} t/mm^3$	$7.693 \times 10^{-5} N/mm^3$	0.3	$9800 mm/s^2$

(4)闸门构造

15# 弧门按层叠式采用面板+小横梁+箱形纵梁+桁架横梁+箱形支臂+支铰体系;闸门面板厚 20 mm,宽 4964 mm,外弧长 7774 mm,外弧半径 12000 mm;弧门设左右箱形纵梁、底梁、13 根小横梁;弧门支臂为直支臂。

2. 计算方法

15# 弧门计算按三维有限元分析进行,用国际上著名的有限元分析软件 ANSYS 计算。

有限元计算时闸门各物理量的量纲见表 1-31,有限元计算规模见表 1-32。

表 1-31　　　　　　　　闸门各物理量的量纲

长度	质量	力	时间	应力
mm	t	N	s	MPa

表 1-32　　　　　　　15^r弧门有限元计算规模

结点自由度数	方程数	最大半带宽	板壳单元数	梁单元数
44313	44313	1890	8247	596

3. 弧门三维有限元计算

(1) 计算模型

1) 结构

将弧门离散为板、梁单元,面板离散为板壳单元,支臂、纵梁离散为板单元,小横梁、各联系桁架及支臂间的型钢离散为梁单元。

弧门整体网格图如图 1-79 所示。

图 1-79　弧门整体网格图

2) 约束

弧门面板两侧自由，支铰处 x、y、z 向位移受到约束，但不约束转动。

冲沙闸弧门正常挡水时，弧门由冲沙闸底槛支承，即面板底部 z 向位移受到约束。

3）静力荷载

静力荷载为弧门自重和设计水压力作用，水压力呈三角形分布。水压力按下式计算：

$$p = 水头(mm) \times 1\,(t/m^3) = 水头 \times 0.98 \times 10^{-5}(MPa)$$

水头按各段中点计算。

(2) 弧门静水压力计算结果

1）弧门总变形

弧门在受到设计水压力的作用下，变形图如图1-80所示。

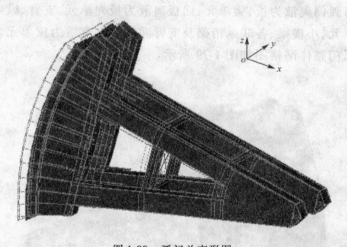

图1-80 弧门总变形图

由上图可分析出，弧门在受到设计水压力和自重的作用下，面板处受到的变形为最大。为了更好地分析弧门各部分在水压力作用下沿下游的位移，现取出弧门面板处 x 方向（顺水流方向）的位移分布图进行分析，如图1-81所示。

如图1-81所示，在设计水压力和自重作用下，弧门面板处顺水

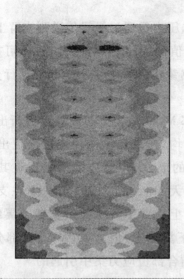

| 4.32 | 4.73 | 5.13 | 5.53 | 5.93 | 6.34 | 6.74 | 7.15 | 7.54 | 7.95(mm) |

图 1-81　弧门顺水流方向位移分布图

流方向位移最大值出现在上部面板板格中间,最大值为 7.95 mm,面板上位移分布规律为上部大,下部小;中间大,两侧小;弧门的其余部位的位移值的基本规律为从面板到支铰处,弧门各部分的位移值依次逐渐减小。

2)弧门应力

弧门面板 Mises 应力见图 1-82 所示,弧门纵梁腹板 Mises 应力见图 1-83,弧门纵梁翼缘应力见图 1-84。

弧门面板应力分布规律是:中间应力大,两边应力小;最大 Mises 应力发生在纵梁之间的板格中间部位,最大值为 180MPa。

弧门纵梁应力分布规律是:纵梁腹板最大 Mises 应力发生在纵梁内腹板与支臂接触处,最大值为 200MPa,由于此处的钢板应力较大,在使用期间应对其进行不定期观测,如发现此处钢板产生微裂缝或连接螺栓发生松动,应及时做相应的补强加固措施;纵梁翼缘的 Mises 应力相对较小,最大 Mises 应力发生在翼缘内侧与支臂接触处,最大值为114MPa。

由于弧门所受的水压力是通过纵梁传递到支臂上的,所以,支臂上所承受的Mises应力值的大小对评价弧门整体可靠性非常重要。现取出支臂的腹板和翼缘的Mises应力分布图进行分析,如图1-85至图1-88所示。

由以上支臂的局部Mises应力分布图可以分析出在支臂和翼缘处的Mises应力分布较均匀,只是在一些连接部位出现了局部应力集中现象;支臂腹板上的最大Mises应力值出现在其与支铰的接触部位,局部应力集中最大Mises值为201MPa;而在支臂的翼缘上最大Mises应力值出现在上支臂下翼缘与下支臂上翼缘的结合部位,最大值产生在上支臂下翼缘上,值为170MPa,这部分最大Mises应力值主要是由于翼缘结合部位应力集中引起的。

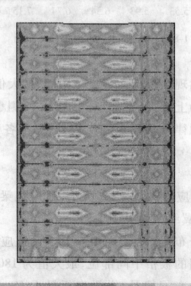

图1-82 面板Mises应力分布图

弧门支臂应力分布规律是:腹板和翼缘均接近均匀受压;支臂

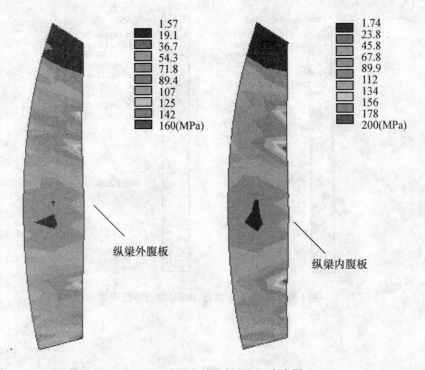

图 1-83　纵梁内外腹板 Mises 应力图

内、外腹板所受 Mises 应力较接近，腹板最大 Mises 应力值出现与支铰的接触部位，最大值为 201MPa；支臂内翼缘受压力较大，外翼缘受压力较小，翼缘处 Mises 应力最大值出现在上支臂下翼缘与下支臂上翼缘的接合段，最大值为 170MPa。

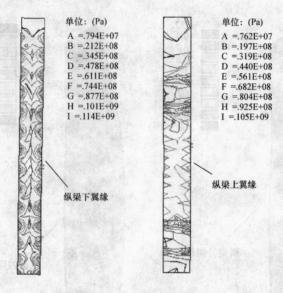

图 1-84 纵梁上下翼缘 Mises 应力等值线图

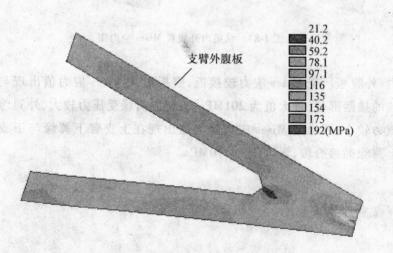

图 1-85 支臂外腹板 Mises 应力分布图

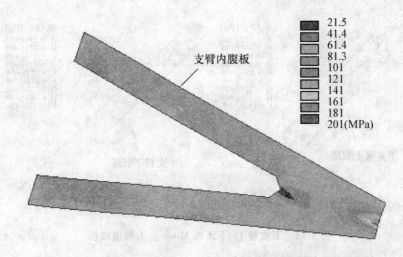

图 1-86 支臂内腹板 Mises 应力分布图

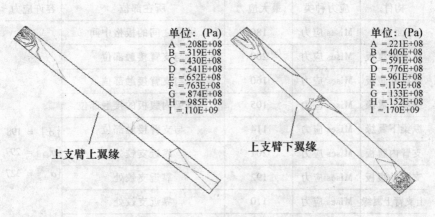

图 1-87 上支臂上、下翼缘 Mises 应力等值线图

在设计水压力和自重作用下弧门各构件最大应力见表 1-33。由表 1-33 可以看出,弧门各构件应力均满足规范的强度要求,并有较大的安全储备。

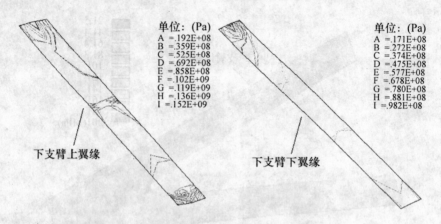

图 1-88 下支臂上、下翼缘 Mises 应力等值线图

表 1-33 满水压力和自重作用下弧门各构件最大应力表(MPa)

构件	应力种类	最大应力	所在部位	容许应力
面板	Mises 应力	180	纵梁之间的板格中间	
纵梁内腹板	Mises 应力	200	与支臂接触部位	
纵梁外腹板	Mises 应力	160	与支臂接触部位	
纵梁上翼缘	Mises 应力	105	与纵梁内腹板的接触部位	
纵梁下翼缘	Mises 应力	114	与支臂接触部位	$[\sigma] = 198$
支臂内腹板	Mises 应力	201	靠近支铰处	$[\sigma_{cd}] = 297$
支臂外腹板	Mises 应力	192	靠近支铰处	$[\sigma_{zh}] = 327$
上支臂上翼缘	Mises 应力	110	靠近支铰处	
上支臂下翼缘	Mises 应力	170	内翼缘接合部位	
下支臂上翼缘	Mises 应力	152	内翼缘接合部位	
下支臂下翼缘	Mises 应力	98.2	靠近支铰处	

3. 结论

(1)弧门位移分布规律是:在设计水压力作用下,弧门面板处顺

水流方向位移最大值出现在上部面板板格中间,最大值为7.95mm,面板上位移分布规律为上部大、下部小,中间大、两侧小;弧门的其余部位的位移值的基本规律为从面板到支铰处,弧门各部分的位移值依次逐渐减小。

(2)弧门面板应力分布规律是中间应力大,两边应力小;最大Mises应力发生在纵梁之间的板格中间部位,最大值为180MPa。

(3)弧门纵梁应力分布规律是:纵梁腹板最大Mises应力发生在纵梁内腹板与支臂接触处,最大值为200MPa,由于此处的钢板应力较大,在使用期间应对其进行不定期观测,如发现此处钢板产生微裂缝或连接螺栓发生松动,应及时做相应的补强加固措施;纵梁翼缘的Mises应力相对较小,最大Mises应力发生在翼缘内侧与支臂接触处,最大值为114MPa。

(4)弧门支臂应力分布规律是:腹板和翼缘均接近均匀受压;支臂内、外腹板所受Mises应力较接近,腹板最大Mises应力值出现与支铰的接触部位,此处产生了局部应力集中现象,最大值为201MPa;支臂内翼缘受压力较大,外翼缘受压力较小,翼缘处最大Mises应力值出现在上支臂下翼缘与下支臂上翼缘接合部位,最大值为170MPa。

(5)弧门各部分结构的最大应力值基本上都在容许应力值范围内,运行过程若有局部位置的结构产生异常现象时,才需做相应的加固补强工作。

1.3.6 关于Mises应力问题

有限元计算结果得到三种表示该结构的应力,其中一种称为Mises应力。Mises应力是Mises在1913年研究了其试验结果后提出的另一个屈服条件,进一步推导而得。

Mises应力可表示为

$$\sigma_s = \sqrt{\frac{1}{2}\left[\left(\sigma_1-\sigma_2\right)^2+\left(\sigma_2-\sigma_3\right)^2+\left(\sigma_3-\sigma_1\right)^2\right]} \quad (a)$$

从材料力学的强度理论上看,它属于形状改变比能理论(第四强度理论),形状改变比能u_φ是引起材料屈服的主要原因,即认为不论在什么样的应力状态下,只要危险点处的形状改变比能 u_φ 达到了材料的极限值 $u_{\varphi n}$,材料就会发生屈服。也就是说,当材料的微元八面剪应力达到一定值时,就开始产生塑性变形。所以,对低碳钢这样的塑性材料,可通过单向拉伸试验的结果来确定材料的极限值 $u_{\varphi n}$,依屈服条件为 $u_\varphi = u_{\varphi n}$ 得到第四强度理论表达式:

$$\sqrt{\frac{1}{2}\left[(\sigma_1-\sigma_2)^2+(\sigma_2-\sigma_3)^2+(\sigma_3-\sigma_1)^2\right]}=\sigma_s \quad (b)$$

再将上式右边的 σ_s 除以安全系数便得到材料的容许应力 $[\sigma]$,于是得到用第四强度理论建立的材料强度条件为:

$$\sigma_{r4}=\sqrt{\frac{1}{2}\left[(\sigma_1-\sigma_2)^2+(\sigma_2-\sigma_3)^2+(\sigma_3-\sigma_1)^2\right]}\leqslant[\sigma]$$

(1-37)

式中:σ_1、σ_2 和 σ_3 是危险点处的三个主应力。

式中的 $\sigma_1-\sigma_2$、$\sigma_2-\sigma_3$ 和 $\sigma_3-\sigma_1$ 分别代表构件危险点处三个剪应力极限值的两倍。可见这个强度条件是与剪应力密切相关的,它只表示构件在剪切强度方面的破坏条件,未能表示构件在三向拉伸方面的强度破坏条件。因此,在有限元计算中,其计算结果除了应有闸门各构件的 Mises 应力等值线图(Mises 应力分布图)及最大、最小 Mises 应力值表外,最好还应有最大主拉应力等值线图及最大主拉应力值表。实际上 Mises 应力就是材料力学中的第四强度理论所确定的计算应力。因为四种强度理论的计算应力又称为相当应力,可用 σ_{rn}($n=1,2,3,4$,即 σ_{r1}、σ_{r2}、σ_{r3} 和 σ_{r4} 分别表示第一、第二、第三和第四强度理论的相当应力)表示。所以,有限元计算中所提供的 Mises 应力与第四强度理论的应力 σ_{r4} 相当,这样,它就可以与闸门提供的金属材料的容许应力 $[\sigma]$ 作比较和判断其是否满足强度要求。

1.4 人字钢闸门

人字钢闸门是船闸闸门中最常用的一种形式,它是由两扇对称门叶组成的(图 1-89(b))。每扇门叶支承在其端部门轴柱底部的底枢上，门轴柱顶设顶枢以防门叶倾倒。门叶各绕其门轴柱(顶枢与底枢的竖轴)旋转。在关闭挡水时，两扇门拱向上游，互相支承在中间的接缝柱上，门叶轴线与船闸横轴线组成一角度 θ。当闸门开启时，两门叶分别转到两侧闸首边墩的门龛内(图 1-89(b))。

人字闸门的最大优点是，在关门承受上游水压力时，它能起到三铰拱的作用，将水压力传给两侧闸首的边墩上，中间铰在两门叶接缝柱的中缝处，两边的支承铰则在两门叶的支垫座和枕垫座相接触处。由于三铰拱的作用使主梁弯矩减少，又因闸门由两扇门叶组成，使门跨缩短(一般为正常平板闸门的 55%)，从而减少了主梁的弯矩，节约钢材、降低闸门成本，减轻闸门自重。在高水头大跨度的船闸中其优点更加明显。此外，人字钢闸门具有运转可靠、启闭省力、操作方便、迅速以及通航净空不受限制等优点。

人字钢闸门的缺点是：底枢等支承运转部件、门底止水和门叶的下部均淹没在水中，需要进行水下检修，增加了检修工作的难度。若要进行大检修，甚至要求船闸断航排水。如果闸门的三个铰发生位移，则对闸门的工作影响更大。此外，它不适用于双向水头的航道；与直升门相比，它只能在静水中启闭，必须另设输水阀门。

综上所述，人字闸门的优点是主要的，对船闸的工作门的选型，特别是水工船闸闸门，除有特殊需要外，通常都优先选用人字闸门。因此，人字闸门是船闸中最常用的门型，它尤其适用于高水头、大孔口的船闸。例如，福建某水利工程的船闸孔口尺寸为 $12.0m \times 26.7m$，单扇闸门尺寸为 $7.609m \times 27.2m$；广西某水利枢纽双线千吨船闸人字门的下闸首设计水头为 $16.05m$，单扇闸门尺寸为 $34m \times 25m \times 2.98m$，其上闸首的设计水头为 $12.98m$，单扇闸门尺寸为 $34m \times 17.05m \times 2.98m$；三峡水利枢纽船闸单级设计水头 $37.75m$ (首级)，孔口尺寸为 $34m \times 39.5m$，单扇闸门尺寸为 $20.2m \times 39.5m$，重达 $900t$，最大淹没水深 $36.0m$，是国内外罕见的巨型闸门。国外已建的高、中水头船闸中也大多采用人字门。可以预计，随着大型水利枢纽的建设和航运事业的发展，人字闸门的运用会更广泛，其尺寸亦可能比目前的尺寸更大。

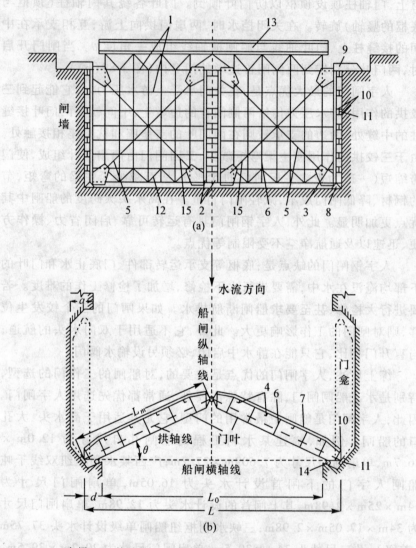

1. 主梁 2. 接缝柱 3. 门轴柱 4. 竖直次梁 5. 副斜背拉杆
6. 横隔板 7. 面板 8. 底枢 9. 顶枢 10. 支垫座 11. 枕垫座
12. 纵向联结系 13. 工作桥 14. 止水装置 15. 主斜背拉杆

图 1-89 人字闸门的结构组成

1.4.1 人字闸门的组成

人字闸门是由门叶(门体)结构、支承部件、止水装置和启闭设备四部分组成的。其中门叶结构由面板、次梁、主梁、横向联结系、竖向联结系、斜背拉杆、门轴柱和接缝柱等组成(图1-89(a))。

闸门的门叶结构可以作成平面式或圆拱式两种。圆拱式的人字闸门由于门叶轴线与三铰拱的压力曲线相近,主横梁主要承受轴向压力、弯矩很小,故材料更加节省。但其制造安装较复杂,且门龛要求较深,总造价不省,应综合比较,依具体情况选用。目前,国内外已建的人字门中多采用平面式。

平面人字闸门依其尺寸情况,其梁系布置分为横梁系及竖梁系两类。门叶高度较大时,可采用横梁系布置;门叶高度小于宽度时,可采用竖梁系布置。

平面门叶结构的面板、次梁和竖向、横向联结系的布置与平面闸门相类似,这里不再赘述。

主梁是门叶的主要受力构件。由面板和次梁传来的水压力是通过两个门叶中相对应的主梁起三铰拱作用而传给闸首边墩上的支承部件。一般情况下,主梁同时承受弯矩和轴向力,应按偏心压杆设计,同时,为减少门龛深度和加强门叶刚度,主梁多采用实腹式焊接工字形截面梁。

斜背拉杆是对门叶的安全运转起重要作用的构件。它是保证门叶开启时矩形轮廓不变性、门叶的整体性和增加门叶在水中旋转时的抗扭刚度的重要构件,设计时必须重视和加强。

接缝柱和门轴柱的主要作用是把主梁系联结成整个门叶骨架,并和顶部、底部主梁一起构成门叶的外框。在门轴柱的上、下端设置顶枢和底枢,门叶启闭时是绕着由顶枢和底枢中心连线(竖直轴线)而转动。在门轴柱外侧对应于每个主梁布置支垫座,当闸门关闭挡水时,能将主梁的反力传递给埋固在闸首边墩上的枕垫座。对中、小型人字闸门,在接缝柱的外侧通常设置由硬木制成的接缝木,借以传递三铰拱的中间铰推力。对大型闸门,为了使两扇门叶中缝的构造符合中间铰的受力特点,可在对应于每根主梁的位置上设置支垫座

(或沿整根接缝柱布置整体的金属承压条),使中缝间的拱推力得到可靠的传递。

在闸门开启后,顶枢和底枢就成为门叶的支承结构,其构造应使门叶转动灵活、可靠、摩擦阻力小。

人字闸门的止水装置应布置在门叶的周边,即除了在门叶侧边与闸首边墩、门叶底边与门槛之间的布置外,在两扇门叶之间的中缝处也需布置,以防止门叶的周界和中缝漏水。门底与门侧的止水常用固定在门叶的 P 型橡皮止水,而中缝处可根据门叶的大小和闸门中缝的支承形式,采用接缝木、橡皮止水或不锈钢止水。

人字闸门的启闭机械设备一般采用电力驱动,人力驱动仅作为无电时的备用装置。常用启闭机形式有刚性连杆式(包括油压启闭机)和柔性缆索式两种。不论何种形式均要求闸门启闭可靠、操作简单、启闭时间短、曳引力小、检修方便且平面尺寸较小。

此外,为了便于工作和通行,应在闸门顶部设置工作桥(见图1-89(a))。

1.4.2 门叶的布置

1.4.2.1 门叶的基本尺寸

人字闸门在平面上的基本尺寸如图 1-89(b)所示。这些尺寸主要取决于闸首的通航净宽 L_0 和关门时门叶轴线与船闸横轴线所成的角 θ,根据三铰拱的计算理论,一般可取 $\theta = 20° \sim 25°$。

当闸首通航净宽 L_0 已知时,每扇门叶的计算长度 L_m(支枕垫的接触面到接缝柱接触面的距离)可按下式计算:

$$L_m = \frac{L_0 + 2d}{2\cos\theta} \tag{1-38}$$

式中:L_0——闸首通航净宽;

d——闸龛外缘至门叶的支枕垫座支承面中心的距离,一般采用 $d = (0.03 \sim 0.05)L_0$;

θ——关门时门叶轴线与船闸横轴线的夹角。

门叶的计算高度 H_m 是门叶顶、底主梁轴线间的距离,它不包括工作桥的高度(图 1-89(a)),计算高度为:

$$H_m = C_1 + H_K + H_1 + C_2 \tag{1-39}$$

式中：C_1——顶主梁轴线高出上游设计水位的超高，一般采用 0.1～0.3m；

H_K——闸门下游最低水位至门槛顶面的距离；

H_1——闸门上游最高设计水位和下游最低设计水位差；

C_2——底主梁轴线与门槛顶面的高差，常用 0.15～0.25m，视底主梁轴线布置高于或低于门槛顶面而取负值或正值（图 1-90(a)、(b)）。

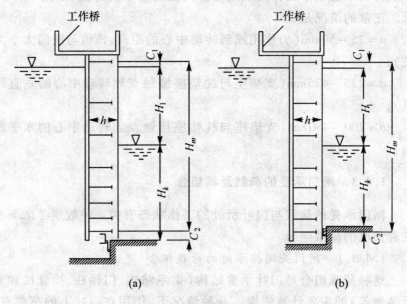

图 1-90　人字闸门的计算高度

门叶的厚度即为主梁的高度 h，h 的大小取决于门叶的计算长度和高度，一般主梁高度为：

$$h = \left(\frac{1}{9} \sim \frac{1}{7}\right) L_m \tag{1-40}$$

为了保证闸门启闭时的抗扭刚度，当门叶计算高度 H_m 较小时，h 可取小值。

门龛深度 a 以开门后使闸门全部藏入门龛内，不影响通航宽度为原则，主要取决于门叶的厚度，即 a 可近似地取 $a \approx h + 0.5\mathrm{m}$。

1.4.2.2 门隅的平面布置

门隅平面尺寸与转动轴位置、支承方式及止水形式等有关，而门隅的细部结构又关系到门叶的尺寸，所以要综合考虑，互相调整，以得到一个正确、合理的布置方案。

确定转动轴的平面位置是关键，其确定的原则是：闸门关闭时，门叶梁端的支垫及侧止水能很好地工作；闸门开启时，支垫及侧止水能和埋件立即脱开，减少零件的摩擦、磨损，并保证门叶的顺利旋转。一般转动中心偏于力作用线的上游面及侧止水的外侧，如图 1-91 所示。正常的情况是：

$n = 25 \sim 50\mathrm{mm}$（力作用线到转动中心的距离，该值与闸门大小无关）；

$a = 225 \sim 425\mathrm{mm}$（支垫座与枕垫座接触点到转动中心的垂直距离）；

$b = 200 \sim 430\mathrm{mm}$（支垫座与枕垫座接触点到转动中心的水平距离）。

1.4.3 闸门承受的荷载及其组合

闸门承受的荷载与门叶所处的工作状态有关。一般须考虑下列三种情况的荷载组合。

1.4.3.1 闸门关闭挡水时的荷载组合

这种荷载组合是门叶承重结构（梁系结构、门轴柱、接缝柱和支承装置等）的主要计算依据。此种情况下，作用在门叶上的荷载有：门叶与工作桥自重、门叶正面水压力及两端的侧面水压力、底横梁上的竖直向上水压力、闸门顶部主梁可能受到的船舶撞击力、工作桥上人群和设备重量等。其中除船舶撞击力除特殊荷载外，其余的均为正常的计算荷载。门叶结构上的面板、主梁、次梁、门轴柱和接缝柱以及支、枕垫座等都根据这些荷载的组合进行计算。如要计算顶部柱横梁，除考虑正面及侧面水压力外，还应考虑工作桥设备及人群的重量、牵引力以及船舶的撞击力；如要计算中间主梁及支、枕垫座，仅考虑门叶正面及侧面水压力；如要计算底主横梁，须考虑正面、侧面

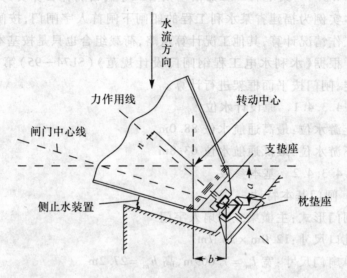

图 1-91 转动轴的平面位置

及竖直的水压力。

1.4.3.2 闸门正常开启及关闭过程中的荷载组合

这种情况下,作用在门叶上的荷载有门叶自重、工作桥上人群与设备重量、门叶淹没部分水面壅高而产生的水压力及非淹没部分的风压力的合力、启闭机械牵引力、顶底枢的反力和顶、底枢的摩擦阻力、门叶转动的动水压力和惯性力等。根据这一力系计算启闭机的牵引力、门叶的斜背拉杆、底枢和顶枢等内力。

1.4.3.3 闸门安装检修时的荷载组合

这种情况下作用在门叶上的荷载有门叶自重、风压力、工作桥上的人群和设备的重量、牵引力和顶底枢的反力。根据这个平衡力系验算顶、底枢及斜背拉杆的强度、刚度及稳定性。

闸门所承受的各种荷载大小及方向可依有关规范与公式确定。有了上述分析研究的结果,根据力学与结构的知识和有关规范,即可对人字闸门进行设计计算或检测验算。人字闸门中各构件的受力分析计算与平面闸门的分析计算虽然基本相同,但亦有其计算特点,下面举例说明人字闸门构件的强度、刚度及稳定性的验算问题。

1.4.3.4 某水利工程船闸下闸首人字闸门构件验算实例

本实例为福建省某水利工程的船闸下闸首人字闸门,按闸门在挡水工作情况计算,其他工况计算从略,荷载组合也只是按基本荷载组合。根据《水利水电工程钢闸门设计规范》(SL74—95)第 1.0.6 条规定,闸门按平面框架进行计算。

1.4.3.4.1 原设计水位

上游水位:最高通航水位 88.0m

下游水位:最低通航水位 63.8m

1.4.3.4.2 基本参数

1. 闸门基本特性

闸门形式:主横梁式双扇人字门

孔口尺寸:12.0m × 26.7m

单扇门尺寸:宽 $l_m = 7.609$m,高 $h_m = 27.2$m

闸墙顶高程:89.0m

闸底高程:61.3m

单扇门总水压力按图 1-93,依下式(1-41)计算。

$$P_z = \gamma \left(\frac{1}{2} H_1^2 + H_1 H_K \right) l_m \quad (N) \tag{1-41}$$

式中:γ ——水的容重;

H_1 ——闸门上游设计水位和下游最低水位的水位差;

H_K ——闸门下游最低设计水位至闸底高程的距离;

l_m ——单扇门宽。

计算结果得到单扇门总水压力为:

$$P_z = 1000 \times 9.8 \left[\frac{1}{2} \times 24.2^2 + 24.2 \times 2.5 \right] \times 7.609$$

$$= 2.6346 \times 10^7 \quad (N)$$

门扇轴线倾角为:$\alpha = 20°$

2. 闸门构造

该工作闸门为人字门。闸门采用面板 + 主横梁 + 主纵梁 + 顶枢 + 底枢 + 斜接柱 + 门轴柱 + 小横梁 + 纵隔板 + 边柱 + 横梁翼缘 + 隔板翼缘体系。门扇梁格布置如图 1-92 所示。

第1章 水工钢闸门计算的基本理论与方法　115

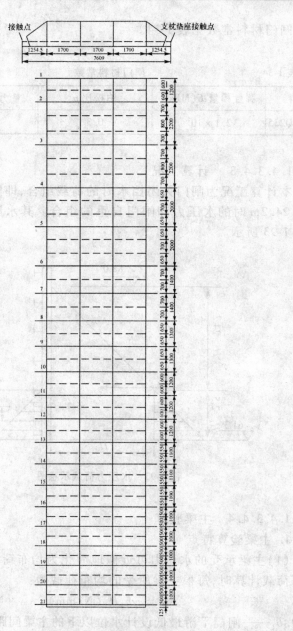

图 1-92　门扇梁格布置图

3. 闸门材料常数

闸门材料常数见表1-34。

表 1-34　　　　　　　　　　闸门材料常数

材料	弹性模量 E(MPa)	泊松比 μ	重力加速度 g(m/s^2)
钢材 Q235	2.1×10^5	0.3	9.8

1.4.3.4.3　计算工况

本计算工况为闸门关闭挡水时的荷载组合,即闸门静力计算水头为24.2m时的水压力和闸门自重的组合。其水压力荷载示意图如图1-93所示。

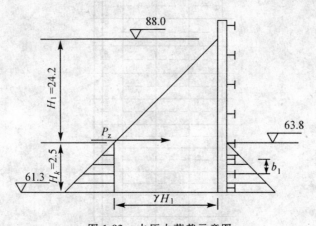

图 1-93　水压力荷载示意图

1.4.3.4.4　主梁验算

1. 主梁验算特点

(1)主梁承受的水压力可近似地简化为均布荷载。当主梁间距按等荷载计算时,每根主梁所受的均布荷载为:

$$q = \gamma b_1 H_1 (\text{N/mm}) \tag{1-42}$$

式中：b_1——闸门下游最低设计水位以下的主梁间距(mm);

H_1——闸门上游最高设计水位与下游最低设计水位的水位差(mm)。

每根主梁所受的总水压力为:

$$P_m = q l_q \tag{1-43}$$

式中：l_q——主梁的荷载计算跨度（mm）。

（2）主梁的反力可按三铰拱计算

如图 1-94 所示，P_m 为主梁的总水压力，中间铰 B 的反力 R_B 的方向沿水平 x 轴，根据三铰拱的力平衡条件得到封闭的力三角形，可求出三铰拱的支承反力 R_A 及 R_B 的大小及方向。

其大小为：

$$R_A = R_B = \frac{P_m}{2\sin\alpha} \tag{1-44}$$

其方向如图 1-94 中所示。

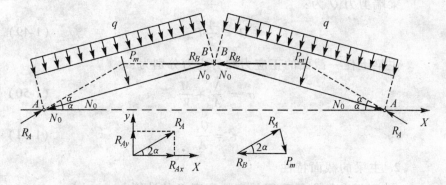

图 1-94　主梁的计算简图

反力 R_A 在 x、y 轴上的分力为：

$$R_{Ax} = R_A \cos 2\alpha, \quad R_{Ay} = R_A \sin 2\alpha \tag{1-45}$$

式中：α——关门时门扇轴线倾角（本例 $\alpha = 20°$）。

由于三铰拱的影响，水平总水压力 P_m 对主梁产生轴向压力，其大小为：

$$N_0 = R_B \cos\alpha = \frac{P_m}{2\tan\alpha} \tag{1-46}$$

（3）主梁的轴向水压力

受测止水影响，主梁两端有轴向水压力，其大小为：

$$N_1 = \gamma b_1 H_1 t \tag{1-47}$$

式中：t——门扇厚度(mm)，主要考虑主梁高和侧止水宽度。

(4) 主梁的内力

主梁可按两端铰接的简支梁，荷载近似按均布荷载计算。主梁是一变截面梁，并属于偏心受压杆。因此，其计算弯矩值为：

$$M = M_q - M_N = M_q - (N_0 e + N_1 e_1) \qquad (1\text{-}48)$$

式中：e——门扇轴线至主梁截面形心的偏心距(可按图上尺寸计算所得)；

e_1——主梁端部水压力合力 N_1 的作用点到主梁截面形心的距离(可按图上尺寸计算所得)。

梁端剪力 Q 为：

$$Q = \frac{1}{2} P_m \qquad (1\text{-}49)$$

主梁上任一截面的正应力和剪应力分别为：

$$\sigma = \frac{N}{A} + \frac{M}{W} \qquad (1\text{-}50)$$

$$\tau = \frac{Q_i}{A} \qquad (1\text{-}51)$$

2. 主梁的截面特性

① 面板参与主梁作用的有效宽度 B 的计算：

$b = \dfrac{500 + 500}{2} = 500\text{mm}, l_0 \approx 0.7 l_m = 0.7 \times 7609 = 5326.3\text{mm}, l_0/b = 5326.3/500 = 10.65$，查表得 0.98，故 $B = \xi_1 b = 0.98 \times 500 = 490\text{mm}$

② 主梁截面如图 1-95 所示。

③ 主梁截面特性，见表 1-35。

表 1-35　　　　　　　　　主梁截面特性

截面特性	$A(\text{mm}^2)$	$I(\text{mm}^4)$	$S(\text{mm}^2)$	W_q (mm^3)	W_h (mm^3)	$W_{\min}$ (mm^3)
数值	2.9820×10^4	7.3730×10^9	6.7269×10^6	1.1890×10^7	1.1100×10^7	1.1100×10^7

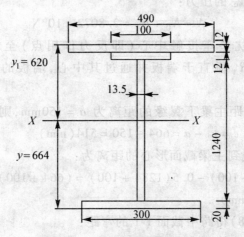

图 1-95 主梁截面图(单位 mm)

3. 荷载及内力

主梁受水压力近似地按均布荷载计算如下:

依式(1-42)得:$q = \gamma H_1 b_1 = 9.8 \times 10^{-6} \times 24200 \times 1000 = 237.16$ (N/mm)

依式(1-43)得:$P_m = q l_m = 237.16 \times 7609 = 1.8046 \times 10^6$ (N)

按三铰拱计算,依式(1-44)得反力:$R_A = R_B = \dfrac{P_m}{2\sin\alpha} = \dfrac{1.8046 \times 10^6}{2\sin 20°} = 2.6381 \times 10^6$ (N)

(反力与主梁轴线的交角为 20°)

依式(1-49)得剪力:$Q = 0.5 P_m = 0.5 \times 1.8046 \times 10^6 = 9.023 \times 10^5$ (N)

依式(1-46)得轴力:$N_0 = \dfrac{P_m}{2\tan\alpha} = \dfrac{1.8046 \times 10^6}{2\tan 20°} = 2.479 \times 10^6$ (N)

依式(1-47)得侧向水压力:$N_1 = \gamma b_1 H_1 t = 237.16 \times (1284 + 100) = 3.2823 \times 10^5$ (N)

(t——门厚,即考虑主梁高 1284mm 和侧止水宽度 100mm 之和)

主梁承受总的压力：
$$N = N_0 + N_1 = 2.8072 \times 10^6 \text{N}$$

由于支、枕垫座接触中心（即反力作用点）至端板的距离为300mm，反力 R_A 垂直于端板并通过其中心，端板的宽度为740mm（见图1-96）。

主梁轴线距主梁下翼缘的距离为 $a = 150$mm，则主梁轴线到截面形心距离为 $e = y_2 - a = 664 - 150 = 514(\text{mm})$

N_1 作用线到主梁截面形心的距离为：
$$e_1 = (y_2 + 100) - 0.5(1284 + 100) = (664 + 100) - 0.5 \times (1284 + 100) = 72(\text{mm})$$

依式(1-48)得跨中截面1-1的弯距：
$$M_1 = M_q - M_N = M_q - (N_0 e + N_1 e_1)$$
$$= \frac{1}{8} q l_m^2 - (N_0 e + N_1 e_1)$$
$$= \frac{1}{8} \times 237.16 \times 7609^2 - (2.479 \times 10^6 \times 514 + 3.2823 \times 10^5 \times 72)$$
$$= 4.1851 \times 10^8 (\text{N} \cdot \text{mm})$$

剪力：$Q_1 = 0$

依式(1-48)得截面2-2（距左端为1254.5mm处）的弯距：
$$M_2 = M_q - M_N$$
$$= \left(1254.5 Q - \frac{1254.5^2}{2} q\right) - (N_0 e + N_1 e_1)$$
$$= \left(1254.5 \times 9.023 \times 10^5 - \frac{1254.5^2}{2} \times 237.6\right) - (2.479 \times 514 + 3.2823 \times 10^5 \times 72)$$
$$= -3.5252 \times 10^8 (\text{N} \cdot \text{mm})$$

剪力：$Q_2 = Q - 1254.5 \times 237.16 = 6.0478 \times 10^5 (\text{N})$

4. 主梁的强度验算

按偏心受压构件，依式(1-50)和式(1-51)计算。

(1) 跨中截面1-1应力验算

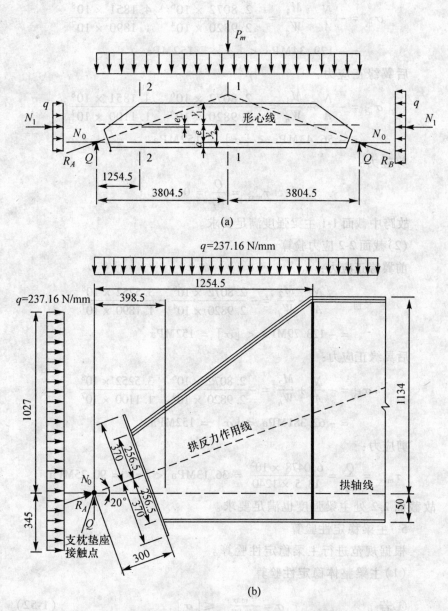

图 1-96　主梁计算简图（单位 mm）

前翼缘正应力：

$$\sigma_{前} = -\frac{N}{A} - \frac{M_1}{W_q} = -\frac{2.8072 \times 10^6}{2.9820 \times 10^4} - \frac{4.1851 \times 10^8}{1.1890 \times 10^7}$$

$$= -129.34 \text{MPa} < [\sigma] = 152 \text{MPa}$$

后翼缘正应力：

$$\sigma_{后} = -\frac{N}{A} + \frac{M_1}{W_h} = -\frac{2.8072 \times 10^6}{2.9820 \times 10^4} + \frac{4.1851 \times 10^8}{1.1100 \times 10^7}$$

$$= -56.43 \text{MPa} < [\sigma] = 152 \text{MPa}$$

剪应力：

$$\tau_{max} = \frac{Q}{A_f} = 0$$

故跨中截面 1-1 主梁强度满足要求。

(2) 截面 2-2 应力验算

前翼缘正应力：

$$\sigma_{前} = -\frac{N}{A} - \frac{M_2}{W_q} = -\frac{2.8072 \times 10^6}{2.9820 \times 10^4} - \frac{3.5252 \times 10^8}{1.1890 \times 10^7}$$

$$= -123.79 \text{MPa} < [\sigma] = 152 \text{MPa}$$

后翼缘正应力：

$$\sigma_{后} = -\frac{N}{A} + \frac{M_2}{W_h} = -\frac{2.8072 \times 10^6}{2.9820 \times 10^4} + \frac{3.5252 \times 10^8}{1.1100 \times 10^7}$$

$$= -62.381 \text{MPa} < [\sigma] = 152 \text{MPa}$$

剪应力：

$$\tau_{max} = \frac{Q}{A_f} = \frac{6.0478 \times 10^5}{13.5 \times 1240} = 36.13 \text{MPa} < [\tau] = 90.25 \text{MPa}$$

故截面 2-2 处主梁强度也满足要求。

5. 主梁稳定性验算

根据规范进行主梁稳定性验算。

(1) 主梁整体稳定性验算

①若

$$\sigma = \frac{M_{max}}{\varphi_w W} \leq [\sigma], \qquad (1-52)$$

则不必作整体稳定性验算。

式中：φ_w——整体稳定系数，查有关工程计算手册或水电站机电设计手册确定；

M_{max}——梁最大刚度平面内的最大弯矩；

W——梁受压最大纤维的毛截面抗矩。

②鉴于面板铺在梁的受压翼缘上，能阻止梁截面的扭转，对于本例由于同时设有4道隔板梁的受压翼缘的自由长度与其宽度之比小于18，故本船闸主梁可以不验算整体稳定，仅需验算腹板的局部稳定性。

（2）局部稳定性验算

①当 $\dfrac{h_0}{\delta} \leq 80\sqrt{\dfrac{2400}{\sigma_s}}$ 时，可不验算腹板的局部稳定性，一般也不须配置加劲肋；

②当 $80\sqrt{\dfrac{2400}{\sigma_s}} < \dfrac{h_0}{\delta} \leq 160\sqrt{\dfrac{2400}{\sigma_s}}$ 时，要验算腹板局部稳定性，并要配置横向加劲肋；

③当 $\dfrac{h_0}{\delta} > 160\sqrt{\dfrac{2400}{\sigma_s}}$ 时，要验算腹板局部稳定性，并除配置横向加劲肋外，还须配置纵向加劲肋。

式中：h_0——腹板的计算高度；

δ——腹板的厚度。

若需要配置加劲肋，其计算方法如下：

横向加劲肋间距 a 应满足下式要求：

$$a \leq \dfrac{2000 h_0}{\dfrac{h_0}{\delta}\sqrt{\eta\tau} - 2500} \tag{1-53}$$

式中：τ——考虑梁段最大剪力产生的腹板平均剪力；

η——考虑 σ 影响的增大系数。根据 $\sigma\left(\dfrac{h_0}{100\delta}\right)^2$ 的值，可由有关工程结构计算手册或水电站机电设计手册的系数表格查得。这里是在《水电站机电设计手册（金属结构一）》的表 5-25 中查得。

对于本例，由于 $\dfrac{h_0}{\delta} = \dfrac{1240}{13} = 95 > 80\sqrt{\dfrac{2400}{\sigma_s}} = 80$，故仅验算腹板的

局部稳定即可。

根据规定:当 $80\sqrt{\dfrac{2400}{\sigma_s}} < \dfrac{h_0}{\delta} \leq 160\sqrt{\dfrac{2400}{\sigma_s}}$ 时应配置横向加劲肋,其间距应满足式(1-53)要求,即 $a \leq \dfrac{2000h_0}{\dfrac{h_0}{\delta}\sqrt{\eta\tau} - 2500}$。

对于主梁截面 2-2: $\sigma = 105.26\,\text{MPa}, \tau = 37.51\,\text{MPa}$,

则 $\sigma\left(\dfrac{h_0}{100\delta}\right)^2 = 105.26 \times \left(\dfrac{1240}{100 \times 13}\right)^2 = 95.76$

查《水电站机电设计手册(金属结构一)》表 5-25 得: $\eta = 1.0$,

则 $a = \dfrac{2000 \times 1240}{\dfrac{1240}{13}\sqrt{1.0 \times 37.51 \times 10} - 2500}$,由于分母出现负值,按

TJ17-74 规范规定,横向加劲肋可按最大间距 $a = 2h_0$ 布置,故可取 $a \leq 2h_0 = 2 \times 1240 = 2480$。

又依规范,横向加劲肋的最大间距 a 不得小于 $\dfrac{1}{2}h_0$,且不得大于 $2h_0$,所以

$$\dfrac{1}{2}h_0 = 620 < a = 1700 < 2h_0 = 2 \times 1240 = 2480$$

满足局部稳定要求。

6. 主梁的刚度验算

(1)验算公式

本船闸闸门的主梁为偏心受压压弯构件。依据规范规定,其挠度可按式(1-54)计算:

$$f = \dfrac{f_0}{1 - Ka^2} \leq [f] \qquad (1\text{-}54)$$

式中: $f_0 = f_1 - f_2$。

f_1——按简支梁在均布水压力作用下求得的主梁的最大挠度。其计算公式为:

$$f_1 = \dfrac{5ql_m^4}{384EI} \qquad (1\text{-}55)$$

f_2——主梁两端受弯矩 $M = Ne$ 作用时产生的与 f_1 在同一位置的挠度。如果为梁的跨中,则

$$f_2 = \frac{Ml_{中}}{6EI}(2 - 3\xi + 3\xi^2) \tag{1-56}$$

$\left(式中:\xi = \dfrac{l_{中}}{l_m}\right)$

l_m——主梁长度的一半;

K——与主梁端部的连接方式有关的系数。两端铰接时 $K = 1$;

$[f]$——主梁容许挠度。规范规定,其取值为 $\dfrac{1}{750}l_m$。

$$a^2 = \frac{Nl_m^2}{\pi EI} \tag{1-57}$$

式中:N——主梁端轴向力;

l_m——主梁长度(一般为门轴柱的支垫面到斜接柱的支垫面距离);

EI——主梁的抗弯刚度。

(2)刚度验算

根据本闸门主梁的已知条件,按式(1-55)可得到主梁在均布水压力作用下的跨中挠度为:

$$f_1 = \frac{5}{384} \times \frac{237.16 \times 7609^4}{2.1 \times 10^5 \times 6.8715 \times 10^9} = 7.1733(\text{mm})$$

又由于 $M = Ne_1 = 2.8069 \times 10^6 \times 71.75 = 2.014 \times 10^8 (\text{N} \cdot \text{mm})$

$$\xi = \frac{l_{中}}{l_m} = \frac{3804.5}{7609} = 0.5$$

依式(1-56)可得到主梁两端受弯矩作用时在跨中产生的挠度为:

$$f_2 = \frac{Ml_{中}}{6EI}(2 - 3\xi + 3\xi^2)$$

$$= \frac{2.014 \times 10^8 \times 3804.5}{6 \times 2.1 \times 10^6 \times 6.8715 \times 10^9}(2 - 3 \times 0.5 + 3 \times 0.5^2)$$

$$= 1.1062 \times 10^{-5}(\text{mm})$$

故 $f_0 = f_1 - f_2 = 7.1733\text{mm}$

主梁两端为铰时,依式(1-57)得:

$$a^2 = \frac{Nl_m^2}{\pi EI} = \frac{2.8069 \times 10^6 \times 7609^2}{3.14 \times 2.1 \times 10^6 \times 6.8715 \times 10^9} = 3.5866 \times 10^{-3}$$

$$K = 1$$

最后依式(1-54)可求得主梁在跨中处的挠度为:

$$f = \frac{2.674}{1 - 1 \times 3.5866 \times 10^{-3}} = 2.6836(\text{mm})$$

又 $f = 2.6836 < [f] = \dfrac{l_m}{750} = \dfrac{7609}{750} = 10.14$ (mm)

故主梁刚度满足要求。

1.4.3.4.5 面板的强度验算

面板是直接承受水压力的部件,同时面板支承在梁系结构上,并参与梁系的整体工作。在荷载传递过程中,面板本身将发生挠曲而产生弯曲应力,又由于梁系挠曲而引起面板产生膜应力。因此,面板的应力状态应为两种应力之和,并按双向应力状态验算其强度。

由理论分析及实验得知,面板的最大弯矩发生在面板支承边的长边 A 处(如图1-97),只要这一点满足强度要求后,整个面板的强度也就满足要求。为此,只须对这一点进行强度验算即可。

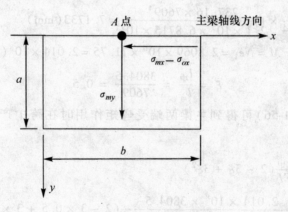

图1-97 面板区格形式 I 图

1. 验算公式

面板的强度验算应力是采用面板的折算应力 σ_{zh}，由于梁格体系的几何尺寸不同，其验算公式分为两种情况（假定面板短边为 a，长边为 b）。

(1) 当面板的边长比 $b/a > 1.5$，且长边沿主（次）梁轴方向时（见图 1-97），按式(1-58)验算长边中点 A 的应力。

$$\sigma_{zh} = \sqrt{\left(\sigma_{my}\right)^2 + \left(\sigma_{mx} - \sigma_{ox}\right)^2 - \left(\sigma_{my}\right)\left(\sigma_{mx} - \sigma_{ox}\right)} \leq 1.1\alpha[\sigma] \quad (1-58)$$

式中：σ_{my}——垂直于主（次）梁轴线方向的面板支承长边中点的局部弯曲应力，可按式(1-59)计算：

$$\sigma_{my} = k_y p a^2 / t^2 \quad (1-59)$$

k_y——支承长边中点弯曲应力系数，与面板四边的约束条件有关，可查有关工程设计手册或水电站机电设计手册的系数表而得；

p——面板计算区格中心的水压力强度（MPa）；

t——面板厚度；

σ_{mx}——面板沿梁轴方向的局部应力：

$$\sigma_{mx} = \mu \sigma_{my} \quad (1-60)$$

σ_{ox}——对应于面板验算点的主（次）梁上翼缘的整体弯曲应力，按式(1-61)计算：

$$\sigma_{ox} = (1.5\xi_1 - 0.5)\frac{M}{W} \quad (1-61)$$

式中：ξ_1——面板兼作主（次）梁上翼缘的有效宽度系数，见表 1-1；

M——对应于面板验算点的主梁上的弯矩；

W——对应于面板验算点的主梁截面上的抗弯截面模量。

$[\sigma]$——抗弯容许应力，按规范规定选用；

α——弹塑性调整系数（当 $b/a > 3$ 时，$\alpha = 1.4$；当 $b/a \leq 3$ 时，$\alpha = 1.5$）。

σ_{mx}、σ_{my} 及 σ_{ox} 均用绝对值。

(2) 当面板的边长 $b/a \leq 1.5$ 或面板长边方向与主（次）梁轴线垂直时，应按式(1-62)验算垂直于梁轴线边的中点的应力。

$$\sigma_{zh} = \sqrt{(\sigma_{my})^2 + (\sigma_{mx} + \sigma_{ox})^2 - (\sigma_{my})(\sigma_{mx} + \sigma_{ox})} \leq 1.1\alpha[\sigma] \tag{1-62}$$

式中：σ_{mx}——面板沿主（次）梁轴线方向的局部弯应力，按式(1-63)计算：

$$\sigma_{mx} = \frac{kpa^2}{t^2} \tag{1-63}$$

k——对长边沿主梁轴线方向时（如图1-98(a)），查有关应力系数表格取 k_x 值；当短边沿主梁轴线方向时（如图1-98(b)），查有关应力系数表格取 k_y 值。

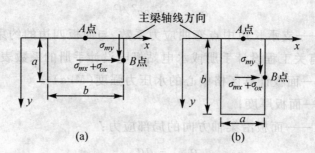

图1-98 面板区格形式Ⅱ图

σ_{my}——垂直于主（次）梁轴线方向的面板局部弯曲应力：

$$\sigma_{my} = \mu\sigma_{mx} \tag{1-64}$$

μ——材料泊松比，取 $\mu = 0.3$；

σ_{ox}——对应于面板验算点主（次）梁上翼缘的整体弯应力，可按式(1-64)计算。

2. 强度验算

取闸门下第20根和21根主梁中部处的板格计算。其中 $b = 1700mm$，$a = 400mm$，$b/a = 4.25 > 3$，$t = 12mm$，$q = 0.242N/mm$。

依式(1-59)、式(1-60)、式(1-64)和式(1-58)，分别求得垂直于主（次）梁轴线方向、面板区隔的支撑长边中点上游面的局部弯曲拉应力：

$$\sigma_{my} = \frac{k_y p a^2}{t^2} = 0.500 \times 0.242 \times 400^2/12^2 = 134.44 \ (\text{N/mm}^2)$$

$$\sigma_{mx} = \mu \sigma_{my} = 0.3 \times 134.44 = 40.33 (\text{N/mm}^2)$$

面板上游面由整体弯矩和水压力产生的压应力为：

$$\sigma_{ox} = -150.79 (\text{N/mm}^2)$$

面板的折算应力为：

$$\sigma_{zh} = \sqrt{\left(\sigma_{my}\right)^2 + \left(\sigma_{mx} - \sigma_{ox}\right)^2 - \left(\sigma_{my}\right)\left(\sigma_{mx} - \sigma_{ox}\right)} = 170.01(\text{N/mm}^2)$$

$$< 1.1 \times 1.4 \times 152 = 234.08(\text{N/mm}^2)$$

故面板满足强度要求。

1.4.3.4.6 结论

船闸下闸首人字闸门各构件最大应力见表 1-36。

表 1-36　　　　　　闸门各构件最大应力表

构件	弯曲应力(MPa)			剪应力(MPa)			挠度(mm)	
	最大应力 $\sigma_{\max}$	容许应力 $[\sigma]$	所在部位	最大应力 $\tau_{\max}$	容许应力 $[\tau]$	所在部位	最大挠度 $f_{\max}$	容许挠度 $[f]$
主横梁	129.34	152	跨中截面前翼缘	36.13	90.25	截面2-2处梁腹板	2.684	10.14
面板	20 和 21 根主梁中部处面板板格折算应力：$\sigma_{zh}=170.01\text{MPa} <1.1\alpha[\sigma] =234.08 \text{MPa}$							
边柱	因边梁支撑在承压板上，根据其受力特性，不必验算。							

由于本船闸建好运行时间不太长，外观完好无损，锈蚀量平均只有 0~0.5mm，材质符合设计要求，焊缝质量也符合安全要求。因此，只对闸门的主梁及面板作验算校核。验算结果表明主梁的强度、刚度及稳定性均满足规范的安全要求，面板也满足强度要求。

第 2 章

钢闸门材料检测

钢闸门材料的检测是水工钢闸门检测技术的一项重要内容。水工钢闸门使用多年之后，部分构件老化、锈蚀、化学性能以致力学性能都可能发生变化，是否还能安全可靠地运行必须进行全面检测。本章首先了解建筑钢种类、其主要机械性能和钢材的化学成分对材料机械性能的影响，然后对钢闸门材料力学性能进行检测。

2.1 钢闸门材料

钢闸门的主要材料一般采用具有强度高、弹性和塑性性能良好且容易加工和焊接的建筑钢。只有闸门的支承部件或起重的零部件才酌情采用铸钢、锻钢或铸铁。

2.1.1 建筑钢的种类

建筑钢按其化学成分可分为下列两种：

（1）普通碳素钢

该种钢的主要成分为铁和少量的碳。在水工钢闸门中一般采用含碳量低于 0.22% 的低碳钢，其中最常用的为 3 号钢（A 3 钢，也称

之为 Q_{235}(HPB235))。

(2)普通低合金钢

该种钢除主要含铁和碳外,还含有少量的合金元素如锰、钛、硅等。其合金元素总含量一般不超过3%,故称之为低合金钢。其中最常用的有16锰钢(16Mn钢)。

建筑钢按冶炼方法又可分为平炉钢、侧吹碱性转炉钢以及顶吹氧气转炉钢。按照浇注方法还可分为沸腾钢、镇静钢和半镇静钢。一般地,闸门及其埋件所采用的钢号会说明它是用什么方法冶炼和浇注的钢。

2.1.2 建筑钢的主要机械性能

建筑钢在常温下单向一次均匀受拉时的机械性能可通过材料力学中所介绍的由单向拉伸试验测得的应力应变曲线(图2-1)来表示。随着荷载的增加,钢的应力、应变间的关系大致可分为:弹性、塑性(屈服)、强化和破坏(颈缩)四个阶段。其中屈服极限(σ_s)、强度极限(抗拉强度)σ_b 和伸长率(延伸率)δ_b 以及由带缺口试件进行冲击试验所测定的冲击韧性(冲击值)α_k 是用来衡量建筑钢强度、塑性和韧性等机械性能的主要指标。

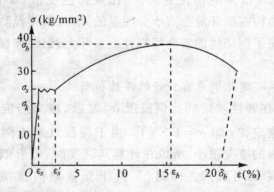

图 2-1 3号钢单向拉伸时的应力应变曲线

从低碳钢的拉伸试验曲线,可得到下述重要结论。

2.1.2.1 屈服应力 σ_s 是钢材的主要强度指标

当荷载增加,使应力达到屈服点时,钢的承载能力暂时已耗尽,应力暂不增加,而应变会继续迅速地增加,出现波浪式的屈服台阶,或称流幅(自 $\varepsilon_s = 0.15\%$ 到 $\varepsilon_s' = 2.5\%$ 止)。此时结构将因残余(塑性)变形过大而不能正常工作。故设计时常取屈服点应力 σ_s 为计算应力的极限。

2.1.2.2 强度极限 σ_b 也是衡量钢材强度的另一指标

在应变超过波浪式的屈服台阶后,它的抵抗能力又有所增强,应力又逐渐回升,即进入所谓强化阶段,最终达到强度极限 σ_b 后试件才出现局部颈缩而被拉断。由于达到强度极限 σ_b 时塑性变形太大($\varepsilon_b \approx 16\%$),故不能取强度极限 σ_b 作为设计计算的依据,只能作一种强度储备。对那些没有明显屈服台阶的钢材,一般可近似地取 $0.6\sigma_b$ 作为屈服应力。

2.1.2.3 伸长率 δ_b 是衡量钢材塑性的一个重要指标

在工程中,一般把发生显著塑性变形($\delta_b \geq 5\%$)以后才断裂的材料称为塑性材料,而在没有显著变形以前($\delta_b < 5\%$)就断裂的材料称为脆性材料。低碳钢的 δ_b 为 20% ~ 30%,它是一种典型的塑性材料。钢材的塑性表示钢材经受很大的变形而不致破坏的能力。钢材在破坏前出现很大的塑性变形,约比其弹性变形(0.15%)大 200 倍,说明钢结构在破坏前会有十分明显的先兆,来得及防止事故的发生,从而提高了钢结构的安全可靠性。实际上,钢结构极少发生这种塑性破坏。

2.1.2.4 建筑钢兼有良好的弹性和塑性

建筑钢在弹性阶段的比例极限 σ_p 之前,应力与应变成正比关系,符合胡克定律(即 $\sigma = E \cdot \varepsilon$)。由于屈服点与比例极限较为接近,且这阶段的应变很小,所以在计算其强度时,可近似地将钢的弹性阶段提高到屈服点。同时,又由于低碳钢的流幅较长(可达 25%),塑性变形较大(为 20% ~ 30%),当达到屈服强度 σ_s 而出现塑性流动时,此种钢就由理想的弹性体转变成近乎理想的塑性体(如图 2-2)。因此,低碳钢最接近于理想的弹、塑性体。这就是正在发展的钢结构塑性设计理论的依据。

建筑钢均匀受压与弯曲时也有类似上述受拉时的机械特性。虽然三者的破坏情况并不相同,但都具有相同的屈服强度 σ_s、弹性模量 $E = 2.1 \times 10^6 \text{kg/cm}^2 = 210\text{GPa}$ 和泊松比 $\mu = 0.25 \sim 0.3$。值得注意的是,此种钢材的剪切强度比拉伸强度低得多,且相应的弹性变形和塑性变形都比拉伸时大。一般剪切的屈服应力为 $\tau_s = 0.58\sigma_s$,剪切弹性模量 $G = 8.1 \times 10^5 \text{kg/cm}^2 = 81\text{GPa}$。

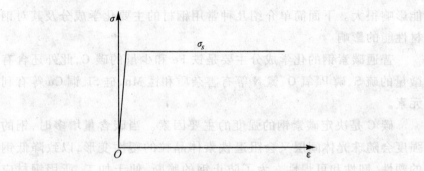

图 2-2　理想塑性体的应力应变图

建筑钢受动力荷载(冲击荷载或振动荷载)或处于复杂应力、低温等情况下,常会发生低应力脆性断裂(脆断)。脆断时其应力常小于屈服应力,而且变形极小,但裂缝扩展速度极快(可达 1800m/s)。这种脆断对于钢结构的使用是极其不利和危险的,必须引起高度重视。

钢材的脆断同其韧性有着密切的关系,韧性差的钢材在低温或快速加载等不利条件下,常会发生低应力脆性断裂。因此,韧性(冲击韧性)可作为保证承受动荷或低温下的结构安全的一个重要指标。钢材的韧性是钢材断裂前所吸收的能量和开展塑性变形的能力,我国目前常采用带缺口试件被摆锤击断处每单位截面积所需消耗的功——冲击韧性 α_k 来衡量。由于冲击力或处于低温下的钢材常发生脆断,故冲击韧性可用来鉴定一般均匀连续体钢材的抗脆断性能以及钢材在低温条件下的变脆倾向。也就是说,韧性 α_k 可作为保证钢结构安全的一个主要指标。

此外，建筑钢的塑性和冷加工性能也可用冷弯试验来检验，经钢材试件冷弯180°出现裂纹为合格。水工钢闸门所用的钢材应保证冷弯试验合格。

2.1.3 化学成分对钢材性能的影响

影响钢材性能的主要内因是钢材内部的组织构造，而钢的组织构造又受到其化学成分的直接影响。因此，钢的化学成分对钢材性能影响很大。下面简单介绍几种常用钢材的主要化学成分及其对钢材性能的影响。

普通碳素钢的化学成分主要是铁 Fe 和少量的碳 C，此外还含有微量的硫 S、磷 P、氧 O、氮 N 等有害杂质和锰 Mn、硅 Si、铜 Cu 等有利元素。

碳 C 是决定碳素钢的强度的主要因素。当碳含量增多时，钢的强度会随珠光体间层又会阻遏铁素体晶粒的塑性变形，以致降低钢的塑性、韧性和可焊性。为了防止钢的脆断，便于加工，所用钢材应具有良好的塑性、韧性和可焊性。故对焊接结构的钢材，要求含碳量不超过 0.20%。

硫 S 在钢中是有害杂质，它使钢在高温时变脆，称为热脆。磷 P 的害处是使钢在低温时变脆，称为冷脆。因此，在建筑钢中，应严格限制硫、磷、氧和氮的含量。

锰 Mn 和硅 Si 是良好的脱氧剂。锰还能脱硫。硅还能增强钢在自然条件下的抗腐蚀性。锰和硅都能提高钢的强度，而对钢的塑性影响很小。所以，各类钢中均应含有一定数量的锰和硅，但含量也不能过高，否则可能会使钢的晶体粒化，影响其可焊性。若含硅量超过 3%，将显著降低钢的塑性。例如，16 锰钢是在 3 号钢具有的化学成分基础上加入适量的锰和硅炼成的，其化学成分为：平均含碳量为 0.16%、含锰量为 1.2%~1.6%、含硅量为 0.2%~0.6%。

铜 Cu 能提高钢的屈服强度及其在大气中的抗蚀性，但若钢含量过高，在热轧时容易使钢表面发生热脆开裂。此外，对含铜废钢重复炼制时，其所含的铜去不掉，势必越积越多，故从长远看，钢中的铜含量也应加以限制。

2.1.4 建筑钢的可焊性、抗蚀性和防腐蚀措施

建筑钢是一种可焊性能较好的钢材。钢材的可焊性是指在给定的构造形式和焊接工艺条件下获得符合质量要求的焊缝连接的性能。可焊性能差的钢材在焊接的热影响区容易发生脆性裂缝（热裂缝或冷裂缝），不易保证焊接质量，否则就要采用特定的复杂焊接工艺来保证焊接质量。

钢的可焊性可间接地用钢材的冲击韧性来鉴定。冲击韧性合格的钢材，才容易保证其焊接质量。

水工钢闸门如果系因焊接问题而破坏的话，其主要原因是钢材的可焊性能不好，此外是焊接质量不过关（如焊缝夹渣、气孔、挂滴焊瘤、漫溢、咬边、裂纹未熔合、未焊透、漏焊和错台等）。在低温或受动载时发生脆性断裂，或闸门运行时间太长后，焊缝就失去连接作用而导致结构破坏。故对于重要的承受动力荷载的焊接结构和运行时间较长的钢闸门，除对所用钢材进行可焊性鉴定之外，还要定期对钢闸门中的焊缝进行无损探伤检测。

钢的抗腐蚀性能（抗蚀性），也是水工钢闸门必须注意的问题。钢的抗蚀性能通常要用其平均腐蚀稳定性来衡量。平均腐蚀稳定性是指按试样或成品每年减损厚度的毫米数（mm/a），或每单位面积每年减损重量的克数（$g/m^2 \cdot a$）。

钢铁的腐蚀主要是一种电化学现象。其腐蚀机理是钢表面在潮湿的空气里（或带有水分）易形成电解质溶液薄膜，它跟钢铁中的铁和碳恰好构成电位差不同的两极原电池，从而发生氧化反应。Fe^{2+} 继续氧化，就形成了 $Fe(OH)_3$，这就是铁锈。钢铁内部含碳和杂质越多，或钢结构表面存在凹槽和狭缝时，易使铁和碳构成原电池，更易于锈蚀。若结构采用两种金属材料连接，则电位较低（活动性较强）的金属容易被腐蚀，如钢闸门中的螺栓连接，单独镀锌的螺栓比不镀锌的螺栓更容易锈蚀。实践证明，钢材在应力状态下的腐蚀速度比无应力状态下要快，这称为应力腐蚀；但钢材在碱性介质（为 pH >11.5）中，其锈蚀速度变得十分缓慢，这是因为在这种介质中能迅速生成一层稳定致密的"钝化膜"，阻止其与电解质的接触，使其电化学反应放慢的缘故。

为了提高水工钢闸门的耐久性，除了在设计管理上要注意在其

上采用油漆或喷涂锌层、重要零件采用镀铬等防腐措施外,还要定期对水工钢闸门进行腐蚀状况的检测和处理。

2.1.5 常用建筑钢的钢号

水工钢闸门的门体结构常用的材料有普通碳素钢和普通低合金钢两类。普通碳素钢是以含碳量多少来表示钢号,较适用的钢号有:0号、2号、3号和5号,其中常用的为3号钢(即Q_{235})。钢号愈高,含碳量愈多,屈服应力和强度极限也愈大,但塑性和韧性愈低,可焊性能愈差,钢的质地较坚硬,不易进行剪切、冲孔、冷弯等加工。尤其是5号钢,含碳量高,可焊性差,一般很少使用。

为了克服钢材强度高、韧性低的矛盾,常采用普通低碳合金钢代替普通碳素钢。列入冶金工业部部颁标准的低碳合金钢钢号有21种。其中16号锰钢以硅、锰为主要合金元素,生产工艺简单,综合性能好,焊接质量稳定,强度较高。

2.1.6 水工钢闸门材料的选用

在钢闸门的设计、维修和加固上均涉及选材问题。水工钢闸门的选材,应根据闸门的结构特点、钢材的特性和生产的实际情况,做到安全可靠和经济合理。选材时主要考虑以下几点:

1. 依闸门承受的荷载特性选材

首先区分承受的是动荷还是静荷。对于直接受动力荷载并要求作局部开启的深孔工作闸门,需选用质量较高并具有常温或低温下冲击韧性的附加保证的钢材。对于承受静力荷载的闸门如检修闸门等可选用一般质量的钢材。

2. 依闸门的工作温度和所处的环境选材

由于钢材在低温(-20~-40℃)情况下可能产生冷脆断裂,尤其是焊接结构,钢材冷脆倾向更严重,容易引起工程事故,因此,要求处于低温情况下的钢闸门的钢材要具有良好的塑性和低温性能。此外,大多数水工钢闸门浸泡在水下或外露于大气之中,易生锈腐蚀,应选用抗蚀性较好的钢材。

3. 依闸门的重要性选材

水工钢闸门是按水利工程的大小和闸门的工作性质来确定其重要性质的。大型工程的工作闸门显然比中小型工程的检修门重要,大型工程中的深孔工作闸门比表孔的检修门重要。因此,应根据闸门的重要性有区别地选用钢材。

我国在钢结构设计规范,特别是在钢闸门设计规范中均明确规定(如表2-1),普通3号钢(Q_{235})为闸门首选主要钢号。因为3号钢的强度、塑性、韧性以及焊接性能等综合指数都较好,能满足一般钢闸门的要求,所以是最常用的钢号。而16号锰钢的强度高,屈服应力约比3号钢高46%,用之可节约钢材15%~20%,且抗蚀性强,因此,大跨度、重要的闸门最适合选用16号锰钢。

表2-1 闸门及埋件采用的钢号

项次	使用条件		计算温度	钢号
1	闸门部分	大型工程的工作闸门、大型工程的重要事故闸门,部分开启的工作闸门。		宜采用平炉、顶吹氧气转炉3号镇静钢或16号锰钢
2		中小型工程中不作部分开启的工作闸门,其他事故闸门	≤-20℃	同第1项
3			>-20℃	可采用平炉、顶吹氧气转炉3号镇静钢
4		各类检修闸门和拦污栅	>-30℃	同第3项(当计算温度高于-15℃时,可采用测吹碱性转炉3号镇静钢)
5	埋件部分	主要受力埋件		可采用3号沸腾钢
6		按构造要求选择的埋件		可采用0号钢

水工钢闸门支承的零部件常采用钢铸件,如平面钢闸门的支承滚轮,弧形钢闸门的支铰和人字闸门的顶枢和底枢等。常用的材料为ZG45中的Ⅰ级品和Ⅱ级品。支承结构的轮轴和铰轴一般采用锻钢件。常用的材料为35号和45号优质碳素结构钢。

水工钢闸门的原材料中常采用由钢坯热轧制成的钢板、型钢等。常用的轧成钢材在闸门中的用途如下:

(1)厚钢板主要用于闸门的面板及腹板等。

(2)扁钢用于人字钢闸门的斜背拉杆、平面钢闸门横向隔板的下翼缘。

(3)角钢用于人字钢闸门斜背拉杆及闸门的桁架结构。

(4)工字钢用于闸门的框架支臂、人字闸门的接缝柱等。

(5)槽钢用于人字闸门的斜背拉杆、接缝柱、框架支臂及次梁等。

2.2 水工钢闸门材料力学性能检测

在 2.1 节已经了解了建筑钢的主要机械性能,其中包括钢的力学性能。本节将通过实例,具体介绍钢闸门材料的力学性能检测。

【实例1】检测某水电工程溢洪道弧形闸门钢板的力学性能。

我们在实验室液压式万能试验机上进行了力学性能实验。将某水电工程溢洪道弧门钢板加工成两件表面未经处理带有腐蚀坑的拉伸试件和两件弹模试件,它们分别编号为 $1^{\#}$、$2^{\#}$、$3^{\#}$、$4^{\#}$,如图 2-3 所示,其尺寸如下:

$1^{\#}:A_0 = 30.40\text{mm} \times 20.20\text{mm}, L_0 = 100\text{mm}$

$2^{\#}:A_0 = 30.40\text{mm} \times 20.06\text{mm}, L_0 = 100\text{mm}$

$3^{\#}:A_0 = 30.20\text{mm} \times 18.80\text{mm}, L_0 = 100\text{mm}$

$4^{\#}:A_0 = 29.90\text{mm} \times 18.68\text{mm}, L_0 = 100\text{mm}$

图 2-3 加工试件

测试情况如图 2-4 和图 2-5 所示,测试结果如表 2-2 所示。

图 2-4 拉伸试验

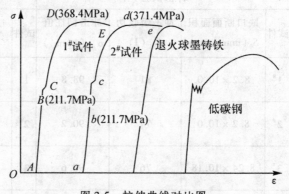

图 2-5 拉伸曲线对比图

表 2-2 拉伸试验测试结果

试件 \ 力学指标	屈服拉力 F_s(kN)	极限拉力 F_b(kN)	断裂长度 L(mm)	断裂断面 (mm×mm)	弹性模量 E(GPa)
1#	130	226.2	142	21.2×13.8	201.4
2#	124	226.5	139	21.2×13.5	190.8
平均	127	226.35	140.5	21.2×13.65	196.1

同时也用溢洪道弧门上的钢板加工了 6 件 U 形缺口冲击试件和 6 件材料硬度试件,它们分别在冲击试验机和洛氏硬度试验机上进行材料冲击试验和硬度测试,其结果如表 2-3 所示。

表2-3　　　　　　　　钢板冲击试验和硬度测试结果

冲击试验				硬度试验		
试件	缺口断面面积 S_0(mm×mm)	冲击吸收功 A_{KU}(J)	冲击韧性值 α_{KU}(J/cm²)	试件	试件硬度 (HRB)	换算抗拉强度 σ_b(MPa)
1#	8.2×10.0	81	98.8	1#	56.0	358
2#	8.2×10.0	74	90.2	2#	60.5	377
3#	8.24×10.18	76	90.6	3#	57.0	363
4#	8.2×10.18	90	107.8	4#	55.5	356
5#	8.4×10.2	82	95.7	5#	60.0	375
6#	8.26×10.28	83	97.7	6#	58.5	369
平均	8.25×10.14	81	96.8	平均	57.92	366.3

溢洪道弧门 A3 钢板屈服强度 σ_s

$$\sigma_s = \frac{F_s}{A_0} = \frac{124\text{kN}}{0.0304\text{m} \times 0.02013\text{m}} = 207.5\text{MPa} \qquad (2-1)$$

溢洪道弧门 A3 钢板极限强度 σ_b

$$\sigma_b = \frac{F_b}{A_0} = \frac{226.35\text{kN}}{0.0304\text{m} \times 0.02013\text{m}} = 369.9\text{MPa} \qquad (2-2)$$

溢洪道弧门 A3 钢板延伸率 δ

$$\delta = \frac{L - L_0}{L_0} \times 100\% = \frac{140.5 - 100}{100} \times 100\% = 40.5\% \qquad (2-3)$$

溢洪道弧门 A3 钢板断面收缩率 Ψ

$$\Psi = \frac{A_0 - A}{A_0} \times 100\% = \frac{30.40 \times 20.13 - 21.20 \times 13.65}{30.40 \times 20.13} \times 100\%$$
$$= 52.7\% \tag{2-4}$$

溢洪道弧门钢板的力学性能测试结果与标准 A3 钢板力学性能对比如表 2-4 所示。

表 2-4 弧门钢板力学性能对比表

力学性能指标	屈服强度 σ_s(MPa)	极限强度 σ_b(MPa)	延伸率 δ(%)	断面收缩率 Ψ(%)	冲击韧性值 α_{KU}(J/cm^2)	弹性模量 E(GPa)
标准 A3 钢板	>225	375~460	>25	40~60	80~140	190~206
弧门钢板	207.5	369.9	40.5	52.7	96.8	196.1

结论：检测结果表明，弧门钢板的材质属于 3 号碳素钢 A3。闸门虽然运行多年，强度有所减弱，但其钢材的力学性能基本不变。

【**实例 2**】检测某水电工程溢洪道 9#平板钢闸门钢板的化学成分、材料硬度和力学性能。

Ⅰ. 材料检测

1. 化学成分和材料硬度检测

按安全定检技术规范要求（SL101—94），从 9#平板门上用氧切割下一块钢板，在原武汉水利电力大学（现武汉大学）机械厂将切割的钢板加工成两件拉伸试件（表面进行光滑处理），并取加工铁屑用于化学成分化验分析。本次化验结果与 16Mn 钢板标准化学成分进行对比，根据钢材的化学成分和实测硬度换算出其抗拉强度指标，如表 2-5 所示，由表 2-5 的测试结果可以确定闸门门体主体材料为 16Mn 钢，但材料的这些抗拉强度指标对闸门只起参考作用，对闸门材料力学性能了解主要看力学性能测试结果。

表 2-5 闸门材料检测结果

元素 名称		化学成分(%)					材料硬度 (HB)	换算抗 拉强度 σ_b (MPa)
		C	Si	Mn	S	P		
16Mn 钢 标准化学成分		0.12～ 1.20	0.20～ 0.60	1.20～ 1.60	<0.05	<0.05		>520
9# 平板门	面板	0.178	0.43	1.51	0.042	0.044	168	589
	主横梁	/	/	/	/	/	156	546
15# 弧形门	面板	/	/	/	/	/	152	529
	主横梁	/	/	/	/	/	155	540

2. 力学性能测试

力学性能实验在武汉大学土木建筑学院材料力学实验室液压式万能试验机 WE-600(该设备获得国家计量认证,编号为 SY095701)上进行。将 9#平板门上切割下的钢板所加工的两件拉伸试件分别编为 1#、2#,如图 2-6 所示。测试情况如图 2-7 所示,测试结果如表 2-6 所示。

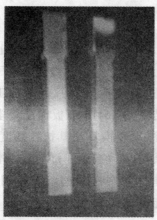 

图 2-6 加工试件   图 2-7 拉伸试验

表 2-6　　　　　　　　　拉伸试验测试结果

力学指标 试件	长度 L_0 (mm)	截面 A_0 (mm × mm)	屈服拉力 F_s (kN)	极限拉力 F_b (kN)	断裂长度 L (mm)	弹性模量 E (GPa)
1#	100	30.0 × 13.1	138	217	121.2	209.2
2#	100	30.0 × 12.7	134	211	121.2	198.1
平均	100	30.0 × 12.9	136	214	121.2	203.7

由此,得到如下结果:

9#平板门 16Mn 钢板屈服强度 σ_s

$$\sigma_s = \frac{F_s}{A_0} = \frac{138 \text{kN}}{0.030 \text{m} \times 0.0131 \text{m}} = 351.1 \text{MPa}$$

9#平板门 16Mn 钢板极限强度 σ_b

$$\sigma_b = \frac{F_b}{A_0} = \frac{217 \text{kN}}{0.030 \text{m} \times 0.0131 \text{m}} = 522.2 \text{MPa}$$

9#平板门 16Mn 钢板延伸率 δ

$$\delta = \frac{L - L_0}{L_0} \times 100\% = \frac{121.2 - 100}{100} \times 100\% = 21.2\%$$

9#平板门 16Mn 钢板的力学性能测试结果与 16Mn 钢板力学性能对比如表 2-7 所示。

表 2-7　　　　9#平板门 16Mn 钢板力学性能对比表

力学性能指标		屈服强度 σ_s(MPa)	极限强度 σ_b(MPa)	延伸率 δ(%)	弹性模量 E(GPa)
标准 16Mn 钢板		>350	>520	>19	200~210
9#平板门钢板	1#试件	351.1	552.2	21.2	209.2
	2#试件	351.7	553.8	21.2	198.1
	平均	351.6	553.0	21.2	203.7

Ⅱ. 结论与建议

从图 2-8 可见，9#平板门 16Mn 钢板经过 30 年时效及腐蚀后，力学性质有一定程度的变化，试件已没有明显的屈服点，基本上没有产生屈服变形（图 2-8BC 或 bc），当荷载达到极限强度后，试件还有较大的塑性，产生了较大的变形（图 2-8DE 或 de），材料的延伸率良好。因此，主要材料的容许应力都应乘以应力调整系数（0.9）进行折减。

建议该电厂从断裂力学的角度深入研究，测试出经过 30 年时效及腐蚀后的闸门钢板的应力场强度因子（如 K_{IC}）与 J 积分，与 16Mn 钢板进行比较，以确定其发生裂纹扩散与断裂的可能性。同时应加强管理，尽量避免闸门超载运行，防止焊缝及钢板的裂纹萌生与扩散，避免事故发生。

应当注意：该项试验只是在一个点取样，其结论有一定的局限性。因为材料性质的变化不仅与时间有关，而且与工作应力的大小、交变频率和次数、外部介质、环境等因素有关。因此，在可能的条件下应多在几个点上取样进行试验分析，以得到较准确的结果。

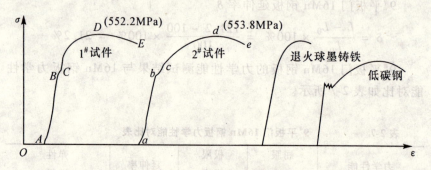

图 2-8　试件拉伸曲线对比

第3章
闸门腐蚀状况检测

3.1 概 述

　　一般水利工程运行多年后,水工闸门中的闸墩、钢丝绳、连接件、门槽、门叶、门铰、支腿等部位可能会有裂缝、变形、损伤、剥落、老化、锈蚀、漏水等现象出现。特别是闸门门叶部分会腐蚀、老化,各构件的强度、刚度等会降低,严重影响其安全运行。因此,必须定期对闸门的腐蚀状况进行检测、维修和加固。

　　闸门腐蚀、老化的原因可分为外因和内因两种。在工程中有部分闸门(检修闸门、事故闸门、弧门下游侧部分、灌溉引水闸门、船闸闸门等)须经常提出水面或不接触到水,暴露在空气中,或启闭运行较频繁,这样就造成闸门经常处于潮湿的空气里,或水上、水下交替使用,致使闸门的表面容易形成一层电解质溶液薄膜。如第2章介绍的那样,电解质溶液薄膜与钢铁中的铁(Fe)和少量的碳(C)形成原电池而发生氧化反应。即 Fe^{2+} 继续氧化,形成 $Fe(OH)_3$,这就是铁锈。如水上、水下交替频繁,则更加容易加速上述的化学锈蚀反应,从而加剧闸门的老化、腐蚀,这就是所谓的"腐蚀外因"。此外,施工质量未达到设计要求,如闸门的钢材质量差、其表面未进行涂防腐金属处理等,运行时间长久、管理不善,闸门中的一些部件长期处于水下,缺乏必要的维护,结果导致锈蚀和老化等,这些就是所谓的"腐蚀内因"。

闸门腐蚀状况检测应包括闸门结构的外观形态检测和腐蚀状况检测。外观形态检测是对闸门及支承系统的外形进行检查,主要检查金属结构部件是否变形、损伤、裂缝及脱落等,对有疑问处做好记录和描述,并进行拍照或摄像。腐蚀状况检测主要部位为门叶、主纵梁、主横梁、支腿等。结合测厚结果,提供蚀余厚度、锈蚀面积、锈蚀深度和锈蚀分布状况等。

闸门腐蚀状况检测采用的仪器和方法,将在下面逐一介绍。

3.2 腐蚀检测仪器

腐蚀状况的外观形态的检测,只能定性地分析闸门腐蚀状况是否存在、是否严重,但提供不了腐蚀的闸门是否对安全运行有影响,是否应该维修、加固等准确结论。因此,必须对闸门进行腐蚀量的定量检测。

闸门腐蚀状况的定量检测可采用各种形式的测厚仪或其他行之有效的方法和测量工具。

在腐蚀状况的定量检测中,主要是测厚问题。测厚的方法很多,除了常规的机械方法(卡尺、千分尺)外,还有其他一些较科学的方法,如超声波测厚、射线测厚、磁性测厚、电流法测厚等。最常用的是超声波测厚。超声波测厚可以采用探伤仪(HS510 数字超声波探测仪)加直探头或测厚仪(数值式超声波测厚仪)加专用测厚探头两种方式,其原理相同。这里着重介绍后一种方式。

3.2.1 超声波测厚仪的特点及原理

超声波测厚仪分共振式、脉冲反射式和兰姆波式 3 种。

脉冲反射式测厚仪是目前应用最广的一种超声波测厚仪,其特点是体积小、重量轻、精度高(可达 ±0.01mm)、测量速度快、容器内积水或结垢都不影响测量精度等。它的工作原理如图3-1所示。

脉冲反射式测厚仪从原理上来说是测量超声波脉冲在材料中的往返传播的时间 t，即

$$d = \frac{1}{2}ct$$

如果声速 c 已知，那么，测得超声波在材料中的往返时间 t 就可求得材料厚度 d。

如图3-1所示，发射电路输出一个上升时间很短、脉冲很窄的周期性电脉冲，通过电缆加到探头上，激励电压片产生脉冲超声波。探头发出的超声波进入工件，在工件上下两面形成多次反射。反射波经过电压片再变成电信号，经放大器放大，由计算电路测出声波在两面间的传播时间 t，最后再换算成厚度指示出来。

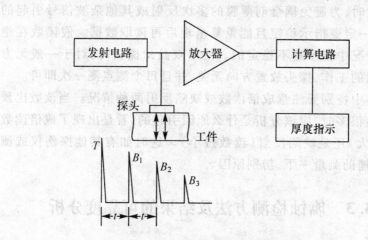

图3-1 脉冲反射式超声波测厚仪方框图

往返时间 t 的测量，可选下面两种方式之一：

（1）测量发射脉冲（T）与第一次底波（B_1）之间的时间。这种方法因发射脉冲宽度大，盲区大，一般测量厚度的下限受到限制，为1～1.5mm，但这种方法的仪器原理简单，成本低廉。

（2）测量第一次底波（B_1）与第二次底波（B_2）之间的时间或测量以后任意两次相邻的底波之间的时间。这种方法脉冲宽度窄，盲

区小,测量下限小,最小可达 0.25mm。但这种方法仪器线路复杂,成本较高。

3.2.2 超声波测厚仪的调整与使用

超声波测厚仪在使用前要认真阅读说明书,按说明书要求使用。这里以反射式测厚仪为例对其测量方法作一简介。

首先是选择探头。测厚用探头一般要根据测厚范围、测量精度和工件的条件来选择。对于一般较厚的工件的测厚,用单晶片探头即可;对于较薄的工件(厚度小于 2mm)的测厚,要用双晶片探头或带延迟块的探头。

在对表面粗糙的工件进行测厚前,要对工件进行打磨,要求打磨的面积不大,关键在于平整。耦合剂采用机油、甘油或水玻璃等。

测量时,为避免耦合剂薄膜的多次反射或其他杂波信号引起的假读数,一定要指示稳定且能重复呈现后再读取数据。假读数在绝大多数情况中指示是不稳定的。使用双晶片探头时,对于一般无方向性问题的工作,探头放置方向无关,并且每个测点测一次即可。

测厚中特别要注意成倍读数或缺陷反射两种情况。当读数比预想值相差很多时,应该分析是什么原因引起的,看是出现了成倍读数(读数过大)还是缺陷反射(读数过小)。这时如有其他探伤仪或测厚仪,应辅助测量一下,辨别原因。

3.3 腐蚀检测方法及结果的可靠度分析

腐蚀检测方法与检测的对象的重要性、对象使用年限长短、检测目的、检测的内容等有关。如果检测对象不太重要、对象使用年限较短,并且只是一般的定性检测,不需检测很多项目,则可以不用什么仪器只进行表观形态检测即可。若检测对象是很重要的工程,使用年限又较长,其目的是定期安全检测与复核,特别是要进行强度复核,且要求检测内容较全,则不但要进行表观形态检测,而且要作腐蚀的定量检测,此时就必须要用仪器进行检测了。用什么样的仪器要依检测内容及仪器的性能与适用条件而定。下面首先介绍腐蚀检测的内容和对象蚀余尺寸的测量应遵循的原则。

3.3.1 腐蚀检测的内容

腐蚀检测的内容分以下几方面：
(1) 腐蚀部位及分布状况。
(2) 严重腐蚀面积占闸门或启闭机或构件表面积的百分比。
(3) 遭受腐蚀损坏构件的蚀余截面尺寸。
(4) 蚀坑(或蚀孔)的深度、大小、发生部位、蚀坑(蚀孔)密度等。

3.3.2 构件蚀余尺寸的测量应遵循的原则

构件蚀余尺寸的测量一般遵循以下原则：
(1) 施测截面应位于构件的腐蚀严重部位。
(2) 每根杆件的检测截面不应少于2个，每个截面的测点、角钢的每肢、槽钢或工字钢杆件的上、下翼缘和腹板的测点均不应少于2点。
(3) 每块节点板的测点不应少于2点。
(4) 闸门面板应根据腐蚀状况来划分为若干个测量单元，每个测量单元的测点不应少于5点。
(5) 测量构件蚀余尺寸时，应除去构件表面涂层；如带涂层测量，必须扣除涂层厚度。
(6) 根据构件腐蚀的严重程度，应适当增加隐蔽部位或腐蚀严重部位的检测截面和测点。

3.3.3 检测数据处理与检测结果的可靠度分析

3.3.3.1 检测数据处理

腐蚀检测后，要进行两方面工作：首先对腐蚀部位及分布状况的表观形态所进行的拍照照片加以整理，进行文字描述；然后，对腐蚀状况定量检测的数据进行整理并列表表示。具体如何处理，参见下面的工程实例。

3.3.3.2 检测结果的可靠性分析

检测结果是否准确、可靠，且可靠度概率是多少，是一个十分重要的问题,这就要求对检测结果进行可靠度分析。

可靠度分析的方法是:首先画出检测数据结果的直方图,然后计算其均值和方差,利用 χ^2 检验检测结果是否服从正态分布,最后确定其可靠度为 95% 时,检测结果的置信区间。具体分析见工程实例。

3.4 水工钢闸门腐蚀状况检测工程实例

【工程实例】 某水利水电工程闸门腐蚀状况检测。

某水利水电工程的金属结构已使用 9 年。根据国内外水利枢纽闸门泄洪运行实践及 2004 年该水电厂第二轮大坝安全定期检查要求,2004 年对该水电厂水工金属结构进行了安全检测与复核。下面主要介绍该工程中闸门腐蚀状况检测的情况与结果。

该工程主要采用 HS510 数字式超声波探测仪测量闸门的面板和梁腹板的厚度,用游标卡尺测量梁翼缘的厚度。对 7 扇闸门的腐蚀量全部作了测量,其结果作为应力校核的依据。

根据《水工钢闸门和启闭机安全检测技术规程》(SL101—94)的要求,对闸门各构件腐蚀较重和腐蚀较轻的部位均进行了厚度检测。对腐蚀严重的部位检测的点适量增加,然后对检测数据进行处理,得出各构件平均腐蚀量和蚀余厚度。

3.4.1 外观腐蚀状况检查

3.4.1.1 表孔工作弧门腐蚀状况

表孔工作弧门保护较好,闸门表面均已喷锌,但五扇闸门下部易积水处的钢板、止水压板、连接螺栓等仍有轻微的锈蚀情况。总体来说闸门锈蚀程度较轻,锈蚀量很小。其中,1# 表孔工作弧门平均锈蚀量为 0~0.2mm;2# 表孔工作弧门平均锈蚀量为 0.1~0.5mm;3# 表孔工作弧门平均锈蚀量为 0~0.2mm;4# 表孔工作弧门平均锈蚀量为 0~0.1mm;5# 表孔工作弧门平均锈蚀量为 0~0.1mm(见图 3-2 至图 3-7)。

图3-2 表孔工作门止水压板锈蚀情况

图3-3 表孔工作门螺栓锈蚀情况

图3-4 表孔工作门定向轮锈蚀情况

图3-5 表孔工作门板格锈蚀情况

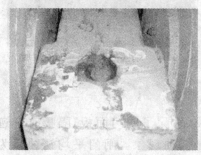
图3-6 表孔工作门吊点锈蚀情况

图3-7 表孔工作门底梁锈蚀情况

3.4.1.2 中孔工作弧门腐蚀状况

中孔工作弧门保护较好，闸门表面均已喷锌，由于弧门止水效果不好，水大量从弧门顶部及两侧流到弧门下游面，致使弧门下游面的面板、隔板、主梁、次梁、支腿等部位浸于水中，其表面已滋生青苔、水草等生物，弧门下部板格内还积有大量的淤泥及杂物，这些都会加快弧门的腐蚀速度。弧门止水压板、吊点、支铰处螺栓及其座板等已产生锈蚀。但总体来说闸门锈蚀程度较轻,各部位厚度基本无变化(见图3-8至图3-11)。

图3-8 中孔弧门吊点锈蚀情况

图3-9 中孔弧门液压杆螺纹锈蚀情况

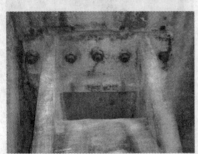

图3-10 中孔弧门支铰锈蚀情况

图3-11 中孔弧门支腿翼缘锈蚀情况

3.4.1.3 表孔检修门腐蚀状况

总的来说表孔检修闸门保护较好,除了闸门面板、隔板有锈迹外,其余部分表面状况较好,无明显锈蚀现象。闸门平均锈蚀量为0.1~0.3mm(见图3-12)。

3.4.1.4 中孔检修门腐蚀状况

中孔检修闸门由于长期处于水中,闸门滚轮、定向轮、螺栓及局部翼缘已锈蚀,其他部位基本完好未锈。闸门平均锈蚀量只有0~0.2mm。(见图3-13至图3-16)。

图 3-12　表孔检修门锈蚀情况

图 3-13　中孔检修门滚轮锈蚀情况　　图 3-14　中孔检修门止水压板锈蚀情况

图 3-15　中孔检修门定向轮锈蚀情况　　图 3-16　中孔检修门下游面锈蚀情况

3.4.2　金属结构腐蚀量测量

本实验中,曾对 $1^\#$、$2^\#$、$3^\#$、$4^\#$、$5^\#$ 表孔工作弧门腐蚀量进行了测量,由于篇幅关系,这里只摘录 $1^\#$ 和 $2^\#$ 表孔工作弧门腐蚀量测量表,其余省略。

3.4.2.1 1#表孔工作弧门腐蚀量测量

1#表孔工作弧门腐蚀量测量结果如表3-1所示。

表3-1 1#表孔工作弧门腐蚀量测量表 单位:mm

厚度测量部位	制造厚度	实测点厚度	锈蚀量	实测点厚度	锈蚀量	实测点厚度	锈蚀量	实测点厚度	锈蚀量	平均实测厚度	平均腐蚀量
支臂腹板	12	12.3	-0.3	12.2	0.2	11.8	0.2	11.7	0.3	12.1	-0.1
		12.2	-0.2	12.3	-0.3	11.7	0.3	12.1	-0.1		
		12.3	-0.3	12.4	-0.4	11.9	0.1	11.7	0.3		
		12.3	-0.3	12.2	-0.2	12.0	0	12.2	-0.2		
支臂翼缘靠支铰处	20	20.0	0	19.9	0.1	20.0	0	19.9	0.1	20.0	0
		20.1	-0.1	20.0	0	20.0	0	19.9	0.1		
		19.9	0.1	20.0	0	20.1	-0.1	19.8	0.2		
		20.2	-0.2	20.3	-0.3	20.1	-0.1	20.2	-0.2		
支臂翼缘	16	15.8	0.2	15.9	0.1	15.9	0.1	15.8	0.2	15.9	0.1
		15.8	0.2	16.0	0	16.0	0	15.9	0.1		
		15.9	0.1	15.7	0.3	16.1	-0.1	16.0	0		
		15.9	0.1	15.8	0.2	16.2	-0.2	16.1	-0.1		
面板	12	11.7	0.3	11.7	0.3	11.7	0.3	12.0	0	11.8	0.2
		11.6	0.4	11.8	0.2	11.7	0.3	11.7	0.3		
		11.8	0.2	11.9	0.1	12.0	0	11.8	0.2		
		12.0	0	12.0	0	12.1	-0.1	12.0	0		
隔板腹板	12	12.1	-0.1	12.0	0	12.0	0	12.0	0	12.0	0
		12.0	0	12.0	0	12.0	0	12.0	0		
		12.0	0	11.9	0.1	12.0	0	12.1	-0.1		
		12.1	-0.1	12.0	0	12.1	-0.1	12.0	0		

续表

厚度 测量部位	制造厚度	实测点厚度	锈蚀量	实测点厚度	锈蚀量	实测点厚度	锈蚀量	实测点厚度	锈蚀量	平均实测厚度	平均腐蚀量
隔板翼缘	20	20.1	-0.1	20.1	-0.1	20.0	0	20.0	0	20.1	-0.1
		20.1	-0.1	20.0	0	20.0	0	20.1	-0.1		
		20.0	0	20.1	-0.1	20.0	0	19.9	0.1		
		20.1	-0.1	20.0	0	20.1	-0.1	20.2	-0.2		
主梁腹板	12	11.9	0.1	11.9	0.1	12.0	0	12.0	0	11.9	0.1
		12.0	0	11.9	0.1	11.8	0.2	11.8	0.2		
		12.0	0	12.0	0	12.1	-0.1	11.9	0.1		
		11.9	0.1	11.9	0.1	12.0	0	12.0	0		
主梁翼缘	20	19.7	0.3	19.8	0.2	19.7	0.3	19.8	0.2	19.9	0.1
		19.8	0.2	20.0	0	19.9	0.1	20.0	0		
		19.7	0.3	20.1	-0.1	19.8	0.2	20.0	0		
		19.9	0.1	19.8	0.2	19.9	0.1	19.8	0.2		
加劲板	12	11.7	0.3	11.8	0.2	11.7	0.3	11.7	0.3	11.8	0.2
		11.8	0.2	11.7	0.3	11.7	0.3	11.9	0.1		
		11.7	0.3	11.9	0.1	12.0	0	11.8	0.2		
		11.7	0.3	11.8	0.2	11.7	0.3	11.8	0.2		

3.4.2.2 2#表孔工作弧门腐蚀量测量

2#表孔工作弧门腐蚀量测量结果如表 3-2 所示。

表 3-2　　2#表孔工作弧门腐蚀量测量表　　单位：mm

厚度测量部位	制造厚度	实测点厚度	锈蚀量	实测点厚度	锈蚀量	实测点厚度	锈蚀量	实测点厚度	锈蚀量	平均实测厚度	平均腐蚀量
支臂腹板	12	11.4	0.6	11.5	0.5	11.4	0.6	11.4	0.6	11.5	0.5
		11.5	0.5	11.6	0.4	11.4	0.6	11.6	0.4		
		11.4	0.6	11.5	0.5	11.5	0.5	11.4	0.6		
		11.6	0.4	11.4	0.6	11.4	0.6	11.5	0.5		
支臂翼缘靠支铰处	20	19.8	0.2	19.8	0.2	20.0	0	19.7	0.3	19.8	0.2
		19.9	0.1	19.9	0.1	20.0	0	19.8	0.2		
		19.7	0.3	19.9	0.1	19.7	0.3	19.8	0.2		
		19.8	0.2	20.0	0	19.7	0.3	19.7	0.3		
支臂翼缘	16	15.6	0.4	15.6	0.6	15.8	0.2	15.8	0.2	15.7	0.3
		15.5	0.5	15.5	0.5	15.7	0.3	15.7	0.3		
		15.6	0.4	15.9	0.1	15.8	0.2	15.8	0.2		
		15.8	0.2	15.6	0.4	15.4	0.4	15.9	0.1		
面板	12	11.8	0.2	11.9	0.1	11.9	0.1	11.8	0.2	11.9	0.1
		11.8	0.2	12.0	0	11.9	0.1	12.0	0		
		11.9	0.1	11.7	0.3	11.7	0.3	11.9	0.1		
		11.9	0.1	11.8	0.2	11.8	0.2	11.8	0.2		
隔板腹板	12	11.9	0.1	12.0	0	11.8	0.2	11.8	0.2	11.9	0.1
		12.0	0	12.0	0	11.9	0.1	11.7	0.3		
		11.8	0.2	11.9	0.1	11.9	0.1	12.0	0		
		12.0	0	11.8	0.2	12.0	0	12.1	-0.1		

续表

厚度测量部位	制造厚度	实测点厚度	锈蚀量	实测点厚度	锈蚀量	实测点厚度	锈蚀量	实测点厚度	锈蚀量	平均实测厚度	平均腐蚀量
隔板翼缘	20	19.6	0.4	19.6	0.4	19.9	0.1	19.9	0.1	19.8	0.2
		19.7	0.3	19.8	0.2	19.7	0.3	20.0	0		
		19.8	0.2	19.8	0.2	19.8	0.2	19.9	0.1		
		19.7	0.3	19.9	0.1	19.9	0.1	19.6	0.4		
主梁腹板	12	11.8	0.2	11.9	0.1	12.0	0	12.0	0	11.9	0.1
		11.7	0.3	11.8	0.2	12.0	0	11.7	0.3		
		11.9	0.1	11.7	0.3	11.8	0.2	11.8	0.2		
		11.9	0.1	11.8	0.2	11.9	0.1	11.9	0.1		
主梁翼缘	20	19.8	0.2	19.9	0.1	19.9	0.1	19.9	0.1	19.9	0.1
		19.9	0.1	19.8	0.2	19.8	0.2	19.9	0.1		
		12.0	0	19.9	0.1	19.7	0.3	19.8	0.2		
		12.1	-0.1	19.7	0.3	20.0	0	19.9	0.1		
加劲板	12	11.4	0.6	11.5	0.5	11.5	0.5	11.5	0.5	11.5	0.5
		11.5	0.5	11.6	0.4	11.6	0.4	11.4	0.6		
		11.4	0.6	11.4	0.6	11.5	0.5	11.5	0.5		
		11.6	0.4	11.4	0.6	11.4	0.6	11.6	0.4		

3.4.2.3 中孔工作门腐蚀量测量

中孔工作门腐蚀量测量结果如表3-3所示。

表3-3 中孔工作门腐蚀量测量表 单位：mm

厚度测量部位	制造厚度	实测点厚度	锈蚀量	实测点厚度	锈蚀量	实测点厚度	锈蚀量	实测点厚度	锈蚀量	平均实测厚度	平均腐蚀量
支臂腹板	20	20.2	-0.2	20.0	0	20.0	0	20.0	0	20.1	-0.1
		20.1	-0.1	20.2	-0.2	20.1	-0.1	20.1	-0.1		
		20.2	-0.2	20.1	-0.1	20.2	-0.2	20.1	-0.1		
		20.2	-0.2	20.2	-0.2	20.2	-0.2	20.2	-0.2		
支臂翼缘靠支铰处	30	30.0	0	30.0	0	30.0	0	29.8	0.2	30.0	0
		30.0	0	29.9	0.1	30.1	-0.1	29.9	0.1		
		29.9	0.1	30.0	0	30.0	0	30.0	0		
		30.0	0	30.1	-0.1	30.1	-0.1	30.0	0		
支臂翼缘	25	25.0	0	25.0	0	25.0	0	25.0	0	25.0	0
		25.0	0	25.0	0	25.1	-0.1	24.8	0.2		
		24.9	0.1	25.1	-0.1	25.0	0	24.9	0.1		
		24.8	0.2	24.9	0.1	25.0	0	24.9	0.1		
面板	20	20.4	-0.4	20.1	-0.1	20.1	-0.1	20.2	-0.2	20.2	-0.2
		20.1	-0.1	20.2	-0.2	20.1	-0.1	20.3	-0.3		
		20.3	-0.3	20.0	0	20.0	0	20.3	-0.3		
		20.4	-0.4	20.4	-0.4	20.1	-0.1	20.0	0		
隔板腹板	16	16.3	-0.3	16.1	-0.1	16.0	0	16.1	-0.1	16.2	-0.2
		16.1	-0.1	16.2	-0.2	16.2	-0.2	16.2	-0.2		
		16.2	-0.2	16.2	-0.2	16.2	-0.2	16.2	-0.2		
		16.3	-0.3	16.3	-0.3	16.1	-0.1	16.3	-0.3		

续表

厚度测量部位	制造厚度	实测点厚度	锈蚀量	实测点厚度	锈蚀量	实测点厚度	锈蚀量	实测点厚度	锈蚀量	平均实测厚度	平均腐蚀量
隔板翼缘	25	25.1	-0.1	25.1	-0.1	25.0	0	25.0	0	25.1	-0.1
		25.2	-0.2	25.1	-0.1	25.2	-0.2	25.2	-0.2		
		25.1	-0.1	25.3	-0.3	25.1	-0.1	25.3	-0.3		
		25.1	-0.1	25.0	0	25.1	-0.1	25.0	0		
主梁腹板	16	16.5	-0.5	16.6	-0.6	16.5	-0.5	16.7	-0.7	16.5	-0.5
		16.6	-0.6	16.4	-0.4	16.5	-0.5	16.6	-0.6		
		16.7	-0.7	16.5	-0.5	16.5	-0.5	16.5	-0.5		
		16.4	-0.4	16.6	-0.6	16.6	-0.6	16.4	-0.4		
主梁翼缘	25	25.1	-0.1	25.1	-0.1	25.1	-0.1	25.1	-0.1	25.1	-0.1
		25.1	-0.1	25.2	-0.2	25.1	-0.1	25.1	-0.1		
		25.0	0	25.1	-0.1	25.0	0	25.0	0		
		25.1	-0.1	25.0	0	24.9	0.1	25.1	-0.1		
吊耳板	16	16.6	-0.6	16.4	-0.4	16.2	-0.2	16.3	-0.3	16.4	-0.4
		16.7	-0.7	16.6	-0.6	16.3	-0.3	16.5	-0.5		
		16.2	-0.2	16.4	-0.4	16.3	-0.3	16.4	-0.4		
		16.3	-0.3	16.5	-0.5	16.4	-0.4	16.5	-0.5		

3.4.2.4 表孔检修门腐蚀量测量

表孔检修门腐蚀量测量结果如表3-4所示。

表3-4　　　　　　表孔检修门腐蚀量测量表　　　　　单位：mm

厚度测量部位	制造厚度	实测点厚度	锈蚀量	实测点厚度	锈蚀量	实测点厚度	锈蚀量	实测点厚度	锈蚀量	平均实测厚度	平均腐蚀量
面板	10	10.4	-0.6	10.3	-0.3	10.5	-0.5	10.3	-0.3	10.4	-0.4
		10.5	-0.5	10.3	-0.3	10.4	-0.4	10.5	-0.5		
		10.5	-0.5	10.4	-0.4	10.3	-0.3	10.4	-0.4		
		10.5	-0.5	10.3	-0.3	10.3	-0.3	10.4	-0.4		
边梁腹板	10	10.5	-0.5	10.4	-0.4	10.3	-0.3	10.3	-0.3	10.4	-0.4
		10.6	-0.6	10.1	-0.1	10.2	-0.2	10.4	-0.4		
		10.5	-0.5	10.2	-0.2	10.2	-0.2	10.6	-0.6		
		10.4	-0.4	10.3	-0.3	10.5	-0.5	10.5	-0.5		
边梁翼缘	20	19.7	0.3	19.8	0.2	19.5	0.5	19.6	0.4	19.7	0.3
		19.6	0.4	19.6	0.4	19.5	0.5	19.7	0.3		
		19.5	0.5	19.5	0.5	19.6	0.4	19.8	0.2		
		19.7	0.3	19.8	0.2	19.7	0.3	19.9	0.1		
纵隔板	10	10.2	-0.2	10.1	-0.1	10.1	-0.1	10.2	-0.2	10.2	-0.2
		10.2	-0.2	10.2	-0.2	10.2	-0.2	10.2	-0.2		
		10.2	-0.2	10.1	-0.1	10.3	-0.3	10.3	-0.3		
		10.2	-0.2	10.0	0	10.2	-0.2	10.1	-0.1		
隔板翼缘	20	19.9	0.1	19.7	0.3	19.8	0.2	19.9	0.1	19.8	0.2
		19.8	0.2	19.8	0.2	19.7	0.3	19.8	0.2		
		19.8	0.2	19.9	0.1	19.8	0.2	19.8	0.2		
		19.9	0.1	19.8	0.2	19.8	0.2	19.7	0.3		

续表

厚度测量部位	制造厚度	实测点厚度	锈蚀量	实测点厚度	锈蚀量	实测点厚度	锈蚀量	实测点厚度	锈蚀量	平均实测厚度	平均腐蚀量
主梁腹板	10	10.3	-0.3	10.4	-0.4	10.1	-0.1	10.2	-0.2	10.2	-0.2
		10.2	-0.2	10.2	-0.2	10.3	-0.3	10.2	-0.2		
		10.4	-0.4	10.3	-0.3	10.2	-0.2	10.3	-0.3		
		10.1	-0.1	10.2	-0.2	10.3	-0.3	10.2	-0.2		
主梁翼缘	20	19.8	0.2	19.8	0.2	19.9	0.1	19.8	0.2	19.8	0.2
		19.7	0.3	19.7	0.3	19.9	0.1	19.7	0.3		
		19.8	0.2	19.8	0.2	19.8	0.2	19.8	0.2		
		19.8	0.2	19.9	0.1	19.8	0.2	19.6	0.4		
吊耳板	10	10.3	-0.3	10.2	-0.2	10.1	-0.1	10.2	-0.2	10.2	-0.2
		10.2	-0.2	10.3	-0.3	10.3	-0.3	10.2	-0.2		
		10.3	-0.3	10.2	-0.2	10.2	-0.2	10.2	-0.2		
		10.1	-0.1	10.2	-0.2	10.1	-0.1	10.3	-0.3		
吊耳上翼缘	20	20.1	-0.1	20.1	-0.1	20.3	-0.3	20.2	-0.2	20.1	-0.1
		20.2	-0.2	20.0	0	20.2	-0.2	20.1	-0.1		
		20.2	-0.2	20.3	-0.3	20.1	-0.1	20.1	-0.1		
		20.1	-0.1	20.0	0	20.0	0	19.9	0.1		
吊耳加强板	24	23.9	0.1	23.8	0.2	23.9	0.1	23.9	0.1	23.9	0.1
		23.8	0.2	23.9	0.1	23.8	0.2	23.8	0.2		
		23.9	0.1	23.9	0.1	24.0	0	23.7	0.3		
		23.8	0.2	23.9	0.1	24.0	0	23.7	0.3		

3.4.2.5 中孔检修门腐蚀量测量

中孔检修门腐蚀量测量结果如表3-5所示。

表 3-5 中孔检修门腐蚀量测量表 单位:mm

厚度\\测量部位	制造厚度	实测点厚度	锈蚀量	实测点厚度	锈蚀量	实测点厚度	锈蚀量	实测点厚度	锈蚀量	平均实测厚度	平均腐蚀量
面板	16	16.0	0	15.8	0.2	15.8	0.2	16.0	0	16.0	0
		16.0	0	16.0	0	15.9	0.1	15.9	0.1		
		16.1	-0.1	16.0	0	16.0	0	16.0	0		
		16.1	-0.1	16.0	0	15.9	0.1	16.2	-0.2		
边梁腹板	20	19.9	0.1	19.8	0.2	19.8	0.2	19.9	0.1	19.9	0.1
		20.0	0	19.7	0.3	20.0	0	19.9	0.1		
		20.0	0	19.9	0.1	20.0	0	20.0	0		
		20.0	0	19.9	0.1	19.9	0.1	20.0	0		
边隔板	20	20.2	-0.2	20.0	0	20.0	0	20.0	0	20.0	0
		20.1	-0.1	20.0	0	19.8	0.2	20.1	-0.1		
		20.1	-0.1	20.1	-0.1	19.8	0.2	20.1	-0.1		
		20.0	0	19.9	0.1	19.9	0.1	20.0	0		
纵隔板	12	12.3	-0.3	12.1	-0.1	12.0	0	12.3	-0.3	12.2	-0.2
		12.4	-0.4	12.3	-0.3	12.2	-0.2	12.2	-0.2		
		12.3	-0.3	12.2	-0.2	12.1	-0.1	12.2	-0.2		
		12.3	-0.3	12.4	-0.4	12.3	-0.3	12.1	-0.1		
隔板翼缘	20	20.1	-0.1	20.0	0	20.1	-0.1	20.0	0	20.1	-0.1
		20.1	-0.1	20.1	-0.1	20.2	-0.2	20.1	-0.1		
		20.1	-0.1	20.0	0	20.1	-0.1	20.0	0		
		20.1	-0.1	19.9	0.1	20.2	-0.2	20.1	-0.1		
主梁腹板	14	13.8	0.2	13.7	0.3	13.7	0.3	13.9	0.1	13.8	0.2
		13.8	0.2	14.0	0	13.9	0.1	13.9	0.1		
		13.8	0.2	13.9	0.1	13.9	0.1	14.0	0		
		13.8	0.2	13.8	0.2	13.8	0.2	13.7	0.3		

续表

厚度 测量部位	制造厚度	实测点厚度	锈蚀量	实测点厚度	锈蚀量	实测点厚度	锈蚀量	实测点厚度	锈蚀量	平均实测厚度	平均腐蚀量
主梁翼缘	20	20.1	-0.1	19.5	0.5	19.6	0.4	19.9	0.1	19.8	0.2
		20.0	0	19.5	0.5	19.5	0.5	19.7	0.3		
		19.9	0.1	19.6	0.4	19.7	0.3	19.8	0.2		
		19.7	0.3	20.0	0	19.6	0.4	19.9	0.1		

3.4.3 测量结果的可靠度分析

3.4.3.1 表孔工作弧门

1. 支臂翼缘厚度测试结果的可靠度

测量结果的可靠度分析方法是：首先画出支臂翼缘厚度测试结果的直方图，然后计算其均值与方差，再利用 χ^2 检验测试结果是否服从正态分布，最后确定其可靠度（或置信概率）为 95% 时支臂翼缘厚度的置信区间。

（1）画出支臂翼缘厚度测试结果的直方图

支臂翼缘厚度测试的直方图如图 3-17 所示。

（2）计算支臂翼缘厚度测试数据的均值与标准差

支臂翼缘厚度的均值 $\bar{x}$ 与方差 S^2：

$$\bar{x} = \frac{1}{n}\sum_{i=1}^{n} x_i = \frac{1}{16}(15.8 + 15.8 + \cdots + 16.1) = 15.9$$

$$S^2 = \frac{1}{n}\sum_{i=1}^{n}(x_i - \bar{x})^2 = \frac{1}{16}(0.1^2 + 0.1^2 + \cdots + 0.2^2) = 0.018125$$

$$S^{*2} = \frac{n}{n-1}S^2 = 0.01933$$

可见，$\mu = \bar{x} = 15.9$，$\sigma = S^* = 0.14$。

（3）检验测试结果是否服从正态分布

假设 H_0：x 服从正态分布，$x \sim N(15.9, 0.14)$。

根据 χ^2 分布检验，概率为

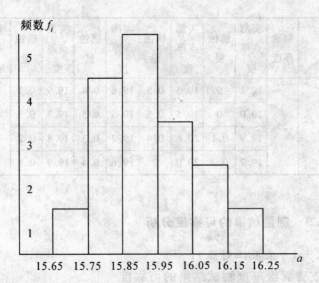

图 3-17　支臂翼缘厚度测试结果直方图

$$P_i = \Phi\left(\frac{a_i - \bar{x}}{\sigma}\right) - \Phi\left(\frac{a_{i-1} - \bar{x}}{\sigma}\right)$$

$$= \Phi\left(\frac{15.75 - 15.9}{0.14}\right) - \Phi\left(\frac{15.65 - 15.9}{0.14}\right)$$

$$= \Phi(-1.07) - \Phi(-1.79)$$

$$= 1 - \Phi(1.07) - [1 - \Phi(1.79)]$$

$$= \Phi(1.79) - \Phi(1.07)$$

$$= 0.9633 - 0.8577$$

$$= 0.1056$$

同理：$P_2 = 0.2171$，$P_3 = 0.2812$，$P_4 = 0.2171$，$P_5 = 0.1056$，$P_6 = 0.0305$。

χ^2 值计算过程如表 3-6 所示。

表 3-6　　　　　　　　　　χ^2 值计算过程

区间	频数 f_i	概率 p_i	总概率 np_i	$\dfrac{(f_i - np_i)^2}{np_i}$
15.65～15.75	1	0.1056	1.6896	0.281
15.75～15.85	4	0.2171	3.4736	0.080
15.85～15.95	5	0.2812	4.4992	0.056
15.95～16.05	3	0.2171	3.4736	0.065
16.05～16.15	2	0.1056	1.6896	0.057
16.15～16.25	1	0.0305	0.4880	0.537

$$\chi^2 = \sum_{i=1}^{n} \frac{(f_i - np_i)^2}{np_i} = 1.076$$

$$\chi^2_{0.05}(6 - 2 - 1) = 7.815 > 1.076$$

因此，接受假设 H_0，支臂翼缘厚度测量结果服从正态分布。

(4) 确定其可靠度为 95% 时支臂翼缘厚度的置信区间

当置信概率为 95% 时，有

$$P\left\{ \frac{\bar{x} - \mu}{\frac{\sigma_0}{\sqrt{n}}} < \mu_{\alpha/2} \right\} = 1 - \alpha$$

置信区间为

$$P\left\{ \bar{x} - \mu_{\alpha/2} \frac{\hat{\sigma}}{\sqrt{n}} < \mu < \bar{x} + \mu_{\alpha/2} \frac{\hat{\sigma}}{\sqrt{n}} \right\} = 1 - 5\%$$

$\mu_{\alpha/2}$ 是标准正态分布关于 $\dfrac{\alpha}{2}$ 的上侧分位数，当概率为 $1 - \alpha = 95\%$ 时，$\mu_{\alpha/2} = 1.96$。

置信上限：$\bar{x} + \mu_{\alpha/2} \dfrac{\hat{\sigma}}{\sqrt{n}} = 15.9 + 1.96 \dfrac{0.14}{\sqrt{16}} = 16.0$

置信下限：$\bar{x} - \mu_{\alpha/2}\dfrac{\hat{\sigma}}{\sqrt{n}} = 15.9 - 1.96\dfrac{0.14}{\sqrt{16}} = 15.8$

因此，支臂翼缘厚度的可靠度为 95% 时的置信区间为（15.8，16.0）。

2. 面板的可靠度

（1）面板厚度测试结果直方图

面板厚度测试结果直方图如图 3-18 所示。

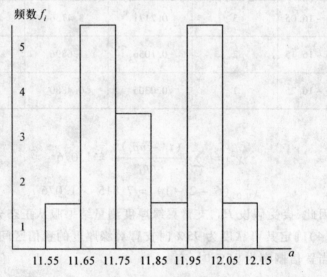

图 3-18　面板厚度测试结果直方图

（2）确定其可靠为 95% 时面板厚度的置信区间

当置信概率为 95% 时，

$$P\left\{\dfrac{\bar{x} - \mu}{\dfrac{\sigma_0}{\sqrt{n}}} < \mu_{\frac{\alpha}{2}}\right\} = 1 - \alpha$$

置信区间为

$$P\left\{\bar{x} - \mu_{\frac{\alpha}{2}}\dfrac{\hat{\sigma}}{\sqrt{n}} < \mu < \bar{x} + \mu_{\frac{\alpha}{2}}\dfrac{\hat{\sigma}}{\sqrt{n}}\right\} = 1 - 5\% = 95\%$$

$\mu_{\frac{\alpha}{2}}$ 是标准正态分布关于 $\frac{\alpha}{2}$ 的上侧分位数,当概率为 $1-\alpha = 95\%$ 时,$\mu_{\frac{\alpha}{2}} = 1.96$。

置信上限: $\bar{x} + \mu_{\frac{\alpha}{2}} \frac{\hat{\sigma}}{\sqrt{n}} = 11.8 + 1.96 \frac{0.14}{\sqrt{16}} = 11.9$

置信下限: $\bar{x} - \mu_{\frac{\alpha}{2}} \frac{\hat{\sigma}}{\sqrt{n}} = 11.8 - 1.96 \frac{0.14}{\sqrt{16}} = 11.7$

因此,支臂翼缘厚度的可靠度为 95% 的置信区间为 (11.7,11.9)。

根据上述方法,亦可确定表孔工作弧门厚度测试结构的可靠度,其厚度为 $\bar{x} \pm 0.1$ mm。

3.4.3.2 中孔工作弧门厚度测试结果的可靠度

根据上述方法,亦可确定中孔工作门厚度测试结果的可靠度,其厚度为 $\bar{x} \pm 0.1$ mm。

3.4.3.3 表孔检修门和中孔检修门厚度测试结果的可靠度

根据上述方法,同样可确定表孔检修闸门和中孔检修闸门厚度测试结果的可靠度,其厚度为 $\bar{x} \pm 0.1$ mm。

3.4.4 小结

从检查结果来看,各闸门均保护较好,基本无锈蚀现象。其中表孔工作弧门平均腐蚀量为 0~0.3mm;中孔工作弧门钢板厚度无变化;表孔检修门平均腐蚀量为 0.1~0.2mm;中孔检修门平均腐蚀量为 0.1~0.2mm。此外,根据测试结果的可靠度分析,可靠度概率为95%,其厚度测试结果为 $\bar{x} \pm 0.1$ mm。因此,从材料腐蚀角度来看,几扇闸门不存在强度和稳定方面的安全问题。

第4章

无损探伤

4.1 概 述

　　水工钢闸门、压力钢管等水工金属结构大多是用不同厚度的钢板经过焊接而成的,当焊缝或钢板内部存在缺陷时,结构的整体性就被破坏,机械性能(特别是强度)会明显下降,这对于受复杂应力作用的闸门、钢管等结构是极其危险的。因此,探测结构缺陷的存在,并研究其形状、大小及分布状态等对闸门结构强度的影响是十分重要和必要的。原国家水利部和国家电力公司等部门对水工钢闸门、压力钢管等结构的无损检测均制定了明确的规程规范,如《水利水电钢闸门制造、安装及验收规范》DL/T5018—94 等。

　　检查结构内部缺陷最可靠的方法是解剖观察的方法,但这种方法只能用于极少量抽查,绝大多数情况下是不现实的、不经济的。特别对于在役的闸门、钢管等水工结构,进行破坏性检测几乎是不可能的。因此,只能采用无损探伤检测方法进行结构内部缺陷检测。

　　常用的无损探伤检测方法有:超声波探伤(UT)、射线探伤(RT)、磁粉探伤(MT)、着色探伤(PT)、涡流探伤(ET)、振动探伤

(VT)和声发射(AE)等。

此外,使用电阻应变片或光学方法的应力测定也可认为是广义的无损探伤的检测方法。

在水工钢闸门与压力钢管无损探伤检测中占相当重要地位的是超声波探伤法。

超声波探伤的原理是利用材料本身和内部缺陷的不同声学性质对超声波传播的影响,非破坏性地探测材料内部和表面的缺陷(如裂纹、气孔、夹渣、未焊透、漏焊、挂滴焊溜等)的大小、形状和分布状况。超声波探伤的特点是灵敏度高、指向性好、穿透力强、检验速度快、成本低、设备简单轻便和对人体健康无害等。此法大致可分为三种:

(1)穿透法:这是根据超声波的透过量推断材料内部缺陷情况的方法。由于技术简单,所以无损探伤初期广泛使用此法。

(2)脉冲反射法:这是一种在示波管上观察检查材料中超声波脉冲反射状况的方法。称为狭义的超声探伤仪,在超声波探伤法中应用得最为广泛。

(3)共振法:这是根据在板中产生超声波共振的状况进行检查的方法。由于广泛应用于不能用脉冲法测定厚度的场合,故称为超声厚度计。

4.2 探伤仪器设备

无损探伤的方法很多,不管采用什么方法,都离不开仪器设备。仪器设备是探伤的关键。下面主要介绍一种超声波探伤的仪器设备。

超声波探伤的主要设备包括超声波探伤仪、探头和试块三部分。只有了解这些设备的原理、构造、性能特点和作用及其使用方法,才能正确选择和使用探伤设备,进行有效探伤。

4.2.1 超声波探伤仪

4.2.1.1 超声波探伤仪的主要作用

超声波探伤仪是超声波探伤的主体设备,它的作用是产生电振荡并加于探头上,激励探头发射超声波,同时将探头送回的电信号进行放大,通过一定的方式显示出来,从而得到被探结构内部有否缺陷及缺陷位置、大小等信息。

4.2.1.2 探伤仪的分类

根据探测的对象、目的、场合和速度等方面的不同要求,各研究单位、厂家设计生产了种类繁多的超声波探伤仪。常见的分类方法如下。

(1)按发射波的连续性分为脉冲波探伤仪、连续波探伤仪、调频式探伤仪等。其中脉冲波探伤仪是目前应用最为广泛的探伤仪,它根据超身波的传播时间和幅度判断结构构件内部缺陷的位置和大小。连续波探伤仪灵敏度低、不能进行缺陷定位。调频式探伤仪能检测与检测面平行的缺陷,很多场合下也已被脉冲探伤仪所代替。

(2)按缺陷显示方式分为A型显示探伤仪、B型显示探伤仪、C型显示探伤仪。三种显示方式各有特点,其中A型显示探伤仪是一种波形显示仪,显示屏的横坐标代表超声波的传播时间(距离),纵坐标代表反射波的幅度,由反射波的位置可以确定缺陷位置,用反射波的幅度估算缺陷的大小;B型显示探伤仪可以直观地显示被测构件任一纵截面上缺陷的分布及缺陷的深度;C型显示探伤仪可显示被探构件内部缺陷的平面图像,但不能显示缺陷的深度。在水工金属结构的探伤中,使用较多的是A型显示探伤仪。

(3)按声通道分为单通道探伤仪和多通道探伤仪。其中单通道探伤仪由一个或一对探头单独工作,是目前超声波探伤中应用最广泛的仪器。

(4)按设计电路分为模拟式探伤仪和数字式探伤仪。目前数字式探伤仪的应用较广,有取代模拟式探伤仪的趋势。

目前探伤中广泛使用的超声波探伤仪均是A型显示脉冲反射式探伤仪。如CST—26、HS510和泛美2300等。下面对A型显示脉冲反射式探伤仪的工作原理、特点等予以介绍。

4.2.2 A型显示脉冲反射探伤仪

探伤仪的工作原理及特点如下。

4.2.2.1 仪器的电路方框图及其工作原理
1. 仪器的电路方框图

模拟式脉冲反射式超声波探伤仪由同步电路、发射电路、接收电路、扫描电路和电源等部分组成。各部分之间的相互联系如图 4-1 所示。

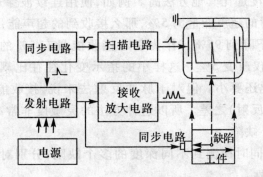

图 4-1 A 型脉冲反射式超声波探伤仪电路方框图

2. 仪器的工作原理

如图 4-1 所示,同步电路产生周期性的同步脉冲信号,同步脉冲的作用是控制脉冲电路、时基电路等步调一致地工作。稍加延迟后的同步信号反馈至发射电路立刻产生一个上升时间很短、脉冲很窄、幅度很大的电脉冲——发射脉冲。发射脉冲加到探头上,激励探头产生脉冲超声波,超声波透过耦合剂射入被探测的构件。在构件内传播的超声波遇到构件界面或缺陷时,即产生反射。反射波经探头接收后转变成电脉冲,电脉冲经放大器放大(检波)后送至示波管 y 轴进行显示。另一方面,当同步脉冲反馈至时基电路时,时基电路立刻产生一个线性较好的锯齿波,锯齿波加到示波管 x 偏转板上,则产生一个从左至右的水平扫描线,即时基线。扫描光电的位移与时间成正比。因此从示波管荧光屏上反射波信号的位置,即可确定超声波传播至构件底面或缺陷处的距离。荧光屏上显示的波高与探头接收到的超声波成正比,故可根据反射波波高对缺陷进行定量分析。

4.2.2.2 仪器的特点

脉冲反射式超声波探伤仪与其他超声波探伤仪相比有如下一些

突出的优点：

（1）在被检工件的一个探伤面上，用单探头脉冲反射法即可进行探伤。这对于诸如容器、管道等一些很难在双面上放置探头进行探伤的场合，更显示出其优越性。

（2）用脉冲反射法可以准确地确定缺陷的深度。

（3）灵敏度远比其他方法高。例如，使用连续波穿透法探伤时，如果缺陷反射的超声能量为5%，那么接收到的超声能量将从100%（无缺陷时）下降到95%。作为引起接收能量有5%的缺陷已经不小了，但指示仅改变5%。这样小的指示变化往往比耦合状况差异等引起的变化还要小。但对于脉冲反射法来说，接收能量是5%与零（完全没有反射）之差。所以这种方法的灵敏度非常高，从而能较容易地测出小缺陷。

（4）可以同时探测到不同深度的多个缺陷，分别对它们进行定位、定量和定性。

（5）适用范围广。用一台探伤仪可进行纵波、横波、表面波、板波探伤，而且适用于探测很多种工件；不仅可用于探伤，还可以用于测厚、测声速和测衰减速等。

4.2.2.3 HS510数字式超声波探伤仪简介

该仪器是武汉中科院物理所研发的，它是便携式、小型的无损探伤设备。显示器采用场致发光管显示屏，其优点是高对比度、高分辨率，显示无线形误差。配以电子刻度，读数精确，无视差，并具有超长的电池工作时间（大于7h）。全部操作通过密封性能良好的接触式键盘，以人机对话的方式实施。键盘上的符号多采用国际标识，显示画面的主功能菜单、状态、参数项及提示全为中文显示，使用起来一目了然。

4.2.3 超声波探头

探头作为超声波振动和电振荡之间的电声转换器，是超声波探伤仪的重要组成部分。超声波探头的种类很多，按波形可以分为纵波探头（直探头）、横波探头（斜探头）、表面波探头及板波探头；按耦合方式可以分为接触式探头和液（水）浸探头；按波束可以分为聚焦探头和非聚焦探头;按晶片数不同可分为单晶探头和双晶探头等。此外,还有高温探头、微型探头等特殊用途探头。这里只介绍几种常用探头。

4.2.3.1 直探头(纵波探头)

直探头就是当探头接触被检查物体时,在与探头的接触面垂直的方向上发射和接收纵波的探头。直探头一般用于探测与被测面平行的缺陷,如板材、锻件探伤等,也可用于测厚。

直探头的结构如图 4-2(a)所示,主要由压电晶片、保护膜、吸收块、电缆接头和外壳组成。

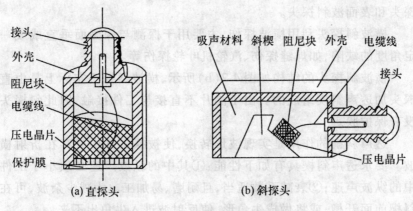

图 4-2 常用探头的结构

压电晶片的作用是发射和接收超声波,实现声能转换。

保护膜的作用是保护压电晶片不致磨损和损坏。保护膜分为硬、软保护膜两类。硬保护膜用于表面光洁度较高的工件探伤和测厚。软保护膜用于表面光洁度较低的工件探伤和测厚。当保护膜的厚度为 $\lambda_2/4$(λ_2 为保护膜中超声波的波长)的奇数倍,且保护膜的声阻抗 Z_2 为晶片声阻抗 Z_1 和工件声阻抗 Z_3 的几何平均值($Z_2 = \sqrt{Z_1 Z_3}$)时,超声波全投射。

吸收块紧贴压电晶片,对压电晶片的振动起阻尼作用,所以又叫阻尼块。阻尼块的作用是：

（1）使晶片起振后尽快停下来，从而使脉冲宽度变窄，分辨率提高。

（2）吸收晶片背面的杂波，提高信噪比。

（3）支撑晶片。

吸收块常用环氧树脂加钨粉制成，其声阻抗尽可能接近压电晶片的声阻抗。

外壳的作用是将各组成部分组合在一起，并保护之。

4.2.3.2 斜探头（横波探头）

斜探头是将用于探伤的超声波倾斜地射入被检物体的探伤面并且接收由该方向反射回来的声波的探头，可分为纵波斜探头、横波斜探头和表面波斜探头。

横波斜探头利用横波探伤，主要用于探测与探测面垂直或成一定角度的缺陷，如焊缝探伤、汽轮机叶轮探伤等。

横波斜探头的结构如图 4-2(b)所示，横波斜探头实际上是由直探头加透声斜楔组成的。由于晶片不直接与工件接触，因此斜探头没有保护膜。

透声斜楔的作用是实现波形转换，使被探工件中只存在折射横波。要求透声斜楔具有如下性能：①其中的纵波声速必须小于工件中的纵波声速；②衰减系数适当，且耐磨、易加工。为减少杂波，可在斜楔前面开槽，或将做成牛角形，使反射波进入牛角出不来。

横波探头的标称方式有 3 种：①以纵波入射角 α_L 来标称，常用 $\alpha_L = 30°、40°、45°$等，如前苏联；②以横波折射角 β_S 来标称，常用 $\beta_S = 40°、45°、60°、70°$等，如西方国家和日本；③以 $K = \tan\beta_S$ 来标称，常用 $K = 0.8、1.0、1.5、2.0、2.5$ 等，我国目前基本上采用这种标称方式。使用模拟式仪器探伤，可使缺陷定位计算大为简化。

K 值与 $\alpha_L、\beta_S$ 的换算关系见表 4-1。此表只适用于有机玻璃/钢界面。

国产横波斜探头上常标有工作频率、晶片尺寸和 K 值。

K 值探头的入射角 α_L 可按下式计算：

表 4-1　常用 K 值与 α_L、β_S 的换算表(有机玻璃/钢界面)

K 值	1.0	1.5	2.0	2.5	3.0
α_L	45°	56.3°	63.4°	68.3°	71.6°
β_S	36.7°	44.6°	49.1°	51.6°	53.5°

$$\alpha_L = \arcsin\left(\frac{C_{L1}}{C_{S2}}\sqrt{\frac{K^2}{1+K^2}}\right)$$

式中：C_{L1}——斜楔中的纵波声速；

　　　C_{S2}——工件中的横波声速；

　　　K——探头的 K 值，$K = \tan\beta_S$。

4.2.3.3　探头型号的表示方法

探头型号的表示方法如下：

| 基本频率 | 晶片材料 | 晶片尺寸 | 探头种类 | 特征 |

基本频率：用阿拉伯数字表示，单位为 MHz。

晶片材料：用化学元素符号表示。

晶片尺寸：用阿拉伯数字表示，单位为 mm。其中圆晶片用直径表示；方晶片用长×宽表示。

探头种类：用汉语拼音缩写字母表示，直探头也可不标出。

探头特征：斜探头 K 值(钢中折射角)用阿拉伯数字表示。

例如：5P6×6K2.5 表示频率为 5MHz、压电晶片材料为 P(锆钛酸铅陶瓷)、晶片形状为矩形(尺寸为 6mm×6mm)的斜探头，其 K 值为 2.5。

4.2.4　试块

按一定设计制作的具有简单几何形状反射体的试样，通常称为试块。试块和仪器、探头一样，都是超声波探伤中的重要工具。

试块的作用有：确定探伤灵敏度、测试仪器和探头的性能、调整扫描速度和评判缺陷大小。

国内外无损检测界根据不同的应用目的设计和制作了大量的试块。这些有国际组织推荐的，有国家和部颁标准规定的，也有行业和厂家自行规定的。下面介绍焊缝探伤常用试块。

4.2.4.1 CSK-1A型试块

CSK-1A型试块的结构和主要尺寸如图4-3所示。

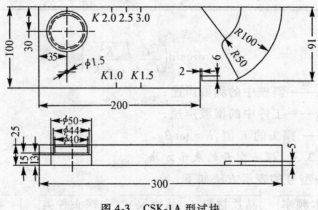

图4-3 CSK-1A型试块

CSK-1A型试块的主要用途有：

（1）调整纵波探测范围和扫描速度：利用厚度25和高度100调。

（2）测试仪器的水平线性垂直线性和动态范围：利用厚度25和高度100调。

（3）测试直探头和仪器的分辨力：利用试块上85、91和100调。

（4）测试斜探头的入射点：利用试块上$R100$圆弧测。

（5）测试斜探头的K值（折射角）：利用试块上$\phi50$和$\phi1.5$孔测。

（6）测试斜探头和仪器的分辨力：利用试块上台阶孔$\phi50$、$\phi44$和$\phi40$测；

（7）调整横波探测范围和扫描速度：利用试块上$\phi100$和$\phi50$圆弧调；

CSK-1A型试块的材质要求：20号钢，正火处理晶粒度7~8级。

4.2.4.2 半圆试块

半圆试块是目前广泛使用的一种试块，其特点是加工方便，便于携带。其结构和主要尺寸如图4-4所示。试块圆弧部分切去一块是为了放置平稳。

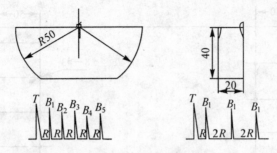

图 4-4 半圆试块

半圆试块的主要用途有：

(1) 调整纵波探测范围和扫描速度：利用厚度 20 调；

(2) 测试仪器的水平线性垂直线性和动态范围：利用厚度 20 调；

(3) 测试斜探头的入射点：利用试块上 $\phi 50$ 圆弧测；

(4) 调整灵敏度：利用试块上 $\phi 50$ 圆弧调；

(5) 调整横波探测范围和扫描速度：利用试块上 $\phi 50$ 圆弧调。

半圆试块的材质要求：20 号钢，正火处理晶粒度 7~8 级。

4.2.4.3 RB 试块

RB 试块是钢焊缝手工超声波探伤方法和探伤结果标准 GB11345-89 规定的试块。其结构和主要尺寸如图 4-5 所示。

RB 试块的主要用途有：

(1) 制作横波距离-波幅曲线。

(2) 测试斜探头的 K 值和探头前沿。

(3) 调整灵敏度。

(4) 调整横波扫描速度。

RB 试块的材质要求与被探工件相同或相似。

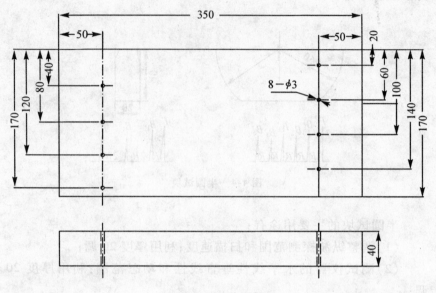

图 4-5 RB 试快

4.3 水工钢闸门的无损探伤

在闸门的无损探伤检测中,首先结合探测对象的结构形状、目的要求、现场情况等选择探测仪器,并对仪器调节校验,然后进行探测与对探测结果处理分析,得到探伤结果。

4.3.1 探伤仪器的选择

正确选择仪器与探头对于有效发现缺陷并对缺陷定位、定量和定性至关重要,应根据现场条件、被测对象的结构形状及探伤要求合理选择。对于钢闸门检测而言,其要求是:

(1) 选择仪器应优先重量轻、荧光屏亮度好、盲区小和分辨力好的仪器。

(2) 选择探头应尽可能选择频率较高(2.5~5.0MHz)、小晶片(9×9)、较大 K 值、短前沿的斜探头,确保探伤时有足够灵敏度,能避开近场区,同时能扫查到整个焊缝。

(3)可选择机油作为耦合剂,使超声波能有效地传入被测对象,达到探伤目的。

4.3.2 探伤仪器调节、校验(标定)

对焊缝探伤而言,仪器的调节校验包括调扫描速度、测 K 值和入射点(前沿距离 l_0)、制作距离-波幅曲线等。

1. 扫描速度指仪器显示屏的水平刻度与实际声程(单程)的比例关系

调扫描速度的一般方法是根据探测范围,利用已知尺寸的试块或被测对象的两次不同反射波的前沿分别对准显示屏上相应的水平刻度值来实现。横波调扫描速度的方法有 3 种:声程调节法、水平调节法、深度调节法。焊缝探伤一般按深度调节法,即显示屏的水平刻度与缺陷的实际深度一一对应。这样在探伤时发现缺陷回波就可以通过显示屏的水平刻度值读出缺陷深度,通过计算就可以知道缺陷在水平方向距入射点(或探头前沿)的距离,从而确定缺陷在焊缝中的准确位置。各种仪器调扫描速度的方法不尽一致,具体见有关资料或仪器说明书。

2. 探头的入射点与实际 K 值的测定

斜探头的入射点是指其主声束轴线与探测面的交点。入射点至探头前沿的距离称为探头的前沿长度。测定探头入射点和前沿长度是为了对缺陷定位和测定探头的 K 值。

将斜探头放在 CSK-1A 试块上,如图 4-6 所示,使 ϕ100 圆柱曲底面回波达到最高时斜楔底面与试块圆心的重合点就是该探头的入射点。这时,探头的前沿长度为

$$l_0 = R - M$$

斜探头 K 值是指被测对象中横波折射角 β_S 的正切值,即 $K = \tan\beta_S$。其测定如图 4-6 所示。当探头置于 B 位置时,可测定 β_S 为 $35° \sim 60°$($K = 0.7 \sim 1.73$);当探头置于 C 位置时,可测定 β_S 为 $60° \sim 75°$($K = 1.73 \sim 3.73$);当探头置于 D 位置时,可测定 β_S 为 $75° \sim 80°$($K = 3.73 \sim 5.67$)。

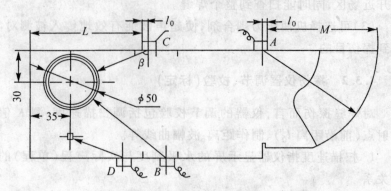

图 4-6 入射点与 K 值测定

以 C 位置为例说明 K 值测定方法。探头对准试块上 $\phi 50$ 的横孔，找到最高回波，并测出探头前沿距试块前端的距离 L，则有

$$K = \tan\beta_S = \frac{L + l_0 - 35}{30}$$

3. 距离-波幅曲线描述某一确定反射体回波高度随距离变化的关系

其示意图如图 4-7 所示。距离-波幅曲线由评定线、定量线和判废线组成。

距离-波幅曲线有两种形式。一种是波幅用 dB 值表示作为纵坐标，距离为横坐标，称为距离-dB 曲线；另一种是波幅用毫米（或%）表示作为纵坐标，距离为横坐标，在实际探伤中将其绘在示波屏面板上，称为面板曲线。数字探伤仪基本上使用前者，模拟探伤仪基本上使用后者。具体绘制过程如下：根据对象厚度及探伤要求在 RB 试块上找到深度为 10 的 $\phi 3$ 横通孔的最高回波，将其调到满屏（或 80%），固定"衰减器"和"增益"，记下"衰减器"读数，同时在面板上的回波波峰处绘点，然后依次找到深度 20、30、40、50、60、70 等 $\phi 3$ 横通孔的最高回波波峰处绘点，用曲线连接各点即绘出面板曲线。如是数字探伤仪，绘出面板曲线的连线过程自动进行。最后，根据相应标准，设定评定线、定量线和判废线。

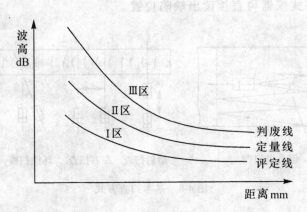

图 4-7 距离-波幅曲线示意图

4.3.3 探伤的方法、步骤

(1) 探伤前应对探头移动区的焊接飞溅、铁屑及其他外部杂物进行清理。探伤表面应平整光滑,便于探头的自由扫查。

(2) 由于被测对象表面与试块表面的粗糙度及曲率不同,应进行声能传输损失补偿,一般约为 3dB 左右,即探伤时将波幅升高 3dB 左右,也可以通过实验测得补偿值。

(3) 探伤扫查的方式有锯齿形扫查、左右扫查与前后扫查、转角扫查、环绕扫查等,如图 4-8 所示。

实际探伤中,在粗探时为了提高扫查速度又不至于漏检,常常将探伤灵敏度提高 12~18dB 后进行扫查。

(4) 定位。对于模拟仪器,若按 $1:n$ 调节横波扫描速度,缺陷波的水平刻度值为 τ_f,采用 K 值探头探伤。直射波发现的缺陷在被测对象中的水平 l_f 和深度 d_f 为

$$l_f = Kn\tau_f$$
$$d_f = n\tau_f$$

一次反射波发现的缺陷在被测对象中的水平 l_f 和深度 d_f 为

$$l_f = Kn\tau_f$$
$$d_f = 2T - n\tau_f$$

数字式仪器可直接读出缺陷位置。

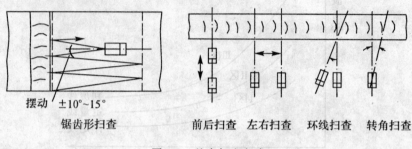

图 4-8 基本扫查方式

(5) 定量。包括确定缺陷的大小和数量,而缺陷的大小指缺陷的面积和长度。常用的定量方法有当量法、底波高度法和测长法三种。当量法和底波高度法用于缺陷尺寸小于声束截面的情况,测长法用于缺陷尺寸大于声束截面的情况。这里重点介绍测长法。

测长法是根据缺陷波高与探头移动距离来确定缺陷的尺寸。根据测定缺陷长度时的灵敏度基准不同将测长法分为相对灵敏度法、绝对灵敏度法和端点峰值法。

相对灵敏度法是以缺陷最高回波为相对基准,沿缺陷的长度方向移动探头,降低一定的 dB 值来测定缺陷的长度。降低的分贝值有 3dB、6 dB、10 dB、12 dB、20 dB 等几种。常用的有 6 dB 法和端点 6 dB 法。如图 4-9 所示。

绝对灵敏度法是在仪器一定灵敏度的条件下,沿缺陷的长度方向移动探头,当缺陷波高降到规定位置时(如图 4-10 中所示 B 线),即为探头移动的距离 l_f。此法多用于自动探伤。

当探头在扫查过程中,如发现缺陷反射波峰起伏变化、有多个高点时,则可以用缺陷两端反射波最大极值之间的探头移动长度作为缺陷的指示长度 l_f,此法称为端点峰值法,如图 4-11 所示。

(6) T 形焊缝结构的探伤。钢闸门检测中会碰到大量 T 形焊缝和角焊缝。其探头扫查部位如图 4-12 所示。

(7) 探伤完毕,清理现场。

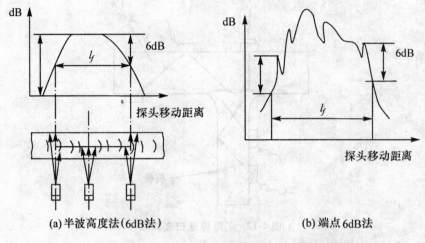

图 4-9 相对灵敏度测长法

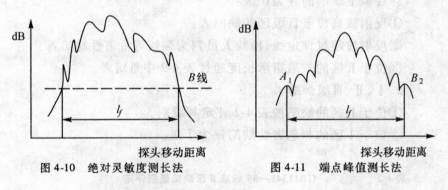

图 4-10 绝对灵敏度测长法　　　图 4-11 端点峰值测长法

4.3.4 探伤结果的处理与分析

4.3.4.1 探伤质量评定标准

焊缝缺陷的大小、位置测定以后,要根据缺陷的当量和指示长度结合有关标准的规定进行焊缝的质量评定。现以 GB11345—89 作为水工钢闸门的焊缝质量评定标准为例作简要介绍。

GB11345—89 标准将焊缝质量分为Ⅰ、Ⅱ、Ⅲ、Ⅳ等四级,其中Ⅰ级质量最高,Ⅳ级质量最低。具体分级规定如下:

1. Ⅳ级焊缝

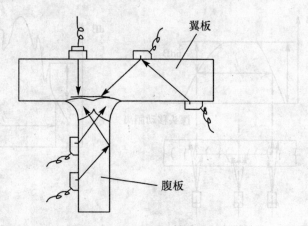

图 4-12　T 形焊缝扫查部位

存在以下缺陷的评为Ⅳ级：
①反射波高位于Ⅲ级区的缺陷者。
②反射波超过评定线，检验人员判为裂纹等危害性缺陷者。
③位于Ⅱ区的缺陷指示长度超过表 4-2 中Ⅲ级者。

2. Ⅰ、Ⅱ、Ⅲ级焊缝
①位于Ⅱ区的缺陷按表 4-2 评定其级别。
②位于Ⅰ区的非危害性缺陷评为Ⅰ级。

表 4-2　　　　GB11345—89 标准Ⅱ区缺陷级别评定

级别	A	B	C
	8~50	8~300	8~300
Ⅰ	2T/3(最小 12)	T/3(最小 10,最大 30)	T/3(最小 10,最大 20)
Ⅱ	3T/4(最小 12)	2T/3(最小 12,最大 50)	T/2(最小 10,最大 30)
Ⅲ	T(最小 20)	3T/4(最小 16,最大 75)	2T/3(最小 12,最大 50)
Ⅳ	超过Ⅲ级者		

4.3.4.2 影响缺陷定位、定量的主要因素

A型脉冲反射式超声波探伤时是通过缺陷波的位置和高度来评价被检对象中缺陷的位置和大小的,而影响缺陷波位置和高度的因素很多,了解这些因素,对于提高定位、定量精度是十分有益的。

1. 影响缺陷定位的主要因素

(1)仪器。仪器的水平线不佳时缺陷定位误差较大。

(2)探头。探头的斜楔磨损引起K值和前沿距离的改变,探头的指向性的好坏也会影响定位的准确性。

(3)被测对象。对象的表面粗糙度、材质及内应力状态等会引起声波的传播方向产生偏离,从而影响定位的准确性。

2. 影响缺陷定量的主要因素

(1)仪器。仪器的水平线性和衰减器的精度不佳时缺陷定量误差较大。

(2)探头。探头的形式和晶片尺寸、探头的K值等均会影响定量的准确性。

(3)耦合与衰减。耦合剂的声阻抗和耦合层的厚度会影响定量,调灵敏度用的试块和被探对象表面耦合状态不同、试块与对象的衰减系数不同对缺陷定量亦产生影响。

(4)缺陷。缺陷的形状、方位、性质及表面粗糙度对反射波高产生直接影响,对缺陷定量的准确性产生影响。

4.3.4.3 缺陷性质分析

缺陷性质是一个很复杂的问题,实际探伤中常常根据经验结合被测对象的加工工艺、缺陷特征、缺陷波形及底波情况来分析估计缺陷的性质。

1. 加工工艺

对象内所形成的各种缺陷与加工工艺密切相关。如焊接过程可能产生气孔、夹渣、未焊透、未熔合等缺陷。在探伤前应查阅有关被测对象的图纸和资料,了解对象的材料、结构特点、几何尺寸和加工工艺,这对于判定估计缺陷是十分有益的。

2. 缺陷特征

缺陷特征指缺陷的形状、大小和程度。

(1)平面形缺陷。在不同的方向上探测,其缺陷回波高度显著不同。探伤时稍微转动探头,波形很快消失。一般裂纹、夹层、未熔合就属于平面形缺陷。

(2)密集形缺陷。缺陷波密集且互相彼连,在不同的方向探测,缺陷回波情况类似。一般密集气孔、白点、疏松等就属于密集形缺陷。

(3)点状缺陷。在不同的方向探测,缺陷回波无明显变化。一般气孔、小夹渣就属于点状缺陷。

3. 缺陷波形

缺陷波形分为静态波形和动态波形两大类。静态波形是指探头不动时缺陷波的高度、形状和密集程度。动态波形是指探头在探测面上的移动过程中,缺陷波的变化情况。

(1)静态波形。缺陷内含物的声阻抗对缺陷回波高度有较大的影响。此外,不同类型缺陷反射波的形状也有一定的差别。如气孔与夹渣,气孔声阻抗很小,表面较平滑,界面反射率低,同时,还有部分声波透入夹渣层内,形成多次反射,波形宽度大且带锯齿。如图4-13所示。

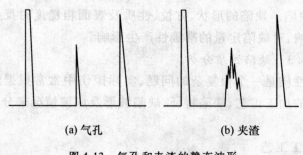

(a) 气孔　　　　　　　　(b) 夹渣

图 4-13　气孔和夹渣的静态波形

(2)动态波形。不同性质的缺陷其动态波形是不同的。几种常见不同性质的缺陷的动态波形如图 4-14 所示。用模拟式仪器探伤时可通过移动探头,观察其动态波形,数字式仪器可通过绘制包络线直接将动态波形显示在屏幕上。

第4章 无损探伤　187

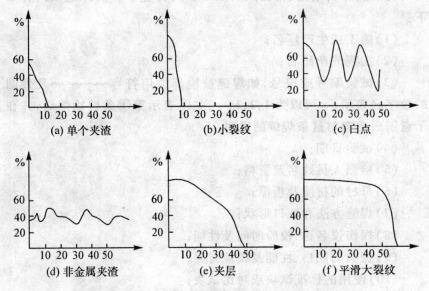

图4-14　常见缺陷的动态波形

4. 根据底波情况分析缺陷性质

被测对象内部存在缺陷时,超声波被缺陷反射使射达底面的声能减少,底波降低,甚至消失。有以下几种情况值得重视:

(1)缺陷波很强,底波消失时,可认为是大面积缺陷,如裂纹、夹层等。

(2)缺陷波与底波共存时,可认为是点状缺陷(如气孔、夹渣)或其他小面积缺陷。

(3)缺陷波互相彼连、高低不同,底波明显下降,可认为是密集缺陷,如密集气孔和夹渣、白点等。

(4)缺陷波与底波都很低,或者两者都消失,可认为是大而倾斜的缺陷。

4.3.5　探伤的记录与报告

探伤的记录与报告的主要内容应包括探伤方法、探伤部位示意图、检验范围及比例、验收标准、所用仪器及探头等的型号及规格、缺陷情况以及探伤结论、检验人员及审核人员签字。具体记录内容如下：

(1) 施工或生产厂名；

(2) 工程或产品名；

(3) 试验编号或符号，如焊缝被检部位用符号～～～～及带圈的数字⊗表示，×可以为1,2,3,…，如①表示第①条被检焊缝，并在示意图后面有对这条焊缝的说明；

(4) 试验日期；

(5) 检测人员姓名及资格；

(6) 母材的材质及板厚；

(7) 焊缝方法和坡口形状；

(8) 探伤仪名称，校验时间及性能；

(9) 探头的规格、性能及校验时间；

(10) 使用的标准试块或对比试块；

(11) 探伤部分的状态及修理方法；

(12) 耦合介质；

(13) 探伤灵敏度；

(14) 缺陷指示长度；

(15) 缺陷的位置（焊缝线方向的位置，探头距焊缝的距离，声程）；

(16) 缺陷的等级；

(17) 合格与否及其基准；

(18) 其他事项。

探伤结果以表格的形式，报告探伤的结果。具体形式见后面的工程实例。

4.4 水工钢闸门无损探伤工程实例

我们曾在湖北、湖南、四川、江西、浙江、安徽、重庆等省市的十多个大、中型水利水电工程中对其金属结构进行了安全检测和复核，其中对其闸门、压力钢管、升船机等金属结构的焊缝也进行了无损探伤检测,下面举一实例说明如何进行焊缝的无损探伤检测。

【工程实例】 重庆市某水利水电工程闸门焊缝无损探伤。

焊接结构的水工钢闸门,经长期运行后,其主要受力焊缝可能会产生裂纹、脱焊等危害性缺陷,从而对闸门的承载能力和安全运行产生不利影响。为此,在对闸门进行安全检测时,应对其主要受力焊缝进行无损探伤。

无损探伤的常用方法有射线探伤、超声波探伤、磁粉探伤及渗透探伤,每一种探伤方法都有各自的适用范围,对缺陷的检测精确度也不一样。超声波探伤能够测定缺陷的位置和相对尺寸,具有探测灵敏度高、速度快、成本低等优点,且超声波探伤设备简单,非常适合于野外现场探伤,是水工金属结构安全检测最常用的一种探伤方法。本次检测采用超声波法探伤。

根据闸门的受力状况和焊缝类别,选定闸门主横梁、纵隔板、边梁腹板、面板为探伤构件,探伤的主要焊缝为主横梁翼缘与纵隔板翼缘间的对接焊缝、面板间的对接焊缝、纵隔板、边梁腹板与面板间的角焊缝等。探伤执行的标准为 GB11345—89《钢焊缝手工超声波探伤方法和探伤结果分析》。

超声波探伤是利用材料本身或内部缺陷的声学性质对超声波传播的影响,非破坏性地探测材料内部缺陷的大小、形状和分布情况。探伤前,应根据被测构件的材质与厚度,确定缺陷定位和定量的方法。

水工金属结构的焊缝探伤方法通常采用水平定位法和深度定位法定位,当板厚大于 20mm 时,一般采用深度法测定,当板厚小于或等于 20mm 时,采用水平法定位。

超声波探伤时,测出缺陷的回波高度与缺陷大小和距离有关,大小相同的缺陷,由于声程不同,回波高度也不同。为此,通常利用距离-波幅曲线来对缺陷定量。本次探伤的距离-波幅曲线利用 CSK-1B 试块实测。探伤执行的标准为 GB11345—89《钢焊缝手工超声波探伤方法和探伤结果分析》。标准规定Ⅰ类焊缝超声波探伤不少于 20%,Ⅱ类焊缝不少于 10%。

4.4.1 超声波探伤检测部位

各闸门焊缝被检部位用符号 ～～～ 及带圈的数字⊗表示，×可以为1,2,3,…,如 ① ，它表示第①条被检焊缝，并在示意图后有对这条焊缝的说明。

4.4.1.1　1#表孔工作弧门 UT 示意图

1#表孔工作弧门 UT 示意图如图 4-15 所示。

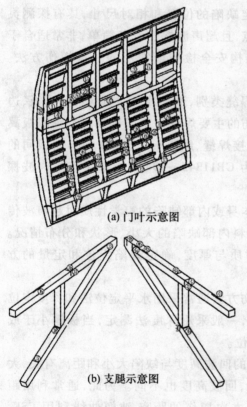

注：1. ①～③、㉖～㉙—小次梁与面板之间的角焊缝；
2. ④～⑦—面板与面板之间的对接焊缝；
3. ⑧～⑬㉚㉛—翼缘与翼缘之间的对接焊缝；
4. ⑭～㉕—隔板与面板之间的角焊缝；
5. ㉜—主梁腹板与面板之间的角焊缝；
6. ㉝㊱㊶㊺㊻—支腿腹板与支腿翼缘之间的角焊缝；
7. ㉞㊵㊷㊼㊽—支腿翼缘之间的对接焊缝；
8. ㉟㊲㊳㊴㊸㊹—支腿腹板之间的对接焊缝；
9. ㊾㊿—纵隔板之间的对接焊缝

(a) 门叶示意图
(b) 支腿示意图

图 4-15　1#表孔工作弧门 UT 示意图

4.4.1.2 2#表孔工作弧门 UT 示意图

2#表孔工作弧门 UT 示意图如图 4-16 所示。

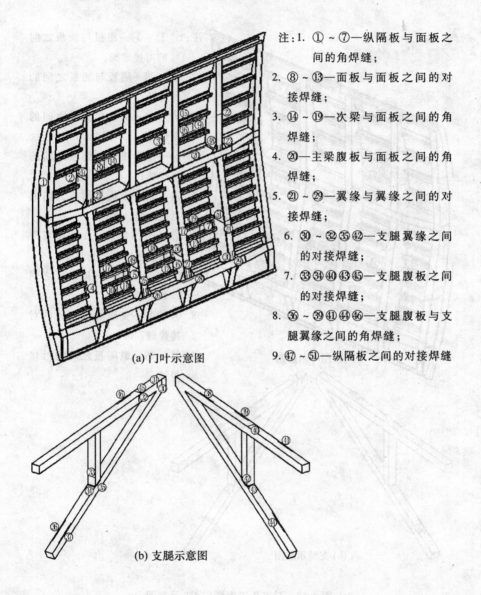

注:1. ①~⑦—纵隔板与面板之间的角焊缝；
2. ⑧~⑬—面板与面板之间的对接焊缝；
3. ⑭~⑲—次梁与面板之间的角焊缝；
4. ⑳—主梁腹板与面板之间的角焊缝；
5. ㉑~㉙—翼缘与翼缘之间的对接焊缝；
6. ㉚~㉜㉟㊷—支腿翼缘之间的对接焊缝；
7. ㉝㉞㊵㊸㊺—支腿腹板之间的对接焊缝；
8. ㊱~㊴㊶㊹㊻—支腿腹板与支腿翼缘之间的角焊缝；
9. ㊼~㊿—纵隔板之间的对接焊缝

(a) 门叶示意图

(b) 支腿示意图

图 4-16 2#表孔工作弧门 UT 示意图

4.4.1.3　3#表孔工作弧门 UT 示意图

3#表孔工作弧门 UT 示意图如图 4-17 所示。

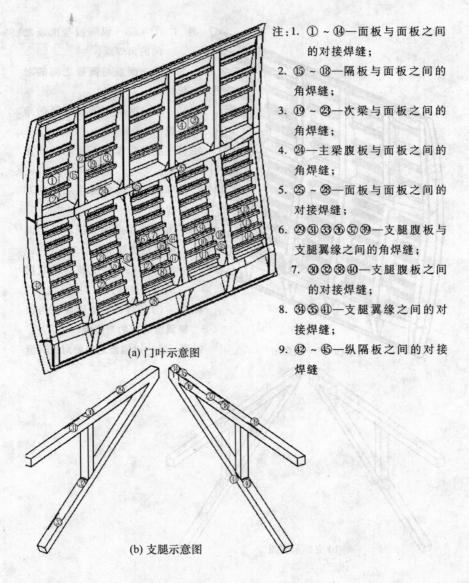

注：1. ①~⑭—面板与面板之间的对接焊缝；
2. ⑮~⑱—隔板与面板之间的角焊缝；
3. ⑲~㉓—次梁与面板之间的角焊缝；
4. ㉔—主梁腹板与面板之间的角焊缝；
5. ㉕~㉘—面板与面板之间的对接焊缝；
6. ㉙㉛㉝㊱㊲㊴—支腿腹板与支腿翼缘之间的角焊缝；
7. ㉚㉜㊳㊵—支腿腹板之间的对接焊缝；
8. ㉞㉟㊶—支腿翼缘之间的对接焊缝；
9. ㊷~㊺—纵隔板之间的对接焊缝

(a) 门叶示意图

(b) 支腿示意图

图 4-17　3#表孔工作弧门 UT 示意图

4.4.1.4　4#表孔工作弧门 UT 示意图

4#表孔工作弧门 UT 示意图如图 4-18 所示。

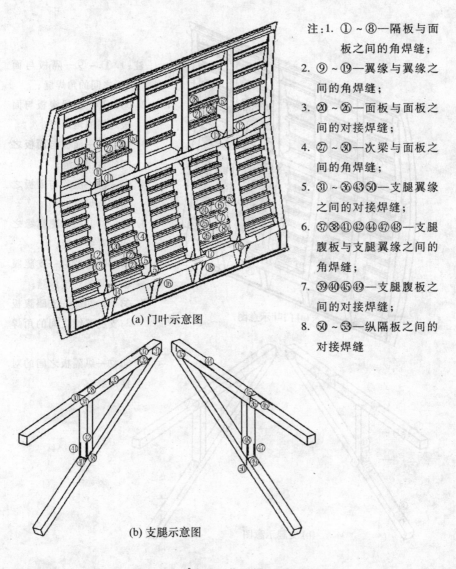

注：1. ①~⑧—隔板与面板之间的角焊缝；
2. ⑨~⑲—翼缘与翼缘之间的角焊缝；
3. ⑳~㉖—面板与面板之间的对接焊缝；
4. ㉗~㉚—次梁与面板之间的角焊缝；
5. ㉛~㊱㊸㊿—支腿翼缘之间的对接焊缝；
6. ㊲㊳㊶㊷㊹㊺—支腿腹板与支腿翼缘之间的角焊缝；
7. ㊴㊵㊻㊾—支腿腹板之间的对接焊缝；
8. ㊿~53—纵隔板之间的对接焊缝

(a) 门叶示意图

(b) 支腿示意图

图 4-18　4#表孔工作弧门 UT 示意图

4.4.1.5 5#表孔工作弧门 UT 示意图

5#表孔工作弧门 UT 示意图如图 4-19 所示。

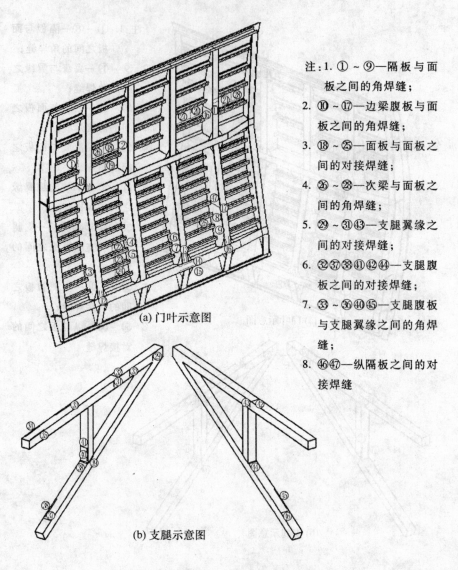

注：1. ①~⑨—隔板与面板之间的角焊缝；
2. ⑩~⑰—边梁腹板与面板之间的角焊缝；
3. ⑱~㉕—面板与面板之间的对接焊缝；
4. ㉖~㉘—次梁与面板之间的角焊缝；
5. ㉙~㉛㊸—支腿翼缘之间的对接焊缝；
6. ㉜㊲㊳㊶㊷㊹—支腿腹板之间的对接焊缝；
7. ㉝~㊱㊵㊺—支腿腹板与支腿翼缘之间的角焊缝；
8. ㊻㊼—纵隔板之间的对接焊缝

(a) 门叶示意图

(b) 支腿示意图

图 4-19 5#表孔工作弧门 UT 示意图

4.4.1.6 中孔工作弧门 UT 示意图

中孔工作弧门 UT 示意图如图 4-20 所示。

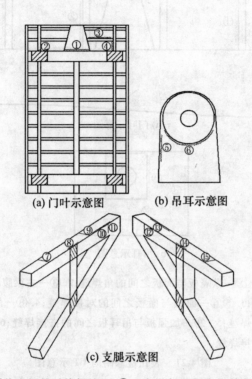

(a) 门叶示意图　　(b) 吊耳示意图

(c) 支腿示意图

注：1. ①②—翼缘之间的对接焊缝；2. ③—次梁与面板之间的角焊缝；3. ④—隔板与面板之间的角焊缝；4. ⑤—吊耳板与翼缘之间的角焊缝；5. ⑥—吊耳板与加强板之间的搭接焊缝；6. ⑦⑨⑮—支腿腹板之间的对接焊缝；7. ⑧⑩⑭—支腿腹板与支腿翼缘之间的角焊缝；8. ⑪⑫—支腿翼缘之间的对接焊缝

图 4-20　中孔工作弧门 UT 示意图

4.4.1.7 表孔检修闸门 UT 示意图

表孔检修闸门 UT 示意图如图 4-21 所示。

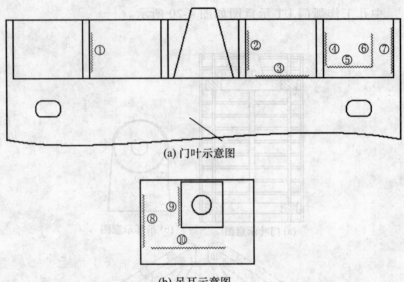

注:1.①②④⑦—纵隔板与面板之间的角焊缝;2.③—主梁腹板与面板之间的角焊缝;3.⑤⑥—面板与面板之间的对接焊缝;4.⑧—吊耳板与面板之间的角焊缝;5.⑨—加强板与吊耳板之间的搭接焊缝;6.⑩—吊耳板之间的对接焊缝

图 4-21　表孔检修闸门 UT 示意图

4.4.1.8　中孔检修闸门 UT 示意图

中孔检修闸门 UT 示意图如图 4-22 所示。

第4章 无损探伤 197

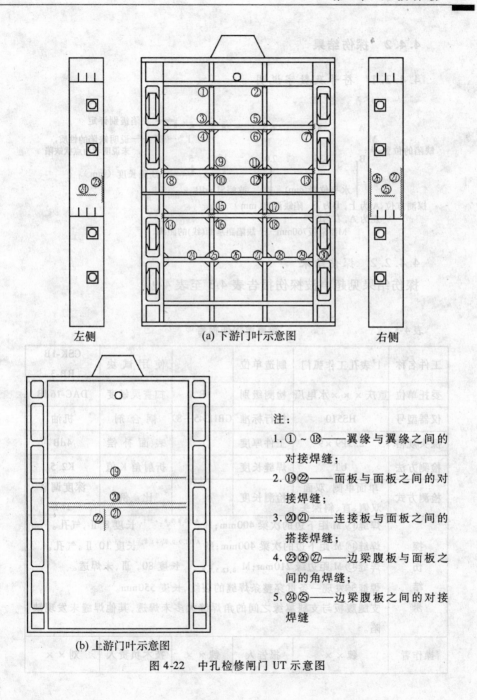

图 4-22 中孔检修闸门 UT 示意图

注：
1. ①～⑱——翼缘与翼缘之间的对接焊缝；
2. ⑲㉒——面板与面板之间的对接焊缝；
3. ⑳㉑——连接板与面板之间的搭接焊缝；
4. ㉓㉖㉗——边梁腹板与面板之间的角焊缝；
5. ㉔㉕——边梁腹板之间的对接焊缝

4.4.2 探伤结果

4.4.2.1 符号及数字说明

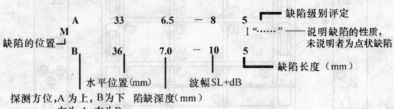

4.4.2.2 探伤结果

探伤结果见超声波探伤报告表4-3至表4-9。

表4-3　　　　　　　　超声波探伤报告

工件名称	1#表孔工作弧门	制造单位		使用试块	CSK-1B RB-3
委托单位	重庆×××水电厂	检测级别	B	扫查灵敏度	DAC-16dB
仪器型号	HS510	执行标准	GB11345—89	耦合剂	机油
探头规格	2.5P9×9	工件厚度		表面补偿	4dB
检测方法	UT	焊缝长度		折射角K值	K2.5
检测方式	单面单侧、双面双侧、直、斜探头	检测长度		比　例	深度调节 1:1
探伤结果	焊缝⑮ M距下边的次梁400mm；M $^{A,10.8,8.8,+3.1}$ 长度8 Ⅱ，气孔。 焊缝㊻ M距下边的次梁400mm；M $^{A,12.9,9.7,+1.8}$ 长度10 Ⅱ，气孔。 焊缝㊸ M距边缘210mm；M $^{B,12.5,9.5,+7}$ 长度80，Ⅲ，未焊透。 焊缝㉟发现一条贯穿整条焊缝的裂纹，长度550mm。 支腿腹板与支腿翼缘之间的角焊缝大多未焊透，其他焊缝未发现缺陷。				
操作者	魏××	报告人	魏××	技术负责人	刘××

表 4-4　　　　　　　　　　超声波探伤报告

工件名称	2#表孔工作弧门	制造单位		使用试块	CSK-1B RB-3
委托单位	重庆×××水电厂	检测级别	B	扫查灵敏度	DAC-16dB
仪器型号	HS510	执行标准	GB11345—89	耦合剂	机油
探头规格	2.5P9×9	工件厚度		表面补偿	4dB
检测方法	UT	焊缝长度		折射角 K 值	K2.5
检测方式	单面单侧、双面双侧、直、斜探头	检测长度		比　　例	深度调节 1:1
探伤结果	焊缝③M $^{A,8.5,9.7,+1.7}$，整条焊缝未焊透。 焊缝⑩M 距右侧边缘 30mm；M $_{B,26.1,8.5,-0.9}$ 长度 5mm，Ⅱ，气孔。 焊缝㉖M 距右侧边缘 30mm；M $^{A,41.3,+1.3}$ 长度 5mm，Ⅱ，气孔。 焊缝㉜M 距上边缘 250mm；M $^{A,13.3,9.9,+2.4}$ 长度 10mm，Ⅱ，气孔。 焊缝㊱M $^{A,11.6,8.8,-1.6}$，整条焊缝未焊透。 焊缝㊺M $^{A,12.0,9.2,+0.1}$，整条焊缝未焊透。 焊缝㊻M $_{B,11.1,8.2,+2.4}$，整条焊缝未焊透。 支腿腹板与支腿翼缘之间的角焊缝大多未焊透，其他焊缝未发现缺陷。					
操作者	魏××	报告人	魏××	技术负责人	刘××

表 4-5　　　　　　　　　　超声波探伤报告

工件名称	3#表孔工作弧门	制造单位		使用试块	CSK-1B RB-3
委托单位	重庆×××水电厂	检测级别	B	扫查灵敏度	DAC-16dB
仪器型号	HS510	执行标准	GB11345—89	耦合剂	机油
探头规格	2.5P9×9	工件厚度		表面补偿	4dB
检测方法	UT	焊缝长度		折射角 K 值	K2.5

续表

检测方式	单面单侧、双面双侧、直、斜探头	检测长度		比 例		深度调节 1:1
探伤结果	焊缝㉔ M $_{B,12.5,9.5,+2.5}$,整条焊缝未焊透。 焊缝㉗ M $^{A,3.7,6,+5}$,长度40mm,Ⅲ,未焊透。 焊缝㊳ M 距右边缘 30mm;M $^{A,9.2,8.1,-2.7}$,长度10mm,Ⅱ,气孔。 支腿腹板与支腿翼缘之间的角焊缝大多未焊透,其他焊缝未发现缺陷。						
操作者	魏××	报告人		魏××	技术负责人	刘××

表 4-6　　　　　　　　　　　　超声波探伤报告

工件名称	4# 表孔工作弧门	制造单位		使用试块	CSK-1B RB-3
委托单位	重庆×××水电厂	检测级别	B	扫查灵敏度	DAC-16dB
仪器型号	HS510	执行标准	GB11345—89	耦合剂	机油
探头规格	2.5P9×9	工件厚度		表面补偿	4dB
检测方法	UT	焊缝长度		折射角 K 值	K2.5
检测方式	单面单侧、双面双侧、直、斜探头	检测长度		比 例	深度调节 1:1
探伤结果	焊缝⑦M $^{A,9.3,8.3,+4.2}$,整条焊缝未焊透。 焊缝⑫ M 距左边缘 100mm;M $^{A,9.4,8.3,+6.2}$,长度5mm,Ⅱ,气孔。 焊缝⑬ M 距下边缘 150mm;M $_{B,27.2,15.5,+0.3}$,长度10mm,Ⅱ,气孔。 焊缝㉜ M 距上边缘 150mm;M $_{B,17.3,11.7,-0.1}$,长度20mm,Ⅱ,气孔。 支腿腹板与支腿翼缘之间的角焊缝大多未焊透,其他焊缝未发现缺陷。				
操作者	魏××	报告人	魏××	技术负责人	刘××

表4-7　　　　　　　　　　　　超声波探伤报告

工件名称	5"表孔工作弧门	制造单位		使用试块	CSK-1B RB-3
委托单位	重庆×××水电厂	检测级别	B	扫查灵敏度	DAC-16dB
仪器型号	HS510	执行标准	GB11345—89	耦合剂	机油
探头规格	2.5P9×9	工件厚度		表面补偿	4dB
检测方法	UT	焊缝长度		折射角K值	K2.5
检测方式	单面单侧、双面双侧、直、斜探头	检测长度		比　例	深度调节 1:1
探伤结果	焊缝⑪M位于焊缝正中；M$^{A,5.3,6.6,+4.6}$，长度10mm，Ⅲ，气孔。 焊缝㉜M$^{A,8.9,8.1,+3.9}$，整条焊缝未焊透。 支腿腹板与支腿翼缘之间的角焊缝大多未焊透，其他焊缝未发现缺陷。				
操作者	魏××	报告人	魏××	技术负责人	刘××

表4-8　　　　　　　　　　　　超声波探伤报告

工件名称	中孔工作弧门	制造单位		使用试块	CSK-1B RB-3
委托单位	重庆×××水电厂	检测级别	B	扫查灵敏度	DAC-16dB
仪器型号	HS510	执行标准	GB11345—89	耦合剂	机油
探头规格	2.5P9×9	工件厚度		表面补偿	4dB
检测方法	UT	焊缝长度		折射角K值	K2.5
检测方式	单面单侧、双面双侧、直、斜探头	检测长度		比　例	深度调节 1:1
探伤结果	焊缝⑤M$^{A,29.7,5.5,+4.5}$，长度90mm，Ⅲ，密集气孔。 焊缝⑧M$^{B,19.7,12.4,+4.2}$，整条焊缝未焊透。 焊缝⑨M$^{A,7.6,7.3,+0.8}$，整条焊缝未焊透。 焊缝⑩M$^{A,21.9,13.3,+6.8}$，整条焊缝未焊透。 支腿腹板与支腿翼缘之间的角焊缝大多未焊透，其他焊缝未发现缺陷。				
操作者	魏××	报告人	魏××	技术负责人	刘××

表4-9　　　　　　　　　超声波探伤报告

工件名称	中孔检修闸门	制造单位		使用试块	CSK-1B RB-3
委托单位	重庆×××水电厂	检测级别	B	扫查灵敏度	DAC-16dB
仪器型号	HS510	执行标准	GB11345—89	耦合剂	机油
探头规格	2.5P9×9	工件厚度		表面补偿	4dB
检测方法	UT	焊缝长度		折射角K值	K2.5
检测方式	单面单侧、双面双侧、直、斜探头	检测长度		比　　例	深度调节 1:1
探伤结果	焊缝①M $^{A,24,14.2,-4.0}$ 长度5mm，Ⅱ，气孔。 焊缝②M 距左边缘40mm；M $^{A,26.2,15,-2.3}$ 长度5mm，Ⅱ，气孔。 同时检查了闸门的八根拉杆的焊缝，其中4#、6#拉杆的腹板与翼缘之间的角焊缝均未焊透。如下图 拉杆示意图 其他焊缝未发现缺陷。					
操作者	魏××	报告人	魏××	技术负责人	刘××

4.4.3　小　结

（1）超声波探伤焊缝的长度按标准要求，抽查Ⅰ类焊缝、Ⅱ类焊缝的长度，达到了标准规定的20%、10%的检测要求。焊缝焊接情况不是很好，焊缝错台明显，也有咬边和表面气孔的情况。

（2）从焊缝探伤结果来看，闸门焊缝焊接质量一般，支腿腹板和支腿翼缘间的角焊缝大部分均未焊透，其中1#表孔工作弧门支腿—支腿腹板间的连接焊缝已产生明显的裂纹，且贯穿整条焊缝，应重焊。

4.5 基于神经网络的闸门损伤检测

钢闸门在长期自然环境和使用环境的双重作用下,会产生不同程度的损伤,导致闸门功能减弱,这就要求人们及时发现并修复损伤。传统的闸门损伤检测方法有基于振动的检测,如时域法、频域法等;其他无损检测,如超声波法、红外线法等。但这些方法都要求事先已知闸门损伤的大致部位,且易于接近。事实上,很多闸门如水下闸门较难接近,或闸门太大(如三峡的船闸),布置的应变片、传感器等数量多,在实际检测时有一定困难,这就要求我们寻找一种更方便的检测方法。由于神经网络自身的特点(容错性、鲁棒性、自适应性),能将实测参数的变化与储存在数据库中可能的损伤序列参数的变化,进行模式比较与匹配来识别损伤,因此,将神经网络用于闸门的损伤检测就显示出其独特的优点。

4.5.1 闸门的模态分析

模态分析主要用于决定闸门的固有频率和振型。用有限元进行模态分析时,视闸门为无阻尼振动,其对应的振动微分方程为:

$$[M]\{\ddot{u}\} + [K]\{u\} = 0 \qquad (4-1)$$

式中:$[K]$为结构的刚度矩阵,称为总刚;

$[M]$为闸门结构的质量矩阵;

$\{u\}$为闸门节点位移列阵;

$\{\ddot{u}\}$为闸门节点的加速度列阵。

对线性系统,令$\{u\} = \{A_i^j\}\cos\omega_{nj}t$,可得到闸门的特征矩阵方程为:

$$([K] - \omega_{nj}^2[M])\{A_i^{(j)}\} = 0 \qquad (4-2)$$

由式(4-2)可得闸门的特征(圆频率)方程为:

$$|[K] - \omega_{nj}^2[M]| = 0 \qquad (4-3)$$

模态分析的主要任务就是求解方程(4-2)和方程(4-3),以得到闸门的特征值ω_{nj}及其对应的特征向量$\{A_i^{(j)}\}$。式(4-2)、式(4-3)的总刚$[K]$是由单元刚度矩阵$[k]$集成的。单刚$[k]$是与材料常数

E_0、ν_0、单元长度和节点所处的位置有关。例如对四边形单元，$[k]=[k_{rs}]$（$r,s=1,2,3,4$）为 4×4 的矩阵，其中

$$k_{rs} = \frac{E_0 t}{4(1-\nu_0^2)ab}\begin{pmatrix} k_1 & k_3 \\ k_2 & k_4 \end{pmatrix} \tag{4-4}$$

式中：k_i（$i=1,2,3,4$）是常数，与节点坐标、四边形单元的长度、材料常数 ν_0、板厚 t 有关。由以上推导可知，当闸门局部发生变化（钢板变厚、断开等）时，会引起闸门的刚度变化，闸门的模态值也相应改变。

4.5.2 BP 网络用于闸门检测的方法

正常情况下，闸门的损伤主要由锈蚀、碰撞等引起。在不同部位，损伤程度是不同的，因此确定闸门的损伤位置及损伤程度成为闸门检测的主要工作，而神经网络能方便地完成该任务。

4.5.2.1 BP 神经网络的基本原理

BP 神经网络是目前应用最广泛的一种网络，包括输入层、隐层和输出层。网络只有相邻层的单元相连接，同层单元不连接，可以看成是从输入到输出的一个高度非线性映射，其模型如图 4-23 所示。

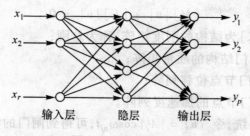

图 4-23 BP 网络模型

标准 BP 算法是一种基于广义的 δ 学习规则的监督学习算法，利用均方误差和梯度下降法对网络权值进行修正，以使网络误差的平方和最小。该算法包括正向传播和反向传播两个过程。正向过程中，将学习样本送入输入层，经隐层运算，传至输出层。如果在输出层不能得到期望的输出，则转入反向传播，将误差信号沿原来的连接

通路返回,通过修改各神经元的权值,使得误差最小。

标准 BP 神经网络存在诸如易形成局部极小而得不到整体最优解、收敛速度缓慢、泛化能力较差等缺陷,为此,常对算法进行改进,如改进误差函数、激励函数等。

4.5.2.2 网络特征参数的选取

对闸门的损伤检测,应获取足以代表结构固有特性的部分数据(某几点或某个方向)来作为损伤检测指标,例如能代表闸门损伤引起刚度变化较大方向上结构特性的数据,以此作损伤指标,而没有必要测取闸门各个点上各个方向的所有数据,事实上也是不可能的。从有关文献可得知应变模态对损伤具有较高的灵敏度,而频率对对称结构不灵敏。根据结构动力学理论可知,对应结构位移模态的应变模态是结构的固有动力特性,它不受荷载大小的影响,因此选择应变模态作为损伤指标。运用有限元法对不同损伤引起的闸门模态参数的改变进行计算,保存在神经网络数据库系统中,并比较实测完好结构与损伤结构的应变模态变化,就可判定闸门损伤的位置与程度。实际闸门应变模态的获取可以采用共振激励的方法获取。

4.5.2.3 基于 Matlab 神经网络程序

闸门检测中主要调用的 Matlab 函数:对样本的处理函数,如最大最小函数(premnmx、postmnmx、tramnmx);神经网络的建立如下式:

$$net = newff(minmax(P),[S1,S2],\{'tansig','purelin'\},'trainlm') \quad (4-5)$$

式中:newff 为 BP 网络函数;minmax(P)表示网络输入向量的取值范围;S1 为隐层神经元个数;S2 为输出层单元个数;tansig、purelin 分别为隐层、输出层的传递函数。训练函数选择 trainlm(Levenberg-Marquardt)算法,是因为 trainlm 对于中等规模的 BP 网络神经网络具有最快的收敛速度。神经网络的训练:[net,tr] = train(net,P,T),P、T 分别为输入输出样本。

4.5.3 工程计算实例

现以某一水电站的平板闸门为例。考虑到闸门的主横梁、纵梁、隔板、边柱是闸门的主要受力构件,并根据它们的重要性及出现损伤的可能性,将闸门分为 17 个子块(各子块包括腹板和翼缘):上下主横梁(以隔板划分)8 个子块,隔板 3 个子块,次梁(以隔板划分)4 个子块,边柱 2 个子块。为计算简单,取其中 8 个子块作为计算子块,见图 4-24。对闸门的损伤检测步骤如图 4-24 所示。

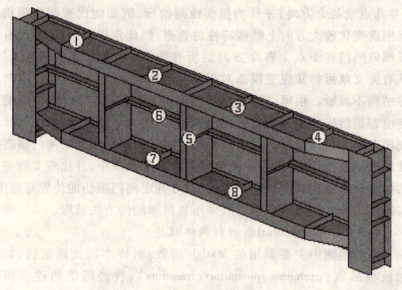

图 4-24 闸门结构图

4.5.3.1 训练样本的获得

因应变模态能反映局部损伤的影响,而损伤结构的应变模态与完好结构的应变模态会有不同,故采用损伤结构与完好结构的应变模态差作为损伤标识量。在各子块中选择一点,首先考虑不同子块出现单处损伤的情况。假定各子块分别出现 5 种不同程度的损伤,损伤量定义为各子块刚度下降的百分比。用 ANSYS 分别计算出各子块损伤量为 10%、20%、30%、40%、50% 的第一阶应变模态正交分量。分别得到结构在不同位置发生不同程度单处损伤时,损伤结构的 40 组应变模态,计算这些应变模态与完好结构应变模态(损伤 0%)的差值,据此构造结构单处损伤的神经网络样本。其次,为了与实际损伤状况相符合,即闸门在使用过程中可能同时在多个位置发生损伤,在本节中仅考虑结构在不同位置同时发生两处损伤,建立结构在两个不同子块同时发生损伤时的有限元模型,每个子块独立考虑5种不同程度的损伤,得到结构在两个不同位置同时发生损伤时的700组应变模态,计算这些应变模态与完好结构的应变模态的差值,据此构造结构同时发生两处损伤的神经网络样本。将以上两种情况进行组合,得到740组神经网络的训练样本。由于测量误差是不可避免的,对未损伤或每一损伤序列,在理论计算模态参数的基础上加一个相互独立的、正态分布的随机序列数来模拟实测数据,即:

$$y_i = y_i^a \times (1 + \varepsilon R) \tag{4-6}$$

式中:y_i 是噪声污染后的测量应变模态参数;y_i^a 是未损伤或某一损伤模式类的理论分析应变模态参数;R 是均值为0、偏差为1的正态分布随机数;ε 为噪声程度指标,取5%。同时给出神经网络对应的理想输出$(Y_1, Y_2, \cdots, Y_8)$,其中 Y_i 表示结构在第 i 子块的损伤量。例如第2子块损伤量为20%时,对应网络的理想输出为(0.0, 0.2, 0.0, 0.0, 0.0, 0.0, 0.0, 0.0);第2子块和第4子块同时具有损伤量为20%时,对应网络的理想输出为(0.0, 0.2, 0.0, 0.2, 0.0, 0.0, 0.0, 0.0);如果结构没有损伤则网络的理想输出为(0.0, 0.0, 0.0, 0.0, 0.0, 0.0, 0.0, 0.0)。取2子块和4子块同时损伤的样本进行神经网络训练,是为了研究多个损伤同时发生的情况下网络是否具有检测能力。

4.5.3.2 构造神经网络的测试样本

对不同程度的损伤检测指标,在神经网络学习样本的基础上,部分子块增加结构损伤量为15%、25%、35%、45%时的损伤指标,计算这些应变模态与完好结构应变模态的差值作为相应的神经网络的测试样本,同时给出神经网络对应的理想输出值,用于与网络的实际输出进行比较。取学习样本进行测试是为了检验网络的记忆能力,取损伤量为15%、25%、35%、45%的测试样本是为了检验网络的内插推广能力。

4.5.3.3 神经网络的训练

一般地,学习样本数与网络结构之间存在如下关系式:

$$p = 1 + h\frac{(n+m+1)}{m} \tag{4-7}$$

式中:n 代表输入数目;m 代表输出数目;h 代表隐含节点数目;p 代表输入学习样本数目,若给定样本数目小于式中计算得到的值,网络处于"静不定结构",对提高网络的推理性能比较理想。

本例构造三层的 BP 网络,40 个隐层神经元,8 个输出神经元。将学习样本送入相应的网络中进行学习训练 10000 步,此时网络的性能函数值趋于稳定。

4.5.3.4 神经网络测试

对于不同的损伤检测指标,将测试样本送入相应的网络进行测试。测试结果如表 4-10 所示。由表 4-10 可知,网络对损伤位置的诊断相当准确,对损伤程度的最大诊断误差为 6.87%。测试结果表明,网络可以成功地区分结构的单处损伤和多处损伤,能对损伤程度与损伤位置作出准确诊断,网络抗干扰能力较好,结果令人满意。

表 4-10　　　　　　　　　　神经网络检测结果

	第一处损伤位置及程度				第二处损伤位置及程度		
损伤位置	损伤程度			损伤位置	损伤程度		
	实际值(%)	理论值(%)	相对误差(%)		实际值(%)	理论值(%)	相对误差(%)
1	15	16.03	6.87	—	—	—	—
3	45	46.93	4.29	—	—	—	—
6	30	30.35	1.17	—	—	—	—
2	15	15.89	5.93	4	20	19.10	4.45
1	20	20.43	2.15	35	35	36.13	3.23
2	10	10.09	0.90	50	50	50.43	0.86
3	25	23.46	6.16	40	40	41.19	2.98
4	30	28.91	3.63	45	45	42.67	5.18

注:表中"-"表示仅考虑闸门发生单处损伤的情况。

4.5.4 结论

(1) 事例说明神经网络用于闸门的损伤检测是行之有效的,且具有较高的精度。网络对学习样本的记忆能力较好,并具有非线性内插能力,可以对与学习样本具有相似信息的不同样本进行检测。

(2) 应变模态作为闸门检测的局部损伤指标,是一种良好的标识量。

(3) 神经网络用于闸门的损伤检测,作为一种新的方法,具有广阔的应用前景。

第5章
闸门的静态检测

　　闸门的静态检测常用的方法是应变电测法,其工作原理是:用专用粘结剂将电阻应变片(简称应变片或应变计)粘贴在试验的闸门构件表面上,应变片因感受构件测点的应变而使自身的电阻改变,利用电阻应变仪(简称应变仪)将应变片的电阻变化转换成电信号并放大,然后显示出应变值或输出给记录仪记录。再根据测得的应变值转换成应力值,达到对闸门进行实验应力分析的目的。

　　闸门的静态检测从某种意义上说,它能比较准确地反映闸门实际的受力与变形情况,是了解闸门受力与变形状况的重要的和必要的手段。但是,要注意两个问题:①检测仪器的可靠性;②检测方法和手段的正确性。通过大量的现场测试得知,测试结果与理论计算结果有一定误差,有时误差比较大。其原因除了仪器、方法和手段的问题之外,还有另外的因素:①测点不一定在理论计算的典型应力(最大与最小)点的位置上;②测试水位不一定在设计水位位置上。解决的办法是:①尽可能把测点布置在理论计算典型应力点上,或从中找出它们的规律性;②把测试水位时的测试结果按比例系数法推导出设计水位时的应力或变形(位移)。

　　本章首先介绍静态检测所用仪器的种类、工作原理、工作特性、适用条件和使用方法；然后，结合工程实例介绍闸门静态测试的方法、步骤和测试结果的分析处理与比较。

5.1 闸门静态检测系统与仪器

5.1.1 闸门静态检测系统

闸门静态检测中常用的方法是应变电测法，此法使用的仪器包括信号采集部分的仪器应变片（应变计），信号放大部分的仪器是静态电阻应变仪，信号显示记录部分的仪器是光线示波仪或磁带记录仪，信号分析处理部分的仪器是微机信号分析系统或人工处理分析信号。其测试系统方框图如图 5-1 所示。

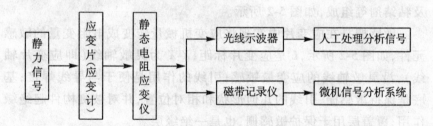

图 5-1 静态测试系统方框图

5.1.2 测试系统常用仪器

5.1.2.1 信号采集——传感器

它的功能是把被测的机械变形的物理量转换为电信号，以供二次仪表放大、显示、记录与分析的元件。

常用的传感器有应变片、应变计式的电桥盒等。

5.1.2.2 信号放大器

它的功能是将传感器输出的信号放大，以便在示波器上显示，记录设备记录和贮存，分析设备进行数据处理或信号分析等。

常用的放大器有静态电阻应变仪、动静态电阻应变仪等。

5.1.2.3 信号显示与记录设备

常用的显示与记录设备有：X-Y 函数记录仪、光线示波器、电子示波器与磁带记录仪等。

5.1.2.4 信号分析处理设备

除了人工分析处理外，还可用以电子计算机为主体的数据处理与分析系统来分析与处理所测数据。

5.2 电阻应变片的工作原理及其工作特性

5.2.1 应变片的构造及其工作原理

5.2.1.1 应变片的构造

应变片的形式种类很多，但一般都由敏感栅、引线、基底、覆盖层及粘结剂等组成，如图 5-2 所示。

敏感栅是在应变片中实现将应变机械量转变成电阻变量的敏感元件，如图 5-2 所示，L 是应变片标距，X-X 为灵敏轴线（即应变片轴线），沿灵敏轴线的应变最敏感；引线的作用是便于与导线焊接；基底是保持敏感栅、引线的几何形状和相对位置，并对被测构件起绝缘作用；覆盖层用于保护敏感栅，也是一绝缘层。

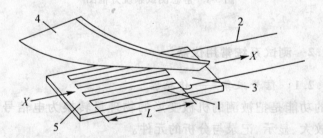

1 敏感栅； 2. 引线； 3. 粘结剂； 4. 覆盖层； 5. 基底

图 5-2 箔式应变片

5.2.1.2 应变片的工作原理

应变片是利用金属丝的电阻值随其机械变形而变化的"应变电

阻效应"特性做成的敏感元件。

如将应变片粘贴到标定试样上,使试样产生已知应变,测量应变片的电阻变化,就会发现在一定的应变范围内,应变片的相对电阻变化与试样的应变之间保持线性关系,即

$$\frac{\Delta R}{R} = K\varepsilon \qquad (5-1)$$

式中:R 是应变片电阻;ΔR 是应变片感受应变后的电阻变化;ε 是试样沿应变片灵敏轴线方向的应变;K 是常数,称为应变片灵敏系数。

5.2.2 应变片分类

应变片的分类方法较多,通常根据敏感栅材料、形状、数量,应变片的标距、基底、工作温度和用途等分类,常见的有以下几种分类方法:按敏感栅所用材料可分为金属栅和半导体两大类;按敏感栅形状,可分为绕线式、箔式和短接式;按敏感栅数量可分为单轴和多轴应变片(应变花);按敏感栅标距可分为短标距、中标距和长标距3种;按基底材料可分为胶基、纸基、金属基和其他(玻璃纤维、云母等)基底几种;按使用温度可分为常温片、中温片、高温片和低温片。此外,还有一些特殊用途的应变片,如测应力集中应变片,残余应力测量片、水下应变片、裂纹扩展片、测温片等。

图 5-3 至图 5-5 所示分别为绕线式、短接式和半导体应变片结构。其中绕线式、短接式合称为丝式应变片。图 5-6 所示为常用的三种箔式应变花。

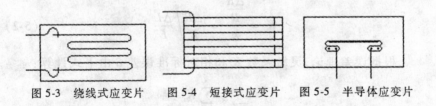

图 5-3 绕线式应变片　　图 5-4 短接式应变片　　图 5-5 半导体应变片

5.2.3 应变片的工作特性

应变片的工作特性由实验测定,它能反映应变片性能的优劣,下

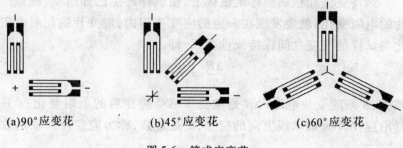

图 5-6 箔式应变花

面简要介绍常温应变片工作特性及其测定方法。

5.2.3.1 应变片电阻

应变片在未安装时,置于室温环境下所测得的电阻值,可准确到 0.1Ω。应变片标称电阻有 60Ω、120Ω、350Ω、500Ω 和 1000Ω 几种。其中以 120Ω 为标准值。制造厂在出厂前对应变片电阻进行逐个测量,并按阻值分装。包装盒上注明的是同一包应变片的平均电阻值及相对于平均电阻值的最大偏差。

5.2.3.2 灵敏系数 K

应变片的灵敏系数是指应变片在轴线方向的单向应力作用下,应变片电阻的相对变化($\frac{\Delta R}{R}$)与试样应变(ε)之比,通常用 K 表示,如式(5-1)所示:

$$K = \frac{\frac{\Delta R}{R}}{\varepsilon} = \frac{\Delta R}{R} \bigg/ \frac{\Delta L}{L} \tag{5-2}$$

根据误差理论,灵敏系数 K 和相对标准误差 δ 由下式计算:

$$\overline{K} = \frac{\sum_{i=1}^{n} K_i}{n}$$

$$\delta = \frac{S}{\overline{K}} = \frac{\sqrt{(K_i - \overline{K})^2/(n-1)}}{\overline{K}} \times 100\% \quad (i = 1, 2, \cdots, n) \tag{5-3}$$

式中：n 为应变片抽样数；K_i 为抽样试验各片测得的灵敏系数；$\overline{K}$ 为本批应变片灵敏系数的平均值；S 为标准误差。

5.2.3.3 横向效应系数

应变片由于其横向变形而引起的电阻改变现象，称为横向效应。应变片横向效应大小用横向效应系数 H 来表征，并由实验测定。根据实验可以得到：

(1) $$H = \frac{(\Delta R/R)_2}{(\Delta R/R)_1} \tag{5-4}$$

式中：1、2 分别表示安装到产生单向应变的标定试样上的片 1 与片 2。片 1 沿应变片方向，片 2 垂直应变片方向。

(2) $$H = \frac{\Delta R_y/R}{\Delta R_x/R} = \frac{K_y}{K_x} \tag{5-5}$$

式中：K_x、K_y 分别表示应变片的轴向为 X、垂直基底方向为 Y 的轴向和横向灵敏系数。

(3) $$H = \frac{\varepsilon_2 + \mu_0 \varepsilon_1}{\varepsilon_1 + \mu_0 \varepsilon_2} \tag{5-6}$$

式中：ε_1、ε_2 分别表示应变片 1 和片 2 的应变测试值；μ_0 为标定试样的泊松比。

应变片的横向效应系数与敏感栅的形状和标距长度有关，标距越小，栅条数越多，H 值越大。横向效应系数也是抽样实验测定的，但不是每批都测量，仅在改变了敏感栅的材料、形状和尺寸时，应重新测量。H 值一般不在包装盒上注明。

5.2.3.4 应变极限

在室温条件下，给安装有应变片的试样施加的应变逐渐增加，当应变片的指示应变与试样实际应变相差达 10% 时，此时试样的应变称为应变片的应变极限。

5.2.3.5 疲劳极限

安装在试样上的应变片，在一定幅值的交变应力作用下，应变片不损坏，且指示应变与试样应变之差不超过规定值时的应变循环次数，称之为应变片的疲劳寿命。

5.2.3.6 机械滞后

对安装有应变片的试样进行加载和卸载，当试样应变达到同一水平时,计算应变片在加、卸载过程中指示应变的差值,称为应变片的机械滞后。

5.2.3.7 蠕变

已安装的应变计在温度恒定条件下,承受恒定的机械应变时,在规定的时间内(较长时间),应变片指示应变随时间的变化称为蠕变。

5.2.3.8 绝缘电阻

应变计绝缘电阻是指敏感栅及引线与被测构件之间的电阻值。

常温应变片的分级标准见表5-1。

表5-1　　　　　　　常温电阻应变片分级标准

工作特性	说明	质量等级		
		A	B	C
应变片电阻/Ω	对平均值的最大偏差	0.2	0.4	0.8
灵敏系数/%	对平均值的相对标准误差	1	2	3
横向效应系数/%	对平均值的相对标准误差	1	2	4
应变极限/$\mu\varepsilon$		10000	8000	6000
疲劳寿命/次	应变循环次数	10^7	10^6	10^5
机械滞后/$\mu\varepsilon$		5	10	20
蠕变/$\mu\varepsilon \cdot h^{-1}$		5	15	25
绝缘电阻/MΩ		1000	500	500

5.3　电阻应变片的选用、粘贴与防护

5.3.1　应变片的选用

5.3.1.1　几种常用应变片的优缺点

5.3.1.1.1　箔式应变片

1. 箔式应变片的优点

(1) 箔式应变片的敏感栅薄而柔软,易于传递应变,栅条的横向部分宽度比纵向部分宽度大得多,因而横向效应系数小。

(2) 箔式应变片的栅条均匀、尺寸准确,故性能稳定,灵敏系数的分散性小。现已能制成标距小至 0.2mm 的箔式片和敏感栅图案特殊的应变片,如用于测扭距的应变片,用于测薄膜应力的应变片等。

(3) 箔式应变片的表面积大,易于散热可允许通过比丝式应变片大几倍的电流,因而可获得较大的输出信号。

(4) 箔式片的蠕变和机械滞后特性也优于丝式片,绝缘电阻高于纸基片,耐湿性能也优于纸基片。

(5) 箔式片特别适于常温下的静、动态应变测量和制作传感器。

2. 箔式应变片的缺点

由于箔栅的投影面积大,高温下的漏电流大,故不适于高温下的应变测量。

5.3.1.1.2 绕线式应变片

它是最早出现的应变片形式,敏感栅用直径为 0.02～0.05mm 的应变合金丝材绕制而成,以纸为基底,用挥发型有机粘结剂将丝栅与基底粘合而成。其优点是制造简便,既可手工生产,也可半机械化生产。其缺点是:绕线式应变片难以制成小标距应变片,横向效应系数较大,工作特性分散性较大,且纸基易吸潮,使用温度也低于箔式片。因此,绕线式应变片已很少在常温下使用,仅在中、高温应变片中尚采用这种形式。

5.3.1.1.3 短接式应变片

敏感栅的纵向是应变合金丝材,横向是较粗的铜丝。纵横交叉点熔焊连接,按规律切断一部分铜丝使之成为栅状,然后粘上基底制成。短接式应变片的优点是横向效应系数小,缺点是制造较麻烦,由于焊点多,故疲劳寿命低。因此,短接式应变片主要用于温度自补偿应变片。

5.3.1.1.4 半导体应变片

将半导体材料沿一定方向割成细条作敏感栅,焊上内、外引线,粘上基底制成。半导体应变片的优点是:灵敏系数大,约是金属栅应变片的50倍,这意味着在相同的应变水平下,可获得比金属栅应变片大50倍的信号,可使测量电路大为简化,这在航空航天领域是至关重要的。半导体应变片的缺点是:灵敏系数的非线性大,且拉、压时的灵敏系数不相同;电阻温度系数也比金属栅的大50倍左右使温度补偿困难。此外,半导体材料柔软性差,不能粘到曲面上。这些问题都限制了半导体应变片的应用。当前半导体应变片仅用于制作传感器和在特殊条件下进行力学量的测量,并要采用特殊的电路进行非线性补偿。

5.3.1.2 应变片的选用

应变片的种类、规格很多,只有选用合适的应变片,才能获得最佳的测量结果。一般应遵循以下的选用原则:

1. 应变片标距的选择

在均匀应变场或应变梯度小的构件上测量,应采用标距为3~10mm的中标距应变片,中标距应变片比其他标距的应变片性能要好且分散性较小。在应变梯度大或有应力集中的测量区域测量,应选用小于3mm的小标距应变片,以获得更接近于测点真实应变的测量值。在非均质材料上测量,应选用长标距的应变片。如在混凝土构件上测量,应变片的标距应大于混凝土骨料颗粒直径的4倍。在闸门测试中,中标距应变片用得较多,个别位置也用小标距应变片。

2. 基底的选择

基底的材料决定了应变片的工作温度,不能超过允许温度范围使用常温片,也不能将中、高温应变片在常温下使用,前者会损坏应变片或导致大的测量误差,后者不仅不经济,其测量精度也低于常温片。在闸门测试中,一般都采用常温片的基底材料。

3. 敏感栅个数的选择

在单向应力状态下测量,用单轴应变片;在平面应力状态下主应力方向已知时,用二轴90°应变花测量,应变花的二轴沿主应力方向粘贴;在平面应力状态下主应力方向未知时,用三轴45°或60°应变花。

4. 电阻值的选择

用于应变测量,应选用 120Ω 的应变片,因应变仪的电桥是按 120Ω 桥臂电阻设计的,采用其他阻值时,对测量结果要进行修正。如用于制作传感器,且有配用的二次仪表测量,可选用高阻值的应变片。此时,可提高供桥电压,以获得大的输出信号,使仪器简化。同一电桥上使用的应变片或采用公共补偿的一组应变片,其阻值相差最好小于 0.2Ω,以便电桥预调平衡。在曲面上粘贴应变片时,应变片的阻值就会发生变化,凸面会使应变片电阻值增大,凹面会使应变片阻值减小,且曲率越大,电阻改变也越大,这点应予以注意,以免造成电桥不能平衡。

5. 材料的选择

在长期的应变测量中或是制作应变式传感器,应选用胶基箔式应变片,敏感栅材料应是康铜(铜、镍合金)或卡玛(镍、铬、铝、铁合金)等应变合金,这两种合金的电阻温度系数小,故受环境温度影响也小。

5.3.2 电阻应变片的粘贴与防护

应变片的粘贴预防护是应变片测量中的重要环节,是获得高精度测量结果的基础,应予以特别重视。

5.3.2.1 常用粘合剂

在钢闸门检测中,多属于常温应变测量,而用于常温应变测量的粘结剂主要有氢基丙烯酸酯,有 501 和 502 两种牌号。这是一种瞬间固化的粘结剂,通过吸收空气中微量水分,在 10~30s 内初步固化,2h 后即可进行测量,8h 后可达到最高粘贴强度。此类胶的特点是在常温下指压快速固化,操作简便,容易掌握,粘贴强度高;缺点是耐久性与耐潮性差。其主要用于短期内的应变测量。

环氧树脂类和酚醛树脂类粘结剂也是常温下使用的粘结剂,根据生产厂家不同有多种牌号。这两类粘结剂的共同特点是固化时需要加压、加温,并要进行固化后处理,粘贴工艺较复杂,操作技术较难掌握。但这两类胶的粘结力强,时间稳定性好,蠕变、滞后小,耐湿性好,能在稍高于常温的环境下工作。主要用于长期应变测量,是制作应变式传感器的理想粘结剂。

5.3.2.2 贴片工艺和防护措施

1. 贴片工艺

下面主要介绍一种用 502 胶贴片时的工艺。

(1) 贴片表面应进行机械加工, 达到平整光滑。对于不便于机械加工的表面, 可用手握式砂轮机打磨。如表面过于光滑, 要用 00# 纱布沿贴片方向呈 45°角交叉打毛, 使之利于粘贴, 合适的粗糙度为 $\triangledown 3.2 \sim \triangledown 6.3$。粘贴用的应变片应逐个测量电阻值, 测量片的温度补偿片之间的电阻值相差应小于 0.2Ω。

(2) 用铅笔或铜划针在试样上画出应变片的定位线。用脱脂棉球蘸少量丙酮(或无水酒精、四氯化碳等)清洗贴面表面, 清洗面积应比应变片基底面积大 10 倍以上。清洗时先从中心开始逐渐向外擦, 棉球脏后要更换新的, 一直清洗到擦过的棉球不变色为止。

(3) 用左手拇指和食指夹住应变片的引线, 在应变片的基底上滴一滴 502 胶, 将应变片和贴片处迅速贴合, 并使应变片的对称线(轴线)与定位线对准, 在应变片上盖一块聚四氯乙烯薄膜, 用右手拇指压在应变片上, 压力约为 $5N$, 1 分钟后即可松开, 10 分钟后揭去塑料薄膜。贴片时动作要准确、迅速。加压时, 力要垂直于贴片表面, 不要使应变片滑动。若在规定的时间内胶水仍不能固化, 表明胶水已失效, 需要换合格的胶水重贴。

(4) 在应变片引线下垫一小块绝缘胶布或透明胶带, 将上好锡的导线用医用胶布固定在试样上, 在胶布上滴两滴 502 胶加强粘结力。用镊子把应变片的引线弯成弧形后与导线焊接, 焊接时间要短, 焊点应呈光滑的球状。图 5-7 所示为应变片引线的焊接与固定情况。

(5) 为防止湿气浸入粘贴层, 可用 703 硅橡胶均匀地涂在应变片上, 涂敷面积要大于应变片基底。此胶在常温下经 8 小时即可固化, 具有良好的防潮、防水功能。亦可用医用凡士林、炮油或二硫化钼等材料代替。

2. 防护措施

在钢闸门的检测中, 它是在水和潮湿环境中工作, 为防止应变计

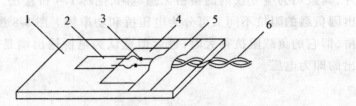

1 试样;2. 应变片;3. 焊点;4. 绝缘胶布;5. 胶布;6. 导线

图 5-7　应变片引线的焊接与固定

短路或脱落,影响正常的测试,必须采取严密的防潮、防水措施。

目前常用的防水、防潮措施是在应变计上涂敷防潮、防水材料,使应变片与潮气或水相隔离。防潮、防水材料有防潮蜡、环氧树脂防水剂、橡胶类防水剂、二硫化钼润滑剂等。

5.4　电阻应变测量中的电桥原理及电桥的应用

将粘贴在试件上的应变片(应变计)与电阻应变仪组成一定的测量电路,这个电路称为电桥。目前,国产的应变仪的测量电路基本上都采用惠斯顿电桥。电桥又分为直流电桥和交流电桥两种。电桥有3种功能:

(1)将应变片的电阻变化转换成电压输出。

(2)温度补偿。

(3)消除组合变形中某一内力的影响。

在使用应变片时必须懂得其工作原理。这里主要介绍直流电桥的工作原理及其应用。

5.4.1　电桥原理

图 5-8 所示为应变仪中常用的直流电桥线路。它的顶点 A、C 为电源输入端,B、D 为测量输出端。若四个桥臂 R_1、R_2、R_3 和 R_4 均由电阻应变片组成,称为全桥接法。若 R_1、R_2 为电阻应变片,而 R_3、R_4 为应变仪内的精密无感电阻,称为半桥接法。若仅 R_1 为电阻应变

片,其余均为应变仪内的精密无感电阻,则称 1/4 桥接法。电桥的输出因负载的阻抗不同又可分为电压桥和功率桥。图 5-8 所示为电压桥,即它的负载阻抗很大时,可近似地认为电桥输出端是开路的,输出的即为电压。

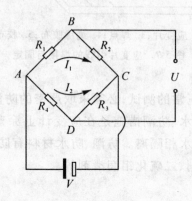

图 5-8 直流电桥

图 5-8 中的 V 为电桥电源电压,U 为电桥输出电压。依电工学原理,得

$$U = \frac{R_1 \cdot R_3 - R_2 \cdot R_4}{(R_1 + R_2)(R_3 + R_4)} V \tag{5-7}$$

当 $U = 0$ 时,称为电桥处于平衡状态。这时,电桥的平衡条件为

$$R_1 \cdot R_3 = R_2 \cdot R_4 \tag{5-8}$$

当任一桥臂电阻发生变化时,电桥平衡即破坏,电桥输出端就输出电压 U。下面介绍常用的几种接法。

1. 全桥接法

四桥臂均由电阻应变片构成,并满足电桥的平衡条件。当各电阻应变片发生变形,其阻值均有微小变化,分别为:$R_1 + \Delta R_1$、$R_2 + \Delta R_2$、$R_3 + \Delta R_3$ 和 $R_4 + \Delta R_4$,将之代入式(5-7),化简后得:

$$U = \left[\frac{R_1 R_2}{(R_1 + R_2)^2} \left(\frac{\Delta R_1}{R_1} - \frac{\Delta R_2}{R_2} \right) + \frac{R_3 R_4}{(R_3 + R_4)^2} \left(\frac{\Delta R_3}{R_3} - \frac{\Delta R_4}{R_4} \right) \right] V$$

$$\tag{5-9}$$

设电阻应变仪的电桥为等臂电桥,即 $R_1 = R_2 = R_3 = R_4 = R$,并且所用的应变片灵敏系数 K 相同,则式(5-9)为

$$U = \frac{1}{4}VK(\varepsilon_1 - \varepsilon_2 + \varepsilon_3 - \varepsilon_4) \qquad (5\text{-}10)$$

2. 半桥接法

R_1、R_2 为应变片,R_3、R_4 为仪器内的精密无感电阻,其阻值恒定,则当 R_1、R_2 均发生变化时,电桥输出电压为

$$U = \frac{1}{4}V\left(\frac{\Delta R_1}{R_1} - \frac{\Delta R_2}{R_2}\right) = \frac{1}{4}VK(\varepsilon_1 - \varepsilon_2) \qquad (5\text{-}11)$$

3. 1/4 桥接法

当 R_1 为应变片,其余均为仪器内的精密无感电阻,则电桥输出电压为:

$$U = \frac{1}{4}V\frac{\Delta R_1}{R_1} = \frac{1}{4}VK\varepsilon_1 \qquad (5\text{-}12)$$

式(5-10)、式(5-11)、式(5-12)分别是电阻应变仪全桥接法、半桥接法、1/4 桥接法时测量电桥输出电压 U 与被测应变 ε 之间的函数关系式。由于应变片的灵敏系数 K 和电桥供电压 V 已知,电桥输出电压 U 与待测应变 ε 成正比,因此,电阻应变仪就可按输出电压 U 的大小直接读出应变 ε。这就是电桥的工作原理。

5.4.2 电桥的应用

工程结构构件变形大多不是单一的,对于组合变形的应变,又将如何测定呢?

不同的电桥接法将得到不同的测试结果。因此,我们只要合理地布置应变片的位置,并且选用正确的电桥接法,就可以测量组合变形构件中某一种变形,进而算出组合应力中的某一应力。

例如:一弧形闸门的支臂受到偏心压力作用,相当于在支臂上的轴线上作用压力 F 和弯矩 M。为消除偏心的影响,在构件上对称地粘贴了 4 个应变片,如图 5-9(a)所示,并按图 5-9(b)将线路接成全桥。

如果用 ε_{iF} 表示压力 F 引起的应变,ε_{iM} 表示弯矩 M 产生的应

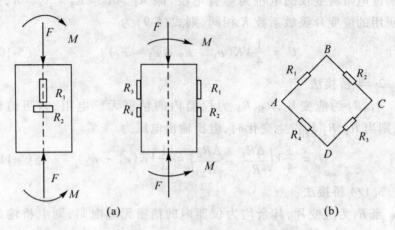

图 5-9 力传感器的布片和电桥接法

变,根据材料力学得知:

$$\varepsilon_{1F} = \varepsilon_{3F}, \quad \varepsilon_{2F} = \varepsilon_{4F} = -\mu\varepsilon_{1F}$$
$$\varepsilon_{1M} = -\varepsilon_{3M}, \quad \varepsilon_{2M} = -\varepsilon_{4M} = -\mu\varepsilon_{1M} \quad (5\text{-}13)$$

将各片的应变值代入式(5-10),并顾及式(5-13),得

$$U = \frac{1}{4}VK(2\varepsilon_{1F} - 2\varepsilon_{2F}) = \frac{1}{2}VK(1+\mu)\varepsilon_{1F} \quad (5\text{-}14)$$

此时电桥的输出电压消除了偏心影响的值,对比式(5-12)可知,其值是单个应变片在理想轴力作用下(单一变形)输出电压的 $2(1+\mu)$ 倍。这个比值 $2(1+\mu)$ 称为桥臂系数。

又如,有一人字闸门的门轴柱受拉力(F)、扭矩(T_n)的作用,若需分别测出由扭矩 T_n 和拉力 F 引起的应变,则可按下面的测法而得。

(1)测扭矩 T_n 引起的应变

因应变片是测量线应变的元件,若需测量切(剪)应力,应将应变片沿主应力方向粘贴,再根据测得的主应力换算成切应力。因圆轴中的主应力与轴线的夹角为 ±45°,其布片及桥接法分别如图 5-10(a)、(b)、(c)所示。

根据材料力学可知:

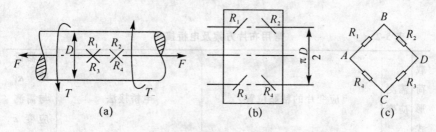

图 5-10

$$\left.\begin{array}{l}\varepsilon_{1T} = -\varepsilon_{2T} = \varepsilon_{3T} = -\varepsilon_{4T}\\ \varepsilon_{1F} = \varepsilon_{2F} = \varepsilon_{3F} = \varepsilon_{4F}\end{array}\right\} \quad (5-15)$$

将各片应变值代入式(5-10),并顾及式(5-15),得

$$U = K\varepsilon_{1T}V \quad (5-16)$$

此时,电桥输出电压 U 仅与扭矩 T 有关,且桥臂系数等于4。

(2) 测拉力 F 产生的应变

应变片的布片位置及桥接法如图 5-11 所示,图中 R_t 是温度补偿片。根据材料力学可知:

$$\varepsilon_{1F} = \varepsilon_{2F}, \quad \varepsilon_{1T} = \varepsilon_{2T} = 0 \quad (5-17)$$

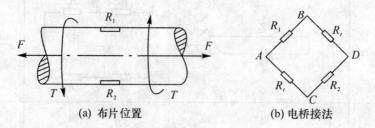

(a) 布片位置　　(b) 电桥接法

图 5-11　拉、扭组合变形下,测量拉伸正应力时的布片位置和电桥接法

将各片应变值代入式(5-10),并顾及式(5-17),得

$$U = \frac{V}{2}K\varepsilon_{1F} \quad (5-18)$$

此时,电桥输出电压与扭矩 T 无关,且桥臂系数等于2。

根据布片位置、电桥接法、应变仪读数 ε_y 与需测应变 ε 之间的关系，就可以算出需测的应变值。它们之间的关系见表 5-2。

表 5-2 常用布片方案及电桥接法

载荷形式	需测应变	应变片的粘贴位置	电桥接法	仪器读数 ε_Y 与需测应变 ε 的关系
弯曲	弯曲			$\varepsilon = \dfrac{\varepsilon_Y}{2}$
扭转	扭转			$\varepsilon = \dfrac{\varepsilon_Y}{4}$
拉(压)弯组合	拉(压)			$\varepsilon = \dfrac{\varepsilon_Y}{2}$
	弯曲			$\varepsilon = \dfrac{\varepsilon_Y}{2}$

续表

载荷形式	需测应变	应变片的粘贴位置	电桥接法	仪器读数 ε_Y 与需测应变 ε 的关系
拉(压)扭组合	拉(压)			$\varepsilon = \dfrac{\varepsilon_x}{2(1+\mu)}$
	扭转			$\varepsilon = \dfrac{\varepsilon_Y}{4}$
拉(压)扭弯组合	拉(压)			$\varepsilon = \dfrac{\varepsilon_Y}{2}$
	弯曲			$\varepsilon = \dfrac{\varepsilon_Y}{2}$

续表

载荷形式	需测应变	应变片的粘贴位置	电桥接法	仪器读数 ε_Y 与需测应变 ε 的关系
扭转	主应变			$\varepsilon = \dfrac{\varepsilon_Y}{4}$

注：表中 R_t 为温度补偿片。

5.5 静态应变测量

在电阻应变片的测试技术中，须通过电阻应变仪将应变片的电阻变化转化成电信号并放大，然后显示出应变值或输出记录仪记录。在静态应变测量中，常用静态电阻应变仪或静动电阻应变仪进行测试。本节将分别介绍静态应变仪及在常温下静态应变测试中有关问题的处理方法，这些处理方法也适用于动态和特殊条件下的应变测量。

5.5.1 静态电阻应变仪

静态电阻应变仪是测量结构及材料在静荷载作用下的变形和应力的仪器。运用它将被测应变转换成电阻率变化进行测量，最后用应变的标度指示出来。静态电阻应变仪种类很多，按采用的放大元件可分为电子管式、晶体管式和集成电路式；按供桥电源可分为交流电桥和直流电桥式；按应变值显示方式可分为刻度盘读数、数字显示和自动打印等。常用的有国产 YJ-5 型、YJB-1 型和 YJ-18 型。现以 YJ-18 型为例，介绍静态电阻应变仪的结构及使用方法。

YJ-18 型静态电阻应变仪是一种较现代的全集成电路、数字显示应变仪,采用直流单电桥结构,配以 P10R-18 预调平衡箱,可以进行多点(10 点)静态应变的测量,用干电池供电,具有结构简单、操作简单、便于携带、无须电容平衡等优点,既可在室内使用,也可在室外现场使用。

5.5.1.1 YJ-18 型的仪器结构原理

这一型号的应变仪由测量电桥、直流放大器、衰减器、模数转换器(A/D)、液晶显示器和电池盒等组成。其结构原理如图 5-12 所示。面板布置如图 5-13(a)所示。各部分功能如下。

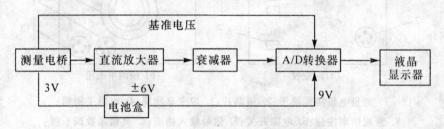

图 5-12　YJ-18 型静态应变仪结构原理框图

测量电桥、直流放大器和 A/D 转换器的电源由电池盒提供。直流放大器采用大规模集成电路芯片制成,全部密封于塑料盒内,漂移小、性能稳定。A/D 转换器采用 ICL7106 大规模集成电路,其内部有自零线路,保证零信号的输出为零。显示器为三位半液晶显示,由 A/D 转换器的输出直接驱动。衰减率由 ×1 和 ×10 两挡,在 ×1 挡时,应变测量范围为 0～1999με,在 ×10 挡时,应变测量范围为 0～19990με。

仪器的应变显示值 N 为

$$N = \frac{V_{IN}}{V_{REF}} \times 1000 \tag{5-19}$$

式中:V_{IN} 为由放大器输入 A/D 转换器的电压,V_{REF} 为基准电压。基准电压的作用,一是通过调节基准电压,可使仪器适应不同灵敏系数的应变片而得的显示值,不必修正;二是当干电池的电力不足造成供桥电压下降时,A/D 转换器的输入电压 V_{IN} 与基准电压(由供桥电压分压而得)成比例地减小,由式(5-19)可知,N 将保持不变,这就保证了仪器的测量精度。

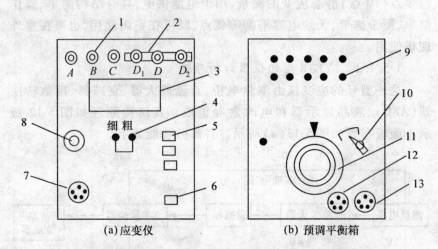

(a) 应变仪　　　　　　　　(b) 预调平衡箱

1. 测量电桥接线端子；2. 短路片；3. 应变显示屏；4. 电阻平衡箱；
5. 衰减倍率按钮；6. 电源开关；7. 信号输入插座；8. 灵敏系数调节器；
9 电阻平衡箱；10. 转换开关；11. 选点开关；12. 信号输入插座；13. 信号输出插座

图 5-13　YJ-18 静态应变仪和预调平衡箱面板布置图

5.5.1.2　仪器的主要技术指标

(1) 应变测量范围：×1 挡为 0～1999 $\mu\varepsilon$；×10 挡为 0～19990 $\mu\varepsilon$；

(2) 分辨率：1 $\mu\varepsilon$；

(3) 基本误差：≤测量值的 ±0.2% ±2 个字；

(4) 稳定性：2 小时内 ≤ ±3 $\mu\varepsilon$；

(5) 灵敏度变化：2 小时内 ≤ 测量上限值的 ±0.2%；

(6) 灵敏系数范围：1.6～2.6 可调；

(7) 灵敏系数误差：±0.5%；

(8) 电阻平衡范围：≤0.6Ω。

5.5.1.3　预调平衡箱

P10R-18 型预调平衡箱是 YJ-18 型静态应变仪的附件，用于多点静态应变的测量。它由 10 个独立的电桥组成，每个电桥都装有电阻平衡电路，其面板布置图如图 5-13(b) 所示。测量时用五星电缆将预调平衡箱上的信号输出插座(13)与应变仪面板上的信号输入插座(7)连接起来,应变片接在预调箱上,用面板上的"选点开关"(11)选择测点。此时,预调平衡箱上所选的电桥,通过五星电缆与应变仪上的测量电桥关联。拨动选点开关,就可以完成用应变仪上的读数电桥对预调平衡箱上的所有电桥进行应变测量,从而实现多点应变测量。

5.5.1.4 操作方法

仪器的面板布置见图5-13(a)。

(1)电桥接法

单点测量时,应变片直接接于应变仪电桥上,具体方法如下:

(a)单点半桥接法。应变片接应变仪面板上的 AB 桥臂,温度补偿片接 BC 桥臂,D_1、D 和 D_2 之间的短路片连接。

(b)单点全桥接法。去掉 D_1、D 和 D_2 之间的短路片,应变片分别接应变仪面板上的 AB、BC、CD 和 DA 桥臂上。

多点测量时,需要通过预调平衡箱连接,具体方法如下:

(a)多点半桥接法。应变片分别接于预调平衡箱个电桥的 AB 桥臂。采用公共补偿法时,个电桥的 C 点用短路片接,补偿片接公共补偿个电桥中任一电桥的 BC 桥臂。采用单片补偿时,去掉 C 点短路片,各电桥的 BC 桥臂分别接各自的补偿片。

必须注意,无论上述何种补偿,应变仪上的短路片必须接上,否则应变仪不能工作。

(b)多点全桥接法。去掉应变仪和预调平衡箱上的所有短路片,将应变片按单点全桥接法接于预调平衡箱内的各电桥上。

必须注意,一定不能接错短路片,以免造成仪器不能正常工作或产生较大的测量误差。

(2)测量操作

应变片接好经检查无误即可进行测量操作。

(a)将灵敏系数调节器(8)调制与所有应变片的灵敏系数一致;

(b)按下电源开关(6)和衰减倍率(5)的"×10"键钮;

(c)调解电阻平衡箱(4),使显示值为"0";

(d)在按下衰减倍率(5)的"×1"键钮,调解电阻平衡箱,使显示值为"0"。

对于单点测量,即可开始加载、读数。对于多点测量,应将所有测点都调到零点再开始加载、读数。如测量值超过 $\pm 1999 \mu\varepsilon$,应将"×10"衰减键钮按下,此时,真是应变量等于仪器显示值的 10 倍。

仪器暂时不用或调整应变片的接线时,应按下"短路"键钮。测量结束,即按下电源键钮,切断电源。

液晶显示器要避免强光照射,以免损坏。

对于其他型号的静态电阻应变仪的结果原理、电桥接法和操作使用方法大致相同,这里不再多述。

5.5.2 静态应变测量的准备工作

5.5.2.1 选择测点

首先对试件进行受力分析,然后找出应力大的危险截面及所需研究的部位。如以测量最大应力为目的,应在可能为最大应力的部位上布置测点;当要了解某一断面应力分布的规律时,就要沿断面上连续布置若干测点。若测点较多时,应画出测点布置图并编号,以便分析、测试和记录。

5.5.2.2 选择应变片

应变片的种类、型号很多,各有特点和适用范围,其选用原则参见 5.3 节。

5.5.2.3 选择合适的温度补偿方案

温度补偿片应采用与测量片同型号、同规格的应变片,并粘贴到与试件材料相同的补偿块上,补偿块应放置在与被测量试件相同温度的环境中,以获得最佳温度补偿效果。在室内温度很稳定的短时间测量中,也可采用单臂测量(其余 3 个臂均为固定电阻)。

5.5.2.4 仪器检查与标定

测量前,必须对应变仪进行性能检查和标定,不合格者不能使用。

静态应变测量时要注意以下几点:

(1)应变片与应变仪的连线应尽可能短,最好采用绞成麻花状的双股多芯塑料软导线,切勿使用两股并列的导线,在车间或电磁场很强的环境中测量,可用金属屏蔽线作连线,并将屏蔽网接地,应变仪外壳也应接地。

(2)根据测量目的,拟定加载方案和测量步骤。

(3)准备记录表格。

5.5.3 实测应变值的修正

在应变测量中,由于环境影响、导线过长、应变片的电阻值不标准,应变仪与应变片的灵敏度系数不一致等影响。此时,应变仪显示的应变并非测点的真实应变,需经修正才能得到真实应变。常用的修正方法有以下几种。

5.5.3.1 灵敏系数修正

设应变片的灵敏系数为 K,应变仪的灵敏系数为 K_Y,测点的真实应变为 ε,应变仪显示应变为 ε_Y。应变片和应变仪的工作原理分别为:

$$\frac{\Delta R}{R} = K\varepsilon, \frac{\Delta R}{R} = K_Y \varepsilon_Y$$

上两式中,等号右边应相等,于是有:

$$\varepsilon = \frac{K_Y}{K}\varepsilon_Y \tag{5-20}$$

由式(5-20)可知,只有当 $K_Y = K$ 时,$\varepsilon_Y = \varepsilon$。

5.5.3.2 导线电阻修正

连接应变片和应变仪的导线电阻,也是桥臂电阻的一部分,它的存在会降低电桥的灵敏度。一般当导线长度超过 10m 时,应进行导线电阻修正。设导线电阻为 r,应变片电阻为 R,由应变片工作原理知

$$\Delta R = RK\varepsilon \tag{5-21}$$

应变仪接测量片的桥臂的电阻为 $R + r$,由电桥工作原理有

$$\Delta R = (R + r)K\varepsilon_Y \tag{5-22}$$

式(8-22)与式(8-23)两式右边相等,于是有

$$\varepsilon = \left(1 + \frac{r}{R}\right)\varepsilon_Y \tag{5-23}$$

5.5.3.3 横向效应修正

横向效应的影响，使得应变片只有在与标定灵敏系数完全相同的应力状态下测量时，所测得的应变才是真实应变，而在其他应力状态下测量，或虽是单向应力状态，但测量的是横向应变时，都会引入误差。若误差较大时，必须予以修正。现以测量单向应力下的横向应变为例，计算横向效应引起的误差及修正方法。

设试件处于单向应力状态，应变片（轴线沿 x 方向）垂直于应力方向（沿 y 方向）粘贴，如图 5-14 所示，则应变片的电阻变化率为

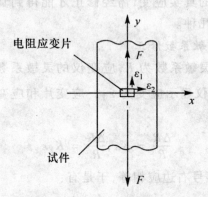

图 5-14　单向应力下横向应变测量

$$\frac{\Delta R}{R} = K_x \varepsilon_2 + K_y \varepsilon_1 = K_x \varepsilon_2 \left(1 - \frac{H}{\mu}\right) \quad (5\text{-}24)$$

其中：μ 为试件的泊松比。

应变仪指示应变为

$$\frac{\Delta R}{R} = K \varepsilon_Y \quad (5\text{-}25)$$

由式（5-23）与式（5-24）可得

$$K \varepsilon_Y = K_x \varepsilon_2 \left(1 - \frac{H}{\mu}\right) \quad (5\text{-}26)$$

又因 $K = K_x(1 - \mu_0 H)$ 或 $K_x = \dfrac{K}{1 - \mu_0 H}$，将之代入式（5-26），有

$$K\varepsilon_Y = \frac{K\varepsilon_2}{1-\mu_0 H}\left(1-\frac{H}{\mu}\right)$$

由此得到真实应变与应变仪指示应变的关系为

$$\varepsilon_2 = \frac{(1-\mu_0 H)\mu}{\mu - H}\varepsilon_Y, \tag{5-27}$$

其中：μ_0 为标定试样材料的泊松比。

横向效应引起的误差为

$$e = \frac{\varepsilon_Y - \varepsilon_2}{\varepsilon_2} \times 100\% \tag{5-28}$$

若应变片的横向效应系数 $H = 0.01$，$\mu = \mu_0 = 0.285$，则 $e = -3.23\%$；若 $H = 0.03$，$\mu = \mu_0 = 0.285$，则 $e = -9.75\%$。计算结果表明，横向效应的影响是不可忽视的。

表 5-3 中列出了使用应变花时，考虑横向效应影响的修正公式。

表 5-3　　使用应变花时，横向效应修正计算公式

应变花形式	修正计算公式
直角应变花	$\varepsilon_{0°} = Q(\varepsilon'_{0°} - H\varepsilon'_{90°})$
	$\varepsilon_{90°} = Q(\varepsilon'_{90°} - H\varepsilon'_{0°})$
45°应变花	$\varepsilon_{0°} = Q(\varepsilon'_{0°} - H\varepsilon'_{90°})$
	$\varepsilon_{45°} = Q[(1+H)\varepsilon'_{45°} - H(\varepsilon'_{0°} + \varepsilon'_{90°})]$
	$\varepsilon'_{90°} = Q(\varepsilon'_{90°} - H\varepsilon'_{0°})$
60°应变花	$\varepsilon_{0°} = \frac{Q}{3}[\varepsilon'_{0°}(3+H) - 2H(\varepsilon'_{60°} + \varepsilon'_{120°})]$
	$\varepsilon_{60°} = \frac{Q}{3}[\varepsilon'_{60°}(3+H) - 2H(\varepsilon'_{0°} + \varepsilon'_{120°})]$
	$\varepsilon_{120°} = \frac{Q}{3}[\varepsilon'_{120°}(3+H) - 2H(\varepsilon'_{0°} + \varepsilon'_{60°})]$

注：表中，$Q = (1-\mu_0 H)/(1-H^2)$，加"′"者表示应变仪的指示应变。

5.5.3.4　应变片电阻修正

应变仪的指示应变是按桥臂电阻为 120Ω 标定的，当桥臂电阻

不等于 120Ω 时,应变仪的指示应变就有误差,此时应按应变仪使用说明书中给出的修正曲线查出修正系数 K_R,代入下式计算:

$$\varepsilon = K_R \varepsilon' \tag{5-29}$$

如果以上几种修正计算都需要,则先由下式计算

$$\varepsilon = K_R \left(1 + \frac{r}{R}\right) \frac{K_Y}{K} \varepsilon'$$

再将计算的结果代入横向效应修正公式中计算,所得结果即为真实应变。

5.5.4 应力计算

5.5.4.1 单向应力状态下的应力计算式为

$$\sigma = E\varepsilon \tag{5-30}$$

平面应力状态下,主应力方向已知,采用 90°应变花测量,应力计算式为:

$$\left.\begin{array}{l}\sigma_1 = \dfrac{E}{1-\mu^2}(\varepsilon_{0°} + \mu\,\varepsilon_{90°}) \\[2mm] \sigma_2 = \dfrac{E}{1-\mu^2}(\varepsilon_{90°} + \mu\,\varepsilon_{0°})\end{array}\right\} \tag{5-31}$$

平面应力状态下,主应力方向未知时,可采用 45°和 60°应变花测量。

(1)采用 45°应变花测量时的应力计算式为:

$$\left.\begin{array}{l}\sigma_{1,2} = \dfrac{E}{2}\left(\dfrac{A_1}{1-\mu} \pm \dfrac{1}{1+\mu}\sqrt{B_1^2 + C_1^2}\right) \\[2mm] \alpha = \dfrac{1}{2}\arctan\left(\dfrac{C_1}{B_1}\right), B_1 > 0 \text{ 时} \\[2mm] \alpha = \dfrac{1}{2}\arctan\left(\dfrac{C_1}{B_1}\right) + 90°, B_1 < 0 \text{ 时}\end{array}\right\} \tag{5-32}$$

式中:

$A_1 = \varepsilon_{0°} + \varepsilon_{90°}$;$B_1 = \varepsilon_{0°} - \varepsilon_{90°}$;$C_1 = 2\varepsilon_{45°} - A_1$。

(2)采用 60°应变花测量时的应力计算式为:

$$\left.\begin{array}{l}\sigma_{1,2} = E\left[\dfrac{A_2}{1-\mu} \pm \dfrac{1}{1+\mu}\sqrt{(\varepsilon_{0°}-A_2)^2+\dfrac{1}{3}B_2^2}\right]\\[2mm] \alpha = \dfrac{1}{2}\arctan\left(\dfrac{\sqrt{3}B_2}{C_2}\right), C_2>0 \text{ 时}\\[2mm] \alpha = \dfrac{1}{2}\arctan\left(\dfrac{\sqrt{3}B_2}{C_2}\right)+90°, C_2<0 \text{ 时}\end{array}\right\} \quad (5\text{-}33)$$

式中：

$A_2=(\varepsilon_{0°}+\varepsilon_{60°}+\varepsilon_{120°})/3$；$B_2=\varepsilon_{60°}-\varepsilon_{120°}$；$C_2=2\varepsilon_{0°}-\varepsilon_{60°}-\varepsilon_{120°}$。

5.6 闸门静态检测工程实例

【工程实例】

某水力发电厂位于浙江瓯江上游的龙泉溪上，是该省电网的骨干电厂。1988年工程竣工运行至今，将近20年，根据国内外水利枢纽闸门泄洪运行的实践及2002年该电站第二轮大坝安全定期检查的要求，对该电站的浅孔弧门及启闭机、中孔弧门及启闭机、进水口快速工作门、检修门等进行安全检测。为了解当前水工钢闸门结构在挡水运行状态下的工作特性，拟对闸门进行静力原型观测及相应的理论计算。

5.6.1 检测目的

检测的主要目的是掌握闸门经过多年运行后的变化情况，校核结构各部位的应力大小，是否还满足安全要求。

某水力发电厂金属结构的检测范围包括电站的水工钢闸门及其启闭机系统，它们的简要资料见表5-4。

表 5-4　　　　　　　　　金属结构简要资料表

序号	设备名称	数量	孔口尺寸(m)(宽×高-半径)	设计水头(m)	启闭机形式	其他技术参数	备注(主体材料)
1	浅孔泄洪弧形闸门	2	8.6×8.0-14	34	2×100t液压启闭机扬程:9m动水启闭	水荷载:2500t门叶自重:102t门体加重:20t	门叶:16Mn钢支腿:A3钢
2	中孔泄洪弧门闸门	2	7.5×7.0-12	60	200t/60t单吊电摇摆式液压启闭机动水启闭	水荷载:3900t闸门自重:128.5t	门叶:16Mn钢支腿:A3钢
3	进水口快速工作门(平板滑动式)	6	4.83×5.99	44	125t/63t单吊点液压启闭机动水关门、静水启门	水荷载:1273t闸门自重:24.24t吊杆自重:4.83t	A3钢
4	进水口检修闸门(平板滑动式)	1	7.04×9.30	36	2×50t斜吊门机	水荷载:2107t闸门自重:40.73t支承跨度:7.7m	面板、主梁、边梁:16Mn钢其他:A3钢
5	说明		共11套闸门:4扇弧形闸门和7扇平面闸门				

5.6.2　检测依据

检测内容确定的依据,是与检测相关的规程、导则和规范等。如《水利水电工程钢闸门设计规范》、《水工钢闸门和启闭机安全检测技术规程》等。

5.6.3　检测内容及测点布置

5.6.3.1　弧形闸门的静力测试及测点布置

该水电站需检测左右岸溢洪道中孔、浅孔4扇弧形工作闸门,这4扇弧形闸门都是潜孔直腿弧形闸门,结构上相似,可采用同一检测方案,静力观测时其布点相同。

1. 测点布置

根据受力分析及此前在其他工程现场试验的经验,确定闸门主横梁及支腿控制截面上的控制点,作为应力和位移测点位置(见图5-17、图5-16)。

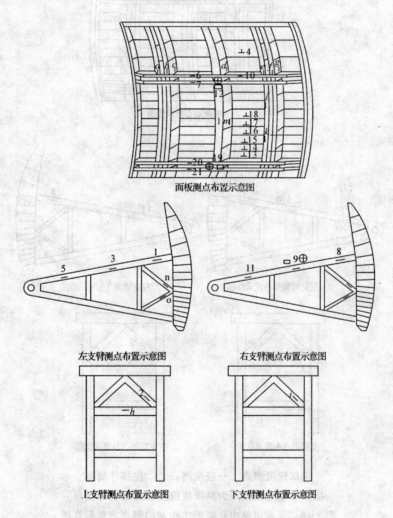

⊕加速度测点 —应变测点 □位移计测点

图 5-15 某水电站浅孔弧形工作闸门测点布置示意图

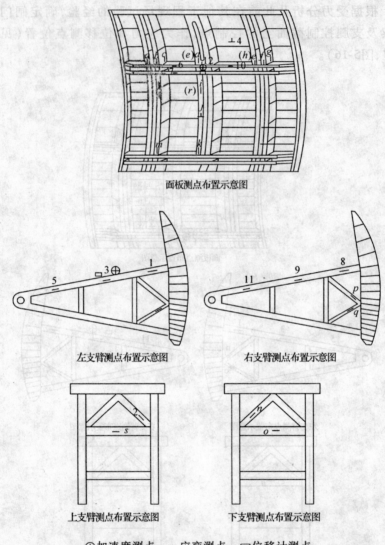

⊕加速度测点 —应变测点 □位移计测点
图中带括号的测点为纵隔板腹板靠近面板的测点
图 5-16 某水电站中孔弧形工作闸门测点布置示意图

2. 试验水位

浅孔工作弧门:$\nabla_{上}$173.94/176.49m(具体由试验时现场实际水位确定);

中孔工作弧门:$\nabla_{下}$174.01/176.33m(具体由试验时现场实际水位确定)。

3. 静应力测试

检测闸门主梁及支腿等部位的静应力和静位移;复核闸门结构的强度、刚度和稳定性。

5.6.3.2 平面闸门的静力测试及测点布置

此次共需检测7扇平面闸门,从行走方式上看,有定轮闸门和滑动(块)闸门,但它们的结构受力以及布置原理相似,所以采取同一检测方案。

1. 确定测点位置

(1)根据受力分析及此前在其他工程现场试验经验,确定闸门主横梁控制截面上的控制点,作为平面闸门应力和位移测点位置(如图5-17,图中测点位置根据现场情况可能还要进行修正)。

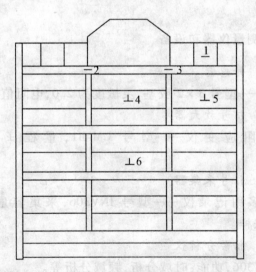

图 5-17 某水电站快速工作闸门测点布置示意图

(2)静力测试

检测闸门主梁等部位的静应力和静位移，复核闸门结构的强度、刚度和稳定性。

5.6.4 检测试验系统

闸门结构静应力检测试验系统所采用的传感器及相关设备为电阻应变片、256 静态电阻应变仪、计算机、打印机。检测系统方框图如图 5-18 所示。

应变计 → 静态电阻应变仪 → 数据采集器 → 数据处理微机 → 打印机

图 5-18 静应力检测系统流程方框图

该系统由计算机直接控制测点扫描及数据采集，可进行自动调零、应变片电阻值、灵敏度的调整、数据显示、打印、存盘、读盘和其他处理。该系统全部采用进口国际标准集成电路设计和制造，性能稳定，抗干扰能力强，使用方便可靠，尤其适用对大数据量的采集及分析处理。

5.6.5 测量仪器和设备

5.6.5.1 传感器

应变计——型号 3×2 胶基，灵敏度为 2.0，电阻值为 120Ω。

5.6.5.2 信号放大器

静态电阻应变仪——型号 CM-B1，量程 ±600$\mu\varepsilon$，误差 < ±0.1%。

5.6.5.3 信号采集器

XR-510 多用记录仪——型号 INV306，采集容量 4G，采集方式——随机采样。

5.6.5.4 信号分析仪

型号 INV306，功能：时域分析，频域分析等。

GF-930 红外分析仪。

便携式计算及相关分析软件。

（以上设备均由国家计量局湖北计量中心校准核定。）

5.6.6 测试方法

5.6.6.1 荷载设计

工作闸门上的静水压力为检测荷载。

静水压力荷载实现办法为:零荷载时,检修闸门挡水,工作闸门置于无水压状态,此时应变仪调零。然后,检修闸门局部开启。在工作闸门和检修闸门之间充水至上游水位,实现工作闸门承受静水压力,应变仪检测读数。对浅孔、中孔弧门的加载检测,方法同上述平面闸门一样,对每扇闸门进行了两次检测,每次进行了两个循环过程。试验水位资料由该水电站水调室分局实测资料提供。

浅孔弧门试验水位,上游:173.94m/176.49m;

中孔弧门试验水位,上游:174.01m/176.33m。

5.6.6.2 测试方法及注意问题

本结构静应力检测采用电测法。

现场实验前,根据测点布置图确定测点位置,在测点处进行打磨清洗及定位处理。在测点处粘贴电阻应变片并通过导线联结检测仪器和计算机。一切准备好后即开始实施现场对闸门结构静应变的迅速和精确的测量和存储。本次实验所用电阻应变片为陕西某电测仪器厂生产的3mm×2mm胶基电阻应变片,应变片与被测构件间的粘贴采用502胶。

现场检测时要注意:

(1)当闸门作局部开启时,在闸门下游面会形成强大的冲击水流和雾气,因此,测点与导线的防潮及防冲刷,是此次检测工作的重点与难点,在布点、布线与防潮中,只要稍有疏漏就会前功尽弃。由于测试者有较丰富的现场测试经验,集思广益、精心运作、层层把关,因而成功地防患了恶劣的现场条件对测试工作带来的不利影响,使测试点有效率达95%以上,测试获得成功。

(2)闸门上各测点的温度补偿应采用分区补偿的方式,以尽量消除由于门体尺寸大,日照不均匀及天气因素影响,提高测量结果的准确性和稳定性。

5.6.7 测试结果

对浅孔工作闸门、中孔工作闸门和快降工作闸门都进行了两次静应力试验,检测水位分别为 173.94m/176.49m、174.01/176.33m。两次静应力试验均测取了每个测点的应变值。每个测点的应变值均取两次实际检测结果的平均值。浅孔与中孔闸门都为弧形门,测点布置部位和方法基本相同,测点图如图 5-15 和图 5-16 所示。

5.6.7.1 支臂和主横梁应力

支臂和主横梁是闸门的主要受力构件,其受力关系明确,主要承受水压力作用,处于组合受弯状态,故支臂和主横梁应变片均沿长度方向粘贴。根据测点单向应力状态受力原理,设材料在弹性范围内工作,则实际应力值为 $\sigma = E \cdot \varepsilon$(式中 E 为材料的弹性模量, $E = 210\text{GPa}$, ε 为实测应变值)。由表 5-5 与表 5-6 中可看出,各支臂受力规律明显,受力相对比较均匀,浅孔和中孔最大应力值分别为 67.50MPa 和 56.91MPa,均未超出支臂容许应力 207MPa。

5.6.7.2 纵梁应力

纵梁也是闸门的主要受力构件。纵梁实测应力值见表 5-5 至表 5-6。由表中可见浅孔闸门最大应力值在闸门中纵隔板翼缘中部,其应力值为 64.47MPa;中孔闸门最大应力值在闸门纵隔板翼缘中部,其应力值为 51.87MPa。均未超出纵梁容许应力 297MPa。

5.6.7.3 面板应力

在面板平面内布置测点,每点沿 σ_Y、σ_Z 方向布置有一个直角应变花。根据平面应力状态计算公式可求得:

$$\sigma_Y = \frac{E}{1-\mu^2}(\varepsilon_Y + \mu\varepsilon_Z),$$

$$\sigma_Z = \frac{E}{1-\mu^2}(\varepsilon_Z + \mu\varepsilon_Y)$$

式中: E 为材料弹性模量, μ 为材料泊松比, ε_Y、ε_Z 为坝轴向和垂直向实测应变值。

闸门实测应力值见表 5-5 至表 5-7。由表可见闸门面板下游面应力分布规律是:下主梁附近大,上悬臂部分和上、下主梁之间小。浅孔工作门测得最大应力值为 23.32MPa;中孔工作门测得的最大应力值为 59.36MPa;快降工作门测得的最大应力值为 61.39MPa。均未超出面板容许应力 341.6MPa、326.7MPa 和 237.6MPa。

表 5-5　　浅孔工作闸门静应力表　　水位(173.94m/176.49m)

测点	对应闸门部位	测量应变值($\mu\varepsilon$)	测量应力值(MPa)
1	左上支臂	532.5	111.8
3	左上支臂	214.7	45.1
4	面板水平	11	$\sigma_Y = 6.97$
4	面板垂直	64	$\sigma_Z = 15.53$
5	左上支臂	149.9	31.5
10	上主横梁	195.7	41.1
11	右上支腿	321.4	67.5
13	面板水平	87	$\sigma_Y = 22.01$
13	面板垂直	28	$\sigma_Z = 12.48$
14	面板水平	84	$\sigma_Y = 20.83$
14	面板垂直	21	$\sigma_Z = 10.65$
15	面板水平	97	$\sigma_Y = 23.28$
15	面板垂直	13	$\sigma_Z = 9.71$
16	面板水平	88	$\sigma_Y = 22.10$
16	面板垂直	26	$\sigma_Z = 12.09$
17	面板水平	51	$\sigma_Y = 13.36$
17	面板垂直	23	$\sigma_Z = 8.84$
18	面板水平	84	$\sigma_Y = 23.32$
18	面板垂直	57	$\sigma_Z = 18.96$
a	纵隔板下翼缘	231	48.51
b	纵隔板下翼缘	231	48.51
c	纵隔板腹板	156	32.8

续表

测点	对应闸门部位	测量应变值($\mu\varepsilon$)	测量应力值(MPa)
d	中纵隔板腹板	142	29.8
e	纵隔板下翼缘	222	46.62
f	纵隔板下翼缘	191	40.11
g	纵隔板腹板	153	32.13
h	上支腿联系杆跨中	42	8.82
i	下支腿联系杆	31	6.51
j	纵隔板下翼缘	30	6.3
k	纵隔板下翼缘	38	7.98
l	中纵隔板下翼缘	307	64.47
m	中纵隔板腹板	153	32.13
n	左支腿	93	19.53
o	左支腿	145	30.45

注：点 1~18 是 173.94m 水位下的测点；点 a~o 是 176.49m 水位下的测点。

表 5-6　　　　　　　　中孔工作闸门静应力表　　　水位(174.01m/176.33m)

测点	对应闸门部位	测量应变值($\mu\varepsilon$)	测量应力值(MPa)
1	左上支腿	215	45.15
2	上支腿联系杆	72	15.12
3	左上支腿	190	39.9
4	面板水平	230	$\sigma_Y=59.36$
4	面板垂直	91	$\sigma_Z=36.91$
5	左上支腿	245	51.45
6	上主横梁	179	37.59
8	右上支腿	271	56.91
10	上主横梁	210	44.1

续表

测点	对应闸门部位	测量应变值($\mu\varepsilon$)	测量应力值(MPa)
11	右上支腿	254	53.34
a	纵隔板下翼缘	218	45.78
b	纵隔板下翼缘	207	43.47
c	纵隔板腹板	150	31.5
d	中纵隔板下翼缘	247	51.87
e	中纵隔板腹板	167	35.07
f	纵隔板下翼缘	185	38.85
g	纵隔板下翼缘	190	39.9
h	纵隔板腹板	128	26.88
i	中纵隔板下翼缘	113	23.73
j	中纵隔板下翼缘水平向	96	$\sigma_Y = 33.37$
j	中纵隔板下翼缘垂直向	162	$\sigma_Z = 43.91$
k	中纵隔板下翼缘	125	26.25
l	纵隔板下翼缘	199	41.79
m	纵隔板下翼缘	164	34.44
n	下支腿联系杆	107	22.47
o	下支腿联系杆	37	7.77
p	右支腿	85	17.85
q	右支腿	94	19.74
r	纵隔板腹板	62	13.02
s	上支腿联系杆	45	9.45

注：点1~5是174.01m水位下的测点；点a~s是176.33m水位下的测点。

表 5-7　　　　　　　快降工作闸门静应力表　　　　　　水位(174.21m)

测点	对应闸门部位	测量应变值($\mu\varepsilon$)	测量应力值(MPa)
1	面板水平向	241	50.61
2	上主梁翼缘	220	46.2
3	上主梁翼缘	203	42.63
4	面板水平	211	$\sigma_Y = 53.66$
	面板垂直	72	$\sigma_Z = 31.21$
5	面板水平	223	$\sigma_Y = 57.54$
	面板垂直	88	$\sigma_Z = 35.74$
6	面板水平	237	$\sigma_Y = 61.39$
	面板垂直	97	$\sigma_Z = 38.78$

表 5-8　　浅孔工作闸门实测应力和计算应力比较（MPa）

水位(m)	水头(m)	应力(MPa)	上主梁以上面板	上主梁以下面板	上主横梁
173.94	13.311	$\sigma_实$	15.53	23.32	41.1
192.7	32.071	$\sigma_推$	45.04	67.63	119.19
		$\sigma_计$	58.21	98.57	123.58

注：$\sigma_实$是测点实测应力，$\sigma_计$是理论计算的应力，$\sigma_推$是测点推算应力。

表 5-9　　中孔工作闸门实测应力和计算应力比较（MPa）

水位(m)	水头(m)	应力(MPa)	面板	上支腿靠主梁端	上主横梁
174.01	43.567	$\sigma_实$	59.36	45.15	44.1
192.7	62.257	$\sigma_推$	87.40	66.46	64.92
		$\sigma_计$	101.61	79.5	75.12

注：$\sigma_实$是测点实测应力，$\sigma_计$是理论计算的应力，$\sigma_推$是测点推算应力。

表 5-10　快降工作闸门实测应力和计算应力比较(MPa)

水位 (m)	水头 (m)	应力 (MPa)	面板	上主梁翼缘
174.32	26.489	$\sigma_实$	61.39	46.2
192.7	44.869	$\sigma_推$	109.13	82.23
		$\sigma_计$	137.52	112.86

注：$\sigma_实$ 是测点实测应力，$\sigma_计$ 是理论计算的应力，$\sigma_推$ 是测点推算应力。

5.6.8　实测结果与电算结果比较

对所检测的闸门按三维有限元分析来进行，用国际上著名的有限元分析软件 ANSYS 计算。其中闸门电算的力学模型为由板单元、梁单元在空间联结而成的组合有限元模型。浅孔工作门离散后的力学模型有 96711 个结点自由度数，17121 个板单元，2198 个最大半带宽，求解自重及水压力作用下的静应力问题时方程总数为 96711 个；中孔工作门离散后的力学模型有 116245 个结点自由度数，17461 个板单元，2340 个最大半带宽，求解自重及水压力作用下的静应力问题时方程总数为 116245 个。快降工作闸门离散后的力学模型有 33869 个结点自由度数，6049 个板单元，1049 个最大半带宽，求解自重及水压力作用下的静应力问题时方程总数为 33869 个。计算过程和结果省略，为了比较实测结果和计算结果，将浅孔工作闸门各测点水位为 173.94m/176.49m 的实测应力和计算应力列于表 5-8 进行比较；中孔工作闸门各测点水位为 174.01m/176.33m 的实测应力和计算应力列于表 5-9 进行比较；快降工作闸门各测点水位为 174.32m 的实测应力和计算应力列于表 5-10 进行比较。由表 5-8、表 5-9 和表 5-10 比较可知，测试结果反映出的门体应力规律和应力大小可信度较高，电算力学模型基本上能正确反映闸门的受力状态，电算结果能作为检验实测资料的参考和补充。

5.6.9　设计水位状态下应力的推算

受现场条件的限制，对闸门进行静应力检测水位未能达到设计水位。为了了解设计水位状态下支臂和主梁的受力状态,有必要根据试验水位下的实测应力值,推算设计水位下支臂和主梁的应力。

推算应力采用了比例系数法推算。由表 5-8 至表 5-10 可知,浅孔工作闸门和中孔工作闸门在试验水位下的实测应力值不大,材料在弹性范围内工作。根据各测点实测水位下的试验值和计算水头与试验水头(面板平均水头)所得的相应比例系数 $\alpha = (H_{计}/H_{实})$,假定上游水位达到校核水位 192.7 m 时,各测点主梁应力的实测值和计算值各自按定比例系数 α 变化。可以由各点实际测试应力推断出其在校核水位 192.7 m 下相应的测试应力,表 5-8 至表 5-10 分别列出了浅孔工作闸门、中孔工作闸门和快降工作闸门校核水位 192.7 m 的推算应力。浅孔工作闸门校核水位下最大推算应力为 119.19MPa,产生在上主梁以下面板上;中孔工作闸门校核水位下最大推算应力为 87.40MPa,产生在面板上;快降工作闸门校核水位下最大推算应力为 109.13MPa,它们都小于容许应力。

5.6.10 结论

综上所述,可得出如下结论:

(1)闸门结构静应力实测结果表明,运行工况下实测的上下支臂应力分布情况大致相同。说明上下支臂实际上被分配的荷载基本接近。这样的分配结果应当认为是较理想的。说明设计上梁间距的布置及荷载分配方法是正确的、合理的。

(2)实测结果表明,主横梁受力较大,荷载主要通过横梁和纵梁传到支臂,这符合结构实际受力及变形的状态。

(3)静应力实测结果和电算结果的应力分布规律基本相同。但计算应力一般比实测应力大。这主要是计算应力是构件最大应力点的应力,而实测应力因为测点位置偏离角点,无法测得应力集中的影响。

(4)从静应力实测结果可以看出,当库水位在 192.7m 时,闸门门体各部位的应力都处于材料容许应力之内,并有足够的安全储备。

第6章

闸门的动态检测

6.1 概 述

水工钢闸门在启闭过程中,由于水流的动水脉动压力的作用,闸门产生了振动,此外,闸门在启闭过程中,由于闸门与支承之间的摩擦也会引起闸门振动。闸门振动对人类来说有百害而无一利,我们必须避免它、减少它和防止它。为此,必须弄清闸门振动的根源和振动对闸门(强度、刚度及稳定性)的影响。解决闸门振动问题的方法有两种:一是理论计算;二是动态检测(实验)。本章主要介绍实验方法——闸门的动态检测。

闸门的动态检测应包括:测试闸门的自由振动参数(动态特性参数——周期、频率、振型及阻尼)即闸门的模态参数;闸门的强迫振动响应(响应的幅频特性及相频特性)的动应力、振动加速度和动位移,闸门的共振条件及阻尼对闸门振动响应的影响;闸门的防震、隔震和消震等。

闸门的动态特性参数检测方法很多,如共振法、脉动法和锤击法等。

6.1.1 共振法

共振法是用激振器对闸门施加一个简谐振动荷载,使闸门产生一个恒定的简谐强迫振动,利用共振现象来测定闸门的固有频率,即调节激振器的振动频率(ω),由低到高(或由高到低)进行所谓"频率扫描",当激振器的振动频率(ω)与闸门的固有频率(ω_n)相同时,闸门便出现共振现象,此时闸门的固有频率 ω_n 就等于激振器的振动频率 ω。此法用于闸门的动态检测较为麻烦,实际上较少采用。

6.1.2 脉动法

脉动法是在大地晃动的激励下,闸门也产生脉动,与闸门的固有频率相同或接近的脉动信号被放大凸显出来,而与闸门的固有频率相差较大或不同的脉动信号被掩盖了。所以,闸门的脉动信号的主频率便是闸门的一系列固有频率。但必须将所测的闸门脉动信号按随机振动进行功率谱分析和识别才能确定闸门的固有频率和振型等模态参数。这是一个单输入或多输入和多输出($y_i, y_j, \cdots$)体系,由于其输入不易测量,只可用输出的任两点的互功率谱 $G_{y_i y_j}(jf)$ 的 $G_{y_i y_j}(f)$ 及 $\theta_{y_i y_j}(f)$ 图和 $y_i(t)$ 与 $y_j(t)$ 的凝聚函数 $\gamma_{ij}^2(f)$ 来确定体系的模态参数 f_{ni}、A_i 及 ξ_i 等,然后用各点输出的自谱 $G_{y_i}(f)$ 图来检验。但此法只适用固有频率较低的结构体系。因此,在闸门动态检测中也很少采用此法。

6.1.3 锤击法

锤击法是通过一种脉冲锤敲击闸门的某一部位(主振动节点以外),从而获得一个能覆盖足够宽频率范围的冲击波。在冲击波的激励下,与闸门的固有频率相同或接近的冲击波响应信号就被凸显放大出来,而与闸门固有频率不同或相差较大的冲击波响应信号就被掩盖了,所以闸门对冲击波的响应曲线的主频率便是闸门的一系列固有频率。要获得闸门的系列固有频率,还必须将闸门对冲击波的响应信号进行频谱分析,显然,这也是一个单输入和多输出的问题,其每阶模态都可以作为一个单自由度体系来处理,从而得到闸门

的输入 x 与各测点输出 y_i 的频响函数 $H_i(jf)$ 图,相位差 $\theta_H(f)$ 图及凝聚(相干)函数 $\gamma_{xy}^2(f)$ 图来确定闸门的模态参数 f_{ni}、A_i 及 ξ_i 等。显然,亦可用前面介绍过的识别方法,即用输出的任两点的互功率谱 $G_{y_iy_j}(jf)$ 的 $G_{y_iy_j}(f)$ 及 $\theta_{y_iy_j}(f)$ 图和 $y_i(t)$ 与 $y_j(t)$ 的凝聚函数 $\gamma_{ij}^2(f)$ 图来确定闸门的模态参数 f_{ni}、A_i 及 ξ_i 等,然后用各点输出的自谱 $G_{y_i}(f)$ 图来检验。因此,锤击法是闸门动态检测的常用方法。

综上所述,适用于闸门动态特性参数测试的较为简便、可行的方法是锤击法。在我们的一系列的闸门动态特性检测中均是采用锤击法。具体见闸门动态检测实例。

如果要检测闸门的强迫振动响应,则随其检测目的不同而用不同的方法。检测闸门的强迫振动响应的目的是检测产生强迫振动的闸门各部位引起的动应力、振动加速度和动位移。为此目的可采用3种方法:

(1)测定闸门强迫振动时各部分的加速度,由加速度得知强迫振动能量的大小,从而可判断所测的加速度值是否在安全范围内。

(2)测定闸门强迫振动各部分的动应变,由动应变依 $\sigma_{动} = E\varepsilon_{动}$ 推算出其动应力,由动应力大小判断闸门是否满足强度要求。

(3)测定闸门强迫振动响应的振动位移,由动位移大小判断闸门是否满足刚度要求。下面分别予以介绍。

6.2 闸门动态特性参数(模态参数)的测试

6.2.1 闸门动态特性参数测试的基本原理

由于激振源的位置、频率含量、能量大小、激励方向等的不同,以及振动体的质量、结构形状、材料性质和约束条件等不同的原因,在激励作用下振动体的强迫振动响应是不同的,振动体的强迫振动响应能淹没与其固有频率不同的振动波,能使与其固有频率相同或相近的振动波凸显出来。也可以说,自然界中一切弹性振动体系都相当于一个滤波体或滤波器,都有一种滤频作用。因此,振动体的强迫振动响应信号曲线的主频率便是振动体的系列固有频率。把闸门当做振动体,这就是闸门动态特性参数(固有频率)测试的基本原理。

6.2.2 闸门动态特性参数测试的方法、测试系统与仪器

6.2.2.1 测试方法

闸门动态特性参数测试的较好、简便和可行的方法是锤击法。

6.2.2.2 测试分析系统方框图与仪器

如图 6-1 所示,通过一种特制的手动脉冲锤敲击闸门的适当部位(振动结点以外),从而获得一个能覆盖足够宽频率范围(0~800Hz)的冲击力。实际的频率范围还可通过更换锤头进行调节。经电荷放大器把信号放大后由磁带记录仪记录储存,用 FFT 分析仪或含有专门分析软件的计算机分析,可得到各种频谱图,由打印机打印出来后,进行动态特性识别,确定闸门的动态特性参数。

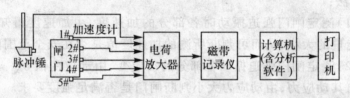

图 6-1 测试分析系统方框图

6.2.3 闸门动态特性(模态)参数的识别

随机振动信号 $X(t)$ 不是周期函数,它不能表示为傅立叶级数,而且对平稳随机过程 $X(t)$ 并非可积,也不能表示为傅立叶积分,因此不能直接对 $X(t)$ 作傅立叶变换得到频谱。但是随机振动信号具有不确定性和统计规律性的特点,因此,可以根据数理统计理论,通过对随机振动的时域信号 $X(t)$ 作随机过程的概率分布函数 $P(x)$ 和概率密度函数 $p(x)$ 分析,找出随机过程 $X(t)$ 在 τ 时刻的均值 $\mu_X(\tau)$,然后根据傅立叶积分理论对均值的自相关函数 $R_X(\tau)$、互相关函数 $R_{XY}(\tau)$ 进行积分,导出其自功率谱密度函数 $G_X(f)$、互功率谱函数 $G_{XY}(jf)$、频响函数 $H_{XY}(jf)$ 和凝聚函数 $\gamma_{XY}^2(f)$。这些函数就是随机振动最好的频率域描述和识别。

定常线性体系的频响函数 $H(\mathrm{j}f)$ 与其功率谱密度函数 $G_X(f)$、$G_Y(f)$ 和 $G_{XY}(\mathrm{j}f)$ 之间的关系为：

$$|H(\mathrm{j}f)|^2 = \frac{G_Y(f)}{G_X(f)} \tag{6-1}$$

$$H(\mathrm{j}f) = \frac{X(\mathrm{j}f) \cdot Y_i(\mathrm{j}f)}{X(\mathrm{j}f) \cdot X(\mathrm{j}f)} = \frac{G_{XY_i}(\mathrm{j}f)}{G_X(f)} \tag{6-2}$$

$$\gamma^2_{XY_i}(f) = \frac{|G_{XY_i}(\mathrm{j}f)|^2}{G_X(f) \cdot G_{Y_i}(f)} \tag{6-3}$$

式中：$G_X(f)$、$G_{Y_i}(f)$ 分别为输入 $X(t)$ 及输出 $Y_i(t)$ 的自功率谱；$G_{XY_i}(\mathrm{j}f)$ 为输入 $X(t)$ 及输出 $Y_i(t)$ 的互功率谱。在式(6-2)中还包含相位差因子(相位角)$\theta_{XY_i}(f)$；$\gamma^2_{XY_i}(f)$ 为输入 $X(t)$ 及输出 $Y_i(t)$ 之间的相干(凝聚)函数。

根据上述理论就可进行闸门动态特性参数的识别，具体分两个方面介绍。

6.2.3.1 输入 $X(t)$ 容易测量的情况

如果采用敲击法测试，对闸门来说属于单输入 $X(t)$ 及多输出 $Y_i(t)$ 体系。当输入信号 $X(t)$ 很容易测量，且其模态耦合可以忽略不计时(实际情况是可以忽略的)，闸门的每阶模态都可以当做单自由度体系处理。根据共振理论，振动频率与闸门的固有频率相同或相近时，闸门便出现共振现象，共振时其振动能量达到最大，其功率谱曲线图上出现峰值，而峰值对应的振动频率便是闸门的固有频率。因此，我们可以用闸门的频响函数 $H_{XY_i}(\mathrm{j}f)$ 与 f 曲线上的峰值所对应的振动频率来确定闸门固有频率 f_{ni}。

对所确定的固有频率 f_{ni} 是否可信，可用其相干(凝聚)函数来判别。如果在测量时，有噪声干扰，噪声影响的大小可用相干函数 $\gamma^2_{XY_i}(f)$ 的大小来衡量。对于单输入系统，若相干函数 $\gamma^2_{XY_i}(f) = 1$，则说明系统是线性的，无噪声干扰，输出 $Y_i(t)$ 完全是输入 $X(t)$ 的响应。$\gamma^2_{XY_i}(f)$ 越小，说明测量中的噪声干扰越大。一般情况下，相干(凝聚)函数 $\gamma^2_{XY_i}(f) \geq 0.707$ 时，就认为 $H_{XY_i}(\mathrm{j}f)$ 是可信的了。

因此，可以根据频响函数 $H_{XY_i}(\mathrm{j}f)$、相位角 $\theta_{XY_i}(f)$ 及相干(凝

聚)函数 $\gamma_{XY_i}^2(f)$ 图来确定闸门的模态参数 f_{ni}、A_i 及 ξ_i。

此外,又可以利用式(6-1)、式(6-2)来识别闸门的模态参数。即如果输入 $X(t)$ 是一个白噪声(或接近白噪声),其自功率谱 $G_X(f)$ 就是一个常数,则输入 $X(t)$ 与各点输出 $Y_i(t)$ 的互功率谱 $G_{XY_i}(jf)$ 的幅频图 $|G_{XY_i}(jf)|$ 和各点输出的自功率谱 $G_{Y_i}(f)$ 图均可表示频响函数 $H_{XY_i}(jf)$ 图的相对大小,故亦可用互谱 $|G_{XY_i}(jf)|$ 的幅频图 $|G_{XY_i}(jf)|$、各点输出的自功率谱 $G_{Y_i}(f)$ 图和相干(凝聚)函数 $\gamma_{XY_i}^2(f)$ 图来识别闸门的固有频率 f_{ni} 等模态参数。

6.2.3.2 输入 $X(t)$ 不容易测量的情况

敲击法测试闸门动态特性时,如果输入信号不易测量,则假定输入信号 $X(t)$ 在一定频率范围(例如低频区或高频区,只要更换锤头就可实现)内为白谱信号,就可以根据各输出点的自谱图 $G_{Y_i}(f)$ 的峰值点对应的频率和峰值的大小来确定各阶固有频率 f_{ni} 和相应主振型的相对值 A_{ni}。但是,由于可能有局部共振,也可能激励信号不是理想的白噪声信号,所以,某一条振幅谱曲线上所有峰值处的频率不一定都是闸门整体振动的固有频率。即光凭一条谱曲线是不能完全判断的,必须要从各测点的自谱图 $G_{Y_i}(f)$ 曲线综合分析才能判断。分析内容包括分析其主振型是否合理;其各输出点之间的相干(凝聚)函数 $\gamma_{XY_i}^2(f)$ 是否大于 0.707 等。

主振型是否合理,要根据各输出点互谱 $G_{Y_iY_j}(jf)$ 图的相位角 $\theta_{ij}(f)$ 值来确定主振型幅值的正负号,如 $\theta_{ij}(f)=0°$ 说明 j 点在频率为 f_{ni} 的谐振动位移的方向与 i 点相同,若 i 点为正,则 j 点也为正;如 $\theta_{ij}(f)=180°$,则说明 j 点在频率为 f_{ni} 的谐振动位移的方向与 i 点相反,即若 i 点为正,则 j 点为负值;如 $\theta_{ij}(f)\neq0°$ 或 180°,则表明该峰值频率不是共振频率,而只是激励的优势频率。

至于相位角 $\theta_{ij}(f)$ 值是否能指示正确的相位值,要看输出点信号 $Y_i(t)$ 与 $Y_j(t)$ 是否相干(凝聚)。即在确定 $Y_i(t)$ 与 $Y_j(t)$ 之间的相位角 $\theta_{ij}(f)$ 时,要求响应信号 $Y_i(t)$ 与 $Y_j(t)$ 是相干(凝聚)的。因此,在作互谱相位角分析之前,必须先分析相干函数 $\gamma_{Y_iY_j}^2(f)$,如式(6-3)所示。一般情况下,要求 $\gamma_{Y_iY_j}^2(f)\geq0.707$,则 $Y_i(t)$ 与 $Y_j(t)$ 相

干,此时,$\theta_{ij}(f)$值才是正确的相位值,分析的结果才有意义。

综上所述,敲击法测试闸门的模态参数时,如输入信号不易测量,且可假定输入 $X(t)$ 为一定范围(如低频区)内的白噪声,则可通过频谱分析,得到各测点输出的自谱 $G_{Y_i}(f)$、互谱幅频 $G_{Y_iY_j}(f)$ 图、互谱相位角 $\theta_{ij}(f)$ 图和相干(凝聚)函数 $\gamma^2_{Y_iY_j}(f)$ 图。然后,根据式(6-1)、式(6-2)和式(6-3)由输出自谱 $G_{Y_i}(f)$ 图来确定闸门的固有频率 f_{ni} 及主振型的相对位 A_{ni} 的相对大小,由相干函数 $\gamma^2_{Y_iY_j}(f)$ 和互谱相位角 $\theta_{ij}(f)$ 图来确定 A_{ni} 的方向,用互谱幅频图 $G_{Y_iY_j}(f)$ 来校核,便得到其各阶模态参数 f_{ni}、A_{ni} 和 ξ_{ni}。亦可用各测点输出的互谱图 $G_{Y_iY_j}(jf)$ 来识别,然后用其输出自谱图 $G_{Y_i}(f)$ 来验证闸门的各阶模态参数 f_{ni}、A_{ni} 和 ξ_{ni}。

下面举例说明。

某一水电工程结构,采用敲击法测试其固有频率。布置了四个测点(传感器为 YD-1 加速度计)。信号通过 3109 电荷放大器放大后由数字信号分析仪记录储存,然后,用带分析软件的计算机进行频谱分析。我们先用频响函数法识别其固有频率,再根据式(6-1)、式(6-2)及式(6-3),用输出信号的互谱图识别,并利用输出自谱图来验证该结构的固有频率,两个识别方法识别结果基本一致。现取其中一次敲击信号的谱分析结果为例进行识别。谱分析结果如表 6-1 所示。

表 6-1 中并没有列出有关频响函数法分析的内容,只列出输出自谱和互谱函数的内容。从表 6-1 可见,输出测点 1 与测点 4 之间的互谱图上(如图 6-2(a)所示)的峰值有 14 个(60Hz 以内)其中有三个峰值所对应的相位角不是 0°和 180°,其余均是 0°,并且它们的相干函数均是 1,说明此时其固有频率应该是 3,7,21,25,28,33,35,42,46,58Hz。同理,从测点 1 和测点 3 之间的互谱图上(见图 6-2(b))可知,其固有频率分别为 1,3,7,14,21,24,28,33,35,41,46,51,55Hz。又从测点 2 和测点 4 之间的互谱图(见图 6-2(c))可知,其固有频率分别为 3,7,21,28,38,42,46,50Hz。从自谱图可见,一般互谱图所具有的峰值在自谱图中均存在,但是,自谱图中有些峰值

对应的频率不是固有频率，只能是激励的优势频率。从而可确定这一次敲击所得到该结构的固有频率。

表 6-1　　第三次敲击信号谱分析结果（频率与相位角）

功率谱与相干分析＼峰值序号	1	2	3	4	5	6	7	8	9	10	11	12	13	14	15	16	17
$G_{11}(f)$		3	7		14		24	28	30	35	37	42	45	48	51		55
$G_{22}(f)$	1		7		14		21	24	28		38	43	46	49	51		58
$G_{33}(f)$	1	3	7	10	14	19	21		27	33	35	38	41	44	46	51	58
$G_{44}(f)$	1	3	7	11	14		21	25	28		35	38	41	46	50	56	58
$G_{12}(jf)$	1		7		14				28	32	35	38	42	45	51		58
$\theta_{12}(f)$	0°		39°		0.8°				0°	0°	2.4°	11°	25°	0°	0°		0°
$\gamma_{12}^2(f)$	1		1		1				1	1	1	1	1	1	1		1
$G_{13}(jf)$	1	3	7		14		21	24	28	33	35	38	41	46	51	55	58
$\theta_{13}(f)$	0°	0°	0°		0°		0°	0°	0°	0°	13°	0°	180°	0°	0°		10°
$\gamma_{13}^2(f)$	1	1	1		1		1	1	1	1	1	1	1	1	1		1
$G_{14}(jf)$	1	3	7		14		21	25	28	33	35	38	42	46	50		58
$\theta_{14}(f)$	-37°	0°	0°		-7°		0°	0°	0°	0°	0°	0°	0°	0°	190°		0°
$\gamma_{14}^2(f)$	1	1	1		1		1	1	1	1	1	1	1	1	1		1
$G_{24}(jf)$	1	3	7		14		21		28		35	38	42	46	50		58
$\theta_{24}(f)$	-51°	0°	0°		-8°		0°		0°		-38°	0°	0°	0°	0°		-4.6°
$\gamma_{24}^2(f)$	1	1	1		1		1		1		1	1	1	1	1		1

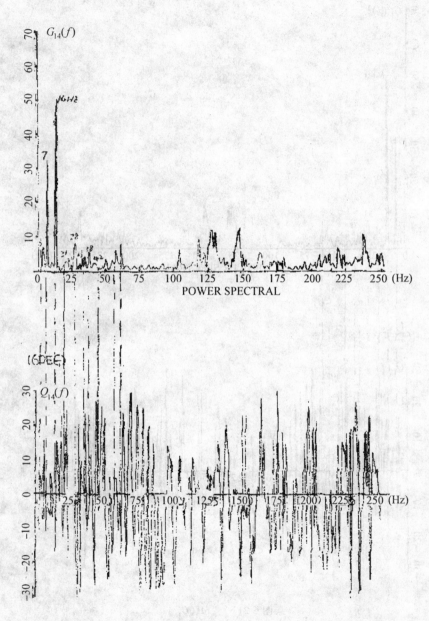

图 6-2(a)　pH(G_{14})

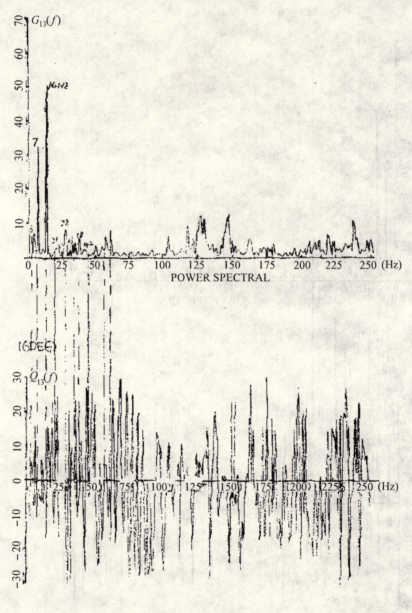

图 6-2(b)　pH(G_{13})

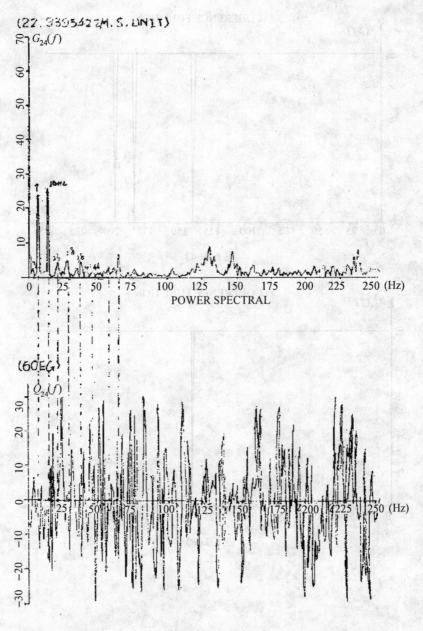

图 6-2(c)　pH(G_{24})

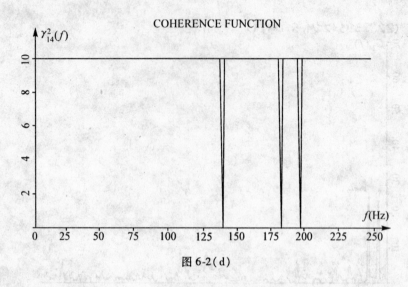

图 6-2(d)

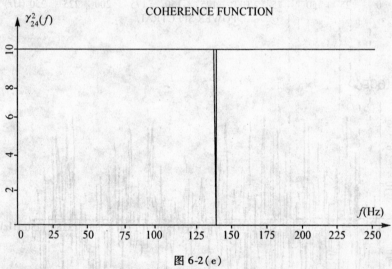

图 6-2(e)

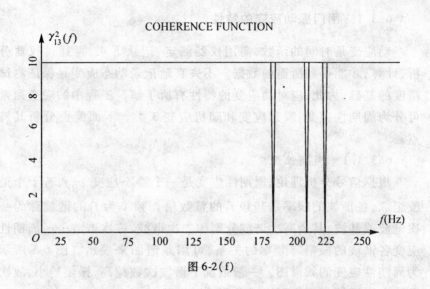

图 6-2(f)

测试中,必须对该结构进行几次敲击,测点位置也作部分改变。同样的方法进行几次分析和识别,最后,便得到该结构的固有频率,如表 6-2 所示。

表 6-2 　　某一水电工程结构测试的固有频率

序号	1	2	3	4	5	6	7	8
固有频率(Hz)	1~2	6~7	11~12	35~36	40	44	47~48	59

6.3　闸门动应变(动应力)的测试

闸门在脉动水压力(有时可能还有摩擦力)的作用下,引起强迫振动(不一定共振),闸门的各部分将产生动应力(惯性力)。附加动应力对闸门的强度、安全运行均产生影响,尤其是对运行多年的旧闸门影响更大。为了解闸门运行时产生的动应力,就要对闸门的动应变进行测试。

6.3.1 闸门振动应变的特性

动应变是时间的函数,需用仪器测定、记录下来,再通过仪器分析、计算,才能得到所需的数据。不失真地记录动态应变是保证测试精度的基础,为此,应对动应变的特性有所了解。工程中的应变通常可分为周期性应变、瞬态应变和随机应变 3 类。下面简要分析其特点。

6.3.1.1 周期性应变

根据信号分析理论,周期性应变是一个静态应变 ε_0 和若干个谐波组成,各谐波的频率是基频 f_1 的整数倍。频率为 f_1 的谐波称为一次谐波或基波,其余高次谐波分别称二次谐波、三次谐波……周期性应变各谐波的振幅与频率的关系,可用频谱图来表示。图 6-3 所示为周期性应变的频谱图。一般情况下谐波次数越高,振幅越小,故次谐波在周期性应变中所占成分很少。

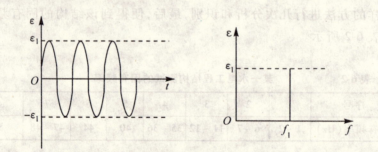

图 6-3 周期性应变的频谱图

6.3.1.2 瞬态应变

冲击或突加荷载引起的应变称为瞬态应变。瞬态应变的谐波分量很丰富,其频率是连续变化的。图 6-4 所示为冲击或突加的频谱图(图(a)为冲击应变,图(b)为突加应变)。

6.3.1.3 随机应变

随机应变的振幅—时间曲线是不可预测的、非确定性的,但都有一定的统计规律性。其振幅不仅没有周期,也不能用确定的函数或

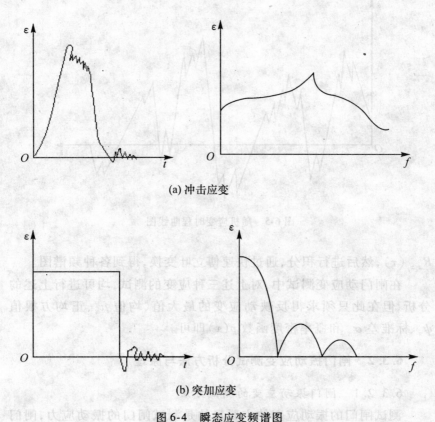

图 6-4 瞬态应变频谱图

数字来描述。图 6-5 所示为随机应变的振幅—时间曲线。但是在一定的条件下多次重复某项实验或观察某种现象所得结果就会呈现出一定的规律性。如果实验次数很多,某参量测量结果的平均值就可能会趋向某一确定的极限值。

随机应变的频谱与瞬态应变一样也是连续频谱,其能量也是分布在一个连续的频带上。

根据数理统计理论,可对实测的随机振动样本函数 $X(t)$ 进行概率分布函数 $P(x)$、概率密度函数 $p(x)$ 分析,找出样本函数 $X(t)$ 随机过程的总体均方值 ψ_x^2、正均方根值 ψ_x、方差 σ_x^2、标准差 σ_x 和均值 μ_x,以及对总体平均求得其自相关函数 $R_{x_i}(\tau)$ 和互相关函数

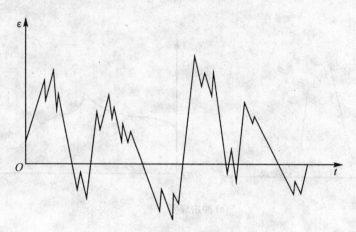

图 6-5 随机应变时程曲线图

$R_{x_i x_j}(\tau)$,然后进行积分,通过快速傅立叶变换,得到各种频谱图。

在闸门动应变测试中,对上述三种应变的测试,均可进行上述的分析,但在此只须求得反映动应变的最大值、均值 μ_x、正均方根值 ψ_x、标准差 σ_x 和概率密度函数 $p(x)$ 即可。

6.3.2 闸门振动应变测试分析方法与原理

6.3.2.1 闸门振动应变的测试方法

测试闸门的振动应变的主要目的是测试闸门的振动应力,闸门的振动应力是不能直接测量的,只能通过测量其动应变,然后根据虎克定律 $\sigma_{动} = E\varepsilon_{动}$ 推算其动应力。而测试闸门的振动应变的方法很多,通常采用的是"应变电测法"。

6.3.2.2 闸门振动应变测试分析原理

首先利用应变计中的金属丝的电阻应变效应(金属丝的电阻值随其机械变形而变化),将闸门构件的应变量转变为电阻的相对变化量,然后,通过动态电阻应变仪的电桥电路等将电阻变化转变成电压信号,放大、检波、滤波后输入记录分析仪器中记录、显示或分析,即得到动应变的时程曲线样本 $X(t)$。进一步通过数理统计分析便得到测试闸门所需的动应变最大值、均值 μ_x、正均方根值 ψ_x、标准差 σ_x 和概率密度函数 $p(x)$ 等数据。

6.3.3 闸门动应变测试系统

动态应变是时间的函数,其测试分析系统与静态测试系统最大的区别是,测试系统中的信号放大部分必须采用动态(超动态)应变仪,信号分析部分要采用频谱分析仪或带频谱分析软件的计算机等。此外,应根据动态应变的频谱合理地选用测量和记录仪器,使必须记录的高次谐波的频率在测量和记录仪器的频率相应的范围之内。因此,一般情况下,动应变测试分析系统应包括电阻应变片(计)、动态(超动态)应变仪、磁带记录仪(光线示波器)、频谱分析仪或带有频谱分析软件的计算机和打印机等。其方框图如图6-6所示。

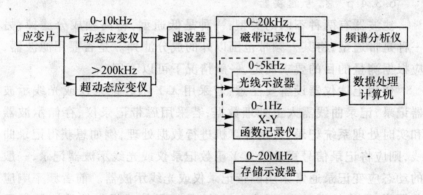

图 6-6 动态应变测试系统方框图

6.3.4 闸门动应变的测试仪器和设备的简介

6.3.4.1 传感器

和静态应变测试一样,仍使用 3×2 胶基应变计(片)、位移计等。

6.3.4.2 信号放大器

和静态应变测试不同的部分是,信号放大器一般采用 $0 \sim 10 kHz$ 的动态应变仪或大于 $200kHz$ 的超动态应变仪。如型号 DPM-8H,量程 $\pm 5000 \mu \varepsilon$,频率范围 $0 \sim 10kHz$,信噪比 $>80dB$,误差 $<0.1\%$;或型

号 CS-1A，量程 ±5000$\mu\varepsilon$，频率范围 0~80kHz，信噪比>50dB，误差<±0.1%。

6.3.4.3 信号采集器

信号采集器有光线示波器、X-Y 函数记录仪、磁带记录仪或多用途记录仪等。如 XR-510 多用途记录仪，为 INV306 型，采集容量 4G，采集方式为随机采样。

通常采用磁带记录仪或光线示波器。

6.3.4.4 信号分析仪

型号 INV306，功能有时域分析，频域分析等。

CF-930 红外分析仪。

便携式计算机及相关的分析软件。

6.3.4.5 信号滤波器

滤波器有两种不同的类型：一种是低通型，将高频成分滤掉；另一种是带通型，将某一频带范围以外的成分滤掉。是否要用滤波器，应根据测量的目的要求而定，一般情况下可以不用。

使用上述仪器设备要注意：若采用 X-Y 函数记录仪或光线示波器记录，记录曲线需人工处理数据；若采用磁带记录仪、存储示波器和实时处理系统记录，可用计算机进行数据处理，例如想获得记录曲线，则应将记录信号重放给 X-Y 函数记录仪或光线示波器记录，一般的动态应变记录通常采用磁带记录仪或光线示波器。前者频率响应范围宽，非线性误差小，可改变时基（快记慢放或慢记快放），数据可用计算机处理，记录信号可长期保存，磁带可多次使用，是理想的记录仪器。随着电子技术的发展和微型计算机性能的不断提高，以专用或通用微型计算机为主体的动态信号实时处理系统迅速发展，此类系统能直接对周期性的、瞬态的或随机的应变进行实时处理，并立即显示或打印出有关结果数据。存储示波器（也称记忆显波器）用于瞬态应变的记录，因为它具有电平触发记录功能，能在所需记录的信号到达时才开始记录。

6.3.5 闸门动应变信号的处理

闸门动应变测试中存在着三种可能的应变信号：周期性应变、瞬态应变和随机应变。对于周期性应变,我们感兴趣的是最大应变值、各阶谐波的频率和对应于特定时刻的应变值;对于瞬态应变,通常测量其最大值、应变波前沿上升时间、一个尖峰波(或方波)作用的时间、频谱结构等;对于随机应变,由于其没有规律性,只能用数理统计的方法进行处理。反映随机应变特征的量有:随机应变的均值、标准差和正均方根值,概率密度函数、概率分布函数、自相关函数、互相关函数、频响函数和各种功率谱密度函数等。随机应变数据处理的工作量很大,必须用计算机完成。

在本节中,我们仅介绍一种用人工处理光线示波器记录的周期性波形的方法。

如图 6-7 所示是用光线示波器记录的正弦应变波,图中还记录有应变标定信号和时标信号。由图可以算得其动应变峰值为

$$\varepsilon_{\max} = \frac{H}{h}\varepsilon_0 \qquad (6-4)$$

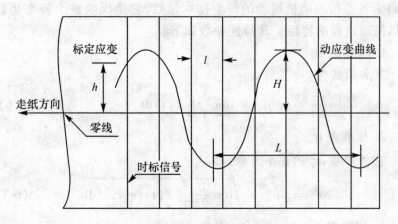

图 6-7 光线示波器记录的动应变图

式中:ε_0 为标定应变值,H 为动态应变峰值密度(mm),h 为标定应变高度(mm)。

动应变波频率为

$$f = \frac{l}{L}f_0 \qquad (6-5)$$

式中:f_0 为时标信号频率,L 为应变波波长(mm);l 为两相邻时标信

号在记录纸上的间隔(mm)。

6.4 闸门振动加速度的测试

6.4.1 加速度测试分析原理

闸门主要由于启门时的脉动水压力的作用使其产生强迫振动。因此,闸门各部分将具有相应的振动加速度和振动能量。脉动水压力是随机的,所以闸门的强迫振动带有随机性质的过程。为此,对闸门的振动测试必须以工程振动及随机振动的理论为基础进行测试分析。

在测试中,把脉动水压力作为激励力,闸门作为被激振的对象,通过预置在闸门各布点上的加速度传感器把闸门的强迫振动加速度响应的电信号用信号记录仪记录,即得到所谓样本函数 $X(t)$。设 $X(t)$ 为各态历经随机振动的一个样本函数,它能反映整个各态历经随机振动过程的特性。其特性参数如下。

1. 均值 μ_x

其表示式为

$$\mu_x = \lim_{T \to \infty} \frac{1}{T} \int_0^T X(t) \mathrm{d}t \qquad (6\text{-}6)$$

2. 标准差 σ_x

它是方差 σ_x^2 的正平方根,即

$$\sigma_x = \sqrt{\sigma_x^2} = \sqrt{\lim_{T \to \infty} \frac{1}{T} \int_0^T [X(t) - \mu_x]^2 \mathrm{d}t} \qquad (6\text{-}7)$$

3. 均方差 ψ_x^2

其表达式为

$$\psi_x^2 = \lim_{T \to \infty} \frac{1}{T} \int_0^T X^2(t) \mathrm{d}t \qquad (6\text{-}8)$$

其正平方根值 $\psi_x = \sqrt{\lim_{T \to \infty} \frac{1}{T} \int_0^T X^2(t) \mathrm{d}t}$ 称为均方根值。

在上述参数中,σ_x^2 称为方差。方差 σ_x^2 是描述随机变量 $X(t)$ 偏

离其均值 μ_x 的程度，也即均值是描写数据的静态分量，方差和标准差是描写数据的动态分量。显然，随机数据的均方值包含了动态分量和静态分量，即 $\psi_x^2 = \mu_x^2 + \sigma_x^2$，所以，均方值 ψ_x^2 提供了数据强度方面的总的描述。当随机变量 $X(t)$ 表示振动的位移时，方差便是与随机振动的能量或功有关的量，即闸门的动能、弹性势能及阻尼消耗的能量均与之成比例。加速度是位移的二阶导数，所以在试验中如果测得的是振动加速度的均方值也是一种能量的标志。通过测得不同开度的闸门的振动加速度的均方值，便可以得知闸门振动加速度随闸门不同开度时的幅值变化规律图，并可找出泄水过程不同开度的最大加速度值，就可知其振动能量的大小，从而判断其振动加速度值是否属于安全范围。

6.4.2 加速度测试方法

闸门振动加速度的测试方法仍然采用电测法。电测法的基本做法是通过加速度传感器将闸门的强迫振动加速度转换成电量（较微弱的电荷），然后用电荷放大器将其放大并输送给磁带记录仪记录。

6.4.3 加速度测试分析的仪器及其标定

6.4.3.1 测试分析的仪器

闸门振动加速度的测试分析系统的方框图及仪器如图 6-8 所示。

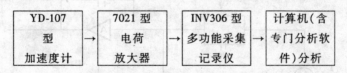

图 6-8 加速度测试分析系统方框图

YD-107 型压电加速度计用于测量垂直于加速度底面的对称轴方向的冲击或振动。其工作原理是加速度计向上运动时，其内部的质量块 M 朝着加速度计底面向下运动，反之亦然。这种上下运动可使加速度计内的质量块元件产生惯性力，这个惯性力使粘贴在基座

上的静态预压的压电陶瓷（或石英、锆钛酸铝）上的压应力增加或减少，从而产生感应电荷为

$$q = d(M+m)a \quad (C) \tag{6-9}$$

式中：d——压电陶瓷的压电应变常数（C/N）；

M——加速度计内的质量块元件的质量（kg）；

m——压电陶瓷的质量（kg）；

a——被测物体的加速度（m/s^2）。

由于 d、M、m 均为常数，因此，压电陶瓷上产生的电荷正比于加速度 a。被测的闸门上的加速度的大小就是通过加速度计产生的电荷数量来体现的。由于压电材料是一个电容，当频率为零时其容抗为无穷大，因此振动频率为零时压电陶瓷产生的电荷是难以测试到的。可见这种加速度计可用来测试频率很低的振动信号，这是它的优点之一。

YD-107 型加速度计的主要技术性能的典型参数为：灵敏度 51.2pC/g，频率范围 0~100kHz，横向灵敏度小于 5%，量程为 10g。

7021 型电荷放大器安置在传感器和记录仪之间作为量测电路。其主要作用是，由于压电式加速度计输出的电荷量较少，在传送距离较长时，可不失真地放大信号与排除其他信号的干扰，使记录仪能真实地记录所测得的振动信号。量测电路的线路简图如图 6-9 所示。电荷放大器的输出电压为

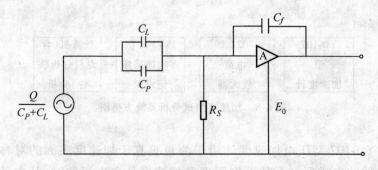

图 6-9　放大器线路简图

$$E_0 = \frac{-QA}{(C_p + C_L) + (1+A)C_f + 1/j\omega R_S} = -\frac{Q}{C_f} \text{(V)} \quad (6\text{-}10)$$

式中:当放大器增益 $A = 1000$,加速度计和电缆电容 $C_p + C_L = 1000$ 微微法拉(pF)、电荷 Q 为微微库仑(pC)及分流电阻 $R_S = 100000$ (Ω)时,其输出电压近似等于电荷除以反馈电容。即使加速度计与电荷放大器之间的电缆很长,而 E_0 也近似地保持常数。可见,它的工作原理主要是通过一个具有深度电容负反馈的高开环增益运算器来实现放大。

INV306 型多功能采集记录仪,采集容量为 4G,采集方式为随机采样。此仪器与带有专门分析软件的计算机联合使用时兼有数据处理分析的功能,可进行时域分析和频域分析等。

6.4.3.2 传感器的标定

压电式加速度计的灵敏度随时间、温湿度及急变的压力等外界环境条件的影响而变化。因此,在使用前须对加速度计的电荷灵敏度重新标定,以保证闸门振动测试的精度。

标定工作的方框图如图 6-10 所示。

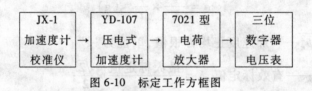

图 6-10 标定工作方框图

标定原理是利用 YD-107 型压电式加速度计感受 JX-1 型加速度校准仪产生一个"g"的加速度标准信号(振动频率为 79.6Hz),同时调好 7021 型电荷放大器的衰减挡及截止频率及各通道的电荷灵敏度,使接在 7021 型电荷放大器输出端的数字器电压表量得的电压为 1V,并将此标准信号记录在相应通道的记录仪磁带上,再由记录仪输入数据处理机中作为标定信号。重复完成所用的各通道,标定完毕。

6.4.4 闸门振动加速度现场测试

6.4.4.1 加速度计的安置与保护

在闸门各选定的布点部位(测点)上粘贴固定加速度计的基座,把加速度计固于基座上,并注意保护,以防脱落。

6.4.4.2 测试内容

按测试目的要求,测量闸门在不同开度下各测点的振动加速度样本函数(即加速度随时间变化过程)曲线 $X(t)$。

6.4.5 测试结果分析

将记录在 INV306 多功能采集记录仪的记录数据,通过计算机(含分析软件)分析计算,得到加速度样本函数 $X(t)$ 的均值 μ_x、标准差 σ_x、均方值 ψ_x^2、正均方根值 $\sqrt{\psi_x^2}$ 及振动作用的时间 t。

正均方根值 $\sqrt{\psi_x^2}$ 还不是闸门各部位(测点)的真实加速度,必须通过换算才能得到闸门各测点振动响应加速度值。换算公式为

$$a = \frac{\sqrt{\psi_x^2}}{K} \times \frac{T}{t} \quad (g) \tag{6-11}$$

式中:$\sqrt{\psi_x^2}$ ——加速度正均方根值,单位为"g";

K ——有效标定值,$K = \frac{\text{最大标定值}}{10} \times \frac{\sqrt{2}}{2}$;

T ——样本函数采集时间。如果每个样本函数文件有 8096 点,而速度为 1024 点/秒,则 $T = \frac{8096}{1024} = 8(\text{s})$。

t ——振动作用有效时间。一般在闸门振动测试中在采集时间内,都会产生强迫振动,即 $T = t$。

通过换算便得到闸门各测点的加速度响应在不同开度时的最大加速度值。

6.5 闸门振动位移的测试

6.5.1 动位移测试分析原理

闸门在启门过程中,由于脉动水压力的激励,闸门的各部分必将产生相应的振动响应位移和振动能量。通过预置在闸门各测点上的位移计传感器,把闸门的强迫振动的位移响应的电信号,用数字采集器采集和记录,即得到所谓的位移样本函数 $X(t)$。一般在脉动水压力作用下,闸门的强迫振动响应过程带有随机过程。因此,所测得的位移样本函数 $X(t)$ 能反映其整个各态历经随机振动过程的特性。其特性参数为样本函数的均值 μ_x、标准差 σ_x、方差 σ_x^2、均方值 ψ_x^2 及正均方根值 $\sqrt{\psi_x^2}$ 等。方差 σ_x^2 是描述随机变量 $X(t)$ 偏离其均值 μ_x 的程度,即均值 μ_x 是描写数据 $X(t)$ 的静态分量,方差 σ_x^2 和标准差 σ_x 是描写 $X(t)$ 的动态分量。显然,随机数据 $X(t)$ 的均方值 ψ_x^2($\psi_x^2 = u_x^2 + \sigma_x^2$)提供了数据强度方面的总的描述。当随机变量 $X(t)$ 表示振动的位移时,方差便是与随机振动的能量或功有关的能量,即闸门的动能,弹性势能及阻尼消耗的能量均与之成比例。通过测得不同开度的闸门的振动位移的均方值,便可知道闸门振动位移随闸门不同开度的幅值变化规律图,并可找到水库泄水过程闸门在不同开度时其最大振动位移值,从而可判断其产生的振动位移是否超过容许范围,是否安全等。

6.5.2 振动位移测试方法

闸门振动位移的测试仍然采用电测法。其做法是通过位移计传感器将闸门的强迫振动位移的机械量转换成电量,直接送到数据采集记录器。然后通过计算机的专门软件处理分析而得。

6.5.3 动位移测试分析仪器

6.5.3.1 测试分析系统

闸门振动位移响应的测试分析系统的方框图如图 6-11 所示。

位移计 → 数据采集器 → 数据处理器(计算机含专门分析处理软件) → 打印机

图 6-11 振动位移测试分析系统方框图

该系统由计算机(含分析处理软件)直接控制测点扫描及数据采集,可进行自动调零、灵敏度的调整、数据显示、打印、读盘等处理。

6.5.3.2 测试分析仪器

(1)传感器。可采用 DPS-0.5 型的低频位移计,其灵敏度为 $8mV/\mu m$,频率范围 $0.3 \sim 150Hz$,环境温度范围 $-20 \sim 60℃$。

(2)数据采集器。可采用磁带记录仪、XR-510 多用记录仪或 INV306 型数据采集分析仪。INV306 数据采集分析仪的采集容量为 4G,采集方式为随机采样。

(3)数据分析处理器。可用 INV306 分析仪或用计算机(含专门分析处理软件)进行分析处理,时域分析与频域分析均可。

6.5.4 闸门振动位移的现场测试

6.5.4.1 位移计的安置与保护

在闸门所选定的布点部位(测点)上粘贴固定好位移计,并注意保护,以防脱落、移位,以保证测试精度。

6.5.4.2 测试内容

按测试目的要求,测量闸门在不同开度下各测点的振动位移样本函数,即位移随时间变化过程曲线 $X(t)$。

6.5.5 测试结果分析

将记录在数据采集器里的记录数据,用 INV306 多功能分析仪或计算机(含分析软件)进行分析处理,便得到动位移样本函数 $X(t)$ 的均值 μ_x、标准差 σ_x、方差 σ_x^2、均方值 ψ_x^2 及正均方根值 $\sqrt{\psi_x^2}$ 及强迫振动作用时间 t(对于闸门来说一般振动时间 t 与样本采集时间 T 相同)。

一般情况下,正均方根值 $\sqrt{\psi_x^2}$ 还不是闸门各部位(测点)的真实

位移。必须通过换算才能得到闸门各测点振动响应位移值。换算公式为

$$l = \frac{\sqrt{\psi_x^2}}{K} \times \frac{T}{t} \quad (\mu m) \qquad (6\text{-}12)$$

式中：$\sqrt{\psi_x^2}$ ——加速度正均方根值，单位为 μm；

K——有效标定值，$K = \frac{最大标定值}{10} \times \frac{\sqrt{2}}{2}$；

T——样本函数采集时间。如果每个样本函数文件有 8096 点，而速度为 1024 点/秒，则 $T = \frac{8096}{1024} = 8$ 秒；

t——振动作用有效时间。在振动测试中，在数据采集时间内，闸门一般都会产生强迫振动，即 $T = t$。

通过核算便可得到闸门各测点的动位移在不同开度时的最大振动位移值。

6.6 闸门动态检测工程实例

某水电枢纽工程位于安徽省青戈江上游，枢纽主要任务是发电，同时兼有防洪、航运、灌溉、水产、养殖、旅游等作用，工程非常重要。枢纽的金属结构已使用多年，根据国内外水利枢纽闸门泄洪运行的实践及 2001 年该枢纽工程第二轮大坝安全检查要求，本节将对该枢纽左右岸溢洪道闸门及启闭机、中孔上游事故检修门、中孔下游工作门、底孔上游事故工作门、底孔下游工作门等进行安全检测。为了解当前水工钢闸门结构在挡水运行状态下的工作特性，拟对闸门进行动力原型观测以及相应的理论计算。

6.6.1 检测目的

检测的主要目的是掌握闸门经过多年运行后其动态特性、各部分的振动响应的加速度、振动应力及振动位移的大小，主要技术指标是否满足规范要求，为该枢纽工程第二轮大坝安全定期检查鉴定提供科学依据和意见。

该水电枢纽工程的金属结构的检测范围包括枢纽主要的水工钢闸门及其启闭机系统,这些系统共9套(扇),它们的简要资料见表6-3。

表6-3　　　　某水电枢纽工程金属结构简要资料表

序号	设备名称	孔口尺寸(宽×高,m²)	设计水头(m)	校核水头(m)	设备结构	底槛高程(m)	设备数量(套)	吊点距(m)	启闭设备	操作条件
1	溢洪道闸门及启闭机	12×6.554	6.054	6.554	斜支腿圆柱铰弧形钢闸门	112.946	4	6.8	2×15t 固定卷扬机	动水启闭
2	中孔下游工作门及启闭机	5.55×5.772	42.897	45.897	直支腿圆柱铰弧形钢闸门	76.103	1	单	135/85T 摆动式油压启闭机	动水启闭
3	中孔上游事故检修门及启闭机	3.0×10.0	36.5	39.5	平面定轮钢闸门	82.5	2	单	1×125t 固定卷扬机	动水下降静水开启
4	底孔下游工作门及启闭机	2.86×2.802	59.972	62.972	直支腿圆柱铰弧形钢闸门	59.028	1	单	85/60T 摆动式油压启闭机	动水启闭
5	底孔上游事故检修门及启闭机	3.0×6.5	62.95	65.95	平面滑动钢闸门	56.05	1	单	1×200T 固定式卷扬机	动水关闭静水开启
6	说明				共9扇闸门 { 6扇弧形闸门 { 4扇斜支腿弧门 / 2扇直支腿弧门 ; 3扇平面闸门 { 2扇定轮闸门 / 1扇滑动闸门 }					

6.6.2 检测依据

检测内容确定的依据是与检测相关的规程、导则和规范等。如《水库大坝安全评价导则》、《水工钢闸门和启闭机安全检测技术规程》、《水利水电工程钢闸门设计规范》等。

6.6.3 检测内容及测点布置

该次只对弧形闸门进行动力检测,平板门只做静力检测。因此,该水电枢纽工程在该次检测中共检测左右岸溢洪道、泄洪中底孔6扇弧形工作闸门,这6扇弧门分为斜支腿(表孔)和直支腿(潜孔),这些门在结构上相似,可采用同一检测方案。进行动力测试时,其布点相同。

6.6.3.1 测点布置方案

根据对闸门的受力分析及其他工程现场测试的经验,确定闸门主横梁及支腿控制截面上的控制点,作为动应力、动位移和部分加速度的测试位置(如图 6-12、图 6-13 所示,根据现场具体情况可能会进行修正)。

6.6.3.2 试验水位

$\nabla_上 109.38 \text{m}$,$\nabla_下 59.12 \text{m}$(由试验时现场实际水位确定)。

6.6.3.3 动力检测内容

(1)闸门主梁及支腿等部位的动应力。

(2)闸门在空气中的自振频率。

(3)闸门在水中的自振频率。

(4)闸门动力响应试验:

①闸门从全关—开启—全开全过程的动应力、动位移及加速度时程曲线和以上参数在各开度时的最大值、最小值和正均方根值。

②闸门从全开—关闭—全关全过程的动应力、动位移及加速度时程曲线和以上参数在各开度时的最大值、最小值和正均方根值。

复核各检测的技术参数是否满足规范要求。

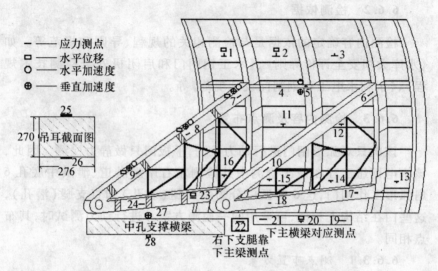

图 6-12　某水电枢纽工程中孔工作门测点布置图

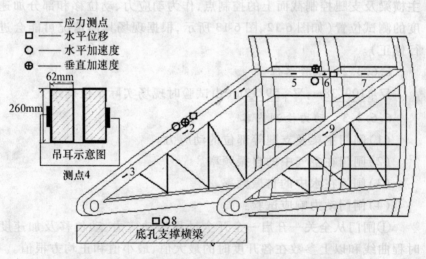

图 6-13　某水电站枢纽工程底孔工作门测点布置图

6.6.4　检测试验系统

闸门动力检测所采用的传感器及设备有位移计、加速度计、应变计、电荷放大器、动态电阻应变仪、数据采集器、计算机(含分析软件)、打印机及由此组成的检测系统。检测试验系统方框图如图6-14所示。

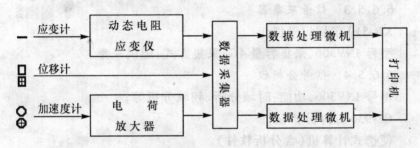

图6-14 闸门动力检测试验系统方框图

检测试验系统可由计算机直接控制测点扫描及数据采集,并能进行自动调零,应变计电阻值、灵敏度调整,数据显示、打印、存盘、读盘和其他处理,性能稳定,使用方便。

6.6.5 测量仪器及设备

6.6.5.1 信号传感器

应变计——型号为3×2胶基,灵敏度为2.0,电阻值为120Ω;

加速度计——型号为YD-107,灵敏度为51.2pC/g,频率范围为0~100kHz,横向灵敏度<5%,量程10g;

低频位移计——型号为DPS-0.5,灵敏度8mV/μm,频率范围为0.3~150Hz,环境温度为-20~60℃。

6.6.5.2 信号放大器

(1)电荷放大器

①型号YS5853,频率范围1~20Hz,最大增益为1000mV,电荷量为10^5PC,误差<±2%;

②型号7021,频率范围0~1000Hz,最大增益为100mV,电荷量10^6PC,误差<±1%。

(2)动态应变仪

①型号 DPM-8H,量程 ±5000με,频率范围 0~10kHz,信噪比 > 80dB,误差 < ±0.1%;

②型号 CS-1A,量程 ±5000με,频率范围 0~80kHz,信噪比 > 50dB,误差 < ±0.1%。

6.6.5.3 信号采集器

XR-510 多用记录仪。

型号 INV306,采集容量 4G,采集方式:随机采集。

6.6.5.4 信号分析仪

型号 INV306,功能:时域分析、频域分析等;

CF-930 红外分析仪;

便携式计算机(含分析软件)。

6.6.6 测试方法

6.6.6.1 测试工况

(1)闸门自振频率测试时,分别将闸门置于无水压和有水压两种工况;

(2)闸门动力响应测试时,也分两种工况:①闸门从全关—开启—全开全过程;②闸门从全开—关闭—全关全过程。

实现上述工况的办法为:利用检修闸门挡水,工作弧形闸门便处于无水压状态,此时即可进行闸门在空气中自振频率的测试。然后,开启检测闸门,在工作闸门与检修闸门之间充水至上游水位,实现工作闸门在水中的状况,此时即可进行闸门在水中自振频率的测试。

闸门自振频率检测完成后,把测试闸门动力响应的相关仪器准备好,即可将工作闸门从全关状态逐步开启,达到全开为止;然后,从全开开始逐步关闭,到最后是全部关闭。这两个全过程即为测试闸门动力响应的两个工况。

试验时正常挡水实际水位为▽上109.38m,

百年一遇洪水水位为▽122.0m。

6.6.6.2 测试方法

1. 锤击法测试闸门的自振频率

分别在上述无水压和有水压的工况下,用一种特制的手动脉冲锤敲击闸门一适当部位,使闸门获得一个频带较宽的冲击力,经电荷放大器将信号放大、检波、滤波后由信号采集器采集、记录和储存,再通过带有分析软件的计算机进行频谱分析,即可得到各种频谱图,然后进行闸门自振频率的识别。

每种工况进行3次敲击、测试、分析、比较,最后即可得到闸门的自振频率。

2. 电测法测试闸门的动力响应

现场实验前,根据测点布置图确定闸门测点位置,在测点处进行打磨、清洗及定位处理。在粘贴电阻应变片、低频位移计、加速度计的基座,并通过导线与相关仪器(如图6-14方框图上所标仪器)、计算机等相连接。准备好后,即可开始按闸门动力响应测试工况,把闸门由全关—开启—全开全过程和由全开—关闭—全关全过程,实施闸门动力响应的迅速和精确的测量和存储。每种工况进行3次全过程的测试。

根据所测得的闸门的动应变、动加速度及动位移3种参数的样本函数$X(t)$,对样本函数$X(t)$进行时域统计分析,从而得到反映闸门动力响应整个随机过程的特性参数:均值μ_x、标准差σ_x、方差σ_x^2、均方值ψ_x^2及正均方根值$\sqrt{\psi_x^2}$等。通过测得不同开度的闸门的动应变、加速度和动位移的均方值,便可知道闸门的振动应力、振动能量和振动位移随闸门不同开度的幅值变化规律图,并可找到水库泄水过程闸门在不同开度时,其最大的振动应力、振动加速度及振动位移值是否超出规范容许范围,是否安全可靠,是否可继续使用,为工程管理单位提供科学依据和参考意见。

6.6.6.3 检测注意的问题

(1)检测闸门自振频率采用锤击法,用脉冲锤敲击闸门,以获得激振力,使闸门作随机振动的响应。因此,敲击的位置是关键,一定不要敲击闸门主振型的结点,即敲击点必须是主振型结点以外的地方。此外,在测点处的加速度计的基座一定要粘牢固,以防脱落,影响测试结果。

(2)检测闸门振动的动力响应时,在闸门作局部开启后,在闸门下游面会形成强大的冲击水流和雾气。因此,测点与导线的防潮与防冲刷是此次测试工作的重点与难点,在布点、布线与防潮中,只要稍有疏漏就会前功尽弃。此外,闸门上各测点的温度补偿采用分区补偿的方式,以尽量消除由于门体尺寸大、日照不均匀及天气因素的影响,提高测量结果的准确性和稳定性。

6.6.7 测试结果与分析

由于篇幅关系,将测试过程中如何选取数据与如何对数据进行时域统计分析及频域分析,如何识别闸门的自振频率,如何确定动力响应时闸门在不同开度的最大加速度值、振动最大位移值、位移均方值、动应变及动应力值等内容省略,文中只将结果以表格和图文形式列出。

6.6.7.1 闸门自振频率测试结果及分析

闸门的自振频率是研究闸门振动特性的最基本的参量。试验时测试了不挡水(无水压力状态)和挡水(有水压力状态)时闸门的自振频率。表6-4和表6-5给出了这两种有代表意义工况的闸门自振频率。闸门无水状态时库水位由检修门挡水而工作闸门完全不受水压力作用;闸门挡水情况下的水位为109.38m。每种工况测试3次,取均值为最终结果。

表6-4　　　　中孔工作闸门自振频率试验结果　　　　单位:Hz

部位	状态	方向	模态阶数		
			第一阶	第二阶	第三阶
面板	无水	垂直	5.37	11.40	27.14
		水流	12.11	23.16	50.59
	有水	垂直	3.56	9.97	16.37
		水流	9.57	17.02	40.40
支腿	无水	垂直	10.66	29.86	72.88
		坝轴	13.18	37.05	90.84
	有水	垂直	4.62	23.85	39.51
		坝轴	7.11	22.06	68.34

续表

部位	状态	方向	模态阶数		
			第一阶	第二阶	第三阶
闸墙	左闸墙	坝轴	3.93	10.98	33.26
		水流	12.15	22.17	45.42
	右闸墙	坝轴	4.29	10.98	30.39
		水流	16.09	22.17	48.63

表 6-5　　　　　　　　底孔工作闸门自振频率试验结果　　　　　　　单位：Hz

部位	状态	方向	模态阶数		
			第一阶	第二阶	第三阶
面板	无水	垂直	3.96	12.06	46.15
		水流	15.52	25.03	51.52
	有水	垂直	3.11	9.15	21.14
		水流	11.29	20.04	36.25
支腿	无水	垂直	6.76	34.79	53.29
		坝轴	9.14	19.92	26.13
	有水	垂直	5.14	26.11	43.45
		坝轴	7.14	12.25	18.11

　　作用在闸门上的水流脉动压力是引起闸门振动的主要振源，因此分析脉动压力频谱特性与闸门自振频率之间的关系有利于判别闸门是否发生共振。水流对闸门作用主要是上游来水对闸门上游面的作用。在水流脉动压力激振下，闸门的自振特性是典型的流固耦合问题，而且水体与闸门的耦合影响还与闸门开度、上游水位等因素有关，特别是闸门在水中和空气中的自振频率有较大差异，受水体附加质量的影响，水中闸门的自振频率要低于空气中闸门的自振频率。闸门在水中的频率低于在空气中的频率，而且闸门开度越小，即闸门的挡水深度越大其自振频率降低得越多，闸门全关挡水时的频率

最低。

中孔工作闸门在正常的工作条件下,起主要作用的前3阶自振频率范围是3.56~90.84Hz,其中反映闸门结构上下振动的频率为3.56~72.88Hz,反映闸门顺水流方向振动的振动频率为9.57~50.59Hz,反映闸门沿坝轴方向振动的振动频率为7.11~90.84Hz。

底孔工作闸门在正常的工作条件下,起主要作用的前3阶自振频率范围是3.11~53.29Hz,其中反映闸门结构上下振动的频率为3.11~46.15Hz,反映闸门顺水流方向振动的振动频率为11.29~51.52Hz,反映闸门沿坝轴方向振动的振动频率为7.14~26.13Hz。考虑底孔工作闸门闸墙刚度较大,将闸门的自振频率与脉动水压力的频域比较可知,上游来水作用在闸门上脉动压力的频率低于闸门的自振频率,不会诱发底孔闸门产生共振振动。

6.6.7.2 闸门振动加速度测试结果与分析

对中孔工作闸门、底孔工作闸门全过程都进行了振动加速度测试,测点布置见图6-12、图6-13。表6-6和表6-7为中孔工作闸门和底孔工作闸门的加速度测试结果。图6-15和图6-16为中孔5号和7号测点加速度随不同开度时幅值变化规律图,图6-17和图6-18为底孔6号和2号测点加速度随不同开度时幅值变化规律图。根据表6-6和表6-7所列的大量的实测结果可知,两扇闸门振动加速度值都属安全范围。

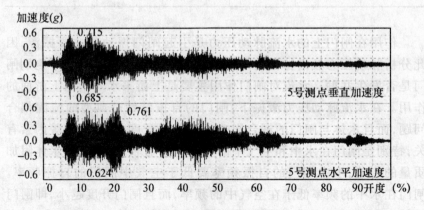

图6-15 中孔工作闸门加速度过程曲线(1)(全开—全关)

表 6-6　　中孔工作闸门泄洪过程不同开度最大加速度　　（单位：g）

开度(%)	加速度5 垂直	加速度5 水平	加速度7 垂直	加速度7 水平	加速度8 垂直	加速度8 水平	加速度9 垂直	加速度9 水平	加速度27 垂直
5	0.144	0.061	0.370	0.153	0.023	0.175	0.133	0.021	0.113
10	0.322	0.264	0.221	0.381	0.111	0.275	0.129	0.023	0.113
15	0.451	0.542	0.213	0.509	0.316	0.452	0.362	0.246	0.102
20	0.289	0.568	0.154	0.450	0.265	0.306	0.250	0.215	0.120
25	0.231	0.121	0.122	0.152	0.142	0.173	0.145	0.017	0.085
30	0.211	0.112	0.119	0.332	0.150	0.191	0.128	0.019	0.057
35	0.137	0.261	0.153	0.471	0.141	0.309	0.111	0.033	0.072
40	0.221	0.272	0.242	0.366	0.326	0.480	0.573	0.507	0.044
45	0.241	0.265	0.214	0.553	0.330	0.512	0.470	0.485	0.106
50	0.161	0.189	0.134	0.395	0.102	0.131	0.148	0.160	0.143
55	0.146	0.165	0.142	0.485	0.167	0.185	0.420	0.204	0.123
60	0.121	0.108	0.042	0.176	0.095	0.253	0.256	0.477	0.051
65	0.155	0.225	0.189	0.451	0.231	0.211	0.397	0.400	0.110
70	0.077	0.044	0.071	0.139	0.247	0.168	0.472	0.362	0.081
75	0.036	0.035	0.036	0.153	0.070	0.127	0.142	0.038	0.063
80	0.070	0.037	0.051	0.146	0.092	0.117	0.107	0.067	0.052
85	0.022	0.042	0.167	0.143	0.098	0.076	0.182	0.132	0.106
90	0.078	0.106	0.205	0.170	0.128	0.121	0.130	0.062	0.098
95	0.044	0.030	0.134	0.156	0.195	0.120	0.362	0.151	0.045
100	0.025	0.021	0.021	0.059	0.074	0.029	0.038	0.069	0.024

表6-7　　底孔工作闸门泄洪过程不同开度最大加速度值　　　　单位:g

开度(%)	加速度6（垂直）	加速度6（水平）	加速度8（水平）	加速度2（垂直）	加速度2（水平）
5	0.053	0.059	0.014	0.042	0.051
10	0.062	0.057	0.024	0.041	0.016
15	0.055	0.054	0.034	0.046	0.011
20	0.052	0.052	0.025	0.037	0.026
25	0.058	0.053	0.026	0.030	0.018
30	0.073	0.058	0.027	0.061	0.037
35	0.172	0.068	0.031	0.068	0.062
40	0.073	0.201	0.026	0.138	0.155
45	0.131	0.130	0.032	0.088	0.126
50	0.075	0.074	0.035	0.073	0.060
55	0.073	0.075	0.026	0.086	0.064
60	0.120	0.122	0.028	0.079	0.122
65	0.056	0.047	0.032	0.070	0.145
70	0.123	0.137	0.042	0.073	0.064
75	0.045	0.085	0.047	0.063	0.065

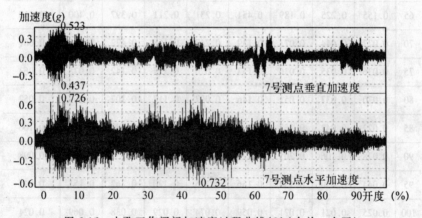

图6-16　中孔工作闸门加速度过程曲线(2)(全关—全开)

续表

开度(%)	加速度6(垂直)	加速度6(水平)	加速度8(水平)	加速度2(垂直)	加速度2(水平)
80	0.096	0.096	0.039	0.069	0.067
85	0.067	0.058	0.022	0.037	0.063
90	0.068	0.066	0.036	0.068	0.050
95	0.072	0.076	0.027	0.016	0.052
100	0.073	0.066	0.015	0.017	0.027

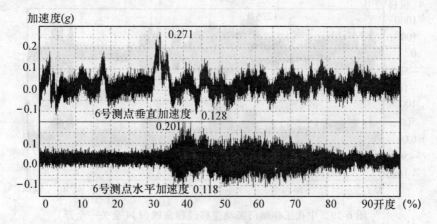

图 6-17 底孔工作闸门加速度过程曲线(1)(全开—全关)

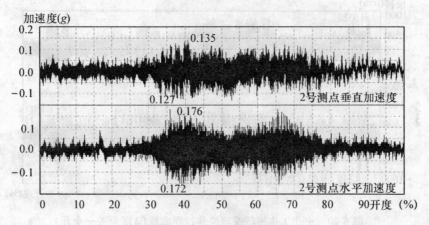

图 6-18 底孔工作闸门加速度过程曲线(2)(全关—全开)

6.6.7.3 闸门振动位移测试结果与分析

根据试验结果,位移测点布置在闸门的面板、横梁和支臂上,测试参数为振动位移最大值。表 6-8 为中孔工作闸门振动位移最大值,表 6-9 为底孔工作闸门振动位移最大值;图 6-19 和图 6-20 为中孔 5 号和 7 号测点振动位移随不同开度时幅值变化规律图。这些资料表明,闸门振动位移和振动加速度一样主要与闸门开度有关。试验的结果与有限元计算结果也较吻合。

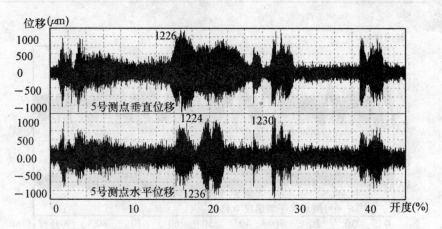

图 6-19 中孔工作闸门振动位移过程曲线(1)(全关—全开)

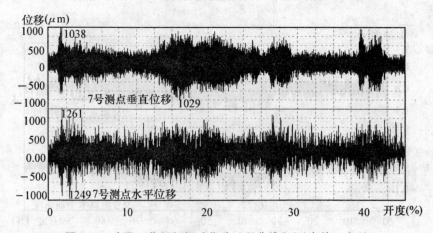

图 6-20 中孔工作闸门振动位移过程曲线(2)(全关—全开)

中孔工作闸门各开度振动最大位移、均方根值均在表及图中列出，根据实验结果可知，该测试水位下闸门振动最大位移有1261μm，产生在7号测点水平方向（开度约5%）；各测点振动位移均方根值为121~397μm，振动位移对闸门正常运行不会产生严重危害，但要关注闸门日常运行情况的变化。

底孔工作闸门各开度振动最大位移、均方根值均在表6-9中列出，根据实验结果可知，该测试水位下闸门振动最大位移有310μm，产生在7号测点水平方向（开度约5%）；各测点振动位移均方根值为45~119μm，总体上看闸门只产生微小程度的振动。

表6-8　中孔工作门泄洪过程不同开度最大位移和均方根值

（单位：μm）

开度(%)	位移5（垂直）	位移5（水平）	位移7（垂直）	位移7（水平）	位移8（水平）	位移9（水平）	位移28（水平）
5	369	492	484	872	527	443	97
10	627	324	361	553	471	510	145
15	415	485	347	508	282	312	109
20	310	370	279	443	359	360	137
25	218	365	281	355	466	525	125
30	266	287	376	523	325	411	63
35	623	292	844	711	624	560	127
40	751	316	796	481	353	559	179
45	760	741	587	816	622	610	236
50	633	263	601	284	519	487	124
55	264	268	368	231	203	270	87
60	137	254	255	276	314	376	55
65	767	817	630	577	615	423	61
70	105	223	309	412	502	392	78
75	89	238	241	520	379	315	71

续表

开度 (%)	位移5 (垂直)	位移5 (水平)	位移7 (垂直)	位移7 (水平)	位移8 (水平)	位移9 (水平)	位移28 (水平)
80	224	240	516	489	456	207	62
85	220	266	502	195	341	163	152
90	509	755	870	709	518	570	143
95	258	261	244	502	432	213	124
100	235	176	240	125	227	204	67
均方根值	384	397	362	364	315	258	121

表6-9 底孔工作门泄洪过程不同开度最大位移和均方根值

(单位:μm)

开度 (%)	位移6 (垂直)	位移6 (水平)	位移2 (水平)	位移8 (水平)
5	93	73	119	56
10	251	95	181	37
15	122	111	71	24
20	79	96	76	31
25	45	91	109	35
30	67	72	85	19
35	165	93	156	65
40	310	204	288	42
45	202	291	256	56
50	184	132	130	55
55	158	198	151	34
60	107	69	79	22
65	34	54	64	21
70	26	56	73	31

续表

开度 (%)	位移6 (垂直)	位移6 (水平)	位移2 (水平)	位移8 (水平)
75	22	72	95	19
80	56	50	114	28
85	145	87	176	37
90	86	79	127	34
95	65	65	108	33
100	59	44	53	27
均方根值	119	93	81	45

由于中孔工作闸门流道高度有一定的变化,闸门的流态不是很平稳。水流对闸门产生冲击,闸门产生了振动现象。其中开度分别为3%~10%、30%~70%、86%~95%时闸门有明显的振动现象。这主要有两个原因,其一是激振源(这里是脉动水压力)的优势频率与闸门的自振频率(1.9~2.2Hz,31~47Hz)相同或接近,其二是激振的能量达到了一定的值。

6.6.7.4 闸门振动动应变与动应力测试结果与分析

本枢纽电站溢洪道弧门属于常年局部开启的工作闸门,对承受的动应力有一定限制。根据《水工钢闸门和启闭机安全检测技术规程》(SL-101-94)7.4.2及7.4.3条款,主要对中孔工作门、底孔工作门进行了动应力检测。中孔工作门、底孔工作门动应力测点(动应变)主要布置在纵梁和支臂上,测点布置时考虑了闸门的对称性,测点布置见测点图6-12、图6-13。从观测结果可以看出,闸门不同开度泄流时振动应力都很小。

试验过程中,通过数据采集系统获取的信息是闸门上各测点的动应变值,闸门实际所承受的动应力需要根据公式 $\sigma = E \cdot \varepsilon$ 换算得到。表6-10、表6-11和表6-12为闸门振动动应力的实测结果。根据试验结果,闸门振动应力的大小主要与闸门的开度有关,其规律是小开度和中等开度工况动应力大,大开度工况动应力小。究其原因仍然是,在泄洪工况,闸门小开度和中等开度泄流时形成较大脉动压力;而在大开度过流时,水流自由出流,闸门振动减小,动应力相应降低。根据《水利水电工程钢闸门设计规范》可以对本枢纽电站闸门进行动应力校核,《规范》3.0.5(4)条款规定,经常进行局部开启的工作闸门有必要在设计中采用动力系数,取值为1.0~1.2,即闸门承受的总荷载与动荷载之比不应超过1.2。选择中孔工作门和底孔工作门动应力最大的测点进行验算。闸门结构的动应力是反映和衡量闸门动水启闭运行时安全度的最基本的指示,研究结果表明,实测动应力值都满足规范要求。

表6-10　中孔工作门泄洪开门过程不同开度动应变、应力值

开度(%)	类别	5点垂直(上主横梁)	5点水平(上主横梁)	7点(右上支腿)	8点(右上支腿)	9点(右上支腿)	19点(下主横梁)
5	应变($\mu\varepsilon$)	5.01	7.81	27.62	5.74	20.59	5.02
	应力(MPa)	1.05	1.64	5.80	1.21	4.32	1.05
10	应变($\mu\varepsilon$)	4.88	8.33	26.67	5.10	20.33	5.03
	应力(MPa)	1.02	1.75	5.60	1.07	4.27	1.06
15	应变($\mu\varepsilon$)	4.83	7.90	27.62	4.99	24.98	5.78
	应力(MPa)	1.01	1.66	5.80	1.05	5.25	1.21
20	应变($\mu\varepsilon$)	4.90	8.03	27.25	5.03	21.21	5.09
	应力(MPa)	1.03	1.69	5.72	1.06	4.45	1.07
25	应变($\mu\varepsilon$)	4.98	8.06	27.43	5.05	21.24	4.82
	应力(MPa)	1.05	1.69	5.76	1.06	4.46	1.01
30	应变($\mu\varepsilon$)	4.58	7.65	27.49	4.80	20.30	4.78
	应力(MPa)	0.96	1.61	5.77	1.01	4.26	1.00
35	应变($\mu\varepsilon$)	4.90	7.46	58.46	44.96	45.16	4.96
	应力(MPa)	1.03	1.57	12.27	9.44	9.48	1.04

续表

开度(%)	类别	5点垂直(上主横梁)	5点水平(上主横梁)	7点(右上支腿)	8点(右上支腿)	9点(右上支腿)	19点(下主横梁)
40	应变($\mu\varepsilon$)	10.47	14.12	63.97	28.24	87.50	5.55
	应力(MPa)	2.20	2.97	13.43	5.93	18.38	1.17
45	应变($\mu\varepsilon$)	12.86	14.06	52.11	23.00	84.38	6.51
	应力(MPa)	2.70	2.95	10.94	4.83	17.72	1.37
50	应变($\mu\varepsilon$)	11.09	11.96	44.23	15.81	70.38	5.74
	应力(MPa)	2.33	2.51	9.29	3.32	14.78	1.21
55	应变($\mu\varepsilon$)	9.48	11.65	21.34	14.48	69.57	6.93
	应力(MPa)	1.99	2.45	4.48	3.04	14.61	1.46
60	应变($\mu\varepsilon$)	10.96	11.55	22.96	12.81	65.66	8.06
	应力(MPa)	2.30	2.43	4.82	2.69	13.79	1.69
65	应变($\mu\varepsilon$)	11.68	13.75	22.52	14.68	78.09	6.97
	应力(MPa)	2.45	2.89	4.73	3.08	16.40	1.46
70	应变($\mu\varepsilon$)	13.73	13.14	23.25	15.08	78.83	8.71
	应力(MPa)	2.88	2.76	4.88	3.17	16.55	1.83
75	应变($\mu\varepsilon$)	12.98	6.75	13.55	5.19	19.28	5.90
	应力(MPa)	2.73	1.42	2.85	1.09	4.05	1.24
80	应变($\mu\varepsilon$)	18.43	6.64	16.64	20.92	18.80	11.51
	应力(MPa)	3.87	1.39	3.49	4.39	3.95	2.42
85	应变($\mu\varepsilon$)	18.54	7.22	15.96	32.07	18.56	14.36
	应力(MPa)	3.89	1.52	3.35	6.73	3.90	3.02
90	应变($\mu\varepsilon$)	18.93	13.56	17.91	38.82	17.62	40.06
	应力(MPa)	3.98	2.85	3.76	8.15	3.70	8.41
95	应变($\mu\varepsilon$)	10.89	8.83	18.56	33.72	42.43	31.80
	应力(MPa)	2.28	1.85	3.89	7.08	8.91	6.68
100	应变($\mu\varepsilon$)	8.35	9.57	12.15	30.00	23.05	13.09
	应力(MPa)	1.75	2.01	2.55	6.30	4.84	2.75

表6-11　中孔工作门泄洪开门过程不同开度动应变、应力值

开度(%)	类别	20点垂直（下主横梁）	20点水平（下主横梁）	21点（下主横梁）	22点（右下支腿）	23点（右下支腿）	24点（右下支腿）
5	应变($\mu\varepsilon$)	5.94	6.48	4.84	7.42	25.12	6.33
	应力(MPa)	1.25	1.36	1.02	1.56	5.28	1.33
10	应变($\mu\varepsilon$)	6.57	6.01	4.80	7.79	24.06	5.86
	应力(MPa)	1.38	1.26	1.01	1.64	5.05	1.23
15	应变($\mu\varepsilon$)	8.72	9.99	5.48	11.54	61.43	9.92
	应力(MPa)	1.83	2.10	1.15	2.42	12.90	2.08
20	应变($\mu\varepsilon$)	7.43	8.55	5.27	10.39	58.77	8.26
	应力(MPa)	1.56	1.80	1.11	2.18	12.34	1.73
25	应变($\mu\varepsilon$)	6.32	6.17	5.18	8.23	24.73	5.79
	应力(MPa)	1.33	1.30	1.09	1.73	5.19	1.22
30	应变($\mu\varepsilon$)	16.07	16.18	14.91	17.78	23.40	26.08
	应力(MPa)	3.37	3.40	3.13	3.73	4.91	5.48
35	应变($\mu\varepsilon$)	26.04	26.56	25.00	27.55	21.86	35.86
	应力(MPa)	5.47	5.58	5.25	5.79	4.59	7.53
40	应变($\mu\varepsilon$)	17.99	29.30	35.52	56.42	85.50	79.36
	应力(MPa)	3.78	6.15	7.46	11.85	17.96	16.67
45	应变($\mu\varepsilon$)	18.23	47.88	39.26	47.38	93.48	98.52
	应力(MPa)	3.83	10.05	8.24	9.95	19.63	20.69
50	应变($\mu\varepsilon$)	20.89	23.54	25.30	27.03	37.26	49.69
	应力(MPa)	4.39	4.94	5.31	5.68	7.82	10.43
55	应变($\mu\varepsilon$)	13.43	15.51	6.81	13.73	6.31	45.35
	应力(MPa)	2.82	3.26	1.43	2.88	1.33	9.52
60	应变($\mu\varepsilon$)	22.62	8.15	6.15	17.61	6.21	54.57
	应力(MPa)	4.75	1.71	1.29	3.70	1.30	11.46

续表

开度(%)	类别	20点垂直(下主横梁)	20点水平(下主横梁)	21点(下主横梁)	22点(右下支腿)	23点(右下支腿)	24点(右下支腿)
65	应变($\mu\varepsilon$)	41.39	8.23	5.14	11.86	6.12	27.35
	应力(MPa)	8.69	1.73	1.08	2.49	1.29	5.74
70	应变($\mu\varepsilon$)	20.16	12.46	5.70	11.41	6.92	22.94
	应力(MPa)	4.23	2.62	1.20	2.40	1.45	4.82
75	应变($\mu\varepsilon$)	14.25	7.10	5.55	4.74	5.69	23.34
	应力(MPa)	2.99	1.49	1.17	1.00	1.19	4.90
80	应变($\mu\varepsilon$)	14.83	9.53	7.09	4.33	6.29	29.13
	应力(MPa)	3.11	2.00	1.49	0.91	1.32	6.12
85	应变($\mu\varepsilon$)	17.69	9.93	14.52	4.82	9.34	42.29
	应力(MPa)	3.71	2.09	3.05	1.01	1.96	8.88
90	应变($\mu\varepsilon$)	35.89	38.35	32.08	5.61	8.27	37.95
	应力(MPa)	7.54	8.05	6.74	1.18	1.74	7.97
95	应变($\mu\varepsilon$)	26.61	43.01	34.64	12.78	6.38	27.37
	应力(MPa)	5.59	9.03	7.27	2.68	1.34	5.75
100	应变($\mu\varepsilon$)	16.30	14.73	19.06	8.59	5.67	9.77
	应力(MPa)	3.42	3.09	4.00	1.80	1.19	2.05

表 6-12　　底孔工作门开门过程不同开度动应变值

开度(%)	类别	1点(右上支腿)	2点(右上支腿)	3点(右上支腿)	5点(上主横梁)	6点垂直(上主横梁)	6点水平(上主横梁)	7点(上主横梁)	9点(左上支腿)
5	应变($\mu\varepsilon$)	8.92	9.09	8.90	9.98	9.72	10.26	9.39	9.90
	应力(MPa)	1.87	1.91	1.86	2.09	2.04	2.15	1.97	2.08
10	应变($\mu\varepsilon$)	8.98	8.87	8.92	9.29	9.18	9.21	8.85	9.47
	应力(MPa)	1.88	1.86	1.87	1.95	1.92	1.93	1.85	1.99

续表

开度(%)	类别	1点(右上支腿)	2点(右上支腿)	3点(右上支腿)	5点(上主横梁)	6点垂直(上主横梁)	6点水平(上主横梁)	7点(上主横梁)	9点(左上支腿)
15	应变($\mu\varepsilon$)	9.37	9.44	9.26	8.99	8.72	9.31	9.13	9.74
15	应力(MPa)	1.96	1.98	1.94	1.88	1.83	1.95	1.91	2.04
20	应变($\mu\varepsilon$)	9.42	9.69	8.98	8.63	9.49	9.79	9.68	9.41
20	应力(MPa)	1.98	2.03	1.88	1.81	1.994	2.05	2.03	1.97
25	应变($\mu\varepsilon$)	9.47	9.46	8.96	9.25	9.27	9.54	9.40	9.16
25	应力(MPa)	1.98	1.98	1.88	1.94	1.94	2.00	1.97	1.92
30	应变($\mu\varepsilon$)	8.74	9.08	9.19	9.20	9.260	9.65	9.07	11.13
30	应力(MPa)	1.83	1.90	1.93	1.93	1.94	2.02	1.90	2.33
35	应变($\mu\varepsilon$)	19.42	19.35	19.37	15.49	16.26	14.02	13.40	19.25
35	应力(MPa)	3.94	4.06	4.07	3.27	3.41	2.94	2.81	4.04
40	应变($\mu\varepsilon$)	48.80	39.42	49.41	18.90	19.19	29.30	37.381	41.86
40	应力(MPa)	10.25	8.28	10.38	3.97	4.03	6.15	7.85	8.79
45	应变($\mu\varepsilon$)	58.96	49.31	69.22	31.96	29.31	26.48	39.08	51.43
45	应力(MPa)	12.38	10.36	14.54	6.71	6.16	5.56	8.21	10.80
50	应变($\mu\varepsilon$)	38.59	39.28	48.32	16.94	17.37	15.44	21.18	43.01
50	应力(MPa)	8.10	8.25	10.15	3.56	3.65	3.24	4.45	9.03
55	应变($\mu\varepsilon$)	29.07	21.10	17.67	15.15	11.21	19.39	19.33	29.54
55	应力(MPa)	6.10	4.45	3.71	3.18	2.35	4.07	4.06	6.20
60	应变($\mu\varepsilon$)	19.64	17.53	15.96	10.32	9.89	13.42	10.55	17.37
60	应力(MPa)	4.12	3.68	3.35	2.17	2.08	2.82	2.22	3.65
65	应变($\mu\varepsilon$)	9.12	7.48	9.25	9.42	5.18	7.32	9.19	11.98
65	应力(MPa)	1.91	1.57	1.94	1.97	1.09	1.53	1.93	2.51
70	应变($\mu\varepsilon$)	17.34	9.45	11.23	7.37	8.89	9.19	11.14	9.54
70	应力(MPa)	3.64	1.98	2.36	1.55	1.86	1.93	2.34	2.00

续表

开度(%)	类别	1点(右上支腿)	2点(右上支腿)	3点(右上支腿)	5点(上主横梁)	6点垂直(上主横梁)	6点水平(上主横梁)	7点(上主横梁)	9点(左上支腿)
75	应变($\mu\varepsilon$)	9.01	9.27	8.99	9.64	9.04	9.01	9.16	9.67
75	应力(MPa)	1.89	1.94	1.88	2.02	1.89	1.89	1.92	2.03
80	应变($\mu\varepsilon$)	13.60	10.60	9.31	8.08	7.86	11.93	8.76	9.77
80	应力(MPa)	2.86	2.23	1.95	1.20	1.65	2.50	1.84	2.05
85	应变($\mu\varepsilon$)	8.51	9.38	9.55	9.30	8.59	9.56	9.11	9.39
85	应力(MPa)	1.789	1.97	2.00	1.95	1.80	2.00	1.91	1.97
90	应变($\mu\varepsilon$)	9.30	8.74	9.02	10.13	8.76	9.36	9.36	9.57
90	应力(MPa)	1.95	1.83	1.89	2.12	1.84	1.96	1.96	2.01
95	应变($\mu\varepsilon$)	8.99	9.19	8.93	9.55	9.10	9.89	8.95	9.57
95	应力(MPa)	1.89	1.93	1.87	2.00	1.91	2.07	1.88	2.01
100	应变($\mu\varepsilon$)	7.39	5.02	10.71	6.18	4.39	7.52	5.50	10.81
100	应力(MPa)	1.55	1.05	2.25	1.30	0.92	1.58	1.16	2.27

6.6.7.5 振动原因综合分析

本枢纽闸门振动的原因是:下泄水流在闸门面板上形成水流脉动压力,脉动压力冲击是闸门振动的主要外因。并且振动量的大小与脉动压力有关,脉动压力大小又与闸门开度有关,如在小开度和中等开度工况下,面板脉动压力较大,闸门振动相对也较大;而大开度工况下,闸门面板脉动压较小,闸门振动量相对变小。这个结论可供闸门在运行调度时参考。

本枢纽大坝底孔工作门振动较小,泄水时闸门较平稳。而大坝中孔工作门振动比底孔工作门大得多(中孔工作门振动加速度约为底孔工作门的3倍),这与中孔门的流道形态有关。

6.6.8 结论与建议

(1)闸门原型观测期间上游库水位在109m左右,因此观测成果具有代表性,可以反映闸门在各开度下正常泄洪时的振动状况。

(2)闸门挡水时的频率低于不挡水时的频率,而且闸门的挡水深度越大其自振频率越小。中孔工作门在正常的工作条件下,起主要作用的前3阶自振频率范围是 $3.56 \sim 90.84 Hz$。由于中孔工作门左右闸墙的第一频率仅为 $3.93 Hz$ 和 $4.29 Hz$,闸门与闸墙组合后的联合频率必然进一步减小,而脉动水压力的振动频率较低,所以中孔工作闸门在泄洪时产生了振动。底孔工作门在正常的工作条件下,起主要作用的前3阶自振频率范围是 $3.11 \sim 53.29 Hz$。底孔工作闸门在泄洪时也会产生振动,但不会产生共振现象。

(3)中孔工作门实测最大动应力为 $20.69 MPa$,底孔工作门实测最大动应力为 $14.54 MPa$,均小于闸门结构容许的动应力。

(4)中孔闸门在泄洪时发生了振动,但没有发现其他异常反应。中孔工作门支臂动力响应较大,其最大加速度值 $0.761g$,最大振动位移为 $1261 \mu m$;底孔工作门支臂动力响应最大加速度值 $0.271g$,最大振动位移为 $310 \mu m$。振动值不大,全部为微小振动,因此现阶段闸门运行时满足闸门结构强度及刚度要求。

(5)试验所得的闸门动力响应表明,中孔工作门振动的不利工况出现在开度分别为 $3\% \sim 10\%$、$30\% \sim 70\%$、$86\% \sim 95\%$ 时。底孔工作门振动的不利工况出现在开度 $35\% \sim 75\%$ 时。建议闸门开启过程中不要在这些开度停留。

第 7 章
闸门动力分析的有限元法

7.1 概 述

解决闸门振动问题有两种方法:一种方法是上一章介绍过的闸门动态检测——用试验的方法求得闸门自由振动的动态特性参数(模态参数)——自由振动频率(固有频率)、主振型及阻尼,以及闸门强迫振动响应的动应力、振动加速度和振动位移,从而确定闸门的共振条件、阻尼对振动响应的影响、闸门的减震、防震措施,以及判断闸门的强度、刚度及稳定性是否满足要求等;另一种方法是本章介绍的用有限元法对闸门进行动力分析,用理论计算结果来指导闸门的动态检测试验和校核测试试验的结果。因此,闸门动力的有限元分析可作为闸门原型动态检测或模型的动力试验的补充和验证。闸门动力的有限元分析能有效地解决闸门原型检测中所不能解决的一些问题,如原型检测中的布点、环境条件的限制,以及有些地方无法进行原型观测等问题。

有限元法是 20 世纪 50 年代初期,在美国由于飞机结构分析精密化发展起来的,先称为有限要素法,后来才称之为有限元法。由于计算机的出现,有限元法如鱼得水地高速发展。这一方法的主要特征是很好地适应计算机编制程序及一高度有组织的输入步骤。目前,有限元法已广泛地应用于机械、电子、水利、土木建筑及航空航天等工程领域,并且随着计算机技术的发展和广泛应用,有限元分析已成为计算机辅助工程的重要组成部分。

用有限元法进行工程问题分析时,可分为三个阶段和六个步骤。

三个阶段是:

(1)计算模型的建立和数据输入(前处理);

(2)分析计算;

(3)分析结果的后处理及评判。

六个步骤是:

(1)建立计算的几何模型;

(2)几何模型离散化,即网格定义及划分;

(3)形成分析模型,即分析问题定义;

(4)数值计算;

(5)数值模拟仿真或计算结果的评价;

(6)修改模型或修改原始设计。

第1步至第3步为有限元分析的前处理;第5步是后处理;第6步主要是根据后处理结果修改模型(包括几何模型、网格划分的调整、荷载与边界条件的修改和重新定义等)或者直接修改原设计,修改后再重新建立有限元的力学模型。

在计算机上用有限元法求解闸门动力问题的一般步骤是:将闸门划分成单元后,确定单元的信息和节点坐标等有关数据,将这些信息和数据输入计算机;然后由计算机根据这些信息和数据自动形成整体刚度矩阵$[K]$、质量矩阵$[M]$、阻尼矩阵$[C]$和荷载列阵$[P]$;求解动力方程组(二阶常数微分方程)的方法,在后面的7.3节中详述。如果闸门按平面问题处理,则输入的数据和信息一般为:节点坐标x、y;边界节点的约束条件;单元的特征数据如弹性模量E、泊松比μ、厚度t、容重W;单元信息(单元上节点的号码及单元特征数据的类型等);荷载作用点的号码及荷载数值等。在编写计算框图及编制有限元计算程序时,其关键问题是矩阵$[M]$、$[K]$、$[C]$及列阵$\{C\}$

的形成与存储,以及动力方程组的求解。由于这部分内容已直接引用美国 ANSYS 公司开发的国际通用有限元程序 ANSYS 程序,本书不再叙述。

本章闸门动力有限元分析的主要内容有:

(1)介绍闸门动力分析的基本理论,主要解决闸门的动态特性参数和闸门振动的加速度、动位移和动应力的理论计算问题;

(2)介绍闸门动力分析的有限元法的基本理论及如何将这些基本理论运用于闸门的动力分析;

(3)举一工程实例说明有限元分析是如何运用于闸门动力分析的。

7.2 闸门动力分析的基本理论

闸门受到的初始干扰(初速度或初位移)或原有的动力荷载(干扰力)取消后,仅在其自身的惯性力($M_i \ddot{u}_i$)和弹性恢复力($K_i u_i$)作用下产生的振动,称为闸门的自由振动。

闸门受到动力荷载作用下产生的振动,称为闸门的强迫振动。闸门在强迫振动时会产生动位移、动应力、振动速度和加速度,这称之为闸门的动力响应。

闸门动力分析主要介绍闸门的动态特性参数(自振频率、振型和阻尼)和闸门振动的加速度、动位移和动应力的强迫振动响应的理论计算问题。

7.2.1 闸门所受的动力荷载(干扰力)

静力荷载与动力荷载的区别在于荷载大小、方向或位置随时间变化的快慢。以闸门的自振周期为参考指标,相对于自振周期变化较慢的荷载称为静力荷载,闸门所产生的加速度可以忽略。反之,相对于自振周期变化较快的荷载称为动力荷载,闸门产生的加速度不可忽略。

闸门动力荷载主要源于闸门开启和关闭全过程的脉动水压力。此外,闸门的摩擦或漂浮物的冲击等也是动力荷载之一。因此,闸门的动力荷载有如下两种。

1. 冲击荷载

作用于闸门的时间很短的荷载称为冲击荷载。其特点是荷载在极短的时间内急剧增大或急剧减小,对闸门的作用主要取决于它的冲量。脉冲锤敲击闸门、漂浮物撞击闸门等都属于冲击荷载。

2. 随机荷载

随机荷载是一种非确定性荷载,即荷载在未来的任一时刻的数值都是无法具体确定的。如作用在闸门上的脉动水压力,风荷及地震荷载等。

7.2.2 闸门振动的微分方程

对闸门进行动力分析时,需要列出并求解其动力方程——振动微分方程。本书所要阐述的闸门动力分析问题,属于具有微小振幅的振动问题,适用于叠加原理,故用来表示闸门质量运动的振动微分方程属于线性方程。

根据工程振动理论,建立闸门的振动微分方程可用牛顿第二定律、拉格朗日运动方程、惯性力法(动静法)等方法。对闸门来说,最简便的方法是惯性力法。即应用达朗伯尔原理,将闸门各部分的惯性力假想地加在闸门上,按静力平衡的方法来建立振动微分方程。具体做法是用影响系数法,即分别建立柔度矩阵(位移是力的函数)和刚度矩阵(力是位移的函数),然后,根据达朗伯尔原理,在闸门各点上虚加惯性力,由柔度影响系数求得闸门在干扰力(动力荷载)及惯性力共同作用下的位移(位移协调方程),从而建立闸门的振动微分方程。如果假定闸门为一有限个自由度(n个自由度)的体系,闸门的i点在某一瞬时的振动位移为$X_i(t)$,则根据上述办法建立闸门的振动微分方程为:

$$[M]\{\ddot{X}(t)\} + [C]\{\dot{X}(t)\} + [K]\{X(t)\} = \{P(t)\} \quad (7-1)$$

上式为一线性非齐次常微分方程组。式中:$[M]$、$[C]$、$[K]$分别为闸门结构的质量矩阵、阻尼矩阵和刚度矩阵,它们均是n阶矩阵;$\{X(t)\}$、$\{\dot{X}(t)\}$、$\{\ddot{X}(t)\}$及$\{P(t)\}$分别为闸门n阶的位移向量

(列阵)、速度向量(列阵)、加速度向量(列阵)及干扰力(动力荷载)向量(列阵),它们都是时间 t 的函数。

在线性问题中,质量矩阵、阻尼矩阵和刚度矩阵中的元素都是常数。

如果干扰力(动力荷载)向量为零,即干扰力取消后,系统仅在其初速度或初位移或两者兼有的作用下,则闸门结构将处于自由振动状态;反之,干扰力向量不为零,即动力荷载存在时,闸门结构处于强迫振动状态。

7.2.3 闸门结构的动态特性

闸门结构的自振频率、主振型及阻尼等参数,统称为闸门结构的动态特性参数。

闸门的动态特性参数是闸门动力分析的重要内容之一,特别是闸门的自振频率,它是闸门产生共振的条件之一,要防止闸门出现共振,消除闸门的振动,首先要知道其自振频率。可见,闸门的自振频率是闸门动态特性中的重要数量指标,它只与闸门结构的质量(惯性)和刚度(复原性)有关,与外界的干扰因素无关。

n 个自由度的闸门结构体系对应有 n 个自振频率 $\omega_{nj}(j=1,2,\cdots,n)$。对于多自由度体系来说,求解 ω_{nj} 就要归结到求解体系的广义特征值问题,即求解特征矩阵方程,其特征矩阵方程为:

$$([K]-\omega_{nj}^2[M])\{A_i\}^{(j)}=0 \tag{7-2}$$

式中:若令 $\lambda_j=\omega_{nj}^2$,λ_j 称为结构的 j 阶特征值;$\{A_i\}^{(j)}$ 为 j 阶自振频率对应的主振型列阵,称为特征向量;$[M]$、$[K]$ 分别为质量矩阵和刚度矩阵。

若式(7-2)具有非零解,则其系数行列式必须为零,即

$$|[K]-\lambda_j[M]|=0 \tag{7-3}$$

闸门结构在振动过程中,其在某一特定的初始条件下,闸门各部分质量将以同一自振频率 ω_{nj}、同一相位角 φ_j(同步)和不同振幅 $A_i^{(j)}$ 做简谐振动。对于同一自振频率 ω_{nj},各部分质量的振幅(位移值)之间在任何瞬时均保持固定不变的比值,即恒有

$$\frac{X_1}{A_1^{(j)}} = \frac{X_2}{A_2^{(j)}} = \cdots = \frac{X_n}{A_n^{(j)}} \tag{7-4}$$

的关系,亦即闸门结构体系的变形形态保持不变。因此,$\{A_i\}^{(j)}$各元素的比值完全确定了闸门振动的形态。也就是说,对应于每一个自振频率 ω_{nj},相应的闸门结构振动形态称为闸门的 j 阶主振型,或称 j 阶模态。此时,闸门的振动称为第 j 阶主振动。

主振型可用向量 $\{A_i\}^{(j)}$ 或矩阵 $[\{A_i\}^{(1)}, \{A_i\}^{(2)}, \cdots, \{A_i\}^{(n)}]$ = $[A]$ 来表述,对于同一体系,其任意两个振型之间有着振型正交性的重要特征,即

$$\{A_i^{(1)}\}^T [M] \{A_i^{(2)}\} = 0 \tag{7-5}$$

与

$$\{A_i^{(1)}\}^T [K] \{A_i^{(2)}\} = 0 \tag{7-6}$$

两式在数学上表示两个主振型向量的数量积为零。

闸门结构的阻尼 $[C]$ 对振动的影响,一般比闸门结构的质量和刚度对振动的影响小,因此,可以用近似法来表述阻尼矩阵。如果它是一个比例阻尼,可以近似表示为其正比于质量矩阵和刚度矩阵,或正比于它们的线性组合,即

$$[C] = \alpha [M] + \beta [K] \tag{7-7}$$

式中:$[C]$、$[M]$、$[K]$ 分别为闸门结构的阻尼矩阵、质量矩阵和刚度矩阵,α、β 为比例系数,它们分别是与自振频率 ω_{nj} 和阻尼比 ξ_j 有关的系数。

综上所述,求解闸门结构的动态特性参数问题就是求解其特征矩阵方程问题,特征矩阵方程是关于特征值 $\lambda_j = \omega_{nj}^2$ 的一元 n 次代数方程,由此可以解出闸门结构的 n 个自振频率和相应的主振型相对值。但 n 的次数多了就要借助于数值分析和电脑来求解。其中较为方便且有利于电算的有矩阵迭代法等方法(可参阅有关文献)。

7.2.4 闸门结构的动力响应

动力分析的主要目的是求解闸门结构的动力响应。若闸门的动力荷载为确定性的荷载,则动力响应求解的关键就在于求得非齐次微分方程(7-1)的解。对于在特殊情况下的简单非耦合体系,容易找到或求得用解析式表示的方程的精确解。但对于复杂的闸门结构来

说这是办不到的,是不可能求得其精确解的。要想得到较为理想的动力分析结果,就须将其力学模型的自由度取得多一些,可取到几百上千个,甚至几十万个都可以,这些巨大的计算工作量,可借助数值积分方法用电脑解决。此外,当对式(7-1)进行一般的数学变换又不能消除耦合、任意阻尼和非线性等问题时,也需求助于数值积分方法。

目前求解式(7-1)的方法大致可分为两大类:一类是解耦分析法(振型叠加法),另一类为直接积分法。

解耦分析法用于求解自由度数目相对较少、易于解耦的结构体系。解耦分析法的思路是:首先采用矩阵迭代法求解体系的动态特征参数(模态参数)ω_{nj}、$A_i^{(j)}$和ξ_i,从而建立主振型矩阵(解耦矩阵)$[A_p]$;然后用解耦分析法(振型叠加法)将多自由度的闸门结构体系分解为单个自由度体系的叠加,而单个自由度体系的动力响应问题可以用杜哈美积分求解,这样就可以求解式(7-1),得到闸门结构强迫振动的响应。

直接积分法则可用于解决工程振动的绝大多数问题,它采用了多种数值积分方法,包含有中心差分法、威尔逊-θ法、Newmark法和Houbolt法等。对闸门这样的复杂结构,一般采用后一种直接积分法求解。直接积分法的基本思路是:将本来应寻求的、任何时刻t都满足闸门结构振动微分方程的位移向量$X(t)$,代之以寻求仅在离散时刻点$t_i(i=1,2,3,\cdots)$满足这一组方程的X_{ti},当然X_{ti}不完全是$X(t_i)$,故而其导出的解为近似解。为了提高计算精度、稳定性和降低计算费用,在每个时间间隔Δt内,位移、速度、加速度都被特别地假设为某种变化规律,各种不同的假设也就引出了上述各种不同的算法。

直接积分法的误差依赖于积分的每一步截断误差和舍入误差,以及每步误差在以后各步中的传播情况,前者与积分步长有关,后者取决于算法本身的稳定性。

7.2.5 闸门结构的随机振动问题

闸门振动的激励因素主要是脉动水压力。此外,闸门启闭过程的摩擦力或水面漂浮物的冲击等也可能引起闸门的振动。总的来说,引起闸门振动的激励均为非确定性荷载,即使是确定性荷载,但闸门本身的形状参数、材料参数等也具有非确定性,因此,闸门结构的强迫振动一般都属于随机振动。

随机振动的不确定性和不规则性是对单个现象观测而言的。实际上,大量同一随机振动的测试结果都存在一定的统计规律性。也就是说,所谓统计规律性就是在一定条件下多次重复某项实验或观察某种现象所得的结果呈现的规律性。因此,要研究随机振动,就要研究大量实验数据的统计规律性,我们在上一章闸门的动态检测中已作过专门介绍。

目前求解闸门门体的随机振动问题方法不少,但几乎最后都归结到结构可靠度问题上来,这是结构设计从定值法向概率设计法转轨的必经之路和方向。线性、平稳随机振动理论现已较成熟,非线性、非平稳问题正在发展,为了稳妥,通常尽量把非线性、非平稳问题转化为线性、平稳问题。例如,地震是典型的非平稳随机过程,但如只考虑地震的强震阶段,就可以将地震时地面运动简化为一个平稳运行过程。因此,结构的地震响应也可以在一段过渡期后被认为是平稳随机过程,这样就便于研究结构的随机振动问题了,而且工程结构抗震所关心的结构最大动力响应往往就出现在强震阶段(平稳随机过程中)。同样的道理,闸门在脉动水压力作用下产生的随机振动响应问题也是取其强振阶段来研究,这样闸门的随机振动就可认为是一平稳随机过程,问题就可以解决了。

7.3 有限单元法

如上节所述,求解闸门结构动力响应的方法有解耦分析法(振型叠加法)和直接积分法两大类,实际上这两类方法的具体实施均依赖于有限元法。以结构静力的刚度法为基础发展起来的有限元法,现已成为解决工程结构动力问题的一个有力工具。虽然有限元法从命名到现在只不过50多年,但已经相当成熟了。

以节点位移为基本未知量,插值构造单元内部的位移场,从而建立有限元分析的位移协调元,这是有限元形成以来学者们一直研究的主要方面。随着解决问题的日趋大型化、复杂化,采用位移协调元显露出来未知量太多、计算时间过长、费用太高的缺点,同时,位移协调元在分析板壳结构等特殊结构时常常会遇到协调性难以满足的困难,于是,非协调元类型的单元和方法就被提了出来,如混合元、杂交元、加权残数法、样条函数法、半解析半离散法以及耦合法,等等。这些新方法或简洁、或快速、或局部精度更高,为解决结构静力分析和动力分析问题开辟了新的途径,研究者们针对不同的结构予以选择采用,推动了结构动力分析理论的发展。

有限元动力分析遵循一般动力分析的基本原则,在此叙述如下:

(1) 自由振动分析——求解闸门结构在特殊初始条件下做自由振动的简谐振动时的自振频率和主振型,最终归结为广义特征值的求解问题或转换为标准特征值的求解问题。

(2) 动力响应分析——求解闸门结构由于动力荷载作用下引起强迫振动的振动加速度、动应力和动位移。

有限元法的应用离不开计算机和软件程序,随着有限元法理论的发展和完善,研究者们已开发了许多大型通用有限元程序。如美国开发的国际通用有限元分析程序 ANSYS 软件等。这些程序容量大、功能强、内容多,大多数工程问题都能被解决,并且还经受了工程实际的检验。

7.3.1 动力分析有限元列式

7.3.1.1 基础知识

动力分析三维有限元——系列方程式的推导,基于三维弹性动力学,在此将三维弹性动力学基本方程予以必要的引述:

平衡方程 $$\sigma_{ij,j} + \overline{f}_i = \rho u_{i,tt} + \mu u_{i,t} \tag{7-8}$$

几何方程 $$\varepsilon_{ij} = \frac{1}{2}(u_{i,j} + u_{j,i}) \tag{7-9}$$

物理方程 $$\sigma_{ij} = D_{ijkl}\varepsilon_{kl} \tag{7-10}$$

边界条件 $$u_i = \overline{u}_i \tag{7-11}$$

$$\sigma_{ij}n_j = \overline{T}_i \tag{7-12}$$

初始条件
$$\left.\begin{array}{l} u_i(x,y,z,0) = u_i(x,y,z) \\ u_{i,t}(x,y,z,0) = u_{i,t}(x,y,z) \end{array}\right\} \quad (7\text{-}13)$$

以上各式均为张量表达式。式中：

下标",j"表示求偏导数；

σ_{ij}、ε_{ij} 为应力张量和应变张量；

u_i、$\bar{f}_i$、$\bar{T}_i$ 分别为位移张量、体积力张量和面积力张量；

D_{ijkl} 为弹性系数张量；

n_j 为边界外法线的三个方向余弦；

ρ 是质量密度；

μ 是阻尼系数；

$u_{i,tt}$ 和 $u_{i,t}$ 分别是对时间的二次导数和一次导数，即分别表示方向的加速度和速度；

$\rho u_{i,tt}$ 和 $\mu u_{i,t}$ 分别代表惯性力和阻尼力(取负值)。

7.3.1.2 连续区域离散化

动力分析问题在引入时间坐标后，事实上处理的是四维(x,y,z,t)问题，不过在有限元分析中都采用部分离散的方法，即对空间域进行离散，这一点与静力分析完全相同。与静力分析类似，动力有限元仍将结构视为仅在节点处连接的有限个单元体的集合体。基本未知量仍为独立的节点位移，当然由于动力响应与时间有关，节点位移是时间的函数。

7.3.1.3 位移模式

设定动力有限元每个单元的动位移分布规律时，所采用的位移模式与静力有限元也相同，即形函数与时间无关，由此构造空间域的插值函数，单元内位移 u,v,w 的插值表示为：

$$\left.\begin{array}{l} u(x,y,z,t) = \sum_{i=1}^{n} N_i(x,y,z)u_i(t) \\ v(x,y,z,t) = \sum_{i=1}^{n} N_i(x,y,z)v_i(t) \\ w(x,y,z,t) = \sum_{i=1}^{n} N_i(x,y,z)w_i(t) \end{array}\right\} \quad (7\text{-}14)$$

7.3.1.4 单元集成，建立总体运动方程

集合所有单元的运动方程，建立起结构的总体运动方程。

式(7-8)平衡方程及式(7-12)边界条件等效积分形式的伽辽金提法表示如下:

$$\int_V \delta u_i(\sigma_{ij,j} + \overline{f}_i - \rho u_{i,tt} - \mu u_{i,t})\mathrm{d}V - \int_{S_\sigma} \delta u_i(\sigma_{ij}n_j - \overline{T}_i)\mathrm{d}S = 0$$

(7-15)

对上式的第一项 $\int_V \delta u_i \sigma_{ij,j} \mathrm{d}V$ 进行分部积分,并代入物理方程,可得到

$$\int_V (\delta\varepsilon_{ij}D_{ijkl}\varepsilon_{kl} + \delta u_i u_{i,tt} + \delta u_i \mu u_{i,t})\mathrm{d}V - \int_V \delta u_i \overline{f}_i \mathrm{d}V + \int_{S_\sigma} \delta u_i \overline{T}_i \mathrm{d}S = 0$$

(7-16)

将式(7-14)(此时 $u_1 = u, u_2 = v, u_3 = w$)代入上式,即得到前已提到的结构动力方程式(7-1),在此重述如下:

$$[M]\{\ddot{u}(t)\} + [C]\{\dot{u}(t)\} + [K]\{u(t)\} = \{P(t)\} \quad (7\text{-}17)$$

7.3.1.5 动力方程与静力方程的比较

(1)动力方程要比静力方程多建立一个质量矩阵和阻尼矩阵。
(2)动力方程是二阶常微分方程,静力方程是线性代数方程。
(3)动力问题要寻求二阶常微分方程组的有效解法,静力问题则要寻求线性代数方程组的有效解法。

7.3.2 自由振动分析

7.3.2.1 特征值问题

1. 干扰力为零的无阻尼振动

对于干扰力为零的无阻尼振动,式(7-17)成为

$$[M]\{\ddot{u}(t)\} + [K]\{u(t)\} = 0 \quad (7\text{-}18)$$

弹性体的自由振动可以分解为一系列的简谐振动的叠加,设这种简谐振动形式的解为

$$\{u\} = \{\overline{u}\}\sin\omega t \quad (1)$$

那么二次导数

$$\{\ddot{u}\} = -\omega^2\{\overline{u}\}\sin\omega t \quad (2)$$

将(1)、(2)两式代入式(7-18)得

$$([K]-\omega^2[M])\{\bar{u}\}=0 \tag{3}$$

因为$\{\bar{u}\}$是非零向量,所以必有

$$\det|[K]-\omega^2[M]|=0 \tag{4}$$

要想获得式(7-18)的解(即(1)式),只需要确定$\{\bar{u}\}$和ω,使之满足(3)式即可。若取$\lambda=\omega^2$,λ称为结构的特征值,(3)式成为前述的广义特征值问题(式7-2),则

$$[K]\{\bar{u}\}=\lambda[M]\{\bar{u}\} \tag{7-19}$$

式中:刚度矩阵是对称、正定或半正定的;质量矩阵是对称、正定的;$\{\bar{u}\}$则成为对应于特征值$\lambda=\omega^2$的特征向量。

2. 式(7-19)的广义特征值问题

由线性代数知,在大多数情况下直接处理它是比较复杂的,一般先将其化为标准特征值问题,然后再进行求解。如式(7-19)就可以化为如下形式的标准特征值问题:

$$([A]-\lambda[I]\{x\})=0 \tag{7-20}$$

式中:$[A]=[M]^{-1}[K]$,虽然质量矩阵和刚度矩阵总是对称矩阵,但经上述的求逆处理后,所得结果未必为对称矩阵。非对称矩阵会带来更多麻烦,所以须事先对$[M]$矩阵作三角形分解,即将其表述为:

$$[M]=[L][L]^T \tag{7-21}$$

$[L]$为对角线元素均不为零的下三角阵。在此条件下,式(7-19)才确实化为了形如

$$([\bar{A}]-\lambda[I]\{\bar{x}\})=0 \tag{7-22}$$

的标准特征值问题,上式中有如下关系

$$[\bar{A}]=[L]^{-1}[K][L]^{-T},(\psi)=[L]^{-T}\{\bar{x}\}$$

7.3.2.2 求取特征值的方法

对于广义特征值问题或标准值问题,求解的要求一般有两种情况:一是求解全部特征值问题,二是求解部分特征值问题。求解的方法有两大类,一类是变换方法,另一类是矩阵迭代方法。

变换方法有雅可比方法、广义雅可比方法、吉文斯-豪斯霍尔德方法、行列式搜索方法等;矩阵迭代方法有幂迭代法、逆迭代法、松弛法、子空间迭代法等。

本文采用子空间迭代法求解结构的部分特征值,下面简述其理论和计算过程。

7.3.3 子空间迭代法的理论及计算方法

子空间迭代法是瑞利—里兹分析法和同时逆迭代法结合的成果。譬如我们若只想求取结构的前 p 阶特征值(通常结构也只需要前 p 阶特征值),那就可以把一个 n 阶特征值问题化为一个 q 阶特征值问题 $(p<q<n)$,这种方法就是瑞利-里兹分析法。其中基底应用同时逆迭代法,使之接近低阶特征子空间。假如知道 n 维空间中的一个子空间 $E_p(p<n)$ 中的线性无关的向量组 $\{x_1\},\{x_2\},\cdots,\{x_p\}$,就可以把求解 $[K]\{\bar{u}\}=\lambda[M]\{\bar{u}\}$ 在子空间 E_p 的特征值问题化为一个求解 $[\bar{K}]\{a\}=\rho[\bar{M}]\{a\}$ 的维数缩小了的特征值部问题,即把 n 阶特征值问题化为 p 阶特征值问题,其中 ρ 为瑞利商。

$[\bar{K}]$、$[\bar{K}]$ 分别为 $[K]$、$[M]$ 在子空间上的投影。

由此可见,子空间迭代法涉及如下几个问题:

(1)如何寻找线性无关的向量组 $\{x_1\},\{x_2\},\cdots,\{x_p\}$;

(2)应用瑞利商的极值原理;

(3)如何缩减维数。

下面分别予以讨论。

7.3.3.1 瑞利商的极值原理

将任一向量的瑞利商定义为

$$\rho(\{x\})=\frac{\{x\}^T[K]\{x\}}{\{x\}^T[M]\{x\}} \tag{7-23}$$

对于广义特征值问题

$$[K]\{\bar{u}\}=\omega^2[M]\{\bar{u}\} \tag{7-24}$$

可以根据瑞利商的极值原理把上述问题化为一个等阶的瑞利商的极值问题。

瑞利商的极值原理可表述如下:由式(7-23)可见,瑞利商是一个标量,且是随向量 $\{x\}$ 变化的,可以证明,当 $\{x\}$ 取为广义特征值问题(式(7-24))的特征向量 $\{\varphi_i\}$ 时,瑞利商 $\rho(\{x\})$ 达到其极值,这个极值恰恰是和特征向量 $\{\varphi_i\}$ 对应的特征值。

下面证明这一原理。

任一向量$\{x\}$可以是特征向量$\{\varphi_1\},\{\varphi_2\},\cdots,\{\varphi_n\}$的任一种线性组合,设

$$\{x\} = [\varphi]\{a\} \tag{7-25}$$

式中:
$$\begin{aligned}[\varphi] &= [\varphi_1 \quad \varphi_2 \quad \cdots \quad \varphi_n] \\ \{a\} &= \{a_1 \quad a_2 \quad \cdots \quad a_n\}^T\end{aligned} \tag{7-26}$$

将式(7-25)代入式(7-23),得

$$\rho(\{x\}) = \frac{\{a\}^T[\varphi]^T[K][\varphi]\{a\}}{\{a\}^T[\varphi]^T[M][\varphi]\{a\}} \tag{7-27}$$

由特征向量正交性,记

$$[\varphi]^T[K][\varphi] = [\Omega]^2$$
$$[\varphi]^T[M][\varphi] = [I]$$

所以
$$\rho(\{x\}) = \frac{\{a\}^T[\Omega]^2\{a\}}{\{a\}^T[I]\{a\}} = \frac{\{a\}^T[\Omega]^2\{a\}}{\{a\}^T\{a\}} \tag{7-28}$$

将式(7-28)展开,得

$$\rho(\{x\}) = \bar{\rho}(\{x\}) = \frac{\sum_{i=1}^n a_i^2 \omega_{ni}^2}{\sum_{i=1}^n a_i^2} \tag{7-29}$$

因为 $\omega_{n1} \leq \omega_{n2} \leq \cdots \leq \omega_{nn}$

所以
$$\rho(\{x\}) = \frac{\sum_{i=1}^n a_i^2 \omega_{ni}^2}{\sum_{i=1}^n a_i^2} \leq \frac{\sum_{i=1}^n a_i^2 \omega_{nn}^2}{\sum_{i=1}^n a_i^2} = \omega_{nn}^2$$

同理
$$\rho(\{x\}) = \frac{\sum_{i=1}^n a_i^2 \omega_{ni}^2}{\sum_{i=1}^n a_i^2} \geq \frac{\sum_{i=1}^n a_i^2 \omega_{n1}^2}{\sum_{i=1}^n a_i^2} = \omega_{n1}^2$$

即
$$\omega_{n1}^2 \leq \rho(\{x\}) \leq \omega_{nn}^2 \tag{7-30}$$

而且,当$\{x\} = \{\varphi_1\}$时,我们有$a_1 = 1$,将$a_2 = a_3 = \cdots = a_n = 0$代入式(7-29),有

$$\left.\begin{array}{l}\rho(\{\varphi_1\}) = \dfrac{\sum\limits_{i=1}^{n} a_i^2 \omega_{ni}^2}{\sum\limits_{i=1}^{n} a_i^2} = \dfrac{a_1^2 \omega_{n1}^2}{a_1^2} = \omega_{n1}^2 \\ \text{同理} \quad \rho(\{\varphi_n\}) = \omega_{nn}^2 \end{array}\right\} \quad (7\text{-}31)$$

式(7-31)表明：当$\{x\}$取广义特征值问题的一阶特征向量时，$\rho(\{x\})$取极小值ω_{n1}^2；而当$\rho(\{x\})$取其i阶特征向量$\{\varphi_i\}$时，$\rho(\{x\})$取其极值ω_{nn}^2。同时由式(7-31)看出，ω_{n1}^2也是最小值，ω_{nn}^2也是最大值。

设$a_1 = a_2 = \cdots = a_{m-1} = 0$，则$\{x\}$不包含前$m-1$阶特征向量的分量，即在该基底分量上的投影为0，这就表明$\{x\}$和前$\{m-1\}$阶特征矢量正交，则由式(7-30)可得

$$\omega_{nm}^2 \leqslant \rho(\{x\}) \leqslant \omega_{nn}^2 \quad (7\text{-}32)$$

综上可以看出：求解广义特征问题和求瑞利商的极值问题二者是等价的。

7.3.3.2 缩减维数

只要应用基于瑞利商极值原理的瑞利-里兹法就可以把n阶特征值问题降为一个p阶特征值问题。

瑞利-里兹法的实质就是用待定系数和基函数来描述一个任意函数。

现在我们首先把式(7-24)所示特征值问题的前p个特征向量$\{\varphi_1\}, \{\varphi_2\}, \cdots, \{\varphi_p\}$构成的空间记为$E_p$空间($p < n$)，这是全部特征向量空间中的一个子空间。

在E_p子空间中任意选择一组线性无关的向量$\{x_1\}, \{x_2\}, \cdots, \{x_p\}$作为坐标向量，称为子空间$E_p$的基底。

将任一向量$\{x\}$表示为$\{x_1\}, \{x_2\}, \cdots, \{x_p\}$的线性组合，得

$$\{x\} = [X]\{a\}$$

式中：$[X] = [x_1 \quad x_2 \quad \cdots \quad x_p]_{n \times p}$；

$\{a\}$为p维矢量。

因此，有

$$\rho(\{x\}) = \dfrac{\{a\}^T [X]^T [K][X]\{a\}}{\{a\}^T [X]^T [M][X]\{a\}} = \dfrac{\{a\}^T [\overline{K}]\{a\}}{\{a\}^T [\overline{M}]\{a\}} \quad (7\text{-}33)$$

式中:$[\overline{K}] = [X]^T[K][X]$
及 $\qquad [\overline{M}] = [X]^T[M][X]$
分别为$[K]$、$[M]$在E_p子空间上的投影。

式(7-24)所对应广义特征问题的前p阶特征值就是(7-33)所示瑞利商的极值(实质上就是式(7-24)所对应的广义特征值问题在子空间E_p上的特征值)。

而式(7-33)所代表的瑞利商极值总是等价于下述特征值问题:
$$[\overline{K}]\{a\} = \rho[\overline{M}]\{a\} \tag{7-34}$$

这样就把式(7-24)所代表的n阶特征值问题化成了式(7-34)所代表的p阶特征值问题。

求解式(7-33)可以求得待定系数$\{a_i\}$($i=1,2,\cdots,p$)及特征值ρ_i($i=1,2,\cdots,p$),此时原问题的前p个特征对为

$$\left.\begin{array}{l}\omega_{ni}^2 = \rho_i \quad (i=1,2,\cdots,p) \\ \{\varphi_i\} = [X]\{a_i\}(i=1,2,\cdots,p)\end{array}\right\} \tag{7-35}$$

7.3.3.3 初始向量组的选择

在子空间迭代法中要选择一组线性无关的向量组作为E_p子空间的基底(即坐标向量),这个基底选择得好,则其近似解的精度就高,反之其精度就低。对于复杂结构而言,这个基底很难凭经验选定,这是子空间迭代法的一个缺点。通常先初选一组线性无关的向量组,再利用逆迭代法,使这个初选的基底不断完善,当迭代次数趋于无穷大时,$\{x^{(k+1)}\} \to [\varphi_1]$。也就是说,经过反复迭代后可以使$\{x_{(p)}^{(k+1)}\} \to [\varphi_{(p)}]$。

为了简便,亦可以这样来选择初始向量组,即取$\{x_1\}$为$[M]$矩阵的对角元素,$\{x_2\}$,$\{x_3\}$,$\cdots$,$\{x_p\}$均为单位向量,且其中"+1"放在比值m_{ii}/k_{ii}最大的坐标处,即初始向量$\{x^{(1)}\} = [M]\{x^{(0)}\}$可以这样构成,其序列号按原问题的对角矩阵$\text{diag}(m_{ii}/k_{ii})$中对角元素的大小排列,而在每一列中把$m_{ii}/k_{ii}$比值最大的那一行置"1",其余置"0"。

7.3.3.4 计算步骤

首先预选一组线性无关的向量组$\{x^{(0)}\} = [x_1^{(0)}, x_2^{(0)}, \cdots,$

$x_p^{(0)}$],其方法如前所述,可以直接用$[M]\{x^{(0)}\}$表示。

如需要求前 p 阶特征对,通常应使 $q>p$,以保证所求特征对的精度,但 q 太多必增加内存容量。在 SAP 程序中取 $q=\min(2p,p+8)$。

上述$\{x_i^{(0)}\}(i=1,2,\cdots,q)$构成了一个 q 维子空间 $E_q^{(0)}$,而 $E_q^{(0)}$ 只是作为 q 个特征向量$\{\varphi_i\}(i=1,2,\cdots,q)$构成的子空间 E_q 的初次近似。通过逆迭代法不断地改善子空间,依次求得 $E_q^{(1)},E_q^{(2)},\cdots,E_q^{(k)}$,直到 $E_q^{(k+1)} \Rightarrow E_q$。

1. 根据迭代法,作如下迭代:
$$[K]\{\bar{x}^{(1)}\}=[M]\{x^{(0)}\}$$
$$[K]\{\bar{x}^{(k+1)}\}=[M]\{x^{(k)}\}$$

求出新的向量组$\{\bar{x}^{(k+1)}\}$,形成新的子空间,依次记为 $E_q^{(1)}$,$E_q^{(2)},\cdots,E_q^{(k)},E_q^{(k+1)}$。

2. 计算$[K]$、$[M]$在子空间 $E_q^{(k+1)}$ 上的投影
$$K^{(k+1)}=[\bar{X}^{(k+1)}]^{\mathrm{T}}[K][\bar{X}^{(k+1)}]$$
$$M^{(k+1)}=[\bar{X}^{(k+1)}]^{\mathrm{T}}[M][\bar{X}^{(k+1)}]$$

3. 用广义雅可比法求解低阶特征值的问题

由
$$K^{(k+1)}\{a\}=\rho[M^{(k+1)}]\{a\}$$

得到相应的 ρ_i、$\{a_i\}$ 等。

令
$$[Q]=\begin{bmatrix} a_1 & \cdots & a_p \\ \vdots & \triangle & \vdots \\ a_1 & \cdots & a_p \end{bmatrix}$$

4. 求出第 $k+1$ 次改进的特征向量矩阵
$$[\bar{X}^{(k+1)}]=[\bar{X}^{(k+1)}][Q]$$

当 $k \to \infty$ 时,$[\Omega^{(k+1)}]^2 \to [Q]^2$
$$[\bar{X}^{(k+1)}] \to [\Phi],[E_q^{(k+1)} \to E_q]$$

由上述计算步骤可见,在子空间迭代法中,实际上又应用了逆迭代法和广义雅可比法。

7.3.4 动力响应分析

前面在"闸门的动力响应"中已介绍过,求解多自由度体系的强

迫振动响应时有两种方法,一是解耦分析法(振型叠加法),另一是直接积分法。解耦分析法首先采用矩阵迭代法或这里介绍的子空间迭代求解出体系的动态特征参数 ω_{nj}、$A_i^{(j)}$ 和 ξ_i,从而建立主振型矩阵(解耦矩阵)$[A_p]$;然后用解耦分析法将一个多自由度体系分解为多个单自由度体系的叠加,而单自由度的动力响应问题可以用杜哈美积分求解。这样就可以解决多自由度体系的动力响应问题了。至于用直接积分法求解动力响应问题,就是用计算机求运动微分方程的数值解,亦即用计算机来模拟再现结构随时间变化的过程和现象,所以又称为计算机仿真。

本书着重阐述直接积分法中 SAP 程序主要采用的方法。

1. 欧拉法

直接积分法中最简单的方法是欧拉法。

将运动微分方程式(7-1)写成

$$[M]\{\ddot{u}\} + [C]\{\dot{u}\} + [K]\{u\} = \{P(t)\} \tag{7-36}$$

可以把整个求解时间区间分为若干个等距的时间步长 Δt,根据 t 时刻的 $\{u(t)\}$、$\{\dot{u}(t)\}$ 及 $\{\ddot{u}(t)\}$ 求出 $t+\Delta t$ 时刻的 $\{u(t+\Delta t)\}$、$\{\dot{u}(t+\Delta t)\}$ 及 $\{\ddot{u}(t+\Delta t)\}$。

欧拉法的实质是假定求位移时在 Δt 时间步长内速度为常数,求速度时加速度也为常数,即取位移、速度、加速度为

$$\{u(t+\Delta t)\} = \{u(t)\} + \Delta t\{\dot{u}(t)\} \tag{7-37}$$

$$\{\dot{u}(t+\Delta t)\} = \{\dot{u}(t)\} + \Delta t\{\ddot{u}(t)\} \tag{7-38}$$

$$\{\ddot{u}(t+\Delta t)\} = [M]^{-1}\{P(t+\Delta t)\} - [K]\{u(t+\Delta t)\} - [C]\{\dot{u}(t+\Delta t)\}] \tag{7-39}$$

如果 $[M]$ 是对角矩阵,则这时完全不需要求解微分方程,这是一种显式解法。

2. 线性加速度法

式(7-37)至式(7-39)所示欧拉解法只有当 $\Delta t \to 0$ 时,效果才较好,反之则不稳定。之所以会出现这种问题,是因为实际上在 Δt 时间内速度、加速度都不一定是常数。

按照泰勒级数,可得

$$\{u(t+\Delta t)\} = \{u(t)\} + \int_{t}^{t+\Delta t}\{\dot{u}(t)\}\mathrm{d}t$$

$$= \{u(t)\} + \frac{\Delta t}{1!}\{\dot{u}(t)\} + \frac{(\Delta t)^2}{2!}\{\ddot{u}(t)\}$$

$$+ \frac{(\Delta t)^3}{3!}\{\dddot{u}(t)\} + \cdots + \frac{(\Delta t)^k}{k!}\{u^{(k)}(t)\} + \cdots$$

$$= \sum_{k=0}^{\infty}\frac{(\Delta t)^k}{k!}\{u^{(k)}(t)\} \tag{7-40}$$

欧拉法实际上只取前两项。为了提高精度,可以从两方面采取措施:

(1) 对泰勒级数表达式取更高的项次;

(2) 直接用数值积分式(7-40)中的积分值。

从第(2)方面来看,可以说欧拉法事实上是采用了最简单的矩阵形式进行数值积分的。

线性加速度法是综合采用上述两方面的措施来改进欧拉法的一种隐式解法。

这时,位移公式基本上按泰勒展开式的前三项给出:

$$\{u(t+\Delta t)\} = \{u(t)\} + \{\dot{u}(t)\}\Delta t + \frac{(\Delta t)^2}{2!}\{\ddot{u}(t)\}$$

$$+ \frac{(\Delta t)^3}{3!}\frac{\{\ddot{u}(t+\Delta t)\} - \{\ddot{u}(t)\}}{\Delta t} \tag{7-41}$$

和泰勒展开式相比较,只是在第三项中用 $\dfrac{\{\ddot{u}(t+\Delta t)\} - \{\ddot{u}(t)\}}{\Delta t}$ 来代替了 $\{\dddot{u}(t)\}$,即假定在 Δt 时间步长内,加速度 $\{\ddot{u}(t)\}$ 是直线变化的。

速度公式中采用梯形公式计算积分 $\int_{t}^{t+\Delta t}\{\ddot{u}(t)\}\mathrm{d}t$,即

$$\{\dot{u}(t+\Delta t)\} = \{\dot{u}(t)\} + \Delta t\frac{\{\ddot{u}(t)\} + \{\ddot{u}(t+\Delta t)\}}{2} \tag{7-42}$$

这里,也是假设加速度为线性变化。

在线性加速度法中,要联立求解式(7-39)、式(7-41)和式(7-42),可以用迭代法,也可以用直接法。下面介绍一种直接解法(先求 $\{\ddot{u}(t+\Delta t)\}$)。

(1) 将式(7-41)、式(7-42)代入运动微分方程式,消去 $\{u(t+$

$\Delta t)\}$ 和 $\{\dot{u}(t+\Delta t)\}$,最后得到

$$\{\ddot{u}(t+\Delta t)\} = \left\{[M] + \frac{\Delta t}{2}[C] + \frac{(\Delta t)^2}{3\times 2}[K]\right\}^{-1} + \{P(t+\Delta t)\}$$

$$- [C]\left(\{\dot{u}(t)\} + \frac{1}{2}\{\ddot{u}(t)\}\Delta t\right)[K]\left(\{u(t)\}\right.$$

$$\left. + \Delta t\{\dot{u}(t)\} + \frac{(\Delta t)^2}{3}\{\ddot{u}(t)\}\right) \tag{7-43}$$

(2)根据式(7-43)求出$\{\ddot{u}(t+\Delta t)\}$。

其中出现的矩阵$\left([M] + \frac{\Delta t}{2}[C] + \frac{(\Delta t)^2}{3\times 2}[K]\right)$在各阶段求解时(只要$\Delta t$为常数)均保持不变,所以仅需作一次三角分解或事先一次求逆。

(3)再根据式(7-41)和式(7-42)求$\{u(t+\Delta t)\}$和$\{\dot{u}(t+\Delta t)\}$。

以上所述直接解法称为第一种直接解法。

也可以先求位移,再求速度和加速度,这种方法称为第二种直接解法。

3. 威尔逊-θ法

此法是线性加速度法的一种变形,是该法的进一步扩展。所不同的是,它所取的线性加速度区间不是$t \sim t+\Delta t$,而是$t \sim t+\theta\Delta t$,通常$\theta > 1$。在这一假定下求得$\{\ddot{u}(t+\theta\Delta t)\}$以后,再作线性内插求得$\{\ddot{u}(t+\Delta t)\}$以及$\{\dot{u}(t+\Delta t)\}$和$u(t+\Delta t)\}$。

其基本关系可以根据线性加速度法的相应关系式获得式(7-37)和式(7-38),只需要把Δt换成$\theta\Delta t$即可。

$$\{u(t+\theta\Delta t)\} = \{u(t)\} + \{\dot{u}(t)\}\theta\Delta t + \frac{(\theta\Delta t)^2}{3}\{\ddot{u}(t)\}$$

$$+ \frac{(\theta\Delta t)^2}{6}\{\ddot{u}(t+\Delta t)\} \tag{7-44}$$

$$\{\dot{u}(t+\theta\Delta t)\} = \{\dot{u}(t)\} + \theta\Delta t\frac{\{\ddot{u}(t)\} + \{\ddot{u}(t+\theta\Delta t)\}}{2} \tag{7-45}$$

然后再和运动微分方程式联立求解即可求得$\{\ddot{u}(t+\theta\Delta t)\}$,再按下式内插求得$\{\ddot{u}(t+\Delta t)\}$:

$$\{\ddot{u}(t+\Delta t)\} = \frac{(\theta-1)\{\ddot{u}(t)\} + \{\ddot{u}(t+\theta\Delta t)\}}{\theta} \tag{7-46}$$

威尔逊-θ法是一种隐式解法。所谓隐式解法是指在求解过程中不断求出新的时刻满足微分方程式的近似解。

隐式解法的稳定性比显式解法好,因为隐式解法中等式右端均有$t+\Delta t$时刻的参数(而不像显式解法那样等式右端仅涉及时刻t时的值),其作用就像自动调节系统中引入了负反馈,可以增强系统的稳定性。当某一阶段计算结果偏差较大时,可以在该步长中得到补偿,从而增强稳定性。

威尔逊-θ法不仅仅是隐式解法,它首先计算时间比时间步长Δt更大的$t \sim \theta \Delta t$区间内的近似解,又把其后边部分的结果甩掉,而仅取其前面部分$(t \sim t+\Delta t)$的结果作为正式结果,这样就增大了反馈作用,这种巧妙的处理可以提高稳定性,所以威尔逊-θ法是一种非常实用的方法。通常只要取$\theta > 1.37$则不管Δt取多大都是稳定的,即此法是无条件稳定的。但θ也不宜过大,最好取$\theta \leq 2$,通常取为1.4。

如采用前述第一种直接解法,则其计算步骤如下:

(1)初始计算

①形成闸门结构的刚度矩阵$[K]$,质量矩阵$[M]$和阻尼矩阵$[C]$;

②确定初始值$\{u_0\}$,$\{\dot{u}_0\}$,$\{\ddot{u}_0\}$;

③选择时间步长Δt和θ;

④形成等效质量矩阵

$$[\tilde{M}] = [M] + \frac{\theta \Delta t}{2}[C] + \frac{(\theta \Delta t)^2}{3 \times 2}[K] \tag{7-47}$$

⑤分解$[\tilde{M}] = [L][D][L]^T$。

(2)依次递推求各时间步长下的终值

①计算$t + \theta \Delta t$时刻的等效荷载项

$$\{\tilde{P}(t+\theta\Delta t)\} = \{P(t+\theta\Delta t)\} - [C]\left(\{\dot{u}(t)\} + \frac{\theta}{2}\{\ddot{u}(t)\}\Delta t\right)$$

$$- [K]\left(\{u(t)\} + \theta\Delta t\{\dot{u}(t)\} + \frac{(\theta\Delta t)^2}{3}\{\ddot{u}(t)\}\right)$$

$$\tag{7-48}$$

②求 $t+\theta\Delta t$ 时刻的加速度

$$[L][D][L]^\mathrm{T}\{\ddot{u}(t+\theta\Delta t)\} = \{\tilde{P}(t+\theta\Delta t)\} \quad (7\text{-}49)$$

③求 $t+\Delta t$ 时刻的加速度、速度和位移（按照式(7-46)、式(7-47)、式(7-48)等）。

7.4 闸门门体结构动力有限元计算的力学模型

工程实际中的钢闸门结构的几何形状、约束条件及材料性质等都比较复杂，如果完全按照其实际情况进行力学分析是不可能的，必须根据其几何、物理、约束、荷载、受力等特点，进行假设与简化，从而得到一个用于理论计算的力学模型。有限元法开拓了对闸门结构分析的新领域，使选取较为复杂的空间结构的闸门门体的力学模型成为相对容易的事。本章采用较为成熟的有限元法研究钢闸门这一特种结构，将充分利用有限元法的优势，选取切合实际的闸门结构动力有限元计算的力学模型，力图准确地描述钢闸门门体结构在脉动水压力及其他动力荷载作用下的动力响应。

一般钢闸门门体结构由面板、梁格、横向和纵向联结系、行走支承（滚轮或滑道）以及止水等构成，如果是弧门门体，除上述构造之外，主梁支承在闸门两边的支臂上，而支臂末端又支承在固定于闸墩侧面的铰支座上。主梁与支臂构成主框架。上支臂与下支臂以及其间的联系杆再加上主梁端部的横向联结系所构成的桁架叫做支承桁架。因此，钢闸门动力有限元计算可选取一个由板单元、梁单元和杆单元在空间联结而成的组合有限元力学模型。

例如，一个弧形钢闸门的有限元力学模型基本上可按闸门结构布置上的特点进行单元划分，将面板、小横梁腹板、横梁腹板、纵隔板腹板、纵隔板翼板、纵隔板加筋板、支臂腹板、支臂翼板、支臂隔板、支臂加筋板、支铰等构件离散为 8 节点二次板单元，小横梁后翼板、顶横梁、启闭杆联门轴离散为 3 节点二次梁单元，启闭杆离散为杆单元（如图 7-1 所示）。

板构件用板的中面代替。由于采用二次板单元，可精确模拟面

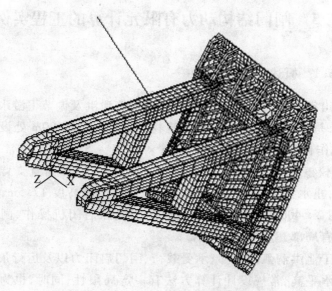

图 7-1　弧门三维有限元力学模型计算网格

板的曲率。

杆构件用杆的轴线代替。梁单元采用偏心梁单元,可以模拟实际梁的偏心情况。

支铰构造复杂,还涉及接触问题,计算比较麻烦,因此,须对支铰作一定程度的简化再计算。如支铰支臂端按实际结构用板单元模拟,铰轴处不考虑铰轴与支铰支臂的接触,认为铰轴与支铰构成一个整体,用几块板代替。支铰作这样的简化后,对支铰支臂端及门体的应力均无影响。

弧门直角坐标系 $O\text{-}XYZ$,如图 7-1 所示,坐标原点 O 在两支铰连线中间,X 轴沿两支铰连线,Z 轴指向下游,Y 轴垂直向上。

闸门支铰处约束支铰中心点的 X、Y、Z 向三个方向位移,不约束任意方向的转动。根据计算工况的不同确定其他约束条件。如按启门计算闸门振动时,面板两侧约束 X 向位移。加启闭杆,启闭杆下端与吊点相连,上端铰支,弧门底止水不支撑,即面板底部自由。

7.5 闸门结构动力有限元计算的工程实例

7.5.1 概述

四川省大渡河上某电站泄洪洞承担着泄洪及调节下游水库水位的任务,是水电站重要的泄水建筑物,在泄 0~038.00m 处设置一扇弧形工作闸门,孔口尺寸为 11m×11.5~58.78m,正常蓄水头 55.0m,校核水头 58.78m,底坎高程 795.00m,门体为直支臂主横梁式结构,止水为常规水封,弧面半径 22m,支铰高度 17.5m,动水启闭,采用 2×4000kN 双吊点悬挂后拉式液压启闭机操作,闸门运行水头下有局部开启要求。

由于泄洪洞弧门尺寸、承受载荷、闸门启闭力以及运行条件等综合技术水平高,常规设计计算方法有一定局限性;同时,也为金属设备指标和施工设计提供依据,使结构的布置合理及以后的运行安全,故在对弧门结构的优化设计中须对弧门结构作动力仿真计算研究。

7.5.2 计算基本资料

7.5.2.1 弧门基本尺寸

孔口尺寸 11m×11.5m(宽×高),闸门底槛高程 795.50m,支铰高程 812.5m,面板弧面半径 22m,支铰间距 6600mm,闸门正常蓄水位 850.00m,正常蓄水头 55.00m,校核水位 853.78m,校核水头 58.78m。弧门侧视图见图 7-2,Π形框架平面图见图 7-3。

弧门面板厚 30mm。面板沿纵向布置为 11 根 T 形小横梁,小横梁腹板截面尺寸 500mm×20mm,下翼板截面尺寸 200mm×30mm。面板顶部设有 1 根小横梁,截面规格为[36b,面板底部设有 1 根[形焊接小横梁。面板弧长 14900mm,其中上悬臂弧长 3050mm,两支臂间弧长 9400mm,下悬臂弧长 2450mm。以小横梁为分段点,上悬臂分为长度为 820,820,1410mm 的 3 段弧,两支臂间分为长度为 1550,900,900,900,900,900,900,900,1550mm 的 9 段弧,下悬臂分为长度为 1500,850,100mm 的 3 段弧。

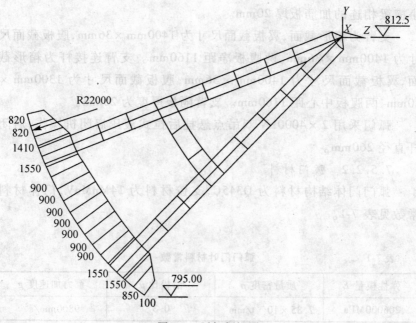

图 7-2 弧门侧视图

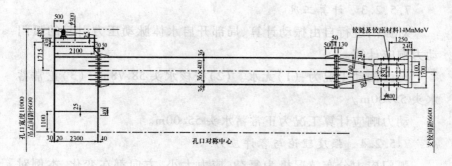

图 7-3 Ⅱ形框架平面图

弧门设有两箱形截面主横梁,主横梁高 2390mm,腹板厚 36mm,两腹板净距 1160mm,下翼板截面尺寸为 1500mm×40mm。

弧门设有 5 根纵隔板,纵隔板腹板厚 25mm,支臂支承处两主横梁之间的纵隔板腹板厚度为 30mm。纵隔板腹板顶、底部宽 1150mm,纵隔板下翼板截面尺寸 400mm×40mm。边梁在上下两主梁之间为双腹板边梁。纵隔板两侧设加筋板，加筋板厚16mm，与底小横梁相连的加筋板厚20mm。

支臂为箱形截面，翼板截面尺寸为1400mm×36mm，腹板截面尺寸为1400mm×36mm，两腹板净距1160mm。支臂连接杆为箱形截面，翼板截面尺寸为1400mm×36mm，腹板截面尺寸为1300mm×20mm，两腹板中心距1160mm。支臂隔板厚度为20mm。

弧门采用2×4000kN双吊点悬挂后拉式液压启闭机操作，启闭杆直径260mm。

7.5.2.2 弧门材料

弧门门体结构材料为Q345C，支铰材料为14MnMoV，门体材料常数见表7-1。

表7-1　　　　　　　　弧门门叶材料常数

弹性模量 E	质量密度 ρ	泊松比 μ	重力加速度 g
206000MPa	7.85×10^{-9} t/mm³	0.3	9800mm/s²

7.5.2.3 计算工况

对弧门进行自由振动计算、局部开启水体脉动压力引起的弧门动力响应计算。

自由振动工况为：(1)无水。(2)校核水头58.78m。(3)正常蓄水头55.00m。

动力响应计算工况为正常蓄水头55.00m。

7.5.2.4 强度理论与容许应力

弧门应力分布情况极为复杂，应力大小、方向都在变化，本例对弧门按第4强度理论验算弧门强度。第4强度理论为：

$$\sqrt{\frac{1}{2}[(\sigma_1-\sigma_2)^2+(\sigma_2-\sigma_3)^2+(\sigma_3-\sigma_1)^2]} \leq [\sigma]$$，其中σ_1、σ_2、σ_3为计算点的三个主应力，$[\sigma]$为材料的容许应力。定义Mises应力

$$=\sqrt{\frac{1}{2}[(\sigma_1-\sigma_2)^2+(\sigma_2-\sigma_3)^2+(\sigma_3-\sigma_1)^2]}$$，本例中主要给出各

点的Mises应力。给出 Mises 应力的好处是,Mises 应力与第 4 强度理论直接对应和相当,方便判断弧门的强度。

按《水利水电工程钢闸门设计规范(DL/T5013—95)》,闸门构件容许应力见表7-2。其中面板容许应力 $= 1.1 \times 1.3[\sigma]$,其他构件容许应力 $= 0.95[\sigma]$,式中的 1.1×1.3 为考虑面板进入塑性的系数,0.95 为应力折减系数。

表 7-2   闸门构件容许应力

钢材厚度(mm)	$[\sigma]$ (MPa)	容许应力(MPa)		构件
		$1.43[\sigma]$	$0.95[\sigma]$	
16 以下	230		218.5	纵隔板加筋板
17～25	220		209	纵隔板腹板、小横梁腹板、支臂连接腹板
26～36	205		194.8	主横梁腹板、支臂处纵隔板腹板、支臂腹板、支臂翼板
37～50	190		180.5	横梁后翼缘、纵隔板后翼缘
26～36	205	293.2		面板

7.5.3 力学计算模型

弧门有限元计算选取一个由板单元、梁单元、杆单元在空间联结而成的组合有限元模型(图 7-4),基本上按闸门结构布置上的特点进行单元的划分,将面板、小横梁腹板、横梁腹板、横梁翼板、纵隔板腹板、纵隔板翼板、纵隔板加筋板、支臂腹板、支臂翼板、支臂隔板、支臂加筋板、支铰等构件离散为 8 节点二次板单元,小横梁后翼板、顶横梁、启闭杆联门轴离散为 3 节点二次梁单元,启闭杆离散为杆单元。

板构件用板的中面代替。由于采用二次板单元,可精确模拟面板的曲率。杆构件用杆的轴线代替。梁单元采用偏心梁单元,可以模拟实际梁的偏心情况。

支铰构造复杂,详细计算涉及接触问题,计算比较麻烦。须对支铰作一定程度的简化后再进行计算。支铰支臂端按实际结构用板单元模拟,铰轴处不考虑铰轴与支铰的接触,认为铰轴与支铰构成一个

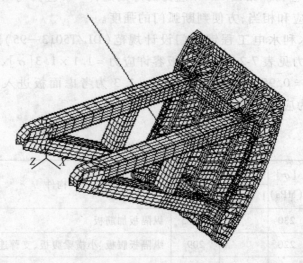

图 7-4 弧门三维有限元网格

整体,用几块板代替。对支铰作这样的简化后,仅对铰轴处的应力有影响,对支铰支臂端及门叶的应力均无影响。

弧门直角坐标系 xyz 见图 7-2,坐标原点在两支铰连线中间,x 轴沿两支铰连线,z 轴指向下游,y 轴向上。

闸门支铰处仅约束支铰中心点的 x、y、z 向位移,不约束转动。根据计算工况的不同,确定其他约束条件如下:

静力计算:闸门面板两侧自由。闸门正常挡水时不加启闭杆,弧门底止水支撑,即仅约束面板 y 向位移;启门时加启闭杆,启闭杆下端与吊点相连,上端铰支,弧门底止水不支撑,即面板底部自由。

动力计算:按启门计算闸门振动。面板两侧约束 x 向位移。加启闭杆,启闭杆下端与吊点相连,上端铰支,弧门底止水不支撑,即面板底部自由。

闸门结构有限元计算采用美国 ANSYS 公司开发的国际通用有限元程序 ANSYS,ANSYS 软件具有强大的前处理、求解和后处理功能,目前广泛应用于水利水电、土木工程等领域。

有限元计算规模见表 7-3。

表 7-3　　　　　　　　　弧门有限元计算规模

方程数	板单元数	杆单元数	梁单元数
156233	9435	2	418

7.5.4 计算荷载与质量

7.5.4.1 静力计算荷载

静力计算荷载为闸门构件自重与水压力。

水压力按下式计算：

$$p = 动力系数 \times 水头(mm) \times 1(t/m^3)$$
$$= 动力系数 \times 水头(mm) \times 9.8 \times 10^{-6}(MPa)$$

水压力按法向作用在面板上,在每个单元内按高度线性变化,基本上真实地反映了实际的水压力。按《水利水电工程钢闸门设计规范(DL/T5013—95)》规定,荷载动力系数取 1.0~1.2,门叶取小值,支臂取大值。计算时荷载动力系数统一取 1.1。

7.5.4.2 动力计算荷载

动力计算荷载为水体脉动压力,水体脉动压力可根据模型实验测试所得。根据某水利科学研究院的水体脉动压力实验,得到了 55m 水头时弧门各个开度各个高程的水体脉动压力幅值谱(详见后面弧门动力响应计算部分所示)。

7.5.4.3 质量

自由振动计算时,考虑弧门所有构件的质量,按一致质量矩阵计算。

计算在水体中的弧门自由振动时,对水体按修正的 Westergaard 公式计算附加集中质量附加于面板上,公式系数取 0.5。即

$$m = 0.5\rho \sqrt{hy} \tag{7-50}$$

式中:m 为闸门水体附加质量,h 为水深,y 为水头,ρ 为水的密度。水体附加质量作用在面板法线方向。

7.5.5 计算结果

通过前面的准备工作后,采用美国 ANSYS 公司开发的国际通用

有限元程序 ANSYS 软件进行计算。计算结果如下。

7.5.5.1 弧门自由振动的计算结果

关闭与水头 55m 局部开启时弧门自由振动频率见表 7-4,弧门主振型特点见表 7-5。校核水头下关闭时弧门 1～6 阶自由振动主振型见图 7-5 至图 7-10。

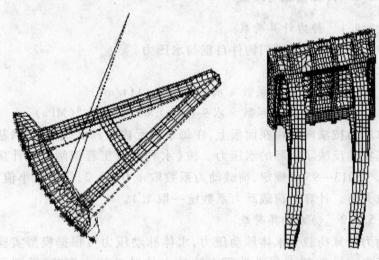

图 7-5 校核水头弧门 1 阶振型　　图 7-6 校核水头弧门 2 阶振型

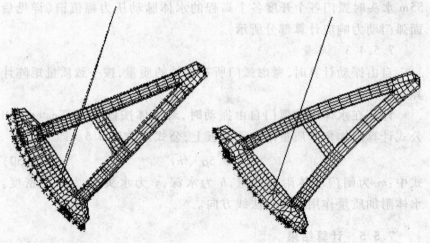

图 7-7 校核水头弧门 3 阶振型　　图 7-8 校核水头弧门 4 阶振型

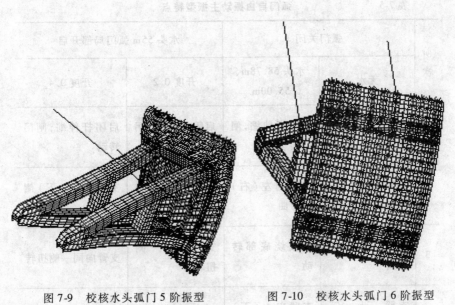

图 7-9　校核水头弧门 5 阶振型　　图 7-10　校核水头弧门 6 阶振型

表 7-4　　　　　　　　　弧门自由振动频率(Hz)

频率阶次	弧门关闭			水头 55m 弧门局部开启	
	无水	水头 58.78m	水头 55.00m	开度 0.2	开度 0.4
1	4.938	4.667	4.695	5.114	5.469
2	13.401	6.679	6.895	7.695	8.744
3	14.238	6.794	6.988	7.845	9.171
4	15.538	7.690	7.937	10.901	11.717
5	16.467	8.349	8.610	11.271	13.741
6	19.804	10.523	10.879	11.337	13.932

表 7-5　　　　　　　　　　弧门自由振动主振型特点

阶次	弧门关闭		水头 55m 弧门局部开启	
	无水	水头 58.78m、55.00m	开度 0.2	开度 0.4
1	启闭杆伸缩,闸门转动	启闭杆伸缩,闸门转动	启闭杆伸缩,闸门转动	启闭杆伸缩,闸门转动
2	支臂向左(右)侧弯曲	支臂向左(右)侧弯曲	支臂向上(下)侧弯曲	支臂向上(下)侧弯曲
3	支臂一左一右弯曲	面板绕底部转动	支臂向同一侧扭转	支臂向同一侧扭转
4	支臂一上一下弯曲	支臂向上(下)侧弯曲	面板局部运动	面板局部运动
5	支臂向上(下)侧弯曲	支臂向同一侧扭转	支臂一上一下弯曲	支臂向左(右)侧弯曲
6	支臂向同一侧扭转	面板局部运动	面板局部运动	支臂一左一右弯曲

由表 7-4、表 7-5 可见:

(1) 由于水体的附加质量,有水时弧门的自由振动频率比无水时低。

(2) 随着水头的降低,闸门自由振动频率增加。

(3) 随着闸门开度的增加,闸门自由振动频率增加。

(4) 闸门第 1 阶自由振动特点是启闭杆伸缩,闸门转动,不变形。

水体优势脉动频率在 4Hz 以下,水头 58.78m 时第 1 阶自由振动频率为 4.667Hz,大于水体的优势脉动频率,闸门不会产生较大的振动。

7.5.5.2 弧门动力响应的计算结果

1. 弧门的动力荷载

某水利科学院对电站的水体脉动压力进行了模型实验测试,测试结果得到了 55m 水头各个开度各个高程的水体脉动压力幅值谱。为计算方便起见,假定闸门各个高程的水体脉动压力幅值谱相同,计算取面板中部 P18 测点的脉动压力。P18 测点的脉动压力参数见表 7-6。开度 0.2 时 P18 测点的脉动压力幅值谱见图 7-11,开度 0.4 时 P18 测点的脉动压力幅值谱见图 7-12。从图中可知,水体的优势脉动频率在 4Hz 以下。

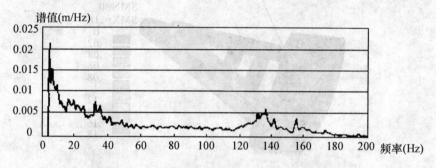

图 7-11 P18 测点的脉动压力幅值谱(开度 0.2)

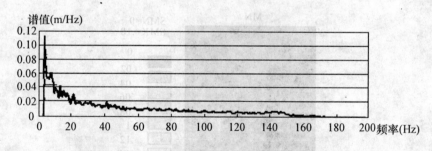

图 7-12 P18 测点的脉动压力幅值谱(开度 0.4)

表 7-6　　　　　　　P18 测点的脉动压力参数(m)

开度	最大	最小	方差
0.2	0.39	−0.4	0.11
0.4	0.93	−0.88	0.25

2. 弧门动应力响应计算结果

闸门动应力 = 闸门静应力 + 脉动应力。按响应谱理论计算了水头 55m,开度 0.2、0.4 时闸门的动力响应,模态合并采用 SRSS 法。0.2 开度时闸门整体及各构件的 Mises 脉动应力见图 7-13 至图 7-20,0.4 开度时闸门整体及各构件的 Mises 脉动应力见图 7-21 至图 7-28。

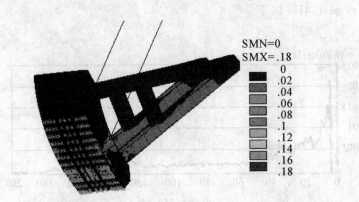

图 7-13　0.2 开度闸门 Mises 应力(MPa)

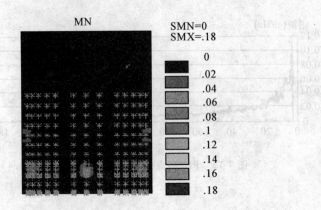

图 7-14　0.2 开度闸门面板 Mises 应力(MPa)

第 7 章 闸门动力分析的有限元法 335

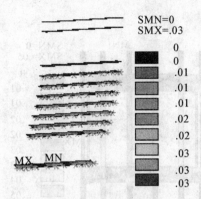

图 7-15 0.2 开度小横梁腹板 Mises 应力(MPa)

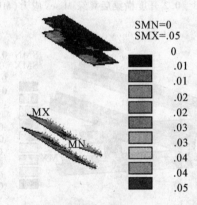

图 7-16 0.2 开度横梁腹板 Mises 应力(MPa)

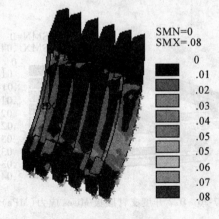

图 7-17 0.2 开度纵隔板腹板 Mises 应力(MPa)

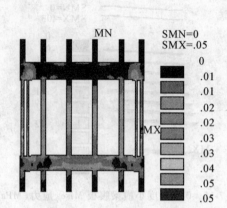

图 7-18　0.2 开度横梁后翼缘 Mises 应力(MPa)

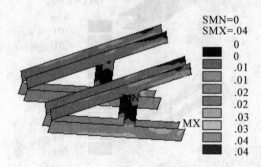

图 7-19　0.2 开度支臂翼缘 Mises 应力(MPa)

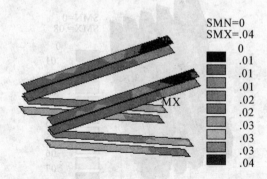

图 7-20　0.2 开度支臂腹板 Mises 应力(MPa)

第 7 章 闸门动力分析的有限元法

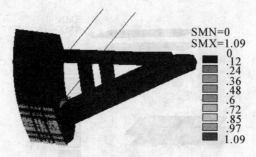

图 7-21　0.4 开度闸门 Mises 应力（MPa）

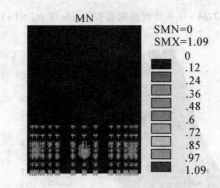

图 7-22　0.4 开度闸门面板 Mises 应力（MPa）

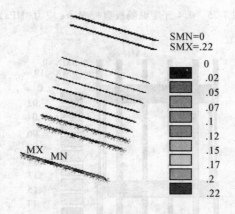

图 7-23　0.4 开度小横梁腹板 Mises 应力（MPa）

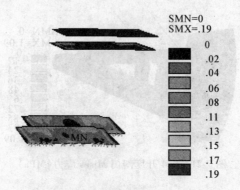

图 7-24　0.4 开度横梁腹板 Mises 应力(MPa)

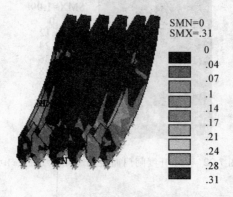

图 7-25　0.4 开度纵隔板腹板 Mises 应力(MPa)

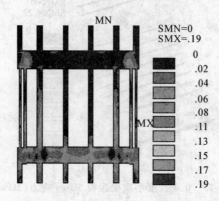

图 7-26　0.4 开度横梁后翼缘 Mises 应力(MPa)

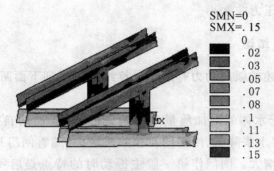

图 7-27　0.4 开度支臂翼缘 Mises 应力(MPa)

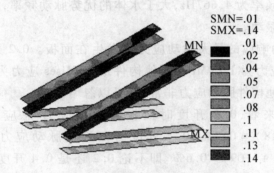

图 7-28　0.4 开度支臂腹板 Mises 应力(MPa)

由图 7-13 至图 7-28 可见,闸门脉动应力很小。脉动应力最大值发生在面板处。0.2 开度时面板最大 Mises 应力为 0.18MPa,其他构件最大 Mises 应力为 0.08MPa。0.4 开度时面板最大 Mises 应力为 1.09MPa,其他构件最大 Mises 应力为 0.31MPa。面板以外其他构件脉动应力非常小,可以忽略不计。

由此可知,面板脉动应力很小,0.2 开度时面板脉动应力/总应力 = 0.18/(193.5 + 0.18) = 0.1%,0.4 开度时面板脉动应力/总应力 = 1.09/(193.5 + 1.09) = 0.6%。即脉动应力占总应力的比例很小,可以忽略不计。

脉动应力小的原因主要是水体脉动压力很小,由表 7-6 可见,按最大脉动压力计算,0.2 开度时脉动压力/时均压力 = 0.4/(55 + 0.4) = 0.7%,0.4 开度时脉动压力/时均压力 = 0.93/(55 + 0.93) =

1.7%,脉动压力非常小。

7.5.6 结论

通过上述的弧门动力有限元计算结果可得到下面两点有意义的结论。

(1)由于水体的附加质量的影响,有水时弧门的自振频率比无水时低;随着水头降低,闸门的自振频率增大;随着闸门开度增加,闸门自振频率增大。闸门作第一阶主振动时的特点是启闭杆伸缩,闸门转动,不变形。水体优势脉动频率在4Hz以下,水头58.78m时第一阶主振动频率为4.667Hz,大于水体的优势脉动频率,故弧门不会产生较大的振动。

(2)动力响应的最大脉动应力值发生在面板。0.2开度时面板最大Mises应力为1.09MPa,其他构件最大Mises应力为0.31MPa。面板以外其他构件脉动应力非常小,可以忽略不计。

从面板来看,0.2开度时面板的脉动应力/总应力 = 0.18/(193.5 + 0.18) = 0.1%;0.4开度时面板的脉动应力/总应力 = 1.09/(193.5 + 1.09) = 0.6%。即不论0.2还是0.4开度,其脉动应力占总应力的比例都很小,均可以忽略不计。

脉动应力小的原因主要是水体脉动压力很小,由表7-6可见,按最大脉动压力计算,0.2开度时脉动压力/时均压力 = 0.4/(55 + 0.4) = 0.7%;0.4开度时脉动压力/时均压力 = 0.93/(55 + 0.93) = 1.7%,脉动压力非常小。

第8章

闸门启闭力检测

8.1 概 述

闸门启、闭两种力是各不相同的,而且启闭力的大小与闸门尺寸大小、闸门结构形式(平面门、弧形门、人字门)、闸门的工作性质(工作门、检修门、事故门)、闸门的位置(表孔、中孔(浅孔)、底孔(深孔))、闸门启闭时的水流状态(静水、动水)和闸门的新旧程度(使用时间长短、保养好坏、环境影响)等情况有关。简言之,闸门启闭力大小与闸门自重、闸门的结构形式、水压力和摩擦力等有关。

闸门启闭设备一般可分为人工操作和自动化操作两大类,如螺杆式启闭机属于人工操作,仅用于小型的涵闸启闭;自动化操作启闭机有固定的卷扬式启闭机(图8-1所示)、液压式启闭机和移动门式启闭机等。自动化操作的启闭机一般由吊具(吊钩)、吊杆(平衡杆)、吊耳、吊缆(钢丝绳)、滚筒、齿轮、传动轴、减速箱(液压启闭机的油压系统则有油泵、油箱、油缸和油管路等)、电动机和机架等构件(如图8-1所示)所组成。

按照原设计,在任何情况下闸门的启闭设备都是可以启动和关

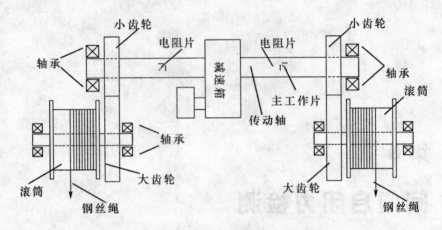

图 8-1 弧门卷扬式启闭机系统示意图

闭闸门的,然而由于闸门的使用时间过长、维修保养不善、环境条件不佳,致使启闭设备锈蚀、断裂或闸门锈蚀、变形、增大了闸门的摩阻力等,以致原有的启闭设备无法启闭闸门,影响了水电站的安全运行。所以,定期对闸门的启闭力和启闭设备的启闭能力进行检测是非常重要和必要的。

闸门的启闭力可以通过理论计算或现场实验测试得到,下面将分别予以介绍。

8.2 闸门启闭力理论计算

闸门启闭力大小与闸门自重、闸门结构形式、水压力和摩擦力等有关。因此,闸门启闭力的理论计算分为平面门启闭力计算,弧形门启闭力计算与人字门启闭力计算3种。根据其闸门工作性质可知:一般工作门均在动水中关、闭;检修门在静水中关闭;事故门在动水中关闭、在静水中启动。在3种启闭力计算中每一种必须分动水启闭和静水启闭。具体理论计算方法与公式介绍如下。

8.2.1 平面闸门启闭力的理论计算

8.2.1.1 计算简图
平面闸门启闭力计算的简图如图 8-2 所示。

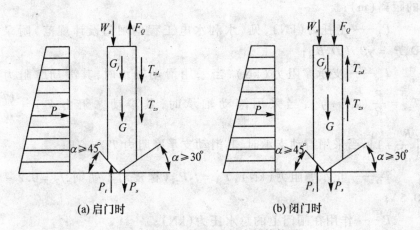

图 8-2 平面闸门启闭力计算简图

8.2.1.2 计算公式
根据现行规范,平板闸门启闭力计算公式如下:

1. 动水中启闭力计算

(1) 启门力 F_Q 计算公式为

$$F_Q = n_T(T_{zd} + T_{zs}) + P_s + n'_G G + G_j + W_s \quad (\text{kN}) \quad (8-1)$$

(2) 闭门力 F_W 计算公式为

$$F_W = n_T(T_{zd} + T_{zs}) + P_t - n_G G - G_j - W_s \quad (\text{kN}) \quad (8-2)$$

(3) 持住力 F_T 计算公式为

$$F_T = n'_G G + G_j + W_s + P_s - P_t - (T_{zd} + T_{zs}) \quad (\text{kN}) \quad (8-3)$$

式中:n_T、n'_G 和 n_G——分别为摩阻力安全系数(一般采用 1.2)、计算持住力及启门力用的闸门自重修正系数(一般采用 1.0~1.1)和计算闭门力用的闸门自重修正系数(一般选用 0.9~1.0);

G——闸门自重(kN),应含定轮装置、拉杆(若有拉杆)等零件;

G_j——加重块重量(kN),如果没有配重块,则 $G_j = 0$;

W_s——作用在闸门上的水柱压力(kN),如果为闸门前止水,$W_s = 0$;

P_s——下吸力(kN),见《水利水电工程钢闸门设计规范》附录 D,$P_s = p_s D_z B_{zs}$,一般 $p_s = 20 \text{kN/m}^2$,D_z 为闸门底缘止水至主梁下翼缘的距离(m);

P_t——上托力(kN),见《水利水电工程钢闸门设计规范》附录 D,$P_t = \gamma \beta_t H_s D_1 B_{zs}$;

T_{zd}——支承摩阻力(kN),当采用滑动轴承时,其滚动摩阻力 $T_{zd} = \dfrac{P}{R}(f_1 r + f)$,当采用滚动轴承时,其滚动摩阻力 $T_{zd} = \dfrac{Pf}{R}\left(\dfrac{R_1}{d} + 1\right)$,当采用滑动支承时,其滑动支承摩阻力 $T_{zd} = f_2 P$;

T_{zs}——止水摩阻力(kN),$T_{zs} = f_2 P_{zs}$(橡皮对不锈钢,$f_2 = 0.2 \sim 0.5$);

P——作用在闸门上的总水压力(kN);

r——滚动轴半径(mm);

R,f——滚动半径和滚动摩阻力臂(mm),一般取 $f = 1\text{mm}$;

R_1——滚动轴承的平均半径(mm);

d——滚动轴承滚柱直径(mm);

f_1,f_2,f_3——滑动摩擦系数,计算持住力时应取小值,计算启门、闭门力时应取大值,可参照《水利水电工程钢闸门设计规范》附录 M 选用;

P_{zs}——作用在止水上的水压力(kN)。

2. 静水中开启闸门的计算

闸门启闭力计算除计入闸门自重外,尚应考虑一定的水位差引起的摩阻力。非淹没式闸门可采用不大于 1m 的水位差,淹没式闸门可采用 1~5m 的水位差。

8.2.2 弧形闸门启闭力的理论计算

8.2.2.1 计算简图

弧形闸门启闭力计算的计算简图如图 8-3 所示。

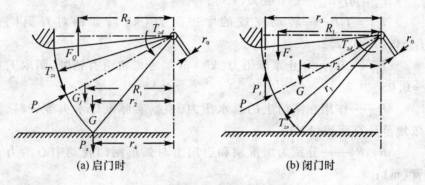

图 8-3 弧形闸门启闭力计算简图

8.2.2.2 计算公式

根据现行规范,弧形闸门启闭力计算公式如下。

1. 闭门力 F_W 的计算公式

闭门力 F_W 的计算公式为

$$F_W = \frac{1}{R_1}[n_T(T_{Td} \cdot r_0 + T_{zs} \cdot r_1) + P_t \cdot r_3 - n_G \cdot G \cdot r_2] \quad \text{(kN)}$$

(8-4)

计算结果为"正"值时,闸门需加块重;为"负"值时,依靠自重可以关闭。

2. 启门力 F_Q 的计算公式

启门力 F_Q 的计算公式为

$$F_Q = \frac{1}{R_2}[n_T(T_{zd} \cdot r_0 + T_{zs} \cdot r_1) +$$

$$n'_G \cdot G \cdot r_2 + G_j R_1 + P_s \cdot r_4] \quad \text{(kN)} \quad (8\text{-}5)$$

式中:n_T、n'_G 和 n_G——分别为摩阻力安全系数(一般采用 1.2)、计算启门力用的闸门自重修正系数(一般采用 1.0~1.1)和计算闭门力用的闸门自重修正系数(一般采用 0.9~1.0);

G——闸门自重(kN);

G_j——加重块重量,弧门一般不设加重块(kN);

$P_t = \gamma \beta_t H_s D_1 B_{zs}$——上托力(kN)($D_1 = 0$);

$P_s = pD_2B_{zs}$——下吸力(kN);

$T_{zd} = f_2P$——转动支铰的摩擦阻力(kN),如钢对青铜则 $f_2 = 0.12 \sim 0.25$;

$T_{zs} = f_3P_{zs}$——止水摩阻力(kN),(如考虑轨道有锈蚀,则取 $f_3 = 0.05 \sim 0.2$);

P——作用在闸门上的总水压力,根据实际设计水头等资料,依规范计算而得(kN);

R_1、R_2——分别为加重块和启门力对弧形闸门转动中心的力臂(m);

r_0、r_1、r_2、r_3、r_4——分别为转动铰摩阻力、止水摩阻力、闸门自重、上托力和下吸力对弧形闸门转动中心的力臂(m)。

弧形闸门在启闭运动过程中,力的作用点、方向和力臂随运动而变化,因此,必要时可绘制启闭力过程线,以决定最大值。

8.2.3 人字闸门启闭力的理论计算

人字闸门主要用于船闸。因其只在静水中启闭,启闭力仅决定其在水中转动时的总的阻力矩,故所需的启闭力较小。

计算人字闸门的启闭力,必须首先计算其转动的总的阻力矩,然后计算其启闭力。

8.2.3.1 闸门转动的总的阻力矩 M

闸门转动总力矩包括六个部分,分别介绍如下。

1. 顶枢和底枢的摩擦阻力矩 M_1

顶枢和底枢的摩擦阻力矩 M_1 为

$$M_1 = 0.5fNd_1 + 0.25fG_0d_2 \quad (kN \cdot m) \tag{8-6}$$

式中:f——摩擦系数 $0.4 \sim 0.5$;

N——门叶在竖直荷载作用下所引起的顶枢水平支承反力;

d_1——顶枢销轴直径(m);

G_0——包括门顶工作桥荷载的门叶竖直荷载(kN);

d_2——底枢半圆球轴的直径(m)。

M_1 值在整个开启过程保持不变。

2. 水位壅高的阻力矩 M_2

由于闸门转动,使闸门运动方向的一侧水位壅高 ΔH 所引起的阻力矩 M_2 为:

$$M_2 = 0.5hl^2\Delta H \quad (\text{kN} \cdot \text{m}) \tag{8-7}$$

式中:h——一扇门叶淹没在水中的高度(m);

　　　l——门叶宽度(m);

$$\Delta H = 1.2V_B^2; \tag{8-7'}$$

　　　V_B——门叶端点平均移动速度,一般为 $0.2 \sim 0.4 (\text{m/s})$。

3. 动水压力阻力矩 M_3

动水压力阻力矩 M_3 为

$$M_3 = 0.075hl^2V^2 \quad (\text{kN} \cdot \text{m}) \tag{8-8}$$

式中:V——门叶移动的平均速度(m/s),$V = \varphi l/2t_0$; $\quad$ (8-8′)

　　　φ——闸门全开的转动角度(rad);

　　　t_0——开启所需的总时间(s);

　　　l——门叶宽度(m);

　　　h——一扇门叶淹没在水中的高度(m)。

4. 风压力阻力矩 M_4

风压力阻力矩 M_4 为

$$M_4 = 0.5qh'l^2\sin\alpha \quad (\text{kN} \cdot \text{m}) \tag{8-9}$$

式中:q——风压强度,通常采用 $q = (0.039 \sim 0.049) \times 10^4 (\text{Pa})$;

　　　α——门叶和闸墙的夹角(rad);

　　　h'——闸门门叶露出水面以上部分的高度(m);

M_4 在开启和关闭时最大,随 α 减小而减小。

5. 门叶自重惯性力矩 M_5

门叶自重惯性力矩 M_5 为

$$M_5 = 0.126\varphi \frac{G_0 l^2}{t_0^2} \cos\frac{\pi t}{t_0} \quad (\text{kN} \cdot \text{m}) \tag{8-10}$$

$$t = 0 \text{ 时}, M_5 \text{最大};$$
$$t = t_0 \text{ 时}, M_5 = 0。$$

式中:t——任意时刻;

其他符号意义同前。

6. 静水压力阻力矩 M_6

闸门开启前,上、下游(闸门两侧)残余水位差 Z 所引起的阻力矩 M_6 为

$$M_6 = 0.5hl^2 Z \tag{8-11}$$

水中:Z——一般取 $0.1 \sim 0.2\text{m}$;

其他符号意义同前。

闸门转动的总阻力矩 M 为

$$M = M_1 + M_2 + M_3 + M_4 + M_5 + M_6 \tag{8-12}$$

8.2.3.2 人字闸门的启门力 T

$$T = \frac{M_{\max}}{R} \quad (\text{kN}) \tag{8-13}$$

式中:R——为牵引力到旋转中心的力臂。该值随启闭机械形式及作用点位置而异。一般取 $R = \left(\frac{1}{2} \sim \frac{1}{3}\right)l$;

$M_{\max}$——总阻力矩的最大值。

在式(8-12)中除 M_1 外,其余阻力矩均随时间而变化,故需绘出各阻力矩曲线(如图 8-4 所示),以求阻力矩的最大值。

8.2.4 工程算例

8.2.4.1 算例 1

四川省大渡河上某水电站主要任务是发电,兼有防洪、航运、灌溉等作用。该电站设有 $5\text{m} \times 10.5\text{m}$(水头 56m)冲沙底孔,其事故检修平板门采用坝顶 450t 门机启闭,弧形工作门采用卷扬式固定启闭机启闭。该闸门已运行 30 多年,原设计是链轮式平板门,后改为定轮式平板门,其静力荷载 27810kN,要求能够在动水条件下关闭运行。但在 2001 年发现事故检修闸门在静水条件可以启闭,但在动水条件不能关闭。为了了解事故检修闸门挡水运行状态下的工作特性和不能动水关闭的原因,拟对闸门进行各种工况下的启闭力检测及相应的理论计算。

闸门基本资料如表 8-1、表 8-2 所示。

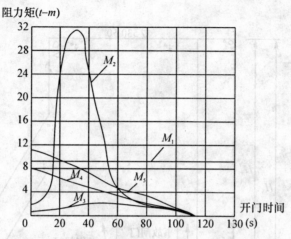

图 8-4 人字闸门启闭过程阻力矩曲线示意图

表 8-1　冲沙底孔事故检修闸门定轮装置零件

编号	名称	材料	单重（kg）	数量	总重（kg）
1	上段轴承座	16Mn	360	4	1440
2	上段轴承盖	16Mn	60	8	480
3	下段轴承座	16Mn	297	4	1188
4	下段轴承盖	16Mn	49	8	392
5	定轮	3Cr13	2.9	124	360
6	轴套	油尼龙	0.15	248	37
合计					3897

表 8-2　冲沙底孔事故检修闸门基本参数

分项	门叶轮廓尺寸（mm）	材料	第一段门叶重（kg）	第二段门叶重（kg）	第三段门叶重（kg）	第四段门叶重（kg）	门叶总重（kg）
参数	11068×6140×1156	16Mn	19446	14488	15869	15742	65545

闸门布置图如图 8-5 所示。

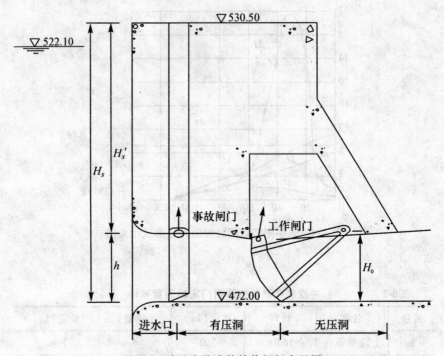

图 8-5 冲沙底孔事故检修闸门布置图

按《水利水电工程钢闸门设计规范》(DL/T5013 – 95)计算该电站冲沙底孔事故闸门启闭力,冲沙底孔事故闸门是潜孔平板闸门,闸门的启闭条件是:静水平压开门、事故动水关门。在此采用理论公式计算的办法校核闸门的启闭力。

Ⅰ. 启闭力计算表达式

根据现行的规范,事故检修平板闸门启闭门力的计算公式见式(8-1)、式(8-2)、式(8-3)。

(1)启门力计算

启门力为

$$F_Q = n_T(T_{zd} + T_{zs}) + P_s + n'_G G + G_j + W_s$$

(2)闭门力计算

闭门力为
$$F_W = n_T(T_{zd} + T_{zs}) + P_t - n_C G - G_j - W_s$$

(3)持住力计算

持住力为
$$F_T = n'_C G + G_j + W_s + P_s - P_t - (T_{zd} + T_{zs})$$

式中：n_T、n'_C 和 n_C——分别为摩擦阻力安全系数（采用 1.2）、计算持住力及启门力用的闸门自重修正系数（采用 1.0~1.1）和计算闭门力用的闸门自重修正系数（采用 0.9~1.0）；

G——闸门自重（含定轮装置零件），kN，参考龚嘴电站底孔事故检修平板闸门图纸，闸门自重为 748kN（门体 655kN + 定轮 39kN + 链条轮 54kN）；

G_j——加重块重量，kN（闸门配重，$G_j = 1770$kN）；

W_s——作用在闸门上的水柱压力，kN（闸门前止水，$W_s = 0$）；

$P_s = p_s D_2 B_{zs}$——下吸力，kN（$D_2 = D = 1.3$m，$p_s = 20$kN/m^2，$B_{zs} = 5.16$m）；

$P_t = \gamma \beta_t H_s D_1 B_{zs}$——上托力（包括止水上托力），kN（$D_1 = 0$）；

$T_{zd} = \dfrac{P}{R}(f_1 r + f)$——滑动轴承的滚动摩擦阻力；

$T_{zd} = f_2 P$——滑动支承的摩擦阻力；

$T_{zs} = f_2 P_{zs}$——止水摩擦阻力（含橡皮预压摩阻力）（橡皮对不锈钢，$f_2 = 0.2$~0.5），kN；

P——作用在闸门上的总水压力，kN；

r——滚轮轴半径，mm（$r = 35$mm）；

R、f——滚轮半径和滚动摩擦力臂，mm（$R = 75$mm，$f = 1$mm）；

f_1、f_2——滑动摩擦系数（油尼龙轴套，$f_1 = 0.10$~0.14，计算取 0.12）。

(4)总水压力

总水压力为： $P = \gamma(2H_s - h)hB/2$ （$H_s \geq h$）

其中：H_s 为闸门水头；h 为闸门止水高度（$h = 10.633$m）；B 为闸门止水宽度（$B = 5.16$m）。

Ⅱ.校核水位下闸门启闭力

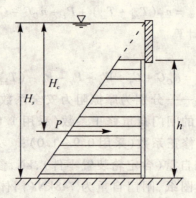

图 8-6 事故检修门静水压力图

库水位为校核水位 528.0m(底孔 $H_s = 56.0$m)时。

1. 动水启闭闸门

检修闸门的总水压力：

$P = 1 \times (2 \times 56.0 - 10.633) 10.633 \times 5.16/2 = 2781^{(t)} = 2710$kN

将检修闸门具体参数代入启闭力的计算公式，可得到闸门启闭力：

$T_{zd} = 2781(0.12 \times 35 + 1)/75 = 193^{(t)} = 1930$kN （油尼龙轴套 $f_1 = 0.12$）

$T_{zs} = 0.06 \times 10.633(56.0 - 10.633/2) \times 0.5 \times 2 + 0.06 \times 5.16 \times (56 - 10.633) \times 0.5 + 0.58(2 \times 10.633 + 5.16) = 54.9^{(t)} = 549$kN

$P_s = 2 \times 1.30 \times 5.16 = 13.4^{(t)} = 134$kN

$P_t = 0.20 \times 5.16 \times (56 - 10.633) \times 1 = 46.8^{(t)} = 468$kN

(1) 启门力计算：

$F_Q = 1.2(193 + 54.9) + 13.4 + 1.1 \times 74.8 + 177 = 570.2^{(t)} = 5702$kN > 4500kN（不能动水启门）

(2) 闭门力计算：

$F_W = 1.2(193 + 54.9) - 0.9 \times 74.8 + 46.8 = 277^{(t)} = 2720$kN $> G_j = 1770$kN（不能动水落门）

(3) 持住力计算：

$$F_T = 1.1 \times 74.8 + 177 + 13.4 - 46.8 - (193 + 54.9) = -22.0^{(t)}$$
$$= -220 \text{kN}$$

2. 静水启门力

考虑 5m 水位差,检修闸门的总水压力:
$$P = 1 \times 5.0 \times 10.633 \times 5.16 = 274^{(t)} = 2740 \text{kN}$$

将检修闸门具体参数代入启闭力的计算公式,可得到闸门启闭力:

$$T_{zd} = 274(0.12 \times 35 + 1)/75 = 19.0^{(t)} = 190 \text{kN} \quad (\text{油尼龙轴套} f_1 = 0.12)$$

$$T_{zs} = 0.06 \times 5.0 \times (10.633 \times 2 + 5.16) \times 0.5 + 0.58(2 \times 10.633 + 5.16) = 19.3^{(t)} = 193 \text{kN}$$

$$F_Q = 1.2(19.0 + 19.3) + 1.1 \times 74.8 + 177 = 304.4^{(t)} = 3044 < 4500 \text{kN}(\text{可以静水启门})$$

$$F_W = 1.2(19.0 + 19.3) - 0.9 \times 74.8 = -21.4^{(t)} = -214 \text{kN} < G_j = 1770 \text{kN}(\text{可以静水落门})$$

Ⅲ. 试验水位下闸门启闭力

2004年8月29日上午试验库水位为 522.1m(流量为 $2710 \text{m}^3/\text{s}$,底孔 $H_s = 50.1\text{m}$)。

1. 动水启闭闸门

检修闸门的总水压力:
$$P = 1 \times (2 \times 50.1 - 10.633) \times 10.633 \times 5.16/2 = 2457^{(t)}$$
$$= 24570 \text{kN}$$

将检修闸门具体参数代入启闭力的计算公式,可得到闸门启闭力:

$$T_{zd} = 2457(0.12 \times 35 + 1)/75 = 170^{(t)} = 1700 \text{kN} \quad (\text{油尼龙轴套} f_1 = 0.12)$$

$$T_{zs} = 0.06 \times 10.633(50.1 - 10.633/2) \times 0.5 \times 2 + 0.06 \times 5.16 \times (50.1 - 10.633) \times 0.5 + 0.58(2 \times 10.633 + 5.16) = 50^{(t)} = 500 \text{kN}$$

$$P_s = 2 \times 1.30 \times 5.16 = 13.4^{(t)} = 134 \text{kN}$$

$$P_t = 0.20 \times 5.16 \times (50.1 - 10.633) \times 1 = 40.7^{(t)} = 407 \text{kN}$$

(1)启门力计算：

$F_Q = 1.2(170+50) + 13.4 + 1.1 \times 74.8 + 177 = 536.7^{(t)} = 5367 > 4500\text{kN}$（不能动水启门）

(2)闭门力计算：

$F_W = 1.2(170+50) - 0.9 \times 74.8 + 40.7 = 237^{(t)} = 2370\text{kN} > G_j = 1770\text{kN}$（不能动水落门）

(3)持住力计算：

$F_T = 1.1 \times 74.8 + 177 + 13.4 - 40.7 - (170+50) = 12.0^{(t)} = 120\text{kN}$

2. 静水启门力

考虑5m水位差，计算结果与上相同。

Ⅳ. 小结

从以上计算可知：底孔事故检修闸门在校核水位528.0m下，动水启门力为5702kN($570.2^{(t)}$)，大于门机的额定容量，闸门不能动水启门，但静水启门力为3044kN($304.4^{(t)}$)，小于门机的额定容量，闸门可以静水启门；动水闭门力为2720kN($272^{(t)}$)，大于闸门的配重1770kN($177^{(t)}$)。闸门的计算配重应当达到2720kN($272^{(t)}$)，实际还差950kN($95^{(t)}$)，由于配重不足，底孔事故检修闸门不能落到底，即检修闸门不能动水闭门。

在试验水位522.1m下，闸门也不能动水启门，但可以静水启门；其动水闭门力为2370kN($237^{(t)}$)，大于闸门的配重，闸门也不能落到底，即闸门也不能动水闭门。

应当指出：在校核水位528.0m下，闸门静水启门力为3044kN($304.4^{(t)}$)、动水闭门力为2720kN，根据门机的额定容量($450^{(t)}$)，再增加1000kN($100^{(t)}$)配重、同时采用低摩擦系数新型材料轴套，闸门才能够动水关门、静水启门。但实际上，底孔事故检修闸门要再增加1000kN的配重，在空间位置上有一定的困难。

8.2.4.2 算例2

地处重庆市丰都县境内、长江上游南岸龙河干流上的某水电站，其主要水工建筑物包括挡、泄水建筑物，右岸引水系统和厂区枢纽三大部分。电站装机容量为115MW，是地区已建电站中容量最大、又具有季节性能的水电站。枢纽中的金属结构已使用9年。根据国内外水利枢纽闸门泄洪运行实践及大坝安全定期检查的要求,须对该水电站水工金属结构进行安全检测与复核。本算例就是为闸门的安全复核而对其启闭力进行理论计算。

闸门基本资料如表8-3至表8-5所示。

表8-3　　　　　　　　水电站金属结构简要资料表

序号	设备名称	数量	孔口尺寸(m)(宽×高)	设计水头(m)	正常蓄水位(m)	启闭机形式	其他技术参数	备注
1	溢洪道弧形闸门	5	12×13.8	13.5	480.00	2×1000kN液压启闭机 扬程:5648mm 动水启闭	底坎高程:466.538m 支铰高程:472.538m	Q235钢
2	中孔工作弧形闸门	1	3.5×6.0	60	480.00	1000kN单吊点摇摆式液压启闭机 扬程:6m 动水启闭	总水压力:16620kN 底坎高程:420.0m 支铰高程:428.0m	16Mn钢

表8-4　　　　　　　　表孔工作弧门启闭机基本参数表

起重力	2×1000kN	启门速度	0.643m/min
闭门速度	0.4m/min	油泵型号	63SCY-141B
工作行程	5648mm	油泵额定压力	31.3MPa
全行程	6215mm	油泵额定流量	63L/min
启吊间距	10900mm	额定转速	1000rpm
油缸内径	320mm	活塞杆直径	320mm

表 8-5　　　　　　　　　中孔工作闸门启闭机基本参数表

起重力	1000kN	启门速度	0.77m/min
闭门速度	0.47m/min	油泵型号	253CY14-18
工作行程	8232mm	油泵额定压力	31.5MPa
全行程	8635mm	油泵额定流量	37.5L/min
下压力	100kN	额定转速	1500rpm
油缸内径	320mm	活塞杆直径	320mm

将设计水头增加 1m，按《水利水电工程钢闸门设计规范》(DL/T5013-95)计算该水电站表孔工作弧门、中孔工作弧门的启闭力，在此仍采用理论计算公式计算的办法校核闸门的启闭力。

Ⅰ.启闭力计算表达式

根据现行的规范，弧形闸门启闭力的计算公式(如式(8-4)、式(8-5))为：

(1)闭门力计算：

闭门力计算表达式为

$$F_W = \frac{1}{R}[n_T(T_{zd} \cdot r_0 + T_{zs} \cdot r_1) + P_t \cdot r_3 - n_G G \cdot r_2]$$

(2)启门力计算：

启门力计算表达式为

$$F_Q = \frac{1}{R_2}[n_T(T_{zd} \cdot r_0 + T_{zs} \cdot r_1) + n'_G G \cdot r_2 + G_j \cdot R_1 + P_s \cdot r_4]$$

式中：n_T、n'_G 和 n_G——分别为摩擦阻力安全系数(采用 1.2)、计算启门力用的闸门自重修正系数(采用 1.0~1.1)和计算闭门力用的闸门自重修正系数(采用 0.9~1.0)；

G——闸门自重(kN)，参考该水电站弧形闸门图纸(成都勘测设计研究院)，计算得到表孔工作弧门自重为 751.2kN(考虑 1m 加高后闸门的自重)、中孔弧门自重为 404kN(不含支铰的重量)。

G_j——加重块重量(弧门没有加重块)，kN($G_j = 0$)；

$P_t = \gamma \beta_t H_s D_1 B_{zs}$——上托力，kN($D_1 = 0$)；

$P_s = p_s D_2 B_{zs}$——下吸力，kN（$D_2 = D \approx 0.4\text{m}, p_s = 2t/\text{m}^2 = 20\text{kN}/\text{m}^2$）；

$T_{zd} = f_2 P$——转动支铰的摩擦阻力，取 $f_2 = 0.12 \sim 0.25$（钢对青铜），kN；

$T_{zs} = f_3 P_{zs}$——止水摩阻力（考虑轨道锈蚀，取 $f_3 = 0.05 \sim 0.2$），kN；

P——作用在闸门上的总水压力，kN；

R_1、R_2——分别为加重块和启门力对弧形闸门转动中心的力臂（表孔工作弧门：$R_2 = 15.6\text{m}$；中孔弧门：$R_2 = 9.6\text{m}$）；

r_0、r_1、r_2、r_3、r_4——分别为转动铰摩阻力、止水摩阻力、闸门自重、上托力和下吸力对弧形闸门转动中心的力臂。表孔工作弧门：$r_0 = 0.23$, $r_1 = 16.1$, $r_2 = 11.8$, $r_3 = 15.9$, $r_4 = 15.9\text{m}$；中孔闸门：$r_0 = 0.21$, $r_1 = 10.1$, $r_2 = 7.4$, $r_3 = 9.9$, $r_4 = 9.9\text{m}$。

Ⅱ．表孔工作弧门的启闭力

总水压力：

$$P_s = 0.5 \cdot \gamma H_s^2 B = 12615 \text{ kN}$$

$$V_s = \frac{1}{2}\gamma R^2 B \left[\frac{\pi \varphi}{180} - 2\sin\varphi_1 \cos\varphi_2 + \frac{1}{2}(\sin 2\varphi_1 - \sin 2\varphi_2)\right]$$

$$= 943.1 \text{kN}$$

$$P = \sqrt{V_s^2 + P_s^2} = 12650.2 \text{kN}$$

其中：γ 为水的容重（$\gamma = 10\text{kN}/\text{m}^3$）；$H_s$ 为闸门水头（$H_s = 14.5\text{m}$）；B 为闸门止水宽度（$B = 12\text{m}$）；R 为面板到闸门转动中心的距离（$R = 16.0\text{m}$）。

将闸门具体参数代入启闭力的计算公式，得

$T_{zd} = 0.22 \times 12650.2 = 2783 (\text{kN})$

$T_{zs} = 83.3 \times 0.2 + 3.0 \times 15.928 \times 2 = 112.2 (\text{kN})$

$P_s = 20 \times 0.4 \times 12 = 96 (\text{kN})$

（1）闭门力计算：

$$F_W = \frac{1}{R_1}[1.2(2783 \times 0.23 + 112.2 \times 16.1) - 1.0 \times 751.2 \times 11.8]$$

$$= -5928/R_1 < 0 \text{ kN} \cdot \text{m/m}$$

(2)启门力计算:

$$F_Q = \frac{1}{15.6}[1.2(2783 \times 0.23 + 112.2 \times 16.1) +$$
$$1.1 \times 751.2 \times 11.8 + 96 \times 15.9]$$
$$= 911.2 < 2 \times 1000 \times \frac{8.66}{15.6} \text{ kN}$$

Ⅲ. 中孔弧门的启闭力

总水压力:$P_s = 0.5 \cdot \gamma(H_s + H'_s)hB = 13470.8 \text{kN}$

$$V_s = 0.5 B\gamma R^2 \left[\pi\varphi/180 + 2\sin\varphi_1\cos\varphi_2 - 0.5(\sin 2\varphi_1 + \sin 2\varphi_2) + \frac{2H'_s}{R}(\cos\varphi_1 - \cos\varphi_2) \right]$$
$$= 9568 \text{kN}$$

$P = \sqrt{V_s^2 + P_s^2} = 16523 \text{kN}$

其中:$\gamma = 10 \text{kN/m}^3, H_s = 61\text{m}, H_s' = 55\text{m}, h = 6.0\text{m}, B = 3.5\text{m},$
$R = 10.0\text{m}$。

$T_{zd} = 0.22 \times 16523 = 3635 \text{(kN)}$

$T_{zs} = 96.2 + 3.0 \times 19.24 = 154 \text{(kN)}$

$P_s = 20 \times 0.4 \times 3.5 = 28 \text{(kN)}$

(1)闭门力计算:

$$F_W = \frac{1}{R_1}[1.2(3635 \times 0.21 + 154 \times 10.1) - 1.0 \times 404 \times 7.4]$$
$$= -207/R_1 < 0 \text{kN}$$

(2)启门力计算:

$$F_Q = \frac{1}{9.7}[1.2(3635 \times 0.21 + 154 \times 10.1)$$
$$+ 1.1 \times 404 \times 7.4 + 28 \times 9.9]$$
$$= 654 \text{kN} < 1000 \times 0.9 \text{kN}$$

Ⅳ. 小结

由以上计算结果表明:

(1)表孔工作弧门的闭门力为负值说明表孔弧门依靠本身自重可以落下关闭;表孔弧门启门力为 911.2kN 小于额定起重力,完全可以自由开启。

（2）中孔弧门的闭门力也为负值，说明中孔弧门依靠本身自重也可以落下关闭；中孔弧门启门力654kN 也小于额定起重力，完全可以自由开启。

8.3 卷扬式启闭机启闭力检测

前面所介绍的闸门和启闭机的种类很多。针对不同的闸门和启闭机，其启闭力的检测方法也不同，本节主要介绍一种常见的卷扬式启闭机的启闭力检测。

8.3.1 闸门启闭力检测的目的

水电工程施工完毕，新的闸门和启闭机安装好后，其启闭力是否达到设计的理论计算要求，需要进行检测；闸门与启闭机运行多年之后，是否还具有原启闭力额定标准要求，或是否满足安全启闭的要求，也需要进行检测。后一种检测可根据 SL101－94《水工钢闸门和启闭机安全检测技术规程》规定，启闭机应每隔 10～15 年进行一次定期检测，其中有一项内容就是闸门启闭力的检测。综上所述，闸门启闭力检测的目的是：

（1）为工程管理单位提供制定闸门运行管理措施和方法的理论依据。

（2）为工程管理单位提供闸门启闭机是否需要维修、加固或拆旧换新的理论依据。

8.3.2 闸门启闭力检测的方法与仪器

8.3.2.1 闸门启闭力检测的方法

闸门启闭力的检测方法有：

（1）直接检测法——采用拉、压传感器或测力计直接测试。

（2）间接测试法——采用应变片和动态应变仪测试，然后通过胡克定律将动态应变值换算成力。或使用其他方法求得。

直接测试法采用的拉、压传感器或测力计在实际工程中一般不便于布置,实际中采用不多,而间接测试法测启门力时,测点一般布置在吊点、吊杆或闸门吊耳等构件上,这些部位受力状况较为复杂,每个吊点至少布置3片应变片,通过主应力计算出启门力。由于主应力的方向与启门力的方向可能不完全一致,这样算出的启门力会有一定的误差。

8.3.2.2 间接测试法在卷扬式启闭机检测中的应用

在卷扬式启闭机的检测中,由于启闭机减速箱输出轴中部处于纯扭状态,一般采用单应变片检测启门力即可。其测点布置在减速箱输出轴的中部,沿轴线45°方向贴一动态应变片作为测力工作片,其他应变片(一应变片沿沿轴线方向、一应变片沿垂直轴线方向,即横向)为精度验证片。但在实测时,精度验证片的应变值均较小,说明由工作片算出的启门力精确度比较高。

此外,为了更准确地测量或校核上一方法所测的启闭力,又可以在闸门的左右吊耳上布置应变片进行测试。

8.3.2.3 间接测试法测试系统方框图及仪器

间接测试法测试系统方框图如图8-7所示。

应变片→动态应变仪→数据采集器→动态数据处理仪→打印机

图8-7 测试系统方框图

该测试系统中主要配套仪器为动态电阻应变仪、数据采集器、动态数据处理仪和打印机等。

8.3.3 闸门启门力测试计算原理

闸门启门力是通过测试输出轴扭矩的间接方法测试后再计算而得。这个办法首先将测试所得应变值换算成输出轴的扭矩,然后通过扭矩计算出启门力。

8.3.3.1 输出轴的扭矩

从输出轴的受力分析可知,减速箱输出轴中部处于纯扭状态,轴表面各点的三个主应力为 $\sigma_1 = \tau_{max}, \sigma_2 = 0, \sigma_3 = -\tau_{max}$($\tau_{max}$为最大剪应力)。由材料力学得

$$\varepsilon_1 = \frac{1}{E}(\sigma_1 - \mu\sigma_3) = \frac{1+\mu}{E}\tau_{\max} \qquad (8\text{-}14)$$

$$\tau_{\max} = \frac{E}{1+\mu}\varepsilon_1 = \frac{E}{1+\mu}|\varepsilon_{45°}| \qquad (8\text{-}15)$$

式中：E 为材料的弹性模量；μ 为材料的泊松比；$\varepsilon_{45°}$ 为实测动应变。

由于
$$\tau_{\max} = \frac{M_n}{W_n} \qquad (8\text{-}16)$$

故
$$M_n = W_n \cdot \tau_{\max} \qquad (8\text{-}17)$$

式中：M_n 为输出轴扭矩；$W_n = \frac{\pi}{16}D^3$，为输出轴的截面抗扭模量（D 为输出轴的直径）。

故输出轴的扭矩为：
$$M_n = \frac{\pi E}{16(1+\mu)}D^3|\varepsilon_{45°}| \qquad (8\text{-}18)$$

8.3.3.2 启门力的计算

根据输出轴的扭矩 M_n，计算小齿轮的受力 F 为：

$$F = \frac{M_n}{r} \qquad (8\text{-}19)$$

式中：r 为小齿轮的半径。

此外，由大齿轮与滚筒之间的受力平衡系统，如图 8-8 所示，得到：

$$T \cdot R_2 = F \cdot R_1$$

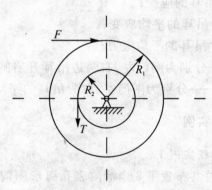

图 8-8 大齿轮与滚筒受力平衡系统

故

$$T = \frac{R_1}{R_2} \cdot \frac{M_n}{r} = \frac{R_1}{R_2 r} \cdot \frac{\pi E}{16(1+\mu)} D^3 \mid \varepsilon_{45°} \mid \qquad (8\text{-}20)$$

则闸门的启门力为:

$$F_Q = T_{左} + T_{右} \qquad (8\text{-}21)$$

式中:$T_{左}$ 和 $T_{右}$ 分别为闸门左右两根钢丝绳启门时的拉力。

8.3.3.3 吊耳板启门力的计算

吊点启门力由滑轮通过两块吊耳传到门体。根据圣维南原理，吊耳的中下部接近单向受拉，可在此布置 n 个（根据吊耳的大小而定多少个）单向应变片，测出其应变，再由应变计算应力和拉力，最后推算整个闸门的启门力。计算公式如下:

$$\sigma_{点} = E \cdot \varepsilon \qquad (8\text{-}22)$$

$$\sigma_{均} = (\sigma_1 + \sigma_2 + \cdots + \sigma_n)/n = E(\varepsilon_1 + \varepsilon_2 + \cdots + \varepsilon_n)/n = E\varepsilon_{均} \qquad (8\text{-}23)$$

$$T_{单} = A \cdot \sigma_{均} = A \cdot E \cdot \varepsilon_{均} \qquad (8\text{-}24)$$

$$F_Q = T_{左} + T_{右} = A \cdot E \cdot (\varepsilon_{左均} + \varepsilon_{右均}) \qquad (8\text{-}25)$$

式中:$\sigma_{点}$ ——吊耳(单片)应力;

$T_{单}$ ——单边启门力;

F_Q ——闸门的启门力;

E ——吊耳弹性模量(kN/m^2);

A ——吊耳截面面积(m^2);

ε ——单片吊耳的应变;

$\varepsilon_{均}$ ——n 片吊耳的平均应变;

$\sigma_{均}$ ——n 片吊耳的平均应力;

$T_{左}$、$T_{右}$ ——分别为闸门左、右两边吊耳开启闸门时的拉力;

$\varepsilon_{左均}$、$\varepsilon_{右均}$ ——分别为闸门左、右两吊耳的平均应变。

8.3.4 工程实例

8.3.4.1 工程实例 1

某水电站现总共布置了 8 扇泄洪表孔弧形闸门，门重为 500kN，其孔口尺寸为 9.8m×10.5m×12.1m（高×宽×支臂长），每扇门都单独布置了 2×230kN 固定卷扬式启闭机系统。启闭机输出轴的直

径 $D=0.14\text{m}, E=2.1\times10^{11}\text{Pa}, \mu=0.3$,滚筒的半径为 $R_2=0.5\text{m}$。$1^\#$闸门动测水位 114.58m,$4^\#$闸门动测水位 114.88m。

1. 启门力大小

我们对 $1^\#$ 闸门和 $4^\#$ 闸门的启门力进行了检测(沿轴线 45°方向贴一动态应变片),测出启门时启闭机输出轴的动应变,将有关几何尺寸代入式(8-20),得钢丝绳启门时的拉力为

$$T=0.962\times10^6|\varepsilon_{45°}| \tag{8-26}$$

启门力与开度的动态关系见图 8-9 和表 8-6。

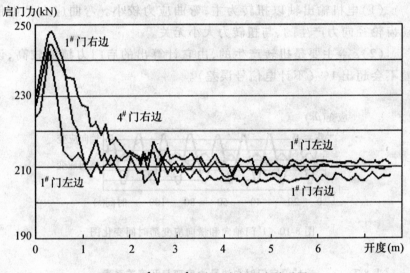

图 8-9 $1^\#$门和 $4^\#$门启门力与开度关系图

表 8-6　　　　　　闭门力与开度关系表

	开度(m)	0.3	1	2	3	4	5	全开
$1^\#$门	$\|\varepsilon_{45°}\|$ (με)	252.8	221.6	223.3	223.7	219.1	218.6	222.1
	$T_左$(kN)	243.5	213.2	214.8	215.2	210.7	210.3	213.7
	$\|\varepsilon_{45°}\|$ (με)	257.3	223.6	222.1	218.1	212.2	214.0	212.9
	$T_右$(kN)	247.5	215.1	213.7	209.8	204.2	205.9	204.8
$4^\#$门	$\|\varepsilon_{45°}\|$ (με)	254.7	235.4	221.4	219.9	213.6	214.4	216.5
	$T_右$(kN)	245.0	226.5	213.8	211.6	205.5	206.2	208.3

2. 精度验证

进行 1# 闸门启门力检测时,既布置了测力工作片,也沿右边电机输出轴轴线方向和横向各布置了一精度验证应变片,这些应变与开度的动态关系见图 8-10 和表 8-7。纯扭杆沿杆轴方向和垂直杆轴方向(横向)的应变为零,由于电机输出轴小齿轮在传动过程中受到大齿轮的径向力作用,所以 $\varepsilon_{轴}$ 和 $\varepsilon_{横}$ 并不为零,并且按转动轴的转动频率($f = 3.92 r/min$)周期变化,但其应变绝对值较小:$\varepsilon_{轴} = 1.41 (\mu\varepsilon)$,$\varepsilon_{横} = 0.22 (\mu\varepsilon)$,与工作片最小应变 212.2($\mu\varepsilon$)相比,它们分别为 0.66% 和 0.10%。这说明两个问题:

(1) 电机输出轴以扭转为主,弯曲应力较小。弯曲应力是由传动齿轮径向力产生的,与扭转力大小无关。

(2) $\varepsilon_{45°}$ 主要是扭转产生的,由它计算出的启门力精度较高,误差不会超出 1%(不计电信号误差)。

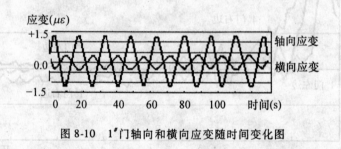

图 8-10 1# 门轴向和横向应变随时间变化图

表 8-7 1# 门启门时右边最大应变与开度关系表

	开度(m)	0.3	1	2	3	4	5	全开
验证片	$\|\varepsilon_{轴}\|$ ($\mu\varepsilon$)	1.41	1.38	1.38	1.37	1.38	1.39	1.37
	$\|\varepsilon_{横}\|$ ($\mu\varepsilon$)	0.21	0.21	0.22	0.21	0.20	0.21	0.21
工作片	$\|\varepsilon_{45°}\|$ ($\mu\varepsilon$)	257.3	223.6	222.1	218.1	212.2	214.0	212.9

3. 结论

由检测结果可见,单应变片检测启门力方法简单实用,而精度又完全有保障,具有较强的实用性。启门时最大启门力出现在 0.3 m

左右开度,1#门钢丝绳瞬间最大拉力为247.5kN(右边),左右两根钢丝绳的松紧基本均匀,拉力相差为3.0%。最大启门力 F_Q 为490.7kN,启闭机瞬间超载较大(7.6%)。闸门悬空钢丝绳的持住力为210kN左右,接近启闭机的额定值,启闭机的容量太小。

8.3.4.2 工程实例2

某水电站冲沙底孔5m×10.5~56m的事故检修平面闸门,静力荷载27810kN,要求能在动水条件下关门运行。

1. 基本资料与测点布置

(1)闸门吊耳(吊板)的几何构造形状及尺寸如图8-11所示。

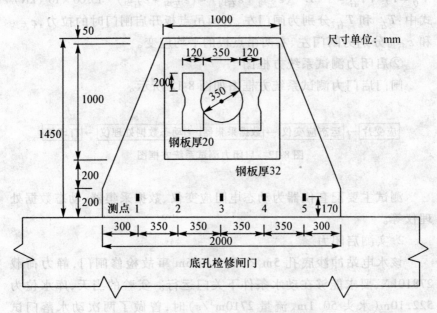

图8-11 底孔事故检修闸门测点布置图

吊板(16Mn)弹性模量:$E = 204\text{GPa} = 2.04 \times 10^8 \text{kN/m}^2$

吊板截面(长2m、厚0.032m)面积:$A = 2 \times 0.032 = 0.064\text{m}^2$

(2)测点布置。吊点启门力由滑轮通过两块吊板(吊耳)传到门叶。根据圣维南原理,吊板的中下部接近单向受拉状况,如图8-11所示。在此布置5个测点(每个测点贴一应变片)测吊板应变,再由应变计算应力和拉力,最后推算整个闸门的启门力。

(3)启门力的计算公式与启闭力测试系统方框图

①计算公式:

吊板单点应力,依式(8-22)得 $\sigma_{点} = E \cdot \varepsilon$

吊板($n=5$)平均应力依式(8-23)得

$$\sigma_{均} = (\sigma_1 + \sigma_2 + \sigma_3 + \sigma_4 + \sigma_5)/5 = E(\varepsilon_1 + \varepsilon_2 + \varepsilon_3 + \varepsilon_4 + \varepsilon_5)/5 = E\varepsilon_{均}$$

单边的启门力,依式(8-24)得

$$T_{单} = A \cdot \sigma_{均} = A \cdot E \cdot \varepsilon_{均} = 13.06 \times 10^6 \cdot \varepsilon_{均}(kN)$$

闸门的启门力,依式(8-25)得:

$$F_Q = T_{左} + T_{右} = A \cdot E \cdot (\varepsilon_{左均} + \varepsilon_{右均}) = (\varepsilon_{左均} + \varepsilon_{右均}) \cdot 13.06 \times 10^6 (kN)$$

式中:$T_{左}$ 和 $T_{右}$ 分别为闸门左、右两吊点板开启闸门时的拉力,$\varepsilon_{左均}$ 和 $\varepsilon_{右均}$ 分别为闸门左、右两吊点板的平均应变。

②启闭力测试系统方框图

闸门启门力测试系统方框图如图8-12所示。

应变片 → 运态应变仪 → 数据采集器 → 动态数据处理仪 → 打印机

图8-12 启闭力测试系统方框图

测试主要配套仪器为动态电阻应变仪、数据采集器、动态数据处理仪等。

2. 实测启闭力

该水电站冲沙底孔 5m×10.5~56m 事故检修闸门,静力荷载 27810kN,要求能够在动水条件下关门运行。实验的当天,库水位为 522.10m(水头 50.1m、流量 2710m³/s)时,曾做了两次动水落门试验,底孔事故检修闸门在自重和配重的作用下不能完全落到底就位,第一次试验闸门底缘离门槽底坎 5.40m 就停止了下门,第二次试验闸门底缘离门槽底坎 5.39m 也停止了下门,闸门将近有一半在底孔的上方。两次动水落门试验的重复性、一致性较好,数据整理以第一次为准。

动水落门试验后,在现场还对事故检修闸门做了一次静水启闭试验,闸门能够平稳启闭,没有什么异常情况出现。

现场检测:事故检修闸门门重为837kN(包含门叶、定轮和链条轮);事故检修闸门配重为1825kN(包含上吊梁、8×190kN铁块和下抓梁)。

将检测到的吊点板动应变和式(8-25)输送到计算机闸门启闭力测试系统,得到事故检修闸门的启闭力测试结果如下。

(1)有配重条件下事故检修闸门的启门力

从有配重动水落门闭门力过程曲线(图8-13)可以看出:由于配重是通过配重下面的抓梁与闸门吊点相联的,配重块的重量在闸门

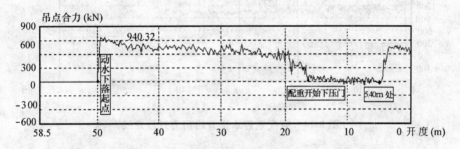

*图中闸门开度以闸门底缘到门槽底坎的高度为准(下同)。

图8-13 有配重动水下落闭门力过程曲线

吊点上基本上没有反应。有配重动水落门时,闸门全开至20m吊点拉力基本保持不变,开度20~16.20m闸门由自重克服摩擦阻力下落,开度16.20~5.40m闸门由配重克服摩擦阻力下落,开度5.40m以下摩擦阻力大于闸门自重和配重,门体不能动水下落,关闭下游工作门,闸门静下水才落到底。

有配重静水提门时,吊点拉力曲线(图8-14)在整个提门过程中都较平缓,实测最大吊点拉力,如表8-8所示,其中最大拉力为1279.88kN(加上配重达到3105kN,3105kN即为门机最大起吊荷载),当闸门露出水面后,门体不受水体影响,吊点拉力有一个小幅变化。

表 8-8　　　　　　事故检修闸门实测最大吊点拉力结果

状　态		$\varepsilon_{上均}$	$\varepsilon_{下均}$	$F_Q(kN)$
有配重	动水下落闸门	41	31	940.32
	静水提升闸门	46	52	1279.88
无配重	静水下落闸门	38	33	927.26
	静水提升闸门	52	42	1227.64

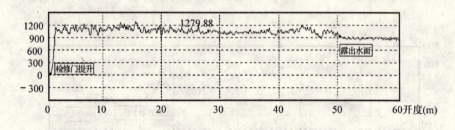

图 8-14　有配重静水提升启门力过程曲线

（2）无配重条件下事故检修闸门的启闭力

无配重静水落门闭门力过程曲线（图 8-15）与动水落门过程不同，由于闸门受到的水平压力很小，在落门过程中摩擦阻力不大，吊点拉力基本上不变。

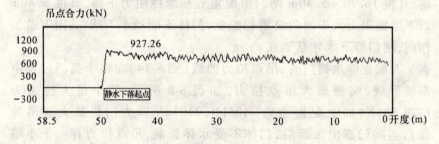

图 8-15　无配重静水下落闭门力过程曲线

无配重静水提门时的吊点拉力曲线（图 8-16）与有配重静水提门的吊点拉力曲线相同，在整个提门过程中都较平缓，实测最大吊点拉力结果如表8-8所示,其中吊点最大拉力为1227.64kN。

在两次动水落门试验中,闸门没有完全落到底,当关闭下游工作门减少事故检修闸门的水荷载时,底孔事故检修闸门可以继续下落就位,结合事后对事故检修闸门的检查情况进行分析,其原因是:

(1)闸门的配重不够;

(2)油尼龙轴套的摩擦系数大于0.10~0.14(过去设计采用)标准;

(3)油尼龙轴套具有一定的吸水率,其在潮湿的环境中容易产生定轮轴套抱轴、滚轮转动不灵活,最终导致闸门行走支承系统的摩擦阻力过大,闸门在自重和现有配重的作用下不能完全落到底就位。

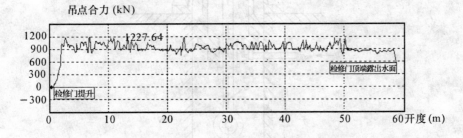

图8-16 无配重静水提升启门力过程曲线

8.4 液压式启闭机启闭力检测

8.4.1 液压式启闭机的结构与特点

8.4.1.1 液压式启闭机的结构

液压式启闭机是通过电动机或柴油机带动油泵,从油箱吸入并加压油液后,经过输油管将油液传送到启门的油缸,使油缸中的活塞在液压的作用下,沿缸壁作轴向往复运动,从而带动活塞拉杆,以升降闸门。液压式启闭机的结构如图8-17所示。

8.4.1.2 液压式启闭机的特点

液压式启闭机具有结构布置紧凑,机体构造简单,能以较小的动

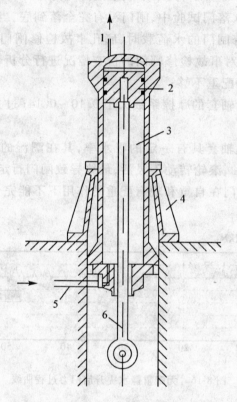

1,5——输油管道;2. 活塞;3. 油缸;4. 支座;6. 活塞拉杆

图 8-17 液压式启闭机结构示意图

力获得较大的启闭能力,传动稳定,液压大小控制方便,操作简便,造价较低,启闭速度快等特点。它还便于集中控制和自动操作。因此,它可以广泛用于各类闸门,特别适用于启闭力大而孔数较多的闸门。

8.4.2 液压式启闭机的主要参数的计算

从结构上看液压式启闭机实际上是一台立式大型的活塞油缸,其活塞拉杆的下端与闸门吊点铰接,在液压油的操纵下,可以启闭或持住闸门。

液压式启闭机可分为单向作用和双向作用两种。

单向作用液压机只在活塞向上启门时受压力油的推动,而下降闸门时则撤除活塞下的压力油,靠闸门自重、水柱压力及下吸力快速降落。这种启闭机可用做快速启闭闸门。

双向作用液压式启闭机,其活塞上下的移动均靠压力油来推动。这种启闭机常用在闭门时需要加压的潜孔高压闸门上。

液压式启闭机的主要参数可通过理论计算而得,其计算公式如下:

8.4.2.1 启门力 Q 的计算公式

启门力 Q 的计算公式为

$$Q = p\frac{\pi(D^2 - d^2)}{4}\eta \times 10^{-3} \tag{8-27}$$

式中:Q——启门力(kN);

p——启门油压(MPa);

D——油缸内径(cm);

d——拉杆外径(cm);

η——效率,一般可取 $\eta = 0.93 \sim 0.97$。

8.4.2.2 闭门力 Q' 的计算公式

闭门力 Q' 的计算公式为

$$Q' = p'\frac{\pi D^2}{4}\eta \times 10^{-3} \tag{8-28}$$

式中:Q'——闭门力(kN);

p'——闭门油压(MPa)。

8.4.2.3 持住力 Q'' 的计算公式

持住力 Q'' 的计算公式为

$$Q'' = p''\frac{\pi(D^2 - d^2)}{4}\eta \times 10^{-3} \tag{8-29}$$

式中:Q''——持住力(kN);

p''——持住油压(MPa)。

8.4.2.4 最大许用工作油压计算公式

最大许用工作油压计算公式为

$$p_{max} \leqslant \frac{2.3\delta[\sigma]\varphi}{D + \delta} \tag{8-30}$$

式中：p_{max}——油缸最大许用工作油压（MPa）；

δ——油缸最小壁厚（cm）；

$[\sigma]$——油缸材料许用应力（MPa）；

φ——折减系数，一般可取 $\varphi = 0.67 \sim 0.8$。

8.4.2.5 启门速度 v 的计算公式

启门速度 v 的计算公式为

$$v = \frac{40q}{\pi(D^2 - d^2)} \tag{8-31}$$

式中：v——启门速度（m/min）；

q——油缸供油量（L/min）。

8.4.2.6 启门时间 T 的计算公式

启门时间 T 的计算公式为

$$T = \frac{H}{v} = \frac{H\pi(D^2 - d^2)}{40q} \tag{8-32}$$

式中：T——启门时间（min）；

H——启门高度（m）。

8.4.3 液压式启闭机启闭力检测

液压式启闭机和启闭力的检测目的、方法和仪器等与卷扬式启闭机启闭力检测是相同的。在此不再赘述。液压式启闭机启闭力检测仍然采用间接测试法。

由于液压式启闭机的活塞拉杆的下端与闸门吊点铰接，根据材料力学的圣维南原理，活塞拉杆的下部或吊耳板的中下部均接近轴向或单向的拉压，可在此两部位布置 n 个单向应变片，测出其应变，由所测应变均值计算应力和拉压力，最后推算整个闸门的启闭力。如果应变片贴在吊耳板上，则闸门的启闭力可按式（8-22）至式（8-25）计算。如果应变片贴在活塞拉杆的下部，其计算公式如下：

$$\sigma_{点} = E\varepsilon \tag{8-33}$$

$$\sigma_{均} = (\sigma_1 + \sigma_2 + \cdots + \sigma_n)/n = E(\varepsilon_1 + \varepsilon_2 + \cdots + \varepsilon_n)/n = E \cdot \varepsilon_{均} \tag{8-34}$$

$$F_Q = A \cdot \sigma_{均} = A \cdot E \cdot \varepsilon_{均} \tag{8-35}$$

式中：$\sigma_{点}$——活塞拉杆单片应力(MPa)；

$\sigma_{均}$——活塞拉杆(n 片)的平均应力(MPa)；

E——活塞拉杆弹性模量(MPa)；

A——活塞拉杆截面面积(m^2)；

ε——活塞拉杆单片应变；

$\varepsilon_{均}$——活塞拉杆(n 片)的平均应变；

F_Q——闸门的启闭力(kN)。

液压式启闭机启闭力的检测和卷扬式启闭机启闭力的检测一样，实测时只要测得活塞拉杆的平均应变值、拉杆截面尺寸及拉杆的弹性模量，依式(8-35)即可推算出闸门的启闭力。计算问题不是太复杂，这里不再举例说明。

8.5 闸门启闭力检测的振动频率法

测试闸门启闭力的方法很多，除前面所讲之外，本节将介绍一种闸门启闭力的间接测试方法——振动频率法。不过，此法仅适用于卷扬式启闭机的启闭力检测。其检测对象是卷扬机上的钢丝绳。由于钢丝绳的直径一般不太大(20mm 左右)，从动力检测看，其人工激励容易获得理想的振动信号，而且也容易通过预先的标定获得钢丝绳的振动频率与其张力之间的关系。因此，可以用一种称为钢丝绳测力仪或用动态特性参数测试分析方法(振动频率法)，测试卷扬机上钢丝绳的张力而得到闸门的启闭力。

8.5.1 振动频率法的基本原理

为了检测卷扬机上钢丝绳的张力，可将闸门吊点至滚筒之间的钢丝绳视为一种两端受到张力 $\overline{T}$ 拉紧的弦在一个平面内振动，弦上还受到横向干扰力 $q(x,t)$ 的作用，如图 8-18(a)所示。

一般钢丝绳是均质等截面的，假定其密度为 ρ(质量/单位长度)、其横向挠度 y 很小，因而随挠度而变的张力变化很小，可以忽略不计。因此，作用在绳上的张力 T 为常量。可以取一单元长度 ds 微段的钢丝绳来研究，其脱离体如图 8-18(b)所示。根据工程振动中

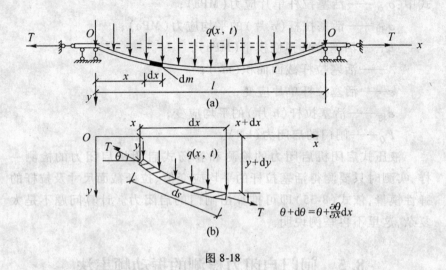

图 8-18

的弹性体振动理论,可以得到弦(钢丝绳)振动的运动微分方程为:

$$\frac{\partial^2 y(x,t)}{\partial t^2} = c^2 \frac{\partial^2 y(x,t)}{\partial x^2} + \frac{1}{\rho} q(x,t) \qquad (8\text{-}36)$$

式中:$c = \sqrt{T/\rho}$,c 为波沿弦(钢丝绳)长度方向传播的速度。

如果横向干扰力 $q(x,t) = 0$,则可得到弦(钢丝绳)做自由振动的运动微分方程:

$$\frac{\partial^2 y(x,t)}{\partial t^2} = c^2 \frac{\partial^2 y(x,t)}{\partial x^2} \qquad (8\text{-}37)$$

内行人很清楚,无限自由度系统与有限自由度系统本无本质差别。它们都应当具有相同的特性。就是说,弹性体系统做某阶主振动时,其各质点也应当做相同的频率及相位运动,各点也应当同时通过静平衡位置和到达最大偏离位置,即系统具有一定的、与时间无关的振型。这样,我们就可假设式(8-37)的解为:

$$y(x,t) = Y(x) H(t) = Y(x) \sin(\omega_n t + \varphi) \qquad (8\text{-}38)$$

式中:$Y(x)$ 称为振型函数,仅为 x 的函数,而 $\sin\omega_n t$ 是弦的振动方式,仅为 t 的函数。将式(8-38)代入式(8-37),整理后,便将偏微分方程式(8-37)变成常微分方程:

$$\frac{d^2Y(x)}{dx^2} + \frac{\omega_n^2}{c^2}Y(x) = 0 \tag{8-39}$$

这个方程的通解为

$$Y(x) = A\sin\frac{\omega_n}{c}x + B\cos\frac{\omega_n}{c}x \tag{8-40}$$

将式(8-40)代入式(8-38),便得到方程式(8-37)的解为

$$y(x,t) = \left(A\sin\frac{\omega_n}{c}x + B\cos\frac{\omega_n}{c}x\right)\sin(\omega_n t + \varphi) \tag{8-41}$$

式中:ω_n 为系统的固有圆频率。A、B、ω_n 及 φ 为四个待定常数,可由弦(钢丝绳)的边界条件及振动的位移及速度的初始条件来决定。

弦的固有频率与其边界条件有关,为此,假定两端为固定,即

$$y(0,t) = 0, \quad y(l,t) = 0$$

将边界条件代入式(8-41),经整理后得到弦自由振动的特征方程——频率方程:

$$\sin\frac{\omega_n}{c}l = 0 \tag{8-42}$$

由此可求得弦的无限多个固有频率。若弦作 j 阶主振动,则由式(8-42)得到

$$\frac{\omega_{nj}}{c}l = j\pi \quad (j = 1, 2, \cdots, \infty)$$

故

$$\omega_{nj} = \frac{cj\pi}{l} = \frac{j\pi}{l}\sqrt{\frac{T}{\rho}} \tag{8-43}$$

由式(8-43)可知,钢丝绳的振动频率 $\omega_{nj} = 2\pi f_{nj}$ 与其张力 T 之间的关系为

$$T = \frac{\omega_{nj}^2 l^2 \rho}{j^2 \pi^2} = \frac{4\pi^2 f_{nj}^2 l^2 \rho}{j^2 \pi^2} = 4\rho l^2 \left(\frac{f_{nj}}{j}\right)^2 = K\left(\frac{f_{nj}}{j}\right)^2 \tag{8-44}$$

式中:$K = 4\rho l^2 = \dfrac{4Wl^2}{g}$

W——为钢丝绳单位长度的重量(N);

g——为重力加速度(m/s²)。

从式(8-44)可知,只要测出钢丝绳的固有频率(ω_n 或 f_n),便可计算出钢丝绳所受的张力(T)。具体测试时,我们一般只取基频来

计算钢丝绳的张力。由于 $j=1$，则式(8-44)成为：

$$T = K(f_{n1})^2 \qquad (8-45)$$

式中：f_{n1}——钢丝绳的一阶固有频率，亦称为基频(Hz)。

8.5.2 闸门启闭力的振动测试

8.5.2.1 振动测试的目的

从上述振动频率法的基本原理可知，闸门启闭力(钢丝绳张力) T 与钢丝绳的固有频率($\omega_{nj}=2\pi f_{nj}$)具有线性关系(如式(8-44))。只要能测得钢丝绳的固有圆频率 ω_{nj}，通过式(8-44)就可以求得闸门的启闭力 T。因此，振动测试的目的，就是通过实验方法测得钢丝绳的动态特性参数(ω_{nj}、T_{nj}、A_{nj} 及 ξ_{nj})。

8.5.2.2 钢丝绳的动态特性参数测试的方法与原理

对一个体系进行动态特性参数的测试方法很多，例如共振法、脉动法和敲击法等。然而对于闸门启闭机的钢丝绳的动态特性测试，其较适合的方法就是敲击法。

敲击法的原理是，通过一种脉冲锤敲击钢丝绳的某一部位(主振动节点以外)，从而获得一个能覆盖足够宽频率范围的冲击波。在冲击波的作用下，与钢丝绳的固有频率相同或接近的冲击波响应信号就被放大凸显出来，而与钢丝绳的固有频率不同或相差较远的冲击波响应信号就被掩盖没了，所以钢丝绳对冲击波的响应曲线的主频率便是钢丝绳的一系列固有频率。要获取钢丝绳的系列固有频率，还必须将钢丝绳对冲击波的响应信号进行频谱分析。显然，这是一个带有一定随机性质的弹性体系振动问题，是一个单输入和多输出的问题。一般情况，其输入和输出信号均易测量，而且其每阶主振型都可以作为一个单自由度体系来处理，从而得到钢丝绳的输入 x 与各测点输出 y_i 的频响函数 $H_i(jf)$ 图、相位差 $\theta_H(f)$ 图与凝聚(相干)函数 $\gamma_{xy_i}^2(f)$ 图来确定钢丝绳的动态特性参数 f_{nj}、T_{nj}、A_{nj} 及 ξ_{nj} 等。显然，亦可用另一种方法来识别其动态特性参数，即用输出的任两点的互功率谱 $G_{y_iy_j}(jf)$ 的幅值 $G_{y_iy_j}(f)$ 图及相位差 $\theta_{y_iy_j}(f)$ 图以及 $y_i(t)$ 与 $y_j(t)$ 的凝聚(相干)函数 $\gamma_{ij}^2(f)$ 图来确定钢丝绳的动态特性参数

f_{nj}、T_{nj}、A_{nj} 及 ξ_{nj} 等。然后,用各点输出 $y_i(t)$ 的自功率谱 $G_{y_i}(f)$ 图来检验。这就是钢丝绳动态特性参数测试的原理,也是其较好的常用检测方法。如果输入信号不易获得,则可依功率谱和凝聚函数一起来识别。

8.5.2.3 钢丝绳动态特性测试分析系统方框图及仪器

8.5.2.3.1 测试分析系统方框图

如图 8-19 所示,将一个特制的手用脉冲锤敲击待测钢丝绳的适当部位(主振动节点以外),从而获取一个能覆盖足够宽频率范围(0~800Hz)的冲击力。具体操作时,其频率范围还可以通过更换锤头进行调节。通过电荷放大器把信号放大后由记录仪(磁带记录仪或 INV306 多功能记录仪等)记录储存,用 FFT 分析仪分析或把电荷放大器放大的信号经 A/D 转换板进入含记录、储存及频谱分析软件的计算机进行分析,得到各种频谱图及后处理分析结果,最后由打印机打印出来,然后进行动态特性识别,确定钢丝绳的动态特性参数。

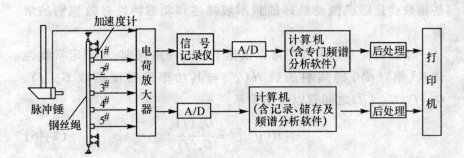

图 8-19 动态特性测试分析系统方框图

8.5.2.3.2 测试分析仪器

常用的仪器有:

加速度计——选取体积小、重量轻、高频性能宽而好的 YD 系列,如 YD—107 型压电加速度计等。

电荷放大器——3019 型、YE5853 型和 7021 型电荷放大器。

信号记录仪——磁带记录仪或 INV306 型多功能采集记录仪。

计算机(含专门频谱分析软件)——AZ332—A 型动态信号采集

分析系统(南京安正软件公司)、ABAQUS 软件(美国 HKS 公司)、IN-NOVATOR 软件(美国亿维讯公司)、CRASQL—108R 分析软件(南京安正软件公司)和 UteKMa 模态分析软件(武汉优泰软件公司)等。

8.5.2.4 钢丝绳动态特性参数的识别

8.5.2.4.1 识别的依据及理论

前面说过,对钢丝绳进行动态特性测试时,不论其输入或输出的信号均带有一定的随机性,为此,我们可以将其测试信号视作随机振动信号。随机振动信号具有不确定性和统计规律性的特点。因此,可以根据数理统计理论,通过对随机振动的时域信号 $x(t)$、$y_i(t)$ 作随机过程的概率分布函数 $P(x)$ 和概率密度函数 $p(x)$ 分析,找出随机过程 $x(t)$、$y_i(t)$ 在 τ 时刻的均值 $\mu_x(\tau)$,并对均值作自相关函数 $R_x(\tau)$、互相关函数 $R_{xy}(\tau)$ 分析,然后根据傅立叶积分理论对 $R_x(\tau)$ 和 $R_{xy}(\tau)$ 积分,进而推导出其自功率谱密度函数 $G_x(f)$、互功率谱密度函数 $G_{xy_i}(jf)$、频响函数 $H_{xy_i}(jf)$ 和凝聚(相干)函数 $\gamma^2_{xy_i}(f)$ 等。这些函数就是随机振动最好的频率域描述和动态特性参数识别的依据。

动态特性参数识别还可以依据下面的理由判别:对于定常线性体系(钢丝绳)的频响函数 $H(jf)$ 与其功率谱密度函数 $G_x(f)$、$G_{y_i}(f)$、$G_{xy_i}(jf)$ 之间有以下的关系。

$$|H(jf)|^2 = \frac{G_{y_i}(f)}{G_x(f)} \tag{8-46}$$

$$H(jf) = \frac{x(jf)y_i(jf)}{x(jf)x(jf)} = \frac{G_{xy_i}(jf)}{G_x(f)} \tag{8-47}$$

$$\gamma^2_{xy_i}(f) = \frac{|G_{xy_i}(jf)|^2}{G_x(f)G_{y_i}(f)} \tag{8-48}$$

式中:$G_x(f)$、$G_{y_i}(f)$ 分别为输入 $x(t)$ 及输出 $y_i(t)$ 的自功率谱;$G_{xy_i}(jf)$ 为输入 $x(t)$ 和输出 $y_i(t)$ 的互功率谱。在式(8-47)中还包含其相位差因子(相位角)$\theta_{xy_i}(f)$;$\gamma^2_{xy_i}(f)$ 为输入 $x(t)$ 及输出 $y_i(t)$ 之间的凝集(相干)函数。

根据上述理论就可以对钢丝绳的动态特性参数进行识别。

8.5.2.4.2 识别方法

对于钢丝绳这一弹性振动体系来说,若采用敲击法,则钢丝绳属于单输入 $x(t)$ 和多输出 $y_i(t)$ 体系。这里需分两种情况进行识别。

1. 当输入信号 $x(t)$ 容易测量时

在这种情况下,若其模态耦合可以忽略不计(工程实际中可以忽略不计),钢丝绳的每阶主振动都可以当做一个单自由度体系处理。根据工程振动中的共振理论,振动频率与钢丝绳的固有频率相同或相近时,钢丝绳便出现共振现象。此时其振动能量达最大,其功率谱图上会出现峰值,而峰值所对应的振动频率便是钢丝绳的固有频率(识别理由)。因此,可以从钢丝绳的频响函数 $H_{xy_i}(jf)$ 与频率 f 的关系曲线上的峰值所对应的振动频率来确定钢丝绳的固有频率 f_{nj}。

为避免体系外噪声等干扰而影响其识别的准确可信度,还可以用其凝聚(相干)函数来加以识别。即对于单输入体系,若其凝聚(相干)函数 $\gamma^2_{xy_i}(f) = 1$ 时,说明体系是线性的、无噪声干扰、输出 $y_i(t)$ 完全是输入 $x(t)$ 的响应。$\gamma^2_{xy_i}(f)$ 越小,则体系的噪声干扰越大。一般情况下,凝聚(相干)函数 $\gamma^2_{xy_i}(f) \geqslant 0.707$ 时,体系的噪声干扰可以忽略不计,就认为 $H_{xy_i}(jf)$ 是比较可信的了。

上述就是根据钢丝绳的频响函数 $H_{xy_i}(jf)$、相位角 $\theta_{xy_j}(f)$ 及凝聚(相干)函数 $\gamma^2_{xy_i}(f)$ 曲线图来确定钢丝绳的动态特性参数 f_{nj}、T_{nj}、A_{nj} 及 ξ_{nj} 的一种方法。

此外,还可以依据式(8-46)、式(8-47)与式(8-48)来识别钢丝绳的动态特性参数。即假定输入 $x(t)$ 是一个白噪声(或接近于白噪声),则其自功率谱 $G_x(f)$ 就是一个常数,输入 $x(t)$ 与各点输出 $y_i(t)$ 之间的互功率谱 $G_{xy_j}(jf)$ 的幅频图 $|G_{xy_j}(jf)|$ 和各点输出 $y_i(t)$ 的自功率谱 $G_{y_j}(f)$ 图均可表示频响函数 $H_{xy_i}(jf)$ 图的相对值大小,故亦可以用互谱 $G_{xy_j}(jf)$ 的幅频图 $|G_{xy_j}(jf)|$、各点输出的自功率谱 $G_{y_j}(f)$ 图及凝聚(相干)函数 $\gamma^2_{xy_i}(f)$ 图来识别钢丝绳的固有频率 f_{nj} 等动态特性参数。具体办法仍然是从上述图上找其峰值频率来确定。

2. 当输入信号 $x(t)$ 不容易测量时

当敲击信号测不到或者不敲击而利用闸门启闭瞬时的水流脉动激励引起的钢丝绳振动的情况都属于输入信号 $x(t)$ 不容易测量的情况。

在这种情况下,可假定输入信号 $x(t)$ 在一定频率范围内(例如低频区或高频区,只要更换锤头即可实现)为白谱信号,就可以根据各输出点的自谱图 $G_{y_j}(f)$ 的峰值点对应的频率及峰值大小来确定钢丝绳的各阶固有频率 f_{nj} 和相应主振型幅值的相对值 A_{nj}。然而,也可能由于外干扰而影响输入信号不是理想的白噪声信号,使得某一条振幅谱曲线上的某些峰值渗有干扰频率的响应,这些峰值频率就不是钢丝绳的固有频率而是干扰的优势频率。所以,不能光凭一条互谱曲线的峰值来确定钢丝绳的全部固有频率 f_{nj} 和主振型 A_{nj}。此时,必须从各测点输出的自谱图 $G_{y_j}(f)$ 曲线、它们的凝聚(相干)函数 $\gamma^2_{xy_i}(f)$(要求 $\gamma^2_{y_iy_j}(f) \geq 0.707$)和主振型是否合理等综合分析来判断。

关于主振型的合理性,是根据各输出点互谱 $G_{y_iy_j}(jf)$ 图的相位角 $\theta_{xy}(f)$ 值来确定主振型幅值的正负号的,如 $\theta_{xy}(f) = 0°$ 时,说明 j 点在频率为 f_{ni} 的主振动位移的方向与 i 点的相同,若 i 点为正,则 j 点也为正;如 $\theta_{xy}(f) = 180°$,说明 j 点在频率为 f_{ni} 的主振动位移的方向与 i 点的相反,即若 i 点为正,则 j 点为负值;如 $\theta_{xy}(f) \neq 0°$ 或 $180°$,表明该峰值频率不是共振频率,而只是干扰激励的优势频率。

至于相位角 $\theta_{xy}(f)$ 是否能指示正确的相位值,要看 i、j 两点输出信号 $y_i(t)$ 与 $y_j(t)$ 是否凝聚(相干)。即在确定 $y_i(t)$ 与 $y_j(t)$ 之间的相位角 $\theta_{ij}(f)$ 时,要求两点的响应信号 $y_i(t)$ 与 $y_j(t)$ 是凝聚(相干)的。因此,在作互谱相位角分析之前,必须先分析其凝聚(相干)函数 $\gamma^2_{y_iy_j}(f)$,如式(8-48)所示。一般情况下,只要 $\gamma^2_{y_iy_j}(f) \geq 0.707$,就认为 $y_i(t)$ 与 $y_j(t)$ 相干,此时的 $\theta_{ij}(f)$ 值就是正确的相位值了,分析识别的结果就是正确的。

综上所述,采用敲击法检测闸门启闭机钢丝绳的动态特性参数时,如果输入信号不易测量,且可假设输入信号 $x(t)$ 为一定范围(如低频区或高频区)内的白噪声,则可通过频谱分析,得到各测点输出

的自谱 $G_{y_j}(f)$ 图、互谱幅频 $G_{y_i y_j}(f)$ 图、互谱相位角 $\theta_{ij}(f)$ 图和它们的凝聚(相干)函数 $\gamma^2_{y_i y_j}(f)$ 图。依式(8-46)、式(8-47)和式(8-48),由输出自谱 $G_{y_j}(f)$ 图来识别钢丝绳的固有频率 f_{ni} 和主振型幅值的相对值 A_{nj} 的相对大小,由凝聚(相干)函数 $\gamma^2_{y_i y_j}(f)$ 和互谱相位角 $\theta_{ij}(f)$ 图来确定主振型 A_{nj} 的方向,然后用互谱幅频 $G_{y_i y_j}(f)$ 图来校核,即可得钢丝绳的动态特性参数 f_{nj}、A_{nj} 及 ξ_{nj} 等。亦可用各测点输出 $y_i(t)$、$y_j(t)$ 的互谱 $G_{y_i y_j}(jf)$ 来识别,然后用其输出自谱 $G_{y_j}(f)$ 图来验证钢丝绳的各项 f_{nj}、A_{nj} 及 ξ_{nj} 等。

8.5.2.5 提高测量结果精确度问题

根据上述理论与测试方法,所得的测量结果肯定是正确的。但是测量结果的精确度如何,则是值得探讨的问题。现从以下几个方面来分析如何提高测量精度。

1. 测试仪器好坏与测量人员的技术操作与分析水平是影响测量结果精度的关键因素

测试仪器可分为两大类:一类是智能型索力测试仪,这些仪器是国内一些科研机构和大专院校为了测试桥梁的弦索张力而自行研发的。如湖南交科所与湖南大学共同研发的"便携式测试仪"、北京东方振动和噪声技术研究所研制的"东方科卡便携式频谱分析仪"等。这些仪器的基本原理都是利用上述工程振动与随机振动的理论与方法,测取其基频来计算弦索的张力。在此亦可以用其来测量闸门的启闭力。这类仪器的特点是体积小、成本较低、方便携带与使用,但其容量小、速度慢、采集信号的频率不宽、信号波形显示不理想,对测量精度会带来一些不利影响。另一类是一种测试分析系统,如图8-19所示。这种系统既可以克服索力测试仪存在的缺点问题,还可兼顾考虑携带、使用方便、针对性强、准确性高及操作简便等因素,是集信号采集、信号放大、记录、储存、分析、后处理、显示及打印等为一体的系统。这一系统是以含有信号记录、处理、统计、分类、频谱分析、计算、识别与存储等软件系统的计算机为核心,外围辅以采集信号的传感器(加速度计)、信号放大器、A/D 转换板等硬件设备所构成。如果加上直观有序的屏幕界面设置,由计算机直接控制测点扫描及数据采集,可进行自动调零,进行时域和频域分析等。这一系统的最大优点是可以有针对性地配置较好的加速度传感器及电荷放大器。如为适用钢丝绳的大小而选取体积较小、重量较轻、适于高频测试的 YD 系列压电加速度计。选用性能较好的 3109 型、YE5853 型等电荷放大器,并要充分考虑传感器、线缆、二次仪表的匹配,注重细节搭配,以及其兼容性与使用方便等问题。该系统可全部采用进口国际标准集成电路设计和制造、性能稳定、抗干扰性能好、使用方便可靠的硬件,再选取计算速度较快、配置较好的含 FFT 的动力测试分析软件等,加上选用操作熟练的工程测试人员,就可以提高测量的精度。

2. 现场测试与室内标定相结合,是提高测量精度的保证

闸门的启闭力是通过现场测量得到启闭机钢丝绳的固有频率($\omega_{nj} = 2\pi f_{nj}$),再根据工程振动与随机振动理论推导出公式$\left(T = K\left(\dfrac{f_{nj}}{j}\right)^2\right)$,将固有频率 f_{nj} 换算成钢丝绳张力 T 而得到的。由于多方面因素影响,钢丝绳的固有频率不一定完全反映真实情况,同时换算公式中 K 也不完全反映实际情况,这样的计算结果就会产生误差。为此可以选取一段与现场相同的钢丝绳在室内进行标定实验,通过实验修正系数 $K = \dfrac{T}{\left(\dfrac{f_{nj}}{j}\right)^2} = \dfrac{T}{f_{n1}^2}$,使计算式 $T = Kf_{n1}^2$ 中的 K 更加准确合理,以此提高测量结果的精度。

3. 为了测量到最大启闭力,必须抓好测试时机,捕捉准确的振动信号

在启动吊过程中,闸门开启的瞬间是闸门最大启闭力的发生时间,必须在此瞬间敲击钢丝绳,捕捉这瞬间钢丝绳产生的振动响应信号。这个过程可以通过反复的敲击实验与分析,力图找到其最大值,提高测量结果的精确度。

第 9 章
闸门检测的若干技术问题

水工钢闸门是水工建筑物的一部分,是一种特殊的、专用的金属结构物,对其检测时有很多技术问题(如测点布置、仪器选用、导线布置、防潮、防干扰、防水流冲击、实验数据处理等)需要进一步探讨和研究。

9.1 闸门测点布置

测点布置在闸门检测中占有极其重要的地位,它直接影响闸门检测的效果及观测数据的使用价值。测点数目过少,观测数据不足以说明问题,或使描述现象的精度降低;测点数目过多,则所需仪器数量及测试工作量过大。即使测点数目选取恰当,但是测点位置不当,则那些布置不当的测点的观测数据也无使用价值,结果也不解决问题。综上所述,闸门测点的布置,既要求测点布置的数量适中,也要求测点布置的位置恰当,才是最好的。确定闸门测点的恰当数目和布置的位置,主要根据闸门测试的目的、内容及现场各方面条件等因素。一般应考虑以下几点。

1. 对于闸门的静力测试

为了校核闸门的强度、刚度及稳定性,确保闸门在安全范围内运行,评价闸门的使用年限,评估闸门是否要维修、加固或换新,就需要对闸门进行应力及位移的测试。布点前,首先对闸门进行受力分析和理论计算,然后找出闸门各构件的计算应力和计算位移较大的危险截面、需要研究的代表性的部位、特殊的个别的锈蚀严重或已损伤的部位范围内布置较密的测点。如以测量最大应力或位移为目的,应在可能的、计算的最大应力或位移的部位上布置测点;当要了解某一断面的应力分布规律时,就要沿断面上连续布置若干测点;当要了解盘轴的扭矩时,就要选择纯扭位置布点;当要了解杆件的拉、压力时,就要依圣维南原理选取构件接近单向受拉、压位置布点。测点较多时,要进行画图编号,以便记录与分析。

2. 对于闸门的动力测试

(1)为了研究闸门的振动效应,避免闸门在动水压力或摩擦力的作用下产生"共振",需要测试闸门的动力特性,检测时需要在振动效应较大的范围内布置较密的测点,同时要注意激振装置应安放在振型节点以外的地方(预先需对闸门作振型分析)。因闸门结构较为复杂,总的测点应布置多些,以便较准确地了解闸门的自振频率、主振型及阻尼,更好地采取减震、防震的运行管理措施。

(2)为了研究振动对闸门的动力响应,可类似静力测试那样,在闸门的计算应力或计算位移较大的部位、具有典型的代表的重要部位、个别损伤的或锈蚀严重的位置布置测点,测定闸门的动力响应参数,以便进行闸门的动应力和动位移的验算,同时还为运行管理单位制定合理的生产操作规程及进行相关技术改造提供科学的依据。

9.2 仪器设备的选用

9.2.1 闸门测试的常用仪器

闸门测试分为静力测试与动力测试,不同的测试所用的仪器也有所不同,下面分别介绍。

9.2.1.1 闸门静态测试常用仪器及其功能

1. 信号采集仪——传感器

常用的传感器有电阻应变片、应变计式的电桥盒、位移计等。

主要功能是把被测试对象的机械变形物理量转换为电信号,供二次仪表放大、显示、记录和分析处理。

2. 信号放大器

常用的信号放大器有静态电阻应变仪。

主要功能是将传感器输出的电信号放大,供示波器显示、记录仪记录和储存、分析设备分析、处理。

3. 信号显示与记录设备

常用的显示、记录设备有:$X-Y$函数的记录仪、光线示波器、电子示波器和磁带记录仪等。

主要功能是将放大的电信号显示、记录与储存,供分析与处理。

4. 信号分析、处理设备

信号分析处理分为人工与机器两种方法。即除了人工分析处理外,还可用以电子计算机(含相关的分析处理软件)为主体的数据处理与分析系统。

9.2.1.2 闸门动力测试常用仪器及其功能

1. 信号采集仪——传感器

常用的传感器有电阻应变片、应变盒、磁电式速度传感器、压电式加速度传感器、压电式力传感器、压阻式加速度传感器、伺服式加速度传感器、非接触涡流式位移传感器、阻抗头等。

主要功能是把被测试对象的机械振动物理量转换为电信号,供二次仪表放大、记录、显示、储存分析与处理。

2. 信号放大器

常用放大器有电压放大器、电荷放大器、测震仪、动态电阻应变仪等。

主要功能是将传感器输出的电信号放大,供示波器显示、记录仪记录、分析设备分析处理等。

3. 信号显示与记录设备

常用的显示、记录设备有光线示波器、电子示波器和磁带记录仪等。

主要功能是将放大的电信号显示、记录、储存,以备分析和处理。

4. 信号分析和处理设备

特殊情况下采用人工分析。一般情况下采用电子仪器分析,常用的分析、处理设备有频谱分析仪、动态信号处理仪以及含专门分析软件的电子计算机的数据处理与分析系统。

主要功能是对所测的信号进行分析处理。

5. 激振设备

闸门动力测试中,常需要使静态对象变成动态对象,这就需要一种激振设备。

常用激振设备按其使用方式可分为脉冲锤、激振器和振动台等。

主要功能是激发被测试对象,使之处于强迫振动状态,以达到某些动力实验(如闸门的动态特性的测试)的目的。

9.2.2 测试仪器选用的重要性与必要性

测量闸门仪器的种类、规格很多,性能、价格、适用条件也不同,必须根据测试目的、要求、内容与测试现场的环境条件,选取适当的测量仪器及其最优的配置系统,才能得到真实的测试信号及客观的测试结果。可见,测试仪器的选用是十分重要和必要的。

9.2.3 测试仪器设备的选用

闸门测试分为静力和动力两种情况,所用的仪器设备一般可分为四大类,即信号采集仪(传感器)、信号放大器、信号显示与记录设备、信号分析处理设备等。动力特性测试时,还需增加一种激振设备。这些设备的种类、规格、性能、适用条件等各不相同,现分别根据静力测试和动力测试两种情况,介绍这些仪器设备的选用。

9.2.3.1 静力测试仪器设备的选用

Ⅰ. 信号采集仪的选用

静力测试中的信号采集仪通常是用电阻应变片或应变计式的电桥盒(应变盒)。电阻应变片又分为箔式应变片、绕线式应变片、短接式应变片及半导体应变片。箔式应变片具有性能稳定、灵敏系数的分散性小、散热性能好、横向效应系数小、输出信号大、绝缘电阻高、蠕变与机械滞后较小、疲劳寿命高等特点,但高温下漏电流大,不适于高温的应变测量。绕线式应变片具有制造简便的优点,但有难以制成小标距应变片、横向效应系数较大、工作特性分散性较大、纸基易吸潮等缺点,故它仅在中、高温应变测量中采用。短接式应变片的特点是横向效应系数小,但制造麻烦、疲劳寿命低,因此主要用于温度自补偿应变片。半导体应变片的优点是灵敏系数大,是金属栅的50倍,可使测量电路简化;缺点是灵敏系数的非线性大,拉、压灵敏系数不同,电阻温度系数补偿困难,材料柔软性差,不宜粘在曲面上,仅适用于制作传感器盒在特殊条件下的力学量的测量,并要采用特殊的电路进行非线性补偿。

在众多的应变片种类、规格中,只有选用合适的应变片,才能获得最佳的测量结果。一般应遵循以下原则:

1. 应变片标距的选择

它与测试对象的材料盒应变、应力分布有关,一般在均匀应变场或应变梯度小的构件上测量,应采用标距为 3～10mm 的中标距应变片;在应变梯度大或有应力集中的测点上测量,应选用小于 3mm 的小标距应变片;如在闸门以外的混凝土构件上测量,应选用长标距应变片,且应变片标距应大于混凝土骨料颗粒直径的 4 倍。

2. 基底的选择

基底的材料与其工作温度有关,常温应变片不能用于高温测试,中、高温应变片也不宜用于常温测试,否则会损坏应变片影响测量精度或不经济。

3. 敏感栅个数的选择

它与应力状态有关,单向应力状态的测量用单轴应变片;主应力方向已知的平面应力状态采用二轴90°应变花测量,应变花的二轴沿主应力方向粘贴;主应力方向未知的平面应力状态,采用三轴45°或60°应变花测量。

4. 电阻值选择

它与电桥有关,用于应变测量,应选用 120Ω 的应变片,因应变仪的电桥是按 120Ω 桥臂电阻设计的。若采用其他电阻,对测量结果要进行修正；如用于制作传感器，且有配用的二次仪表测量，可选用高电阻值的应变片，它可提供桥电压，以获得大的输出信号，使仪器简化。同一电桥上使用的应变片或采用公共补偿的一组应变片，其阻值相差最好小于 0.2Ω，以便电桥预调平衡。在曲面上粘贴应变片时，其阻值会发生变化，凸面电阻值增大，凹面电阻值减少，曲率愈大，电阻值改变也愈大，这点应注意，以免造成电桥不能平衡。

此外，在长期的应变测量中（或用于制作应变式传感器），应选用胶基箔式应变片，敏感栅材料应是康铜（铜镍合金）或卡玛（镍、铬、铝、铁合金）等合金，它们的电阻温度系数小，受环境温度影响也小。

要注意，应变片选好后，要配以合适的温度补偿。温度补偿片应是与测量片同型号、同规格的应变片，并粘贴到与闸门材料相同的补偿块上，补偿块应放置在与闸门相同湿度的环境中，以获得最佳温度补偿效果。

Ⅱ．信号放大器

常用的放大器有静态电阻应变仪。它是测量闸门结构在静荷载作用下的变形和应力的主要仪器。运用它将被测应变转换成电阻率变化进行测量，最后用应变的标度指示出来。常用的静态电阻应变仪有国产 YJ-5 型、YJB-1 型和 YJ-18 型等。为了测试的方便和取得较好的测量成果，选配应变仪的原则如下：

1．仪器的主要技术指标（应变测量范围、分辨率、基本误差、稳定性、灵敏度变化、灵敏系数范围、灵敏系数误差、电阻平衡范围等）必须满足测试要求，并能较好地与应变片间的阻抗相匹配。

2．仪器应具有结构简单、体积小、操作方便、便于携带、性能稳定、价格便宜和易于维修等优点。

测量时，还要注意应变片与应变仪的连线应尽可能短，以防止电磁场等环境干扰。

Ⅲ．信号显示与记录设备

用手工分析测试数据时，可选用光线示波器；用电子仪器分析数据时，一般选用磁带记录仪等。

9.2.3.2 动力测试仪器设备的选用

Ⅰ.信号采集仪的选用

动力测试中的信号采集仪种类很多,如按照传感器的使用来分类,可分为位移传感器、速度传感器、加速度传感器、温度传感器、压力传感器和测力传感器等;若按传感器结构特点或物理效应分类,可分为应变式传感器、电容式传感器、压电式传感器和磁电式传感器等。这些分类只强调了某一个方面,实际上有的传感器可以同时用于几种被测量,而对于同一种被测量又可采用多种原理和传感器进行测量。所以,在许多情况下,还可将上述两种分类法综合使用。如常称呼的"应变式测力传感器"、"压电式加速度计"、"磁电式速度计"等。

动力传感器的技术指标包括:

1. 额定容量

测量范围的上限。

2. 过载率

(1)允许过载率:以额定容量的百分率表示。当被测量超过额定容量但不大于过载率对应的上限时,传感器不能按额定的性能指标工作,但卸载后再在额定容量内工作时,性能指标正常。

(2)极限过载率:以额定容量的百分率表示。超过该极限,传感器即损坏。

3. 工作温度范围

传感器能正常工作的温度范围。

4. 额定输出电压

在额定容量时,电桥输出电压;给出此值时应注明供桥电压。

5. 频率响应

被测量的频率超过此范围,传感器的性能变坏。

6. 非线性

在同一输入量下,传感器的输入—输出特性和理想直线的偏移量与额定输出比值的百分数,即为非线性。该理想直线可以是连接零点和最大输出所得的直线,也可以是用最小二乘法线性回归得到的最佳"直线"。

7. 滞后

加卸载特性曲线的最大差值与额定输出之比,以百分比表示。

8. 蠕变

额定载荷下保持一定时间,输出的变化与额定输出之比,用百分比表示。

9. 零点漂移

无载时,环境温度变化1℃时输出与额定输出的比值,用百分比表示。

10. 动漂

额定载荷下,温度每变化1℃,输出变化与额定输出之比,用百分比表示。

11. 重复性

在相同环境条件下,若干次加载至额定值后,输出值的最大偏差与平均输出之比,以百分比表示。

在动力测试中,必须根据测试对象、目的及条件的不同来选配合适的传感器。选配动力传感器一般应遵循以下原则:

(1) 动态应变测试分析系统的传感器选择,主要考虑应变片的频响特性。而影响其频响特性的因素是其栅长和应变波在被测试件中的传播速度。

若应变片的栅长为 L,应变波波长为 λ,测量相对误差为 ε,实验得知,L/λ 愈小,则 ε 愈小。当 $\dfrac{L}{\lambda}=\dfrac{1}{20}\sim\dfrac{1}{10}$ 时,ε 小于 2%。

若应变波在被测试件中的传播速度为 v,而取 $\dfrac{L}{\lambda}=\dfrac{1}{20}$ 时,则可测的动态应变的最高频率为

$$f=0.05\dfrac{v}{L} \qquad (9\text{-}1)$$

当然,还必须考虑应变梯度及应变范围。

(2) 非应变式(压电式、电容式或磁电式)的测试分析系统的传感器选择:

① 动态范围要宽。无论是测量低加速度的振动,还是高加速度的冲击,传感器均能保持正常工作,因此,要求传感器具有足够高的

灵敏度和承受较高的过载能力。当然，也不是说愈高愈好，其量程也要适当。用量程小的传感器去测量大振动量会引起传感器超量程甚至造成仪器损坏，用大量程传感器测量小振动量，灵敏度低，测量精度差。因此，要根据具体情况采用合适的测量仪器。同时，还希望传感器本身的噪音小（因灵敏度愈高，外界噪声也容易混入），且不容易从外界引进干扰信号。

②频响范围要大。要求传感器对于低频（低于1Hz）和高频（高于10kHz）的振动参数均能测量。在闸门动力测试中所选用的传感器的频率范围要满足闸门动力响应的频率要求。如我们常用的YD-107加速度计，其频率范围为 $0\sim100kHz$，DPS-0.5型的低频位移计，频率范围为 $0.5\sim150Hz$。这些传感器均能满足闸门的动力测试要求。

③失真度要小。失真度是指测量的动力参数的误差，失真度小表示测量精度高，即表示传感器的输出与被测量的对应程度高。但是，失真度越小的传感器，其价格就越高，要根据实际情况选择。

④稳定性要好。稳定性是指传感器经过长期使用后，其输出特性不随时间、环境、温度等变化的性能。但影响稳定性的主要因素是时间及环境。为保证其稳定性，须根据时间、环境等因素进行调整，以选择较合适的传感器类型。如电阻应变式传感器，温度影响其零漂，湿度影响其绝缘性，长期使用会产生蠕变现象；磁电式传感器在电场、磁场中工作会产生误差等。

⑤要有一定的线性范围。任何传感器都有一定的线性范围。在线性范围内输入与输出呈线性比例关系。线性范围愈宽，表明传感器的工作量程愈大。故选用时要注意被测物理量的变化范围，使其非线性误差在容许范围内。

此外，要尽可能兼顾到结构简单、重量轻、体积小、抗干扰性能强、价格便宜和易于维修等方面。要综合考虑，保证主要参数，兼顾次要，选好传感器。

Ⅱ．信号放大器的选用

在闸门的动力测试中，常用的信号采集器有磁电速度传感器、压电加速度计、应变片或应变计盒等，与它们配用的信号放大器也不同。常用的放大器有动态电阻应变仪、测振仪、电荷放大器、电压放大器等。要根据测试目的、要求、现场条件等选配信号放大器,选配原则如下:

1. 动态应变测试分析系统的动态应变仪选择

主要根据测试系统的仪器配置、闸门各构件的应变梯度、应变范围、测点多少及测试性质等因素来决定动态应变仪的型号、工作频率、测量范围、仪器的线形及精度等。以国产动态应变仪为例,目前使用的国产型号有 Y6D-2 型、Y6D-3 型、YD-15 型及 Y8D8-5 型等,供选择参考。

2. 非应变式(压电式、电容式或磁电式)的测试系统的放大器选择

由传感器输出的电信号一般较微弱,需要放大后才能供显示和记录。放大器就是将微弱的电信号进行放大的装置。一般信号放大器中还装置有微积分电路、滤波电路等。所以放大器除了有放大功能外,还有微分、积分和滤波功能。

不同的传感器与它们配用的放大器也不同。传感器选定后,放大器基本上就确定了。如磁电式速度传感器 CD-1、CD-2、CD-4 等可以与 GZ-1、GZ-2 测振仪配用,用来测量速度、加速度与不同频率范围的位移。701、65 型拾振器可以与 701-5 型放大器或 GZ 测振仪配用,用来测速度、加速度和位移。YD 系列、JC 系列的压电式加速度计可以与电荷放大器配用,用于测量加速度、速度和位移。

Ⅲ. 信号显示记录设备的选用

目前在动力测试中,常用的显示记录设备有光线示波器、磁带记录仪、瞬态记录仪或通过带专门分析软件的电脑直接记录和分析。

光线示波器具有结构简单、灵敏度高、性能稳定、记录直观并可在同一时间坐标轴上记录多路信号等特点,适用于人工分析测试成果。磁带记录仪等是利用铁磁性材料的磁化进行记录的仪表,适用于电子分析测试结果。记录仪须与显示器配合,才能观察到记录的信号波形。它可多次重放、复制,可调整重放速度,可以抹掉等,从而实现信号的时间压缩和扩展;它储存信息密度大,易于多线记录,记录信号频率范围宽,抗干扰性能好;它适于配用电脑进一步对数据分

析、处理,用电脑直接记录和分析更加方便。所以,在电脑技术广泛应用的今天,光线示波器的使用就大大减少了,甚至可用带专门软件的电脑代替信号的记录、显示和分析处理仪器进行测试。

Ⅳ. 信号分析处理设备的选用

目前在动力测试中,常用的动力信号分析处理设备有频谱分析仪、动态信号处理仪或含有专门的动力分析软件的电子计算机。最好是选择带有专门动力测试(集信号采集、显示、储存、分析、处理为一体)软件的电子计算机测试系统。

9.3 测试仪器及其系统的标定

闸门动力测试系统中各种仪器设备的性能参数对实验结果的可靠性及精度具有很重要的意义。在仪器出厂前,生产厂家对各种仪器的性能指标参数进行过校准测试。为了确保实验的质量,需要对新买回的或用了较长时间的实验仪器设备的主要性能参数进行定期标定或检验。

9.3.1 仪器、系统标定的种类

实验仪器的标定一般可分为分部标定和系统标定两种。

9.3.2 分部标定

所谓分部标定就是分别对实验系统中的传感器、放大器、记录仪等进行各种性能参数的标定。

9.3.2.1 压电式加速度计的标定

例如某测试系统包括 YD-1 型压电式加速度计、3109 电荷放大器以及 JH-2 磁带记录仪。在测试前需对 YD-1 加速度计的电荷灵敏度予以标定。

标定系统所用的仪器有 JX-1(振动台)加速度校准仪、3109 电荷放大器以及交流电压表,如图 9-1 所示。

JX-1 加速度校准仪实际上是一台标准振动台,它能产生 $1g$ 的谐振动。YD-1 加速度计拾振后,将该振动信号输入 3109 电荷放大

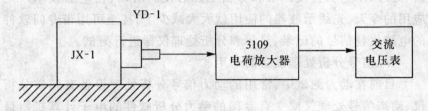

图 9-1　电压传感器的标定系统

器的任一通道的 INPUT 插孔，并将 OUTV/g 输出旋钮置于第三挡位置，面板上指示"100"，再将 OUTPUT1（输出 1）与交流电压表的输入连接。然后，调整多圈电位器的指示度盘，使其电压表的峰值读数为 1 伏，这时多圈电位器指示度盘上的读数就是压电加速度计的电荷灵敏度。依次可对各通道进行标定。

例如，这时小窗口中出现 4，圆盘刻度指示 15，根据面板指示值的倍乘系数为 0.01，即可判断本传感器的灵敏度范围为 10～100，故该加速度计的电荷灵敏度为 41.5pC/g。

9.3.2.2　动态应变仪的标定

例如某测试系统包括应变计式传感器（含应变片）、动态电阻应变仪及磁带记录仪（或光线示波仪）等。在测试前需对动态电阻应变仪的各项技术指标予以校验。

1. 振幅特性误差的标定

振幅特性误差表征在最大输出范围内输出电流与输入应变之间偏离线性关系的程度。

标定系统所用的仪器有标准应变模拟仪、动态应变仪和标准电流表，如图 9-2 所示。

标准应变模拟仪 → 动态应变仪 → 标准电流表

图 9-2　动态应变仪振幅特性误差标定系统

在标定系统上将最大线性输出电流 A_{max} 所对应的应变分为 5 等份，然后模拟仪以 5 等份逐级给出标准应变 $\varepsilon_n(n=1,2,\cdots,5)$，并读取相应的输出电流值 A_n，则其振幅特性误差 δ_z 为：

$$\delta_z = \frac{A_n - \frac{n}{5} A_{max}}{A_{max}} \times 100\% \tag{9-2}$$

将测出误差中的最大值定为应变仪的振幅特性误差，并在标准应变为正或负的两个方向进行标定。当测量出来的振动特性误差为 $\delta_z \leq \pm 0.5\%$、$\pm 1.0\%$ 及 5.0% 时，就分别定为 A 级、B 级和 C 级动态电阻应变仪。

2. 频率响应误差的标定

频率响应误差是指电阻应变仪在工作频率范围内输入动应变信号的振幅一定，而频率不同时输出端输出电流振幅数值的差异。

标定系统所用的仪器有振荡器、数字表、动态特性校验仪、动态应变仪、负载电阻及失真仪等，如图 9-3 所示。

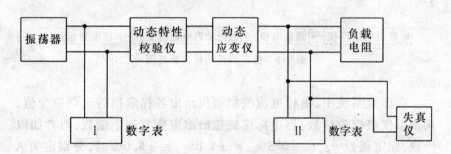

图 9-3　动态应变仪频率特性误差标定系统

在标定系统中用振荡器输入给动态特性校验仪固定幅值的电压信号，波形的失真由失真度仪测量，原则上不得大于（含等于）1%。然后在应变仪工作频率范围内改变振荡器的输出频率，从 20Hz 直到工作频率的上限，用数字表 I 观察使振荡器的输出恒等，用数字表 II 读取不同频率时应变仪的输出电压，测量点 10 个左右，频率响应误差 δ_p 为：

$$\delta_p = \frac{U_{fx} - U_{f1}}{U_{f1}} \times 100\% \tag{9-3}$$

式中：U_{f1} 为频率 20Hz 时的输出电压；U_{fx} 为各频率测量点的输出电压。

3. 稳定度标定

稳定度包括静态稳定度(零漂)与动态稳定度(动漂或称灵敏度变化)。动态稳定度的标定系统如图 9-2 所示。其标定方法是,将仪器预热,用标准应变模拟仪给出一定数值的标准应变,使应变仪得到最大线性输出,并记录这时应变仪的输出电流,在 4 小时内每隔半小时读取输出电流一次,然后按下式计算:

$$\delta_d = \frac{A_m - A_1}{A_1} \times 100\% \tag{9-4}$$

式中:A_m 为多次观测中出现的电流读数最大值,应从中扣除零偏值。

A_1 为第一次观测的电流读数。

4. 标定误差的标定

标定误差是指标定装置所给出的标准应变值存在的误差。

标定系统如图 9-4 所示。

标准应变模拟仪 → 测量电桥 → 被测动态电阻应变仪 → 标准指示仪表

图 9-4 标定误差的标定系统图

在标定系统中,由标准应变模拟仪给出各标定挡的正负应变值,从指示仪表读取读数,再由标定旋钮给出应变并记下读数,两者加以比较,标定误差 $n_{mn} \leq \pm 0.5\%$,$\leq \pm 1.0\%$,$\leq \pm 5.0\%$ 时,分别定为 A 级、B 级、C 级动态应变仪。

$$n_{mn} = \frac{(A_{mn} - a_{mn}) - (B_{mn} - b_{mn})}{A_{mn} - a_{mn}} \times 100\% \tag{9-5}$$

式中:A_{mn}、a_{mn} 分别为标准应变模拟仪输入时的读数、零读数;

B_{mn}、b_{mn} 分别为仪器内标定旋钮给出应变时的读数、零读数。

9.3.3 测试系统的标定

将所用的传感器、放大器和记录仪组成的测试系统进行全系统的联机标定,得到输入的量与输出的记录量之间的定量关系。这个关系是属于整个测试系统的。在闸门动测中,常遇到非动应变测试与动应变测试两种测试方法。因此,两种系统的标定方法也不同,在此分别介绍。

9.3.3.1 在非动应变动力测试系统中的标定

在钢闸门非动应变动力测试中,如果要对该系统进行标定,常用的标定方法是在标准振动台(JX-1)上进行。测试系统标定装置示意图如图9-5所示。

标定的目的是检查传感器的非线性、灵敏度及频率响应等情况,判断其是否满足试验精度要求。

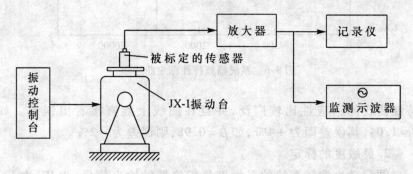

图9-5 测试系统标定装置示意图

标定的主要内容有频率响应,灵敏度及线性度等。下面分别介绍。

1. 频率响应的标定

频率响应标定包括幅频特性和相频特性两种。其中幅频特性标定较多。幅频特性标定是检验闸门动力测试系统所测量的振动量随频率变化的关系,它可决定测试仪器系统的工作频率范围。标定的方法是固定振动台本身的振动量幅值(如位移或加速度),改变振动台的振动频率,在测试仪器中读出各频率对应的振动输出量幅值,就可以得到系统的振动幅值随频率变化的关系。以标定的频率作为横坐标,以测得的系统振动量幅值为纵坐标,便得到系统幅频特性曲线图,如图9-6所示。

图中特性曲线的平直区即为动力测试系统的使用频率范围。幅频特性曲线的纵坐标也可用无量纲相对比值 β 表示,即把测的振动量幅值除以振动台的标准振动量幅值。用 β 表示纵坐标所得的幅频

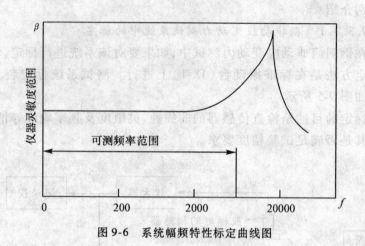

图 9-6　系统幅频特性标定曲线图

特性曲线的适应性比较广泛,并且在曲线上能直接看出误差。如 $\beta=1.04$,其误差即为 $+4\%$,如 $\beta=0.98$,则误差为 -2%。

2. 灵敏度的标定

闸门动力测试系统的灵敏度是指仪器的输出信号(电压、电荷、电感等)与相应的输入信号(位移、速度、加速度)之比。

标定时可在被标定的闸门动力测试系统频率响应曲线的平直区内任选一频率为标定频率,使振动台在该频率下按已知振动量(如位移 d、速度 v、加速度 a)振动。若用光线示波仪记录,则其记录下来的幅值即为表征动力测试系统的灵敏度。例如:

位移灵敏度　　$S_d = A/d(\text{mm/mm})$；

速度灵敏度　　$S_v = A/v(\text{mm}/(\text{cm} \cdot \text{s}^{-1}))$；

加速度灵敏度　$S_a = A/a(\text{mm}/(\text{m} \cdot \text{s}^{-2}))$。

式中:A 为光线示波仪记录波形的峰值;d、v、a 分别为振动台输入的位移、速度、加速度量值。有时也可用输出信号的电压值来表征其灵敏度,电压值通常以毫伏计,如 mV/mm、$mV/(\text{cm} \cdot \text{s}^{-1})$、$mV/(\text{m} \cdot \text{s}^{-2})$。

3. 线性度的标定

闸门动力测试系统的线性标定是表示系统的灵敏度随输入振动量大小而变化的关系。线性度标定的目的是确定闸门动力测试系统的动态幅值工作范围及其在不同幅值时的误差。标定的方法是：固定振动台的振动频率、从小到大逐点改变振动量幅值，相应地测出仪器输出量。以振动台输入的标准振动量为横坐标轴，仪器输出量为纵坐标轴，就可以绘出线性度标定曲线，如图9-7所示。

线性度标定时振动台所用的频率可取自频率响应曲线的平直区内的任一频率。

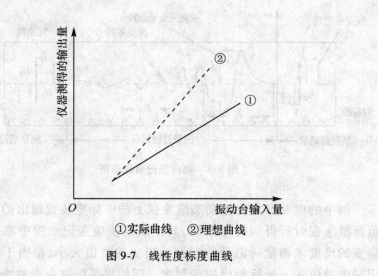

①实际曲线　②理想曲线

图9-7　线性度标度曲线

此外，在闸门动力测试系统的标定中要注意以下两个问题：

（1）标定试验中，振动台应为标准振动台，以保证其振动量（加速度、位移等）、振动频率的精度。

（2）经过标定后的动力测试系统不能再随意组合。即进行闸门动力测试时的测试系统要与标定实验时的系统组合相同，做到定仪器、定放大倍数、定振子（光线示波仪）、定通道、定电缆线等五定。如果要更换原系统的组合，则需要重新标定。

9.3.3.2　动应变动力测试系统的标定

动应变测试结果得到一个代表各测点应变的波形图。必须通过将所测应变波形图与一个振幅和频率均已知的波形相比较，才能知道某瞬时的应变状态、最大应变值及其频率。一般把获得这个标准波形的方法过程称为动应变测试系统的标定。动应变测试系统标定内容有幅值标定及频率标定两种情况。

1. 幅值标定

标定仪器是装在应变仪上的电标定装置。

标定时,只需拨动"标定开关"输进不同的应变信号,便可以从记录器上给出一个相应的标准方波——参考波,如图9-8所示。

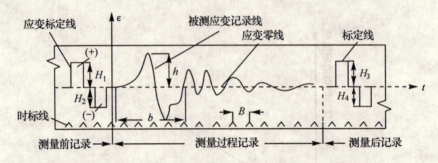

图9-8 动应变记录波形图

图中的应变标定线是动态应变仪上的电标定装置输出的一定数值标准应变时所得到的记录线,其作用是使应变记录图中有一标准应变的尺度来衡量所记录的实测动应变的幅值大小,相当于在应变记录中对应变 ε 坐标画出应变刻度。即如果某瞬时应变曲线的幅高为 h,则该瞬时的被测应变 ε_t 为:

$$\varepsilon_t = \frac{h}{\frac{H_1 + H_3}{2}} \cdot \varepsilon_0 \quad (\mu\varepsilon) \tag{9-6}$$

式中:ε_0 为额定的标定应变值($\mu\varepsilon$),即拨动"标定开关"输进的应变信号值。

2. 频率标定

标定仪器与幅值标定的仪器相同。

标定时,将时标信号输入记录器中即可得到图9-8中所示的时标。这相当于在时间坐标 t 上画出了时间刻度。由此可确定被测应变的周期 T 或频率 f:

$$T = \frac{b}{B} T_b \tag{9-7a}$$

$$f = \frac{B}{b}f_b \tag{9-7b}$$

式中：b——被测应变信号在记录中的周期，s；
B——与 b 相应的两相邻时标线的间距，s；
T_b——与 B 对应的时间间隔，s；
f_b——时标序号频率，Hz。

9.4 传感器的安装与防护

传感器是闸门动力测试系统的关键设备，为了能测到正确的信号，除了传感器本身的性能指标要满足一定的要求外，传感器的安装及定位也极其重要。为了可靠地得到闸门的振动特征参数和闸门的结构动力响应的记录信号，拾振传感器必须与测点的表面牢固地结合在一起，确保传感器的输出与闸门各相应部分运动相一致，否则在闸门激振或闸门受水流冲击时可能导致传感器松动或滑落，使得测试信号完全失真。

闸门动力测试中包含非动应变测试和动应变测试两大系统，它们所用的传感器也不同。非动应变测试系统的传感器有压电式、电磁式、电容式等加速度计、速度计及位移计。动应变测试系统的传感器有应变片及应变计等。

9.4.1 非动应变测试系统中传感器的安装与防护

9.4.1.1 传感器结构特点

这些传感器在结构上，除了内部有被测物理量转换为感应电动势或将被测物体的机械能转换成电能的各种元件外，其外部必有一个金属外壳，外壳底部平整并有一个能固于被测物体的螺钉连接预留孔。

9.4.1.2 传感器的合理安装与防护

为了确保传感器输出信号与闸门各相应构件运动相一致，在测试前安装传感器时应注意以下几个问题：

（1）如果传感器直接安装在被测闸门构件上，则传感器与被测闸门构件接触的表面要清洁、平整和光滑,不平度应小于0.01mm。当所测频率超过4kHz时,可在接触面上涂上油类或润滑脂作填充料,而油脂必须是清洁的,以改善高频耦合。如果传感器须通过基座与被测闸门构件连接,则也要求基座与被测闸门构件间的接触表面具有清洁、平整与光滑,且不平度也应小于0.01mm。

由于闸门动态特性测试时,需要对闸门锤击以获得脉冲激励,此时闸门具有较大的瞬态能量,故传感器与闸门的连接必须牢固。此外,现场实验完毕,为较方便地回收传感器,应采用基座形式且通过钢柱螺钉与其连接。在连接传感器与基座时,可以薄薄地涂一层硅脂,以增加刚度,使用的螺钉长度要适中,太短则强度不够,太长可能会使传感器与基座间留下间隙、降低刚度,使谐振频率下降。同时,还要注意不能将螺钉过分地拧入传感器中,以免造成基面弯曲而影响传感器的灵敏度。根据生产厂家建议,一般采用(15~20)×9.8N·cm的安装力矩即可。

(2)如果在传感器与闸门构件之间要加绝缘垫圈或转换块,除了考虑上述注意事项外,还必须考虑垫圈或转换块的谐振频率,它必须远大于闸门的振动频率,否则将给闸门增加一个本来没有的谐振频率。

(3)传感器作为被测闸门构件的附加质量,必然会影响到闸门构件的运动状态,因此,在选择传感器时,应尽量选取质量远远小于闸门构件质量的传感器,如YD系列的压电式加速度计,这种传感器具有体积小、重量轻、精确度及灵敏度高的特点。

(4)传感器的敏感轴应与闸门构件的运动方向一致。在传感器标定时,由于可以标出横向灵敏度的方向,为了减小横向效应,传感器横向灵敏度最小的方向应朝向物体横向运动可能的最大方向。

(5)由于电缆的抖动除了会造成接触不良外,还会引起摩擦噪音,所以传感器电缆的引起方向应沿闸门构件运动的最小方向。

9.4.2 动应变测试系统中传感器的安装与防护

9.4.2.1 传感器结构特点

动应变测试系统中的传感器是应变片式的传感器。应变片是利用金属丝伸长或缩短时,其电阻也随之增大或减小这一特性制成的敏感元件。它一般由敏感栅、基底、粘结剂和引线组成。关键部件是敏感栅,它可实现将应变转换成电阻变化的功能。它可测多种力学量,以拉压力传感器为例,可根据事先标定的应变—拉力对应关系,测得拉力数值。由于其输入量的测试范围很小($\mu\varepsilon$—mV)量级,配接的二次仪表一般为电阻应变仪,故在进行测试时,前面介绍的非动应变测试的传感器的安装与防护方法已不适用,必须另行考虑。

9.4.2.2 应变片的合理安装与防护

应变片的安装与防护是应变测试中的重要环节,是获得高精度测量结果的基础,应该引起实验工作者的高度重视。

Ⅰ. 应变片的合理安装

为了确保被测闸门构件测试数据的准确性,应变片的安装需按下列程序进行:

1. 选用合格的应变片

合格应变片的敏感栅应排列整齐,引出线牢固,纸基之间胶层无气泡。应变片选好后,应测出每个应变片的电阻值,并在应变片上面用铅笔标出敏感栅的纵、横向中心线(如图9-9所示),以保证在测试构件上贴片时能准确定位。

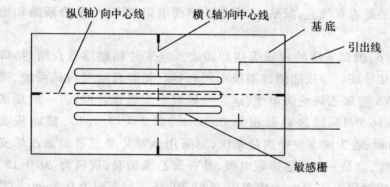

图9-9 应变片示意图

2. 对闸门构件粘贴应变片位置处进行表面打磨处理

为保证测试构件与应变片之间粘贴牢固,需对构件的粘贴处表面进行清污、打磨处理,处理范围为应变片面积的 3~5 倍,平整光滑程度一般达到 $\nabla_4 \sim \nabla_5$ 即可。同时要用丙酮、酒精等挥发性溶剂清洗干净,在此基础上定出测点的准确位置,用画针通过测得轻轻画出坐标线——贴片的方位线。

3. 粘贴应变片

贴片时要注意:

(1)在贴片前要用棉纱蘸丙酮或无水乙醇对贴片表面进行 2~3 次清洗,去掉油污、灰尘,此后不再用手或其他东西接触清洗的表面。

(2)在应变片粘贴面上涂上一层薄而均匀的胶层,然后对准坐标线、保持应变片的方位,将应变片贴到构件表面处。

(3)在应变片上盖一张玻璃纸,捏住引出线,另一只手从片头到片尾轻轻均匀地滚压,把多余的粘接物或气泡挤出,直到应变片粘稳为止。

(4)加温干燥固化。贴片后,按照所用粘结剂规定的方法和时间进行加温干燥固化。一般都选用在室温下可以固化的粘结剂,如要加快固化,可在自然干燥一段时间后,用红外线灯照射烘烤,温度在 40~80℃ 范围内。如在潮湿环境内,贴后立即热烘干燥,然后进行防潮防护处理。

(5)粘贴质量检查。检查内容包括:应变片位置是否对准正确;粘贴层是否有气泡、漏贴;应变片敏感栅电阻值多少、是否断路和短路等。

(6)测试系统的导线焊接和固定。应变片粘贴质量合格后,即可焊接导线。导线随测试系统不同有异。如静态应变测试系统,可用 RVS 型聚乙烯绝缘电线,这是一种双绞多股铜芯电线,一般规格为 $2 \times 16/0.15$,线芯截面积为 $0.3 mm^2$,或 $2 \times 23/0.15$,截面积为 $0.4 mm^2$;若为动态应变测量系统,则采用 AVPV 型三芯聚氯乙烯安装电缆,这是一种三芯屏蔽电缆,外有聚乙烯护套,规格为 $20/0.15$,线芯截面积为 $0.35 mm^2$ 或者用 $16/0.20$,线芯截面积为 $0.5 mm^2$。要求芯与芯之间不应有相对移动,以减少分布电容变化的影响。

Ⅱ. 应变片的防护

闸门应变测试时应变片经常处于潮湿或有水的环境中工作。如果应变片受潮,它与闸门构件间的绝缘电阻会降低,则测试结果出现较大误差;若绝缘电阻降到零,将造成应变片与闸门短路,测试系统无法工作,测试失败。此外,如应变片受潮,粘结层吸收水分、降低粘贴强度,使应变片不能有效地传递应变,甚至造成应变片脱落。因此,在闸门应变测试中,必须对应变片采取严格的防潮、防水措施。

当应变片按照上述程序进行合理安装后,应立即涂上防潮、防水保护层,以防潮气和水浸入应变片。防水保护层一般要求防潮、防水性能好,有良好的粘结力,绝缘和防腐蚀性能,以及一定的温度稳定性能。符合上述要求的材料有:凡士林、防潮蜂蜡、环氧树脂防水剂、氯丁橡胶、二硫化钼润滑脂等。如用703硅橡胶均匀地涂在应变片上,涂覆面积要大于应变片基底,在常温下经8小时即可固化,它具备良好的防潮、防水性能。

此外,当应变片工作中有受到外界损伤的可能时,还应在应变片防护层外再罩上一层金属或橡胶保护层。

9.5 测量导线的有关问题

闸门的测试工作一般都是在水库大坝现场,有些在深水底孔内,水库的风浪声、水流声均较大,为保证测试人员及仪器安全,给测试人员创造一个良好的测试操作环境及工作条件,一般测试都要安排在距离闸门较远处。测量导线长,水流、风浪等造成的振动范围大、干扰较大,要使所测振动信号通过导线能正确无误地、畅通地传递到观测的仪器中测量、记录,就要对导线采取一些防护措施。

9.5.1 防水、防潮密封处理

闸门测试系统,特别是系统的连接导线,一般都是露天的,很容易与水、水汽接触,即使是采用防水、防电磁干扰的屏蔽线,在导线连接处,也应进行严格的防水、防潮措施密封处理,防止受潮漏电。

9.5.2 防风防晒处理

闸门测试系统的连接导线较长,大多是露天的。在库区风大、浪大和太阳晒的情况下，容易被吹断、摇摆不定或温度过高，给测试结果带来影响，必须在导线沿途采取一些防风、防晒、固定措施，避免风吹日晒和雨打。

9.5.3 防电磁干扰处理

闸门测试系统在库区、电站附近，电站的强大电流会产生强大的电磁场，输电线路纵横交错，这对闸门测试系统干扰很大。防干扰的措施有二：一是采用屏蔽导线，以防外界电磁干扰信号，当压电加速度计采用电荷放大器测试系统时，应采用低噪声电缆，以免导线本身造成的干扰信号；二是避免测量导线的线路与送电交流线路平行，防止强电磁场干扰。

9.5.4 防人为损坏处理

为避免水流冲击、大风吹袭或人为碰撞对测量导线的损坏，可将导线敷设在人们活动较少的一些墙角、较隐蔽处，或敷设在现成的干排水沟、电缆沟内，减少人为造成的损坏。

9.5.5 导线连接处的打结密封处理

当测量导线过长，而需要数根导线连接而成时，在导线连接处应采取打结处理，以免受力拉断保证接头处的测量导线的连通。还应进行严格的防水、防潮措施密封处理，防止受潮漏电。

9.5.6 测量导线两端固定处理

由于风吹、浪打、导线长的影响，无法避免导线的振动，更难以将导线全部固定，此时应特别注意测试导线的两端固定问题。连接传感器一端应使一段导线与振动的闸门构件表面紧密接触固定，使之不至于引起局部摆动造成给传感器干扰信号，在测量导线末端与放大仪器相连接段也应采取一些有效的固定措施。在导线的其他部位，根据具体情况也应采取一定固定措施，尽量避免导线产生过大的摆动。

9.6 测试中的干扰信号及防范措施

在闸门的动力测试中,一般都采用电测法。此法在利用电子仪器进行信号采集和记录过程中,将受到各种干扰信号的影响,给测试结果造成较大误差,严重时甚至使测试结果无实用价值。所谓干扰是指对电子测试仪器的测试结果起破坏影响的各种外部和内部的无用信号。下面主要对外部干扰信号及其防范(反干扰)措施作一简单介绍。

9.6.1 潮湿干扰

闸门动力测试中,很多仪器导线,特别是传感器,一般处于水汽或潮湿的环境中,潮湿的影响范围较广,对测试结果影响较大。如应变测量中潮湿可使应变计绝缘度降低,而使应变计不能正确反映所测应变,严重时应变仪也不能正常工作,磁带记录仪也不能正常运转。压电式加速度测试系统对潮湿干扰也非常敏感,当传感器接线插头或测试导线受潮湿影响而使绝缘度降低时,测试系统干扰信号增大,甚至使电荷放大器过载而不能正常工作。

防范措施通常是对应变片、导线接头、传感器接头处、磁带等采取防潮措施,如用防潮材料(防潮蜡、环氧树脂、二硫化钼润滑脂等)进行防护处理。

9.6.2 温度干扰

闸门动力测试中,很多仪器、导线都是在露天的自然环境下工作,风吹、雨打、日晒是少不了的,因此环境温度的升降以及不均匀温度场等引起测试仪器的电路元件的参数发生变化或产生热电势等干扰信号。在电阻应变测试中,由于温度升降的影响会产生附加应变。对于电子仪器元件的防护主要从仪器设计中解决,但在使用中也应避免仪器长时间曝晒在太阳中或在温度较高的环境中使用。特别注意,不能在超过仪器正常工作的温度下使用。此外,在进行高温应变测试时一般采取补偿片法、修正法或温度自补偿片法等方法消除或补偿由于应变片的热输出而形成的虚假应变。

9.6.3 机械干扰

机械干扰是指机械的振动或冲击使电子测试仪器或仪器的元件发生振动,使连接导线发生位移等。在闸门动力测试中,测试仪器一般都处在大坝泄水和电站的水轮发电机运转的振动环境中,因此测试时必须避免或减少测试仪器系统的振动,通常可在测试仪器下面垫一些减振材料(如海绵、泡沫塑料等),或用减振弹簧将仪器吊起来,消除或减少机械干扰的影响。

9.6.4 人为干扰

由于行人不注意,走动时碰撞导线或测试仪器,使之发生位移和振动而出现干扰信号,影响到测试结果的正确度。解决办法是导线布置隐蔽标志明显,测试时闲人免进,工作人员操作小心、行走过细,避免碰撞仪器。

9.6.5 污染干扰

闸门动力测试中所使用的电子仪器都是比较精密的,怕灰尘、污物,怕酸、碱等污染的空气。如电缆导线的输入、输出插头,污染后电阻增加,噪声增大;磁带记录仪的录放磁头和消磁头表面沾有污物或磁粉后,录制信号失真,磁带遇到酸、碱易腐蚀,主轴和压带轮上污物污染后影响其转动;应变片沾有污物会影响测试信号失真;光线示波器中的振子受污染后影响其转动,也使测试信号失真;电荷放大器里的晶体管、电阻或电容元件由于污染引起接触不良或严重漏电均会加大噪声。可见污染对测试系统影响极大,解决方法是防止污染,消除污染,经常对仪器中的关键部位清扫擦洗,清除仪器中的灰尘、杂物。

9.6.6 电、磁干扰

测试中的电子仪器经常遇到的最严重干扰就是电、磁干扰。电场与磁场的变化会使电子测试仪器中的有关电路引起干扰电压,不

仅给测试结果造成误差,也影响仪器的正常工作。在大坝水电站环境下的闸门动力测试中,电、磁干扰的噪声源主要有以下几种:

1. 放电噪声

在电子测试仪器中所发现的干扰噪声的产生原因多属于放电现象。在放电过程中会向周围辐射出低频到甚高频的电磁波而且还会传播很远。这些电磁波通过测量导线传送到仪器,与测试的有用信号叠加而造成误差。

在自然界中引起火花放电而产生噪声的有雷电;在工业、交通生产中有大量用电设备产生火花放电噪声;在大坝水电站附近的发电、用电、送变电设备等都会产生火花放电噪声;如整流子电动机、发电机以及各种开关设备、电焊机、汽车、摩托车的点火装置、电机车的滑线电滑等,都是危害性很大的放电噪声源。

2. 电气干扰

工频、高频及射频等大功率的传播线,以及脉冲发生器,电子开关等的连接线,由于在导线中电流急剧变化在周围产生交变磁场而形成噪声源。

3. 地回路干扰

在冲击振动测试系统中,有时由几台或更多一些仪器同时工作,它们之间的接地处理不当时,就会引起地回路干扰,给测试结果带来较大影响。地回路干扰存在三种情况:

(1)在二次仪表选用电阻应变仪时,当电阻应变仪输入线采用屏蔽线,且将屏蔽屏两端接地。这种情况下,会在放大器输入端形成干扰电压,如果屏蔽导线较短时干扰电压也较小,但在闸门测试现场,导线往往较长,因此,地电流将在放大器输入端产生干扰电压。同样,地电位亦可通过分布电容耦合到电桥电路产生干扰电压。

(2)在测试系统中,由于仪器的零电位通常与仪器的机壳相等,它可以直接与大地欧姆连接,但是仪器在任何情况下几乎都同大地有电抗性联系。当闸门上的测试信号是单端接地式时,就造成多点接地,形成"地回路"。测试仪器与测试闸门之间的电压随使用场合、季节的不同而大小不等,如在大功率的动力变电站附近,其电压可达几十伏至上百伏左右,随着测试仪器对闸门距离的增加,电压更高。电压通过屏蔽电缆形成的回路电流通过耦合元件叠加到输入信号上,就造成测试误差。

(3)在测试中,人们习惯将大地定为零电位。实际上大地局部电位常有波动,例如在测试中常发现风浪较大的地方,由于快速移动带电质点的影响,地电位就有起伏变化。这种电位的变化大致是几百 Hz,甚至是几 kHz 的尖脉冲,这种波动通常在几毫伏至几微伏之间,若测试系统的二次仪表是电阻应变仪,这一数量级将严重干扰系统的测量。

此外还有静电干扰等。

9.6.7 防范电磁干扰的措施

1.采用屏蔽方法

一般采用屏蔽导线,在导线外层包有金属屏蔽层,它可将电磁干扰仅限制在屏蔽线上,而不影响信号回路。一般不要在屏蔽线两端接地,只一端接地即可。

在强磁场环境中测试时,仅用屏蔽线还不能完全起到防范抗扰作用,必须另外增加屏蔽体进行屏蔽,效果才更好。

2.测量导线的布设

使测量导线尽量避开一些大的电气设备,如变压器、电机、开关站等,若不可避免与电源线相遇时,测量导线不要与电源线路相平行。

3.仪器要正确接地

由于测量仪器大多是交流供电,使用时一般都要将仪器外壳、测量导线屏蔽接地。但仪器接地不正确时,反而会使一些干扰信号通过接地连线引入导线或测试系统。正确的接地方法是使各仪器与屏蔽在一点接地,并且,要求传感器与测点表面绝缘。

4.使用滤波器抑制干扰

滤波器是抑制噪声的有效手段之一,特别是对抑制导线耦合到电路中的噪声干扰。若采用其他防干扰措施后,测试信号中仍有明显的干扰信号,而且其频率与被测的有用信号频率相关较远时,则采用滤波器可将干扰信号滤掉,其效果是很好的。

5. "地回路"干扰的消除措施

（1）对于"地回路"，可以在测试系统只一点接地，这样不仅可以避免仪器的输出端出现很大的交流声，而且可以防止干扰电压，使电压减少到零电位。

有的仪器的变压器有三层屏蔽，其外屏蔽接地，内屏蔽接零，二次屏蔽根据具体情况或接地或接零。如果三次仪表如磁带记录仪，也具有三层屏蔽，则三层屏蔽全部连在一起，也会有效地防止"地回路"的影响。

（2）采用差动式的测试系统，信号源是一个浮动平衡信号源，配以差动电荷变换器，它亦可消除"地回路"的影响。

9.7 测试数据的处理

在闸门动力测试中，有些测试数据是以模拟量形式出现的时间历程记录曲线，有些测试数据是直接以数字形式出现的数据系列等。为保证所测试数据的准确有效，保证测试精度，在后一种数据系列的情况中，必须对所测数据排除一些无意义的数字，对其进行有效的处理。

9.7.1 测试数据的有效数字处理

9.7.1.1 有效数字的定义

表示一个数中的任何一个有意义的数字，称为有效数字。显然在数中存在着无意义的数字，因为任何测试值中均存在误差，都是由测量的近似值代替测量值造成的。例如，在记录实验数据时，已暗示它的最后一位数字是估计值，是可疑的，即这位数字是没有意义的，其余各位数（包括"0"在内）都必须是有意义的数字。如50.3表示三位有效数字；4000.2表示五位有效数字。

9.7.1.2 有效数字的位数

在闸门动力测试的数据表示和计算中，确定有效数字的位数，即能用几位有效数字是很重要的，它取决于测试手段（仪器、仪表和量具等）的分辨率。测试时应估读到仪表刻度上最小分格的分数，测试值的原始数据只能保留一位不准确的数字。如用百分表测量刚架的位移,其有效数字可达四位,即 1.343mm,末位数"3"是估读的,是不准确的。数字"0"也可能是有效数字,如另一测点的位移是 1.340mm,末位数的"0"是有意义的,是有效的,因为它表示测试值的精度,不能舍去。但如果将其表示为 0.001340m,那么"1"前的三个"0"不是有效数字,它的有效数字还是四位。可见,在有效数字中间的"0",和处于有小数点的有效位数的末位数"0"都是有效数字,但处于第一个非"0"的数字"1"之前的"0"不是有效数字。

对于那些没有小数点的数,又无法确定它是几位有效数字,可将之变成有小数点带指数形成的数来表示。如,23000 没有小数点,此时可将之写成 2.30×10^4 表示有效数字为三位;若写成 2.300×10^4 表示有效数字为四位,同理,2.3000×10^4 表示有效数字为五位,2.3×10^4 表示有效数字为两位。

9.7.1.3 有效数字尾数处理的修约规则

当依据仪器的精度确定了有效数字的位数后,其余数字一并弃之。并弃的规则是按我国 1987 年制定的《数值修约规则》(G81770-87)进行。"规则"要修约尾数的第一位数可简化为"四舍六入五考察,五后非零应进一,五后皆零视奇偶,五前为偶(含零)应舍去,五前为奇则进一"。例如将下列各数取为三位有效数字。

即 13.3452→13.3(四舍);

25.4743→25.5(六入);

2.05501→2.06(五后非零进一);

2.08500→2.08(五后皆零,五前为偶应舍去);

2.07500→2.08(五后皆零,五前为奇则进一)。

9.7.1.4 有效数字的运算法则

在处理测试数据时一般需要对不同精度的有效数字进行运算,既要保证必要的精度,又要避免过繁的计算。原则上运算值也只需保留一位不准确的数字。运算法则如下:

(1)记录的测试数据,只保留一位估读数字。

(2)加减运算时,对参加运算的各测试数据应统一小数点的位数,且以各数据中小数点后位数最少者为准。例如:

$$12.58 + 0.3 + 5.425$$
应写为 $12.6 + 0.3 + 5.4 = 18.3$

而不应写为 18.305。

（3）乘除运算（包括乘方、开方）时，各因子保留的位数以有效位数最少的为准，运算结果保留的位数也只能与各因子中位数最少的相同。如为不同单位的量相乘除得到复合单位量，则各因子可保留原有位数进行运算，所得结果的位数，按该物理量常用精度确定。例如，用拉伸试验机测试低碳钢的屈服应力 σ_s，现测得试件直径 $d = 10.04\text{mm}$，屈服荷载 $F_s = 18.4\text{kN}$。根据国家标准 GB228-87，其横截面积 S 由 79.17mm^2 修约为 79.2mm^2，由 0.2323kN/mm^2 修约为 0.23kN/mm^2 即 $=230\text{N/mm}^2$，即为测试值。

（4）对于 4 个以上的数据，其算术平均值的有效数字可增加一位。

（5）表示精度，一般只取一位有效数字，最多两位。

9.7.2 实验试件数的估算

在闸门检测中，为了了解闸门的材料力学性能，而需要对闸门构件的材料力学性能进行测试。有些构件的力学性能往往是由多个试件组成的样本进行实验，取其实验结果的平均值去估计其总体的均值。所以样本均值实际代替了总体均值，成为其力学性能参数的代表。但是，由样本均值去代替总体均值时，必然会带来误差。而误差容许多大时，才能用样本均值去估计总体均值呢？这就涉及要用多少个试件才能满足容许误差的问题。在数理统计中，解决的方法可用下式确定：

$$\frac{S}{\overline{X}} \leq \frac{\delta \sqrt{n}}{t_r} \tag{9-8}$$

式中：δ——误差限度，一般取 5%；

n——为所需试件的最少个数；

t_r——是置信概率为 r 时，t 分布临界值，可由表 9-1 查得；

$\overline{X}$——为样本从均值，是算术平均值，它表示测量数据的平均水平。均值由下式计算：

$$\overline{X} = \frac{1}{n}\sum_{i=1}^{n} X_i \tag{9-9}$$

X_i——为所测试数据 $X_1, X_2, \cdots, X_n$ 的几个数据中的任一个;

S——为样本的标准差,它表示这一组数据对平均值的偏离程度。标准差愈大,数据愈分散,可由下式计算:

$$S = \sqrt{\frac{\sum_{i=1}^{n}(X_i - \overline{X})^2}{n-1}} = \sqrt{\frac{\sum_{i=1}^{n} X_i^2 - n\overline{X}^2}{n-1}} \tag{9-10}$$

算术平均值与标准差的有效数字位数应比原测试值多一位。

表 9-1　　　　　　　　　　t 分布的临界值表

$a/2$ $n-1$	0.10	0.05	0.025	0.01	0.005	0.0025	0.001	0.0005
1	3.078	6.314	12.706	31.821	63.657	127.32	318.31	636.62
2	1.886	2.920	4.303	6.965	9.925	14.089	23.326	31.598
3	1.638	2.353	3.182	4.541	5.841	7.453	10.213	12.924
4	1.533	2.132	2.776	3.747	4.604	5.598	7.173	8.610
5	1.476	2.015	2.571	3.365	4.032	4.773	5.893	6.869
6	1.440	1.943	2.447	3.143	3.707	4.317	5.208	5.959
7	1.415	1.895	2.365	2.998	3.499	4.029	4.785	5.408
8	1.397	1.860	2.306	2.896	3.355	3.833	4.501	5.041
9	1.383	1.833	2.262	2.821	3.250	3.690	4.297	4.781
10	1.372	1.812	2.228	2.764	3.169	3.581	4.144	4.587
11	1.363	1.796	2.201	2.718	3.106	3.497	4.025	4.437
12	1.356	1.782	2.179	2.681	3.055	3.428	3.930	4.318
13	1.350	1.771	2.160	2.650	3.012	3.372	3.852	4.221

续表

$n-1$ \ $a/2$	0.10	0.05	0.025	0.01	0.005	0.0025	0.001	0.0005
14	1.345	1.761	2.145	2.624	2.977	3.326	3.787	4.140
15	1.341	1.753	2.131	2.602	2.947	3.286	3.733	4.073
16	1.337	1.746	2.120	2.583	2.921	3.252	3.686	4.015
17	1.333	1.740	2.110	2.567	2.898	3.222	3.646	3.965
18	1.330	1.734	2.101	2.552	2.878	3.197	3.610	3.922
19	1.328	1.729	2.093	2.539	2.861	3.174	3.579	3.883
20	1.325	1.725	2.086	2.528	2.845	3.153	3.552	3.850
21	1.323	1.721	2.080	2.518	2.831	3.135	3.527	3.819
22	1.321	1.717	2.074	2.508	2.819	3.119	3.505	3.792
23	1.319	1.714	2.069	2.500	2.807	3.104	3.485	3.767
24	1.318	1.711	2.064	2.492	2.797	3.091	3.467	3.745
25	1.316	1.708	2.060	2.485	2.787	3.078	3.450	3.725
26	1.315	1.706	2.056	2.479	2.779	3.067	3.435	3.707
27	1.314	1.703	2.052	2.473	2.771	3.057	3.421	3.690
28	1.313	1.701	2.048	2.467	2.763	3.047	3.408	3.674
29	1.311	1.699	2.045	2.462	2.756	3.038	3.396	3.659
30	1.310	1.697	2.042	2.457	2.750	3.030	3.385	3.646
40	1.303	1.684	2.021	2.423	2.704	2.971	3.307	3.551
60	1.296	1.671	2.000	2.390	2.660	2.915	3.232	3.460
120	1.289	1.658	1.980	2.358	2.617	2.860	3.160	3.373
∞	1.282	1.645	1.960	2.326	2.576	2.807	3.090	3.291

当试件数量满足式(9-8)的精度要求时,表示试件数量满足要求;当试件数量不满足式(9-8)的精度要求时,表示试件数量不足,还应增加试件数量。

下面举一测试 K_{IC} 平均值的例子,说明确定 n 的方法。

例 1 用一组 $B=15\text{mm}$ 标准三点弯曲试件测定一种状态下 L_{C4} 的断裂韧度 K_{IC} 平均值,并确定实验试件最少的件数。要求它在 90% 置信下与真值误差小于 5%。

解: 先从制备件中任取三根测出 K_{IC} 值为:

$$X = K_{IC} = 29.87, 29.65 \text{ 和 } 32.41 \quad (\text{MPa}\sqrt{\text{m}})$$

因 $n=3$

依式(9-9),得

$$\overline{X} = \frac{1}{n}\sum_{i=1}^{3} X_i = 30.64$$

依式(9-10),得

$$S = \sqrt{\frac{\sum_{i=1}^{3} X_i^2 - n\overline{X}^2}{n-1}} = 1.53$$

则

$$\frac{S}{\overline{X}} = \frac{1.53}{30.64} = 0.05 = 5\%$$

再由 $n=3, r=90\%$ 查表 9-1 得 $t_r = 2.920$,又 $\delta = 5\%$,

则

$$\frac{\delta\sqrt{n}}{t_r} = \frac{0.05\sqrt{3}}{2.920} = 3\%$$

显然 $\frac{S}{\overline{X}} > \frac{\delta\sqrt{n}}{t_r}$,不满足要求。增加一根试件进行补测,测得

$$K_{IC} = 30.21 \text{MPa}\sqrt{\text{m}}$$

这样就共有四个 K_{IC} 值($n=4$),分别为 $29.87\text{MPa}\sqrt{\text{m}}$、$29.65\text{MPa}\sqrt{\text{m}}$、$30.21\text{MPa}\sqrt{\text{m}}$ 和 $32.41\text{MPa}\sqrt{\text{m}}$,由此算出

$$\frac{S}{\overline{X}} = \frac{1.27}{30.54} = 4\%$$

再由 $n=4, r=90\%$,查表得 $t_r = 2.353$,

则
$$\frac{\delta\sqrt{n}}{t_r} = \frac{0.05\sqrt{4}}{2.353} = 4.25\%$$

显然 $\frac{S}{X} < \frac{\delta\sqrt{n}}{t_r}$，所以 $K_{IC} = 30.54\mathrm{MPa}\sqrt{m}$ 即为所求之 K_{IC} 的平均值，实验试件最少要取4根。

9.7.3 测试数据的表示法

测试数据的表示方法有列表法、图解法和解析法三种。列表法是按一定格式和顺序，将测试数据中的自变量和因变量一一对应地列在表格里，以便对比分析和计算。它是图解法和分析法的基础。图解法是按选定的坐标(直角坐标系、极坐标系、对数和半对数坐标系等)，把测试数据描成曲线(或直线)图形。它可以直观地显示测试数据的最大值或最小值、转折点及周期性等，形象地反映多变量间的关系。解析法是运用数理统计学中的回归分析方法，对大量的测试数据进行分析处理，找出一个比较符合事物内在规律的数学表达式——方程式和经验公式。它可用于微分、积分、插值等多种运算，进一步描述变量之间的相互关系和揭示问题的本质。前两种方法将在后面介绍，本章只着重介绍测试数据的解析法。

解析法中主要采用回归分析法，用回归分析法确定的各变量之间的关系称为回归方程，回归方程中所含的系数称为回归系数。例如，变量 X,Y 之间的回归方程为 $Y = a + bx$，则 a,b 称为回归系数。

对测试数据进行回归分析，主要解决回归方程的类型、回归系数、常数项的确定以及变量之间的线性关系问题。

9.7.3.1 回归方程

对于一组实测数据的回归方程，除了要有一定的专业理论知识和实践经验之外，主要用最小二乘法原理来确定。

设由测试结果，取得了 n 对数据 $(X_i, Y_i), i = 1, 2, \cdots, n$。然后，依据样本数据在 $X-Y$ 直角坐标系中描点，作出数据散点图，从图中直观看是否在随机变量间相互关系与其函数形式。设本例的散点图如图9-10所示。图中的数据点形成一线性分布带，故可以假定 $X-Y$ 间有线性相关关系，其回归方程为

$$Y = a + bx \tag{9-11}$$

回归系数和常数项可用最小二乘法确定为

$$\left. \begin{array}{l} a = \dfrac{\sum\limits_{i=1}^{n} Y_i \sum\limits_{i=1}^{n} X_i^2 - \sum\limits_{i=1}^{n} X_i \sum\limits_{i=1}^{n} X_i Y_i}{n \sum\limits_{i=1}^{n} X_i^2 - \left(\sum\limits_{i=1}^{n} X_i\right)^2} \\[2ex] b = \dfrac{n \sum\limits_{i=1}^{n} X_i Y_i - \sum\limits_{i=1}^{n} X_i \sum\limits_{i=1}^{n} Y_i}{n \sum\limits_{i=1}^{n} X_i^2 - \left(\sum\limits_{i=1}^{n} X_i\right)^2} \end{array} \right\} \tag{9-12}$$

式中:n 为样本数据的点数。

为了描述二变量 X,Y 之间的线性相关关系的密切程度,常用相关系数 r 表示,即

$$r = \dfrac{n \sum\limits_{i=1}^{n} X_i Y_i - \sum\limits_{i=1}^{n} X_i \sum\limits_{i=1}^{n} Y_i}{\sqrt{\left[n \sum\limits_{i=1}^{n} X_i^2 - \left(\sum\limits_{i=1}^{n} X_i\right)^2\right]\left[n \sum\limits_{i=1}^{n} Y_i^2 - \left(\sum\limits_{i=1}^{n} Y_i\right)^2\right]}} \tag{9-13}$$

当 $|r|=0$ 时,表示 X 与 Y 之间线性不相关;
当 $0<|r|<1$ 时,表示 X 与 Y 之间存在着一定的线性关系;
当 $|r| \to 1$ 时,表示 X 与 Y 之间线性关系密切相关。
一般要求 $|r| \geq 0.8$ 时,才有意义。

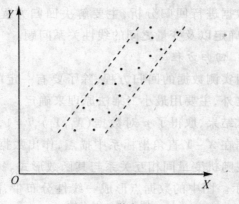

图 9-10 散点图

9.7.3.2 相关系数的标准性检验

相关系数 r 是表示 X 与 Y 之间的相关系数,但有时也可能受到其测点多少的影响,如在某一组测点数据中,r 的绝对值大于 0.8,这就可用回归直线表示 X 与 Y 之间的关系,就可配置一条回归直线,如图 9-11(a)所示,但当其测点再增加,即增大 n,此时就可能如图 9-11(b)所示,它就显示出 X 与 Y 不成线性相关了。为此,必须对所测数据组中的相关系数 r 的标准性进行检验。

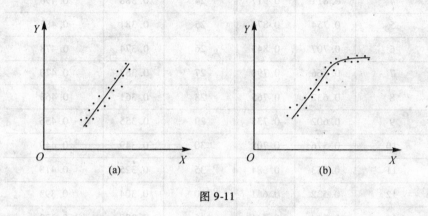

图 9-11

为了方便检验,特制定一个相关系数标准性检验表,如表 9-2 所示。该表给出了不同的 $(n-2)$ 值在危险率 $\alpha = 0.01$ 及 $\alpha = 0.05$ 时的相关系数标准检验值。这些值是相关系数的起码值,通常称之为标准值或临界值记做 r_α。若子样相关系数 r 在一定危险率下超过表上数值时,就认为 r 达到了标准值,此时配制回归直线才有意义。

检验步骤如下:

(1) 按式(9-13)

$$r = \frac{n\sum_{i=1}^{n} X_i Y_i - \sum_{i=1}^{n} X_i \sum_{i=1}^{n} Y_i}{\sqrt{\left[n\sum_{i=1}^{n} X_i^2 - \left(\sum_{i=1}^{n} X_i\right)^2\right]\left[n\sum_{i=1}^{n} Y_i^2 - \left(\sum_{i=1}^{n} Y_i\right)^2\right]}}$$

算出 r;

表 9-2　　　　　　　　相关系数标准性检验表

α \ n−2	0.05	0.01	α \ n−2	0.05	0.01
1	0.997	1.000	21	0.413	0.526
2	0.950	0.990	22	0.404	0.515
3	0.878	0.959	23	0.396	0.505
4	0.811	0.917	24	0.388	0.496
5	0.754	0.874	25	0.381	0.487
6	0.707	0.843	26	0.374	0.478
7	0.666	0.798	27	0.367	0.470
8	0.632	0.765	28	0.361	0.463
9	0.602	0.735	29	0.355	0.456
10	0.576	0.708	30	0.349	0.449
11	0.553	0.684	35	0.325	0.418
12	0.532	0.661	40	0.304	0.393
13	0.514	0.641	45	0.288	0.372
14	0.497	0.623	50	0.273	0.354
15	0.482	0.606	60	0.250	0.325
16	0.468	0.590	70	0.232	0.302
17	0.456	0.575	80	0.217	0.283
18	0.444	0.561	90	0.205	0.267
19	0.433	0.549	100	0.195	0.254
20	0.423	0.537	200	0.138	0.181

（2）给定危险率 α，按 $(n-2)$ 数值在表 9-2 上，可查得相应的标准值 r_α；

（3）比较 $|r|$ 与 r_α 的大小，如果 $|r| < r_\alpha$，则 X 与 Y 之间不存在线性相关关系，r 在危险率 α 下，用直线配 X 与 Y 之间的关系是不合

理的。如果 $|r| > r_\alpha$，则 X 与 Y 之间存在线性相关关系，r 在危险率 α 下，用直线配 X 与 Y 之间的关系是可行的、合理的、有意义的。

例2 现有某实验测试的 $\lg\dfrac{da}{dN}$ 与 $\lg\Delta K$ 的数据如表 9-3 所示。试找出二者之间的经验公式。并检验 X 与 Y 之间是否有线性相关关系（设 $\alpha = 0.05$）。

表 9-3　某实验测试的 $\lg\dfrac{da}{dN} \sim \lg\Delta K$ 的数据计算表

试验数据序号	$x_i(\lg\Delta K)_i$	$y_i(\lg da/dN)_i$	$x_i y_i$	x_i^2	y_i^2
1	1.7294	−4.7356	−8.1897	2.9908	22.4259
2	1.7576	−4.8215	−8.4741	3.0892	23.2496
3	1.7832	−4.5684	−8.1464	3.1798	20.8703
4	1.8039	−4.6444	−8.3780	3.2541	21.5705
5	1.8229	−4.5685	−8.3279	3.3230	20.8712
6	1.8430	−4.4970	−8.2880	3.3966	20.2230
7	1.8637	−4.4377	−8.2705	3.4734	19.6392
8	1.8837	−4.3364	−8.1685	3.5483	18.8044
9	1.9154	−4.2214	−8.0857	3.6688	17.8202
10	1.9952	−4.0082	−7.9972	3.9809	16.0657
11	2.0000	−4.1000	−8.2000	4.0000	16.8100
12	2.0496	−3.8183	−7.8260	4.2009	14.5794
13	2.0743	−3.8925	−8.0742	4.3027	15.1516
14	2.1000	−3.9500	−8.2950	4.4100	15.6025
15	2.1441	−3.7538	−8.0485	4.5972	14.0919
16	2.2103	−3.7162	−8.2139	4.8854	13.8101
∑	30.9763	−60.0699	−130.9836	60.3010	291.6359

解：

(1) 作散点图，如图9-10所示。由图可知，可用线性模拟；

(2) 求回归直线：由表9-3计算出 $\sum X_i$、$\sum Y_i$、$\sum X_i Y_i$、$\sum X_i^2$、$\sum Y_i^2$ 等值，将这些值代入式(9-12)，可得

$$b = 2.4251, a = -8.9491$$

(3) 依式(9-13)计算相关系数：

$$r = \frac{n\sum_{i=1}^{n} X_i Y_i - \sum_{i=1}^{n} X_i \sum_{i=1}^{n} Y_i}{\sqrt{\left[n\sum_{i=1}^{n} X_i^2 - \left(\sum_{i=1}^{n} X_i\right)^2\right]\left[n\sum_{i=1}^{n} Y_i^2 - \left(\sum_{i=1}^{n} Y_i\right)^2\right]}} = 0.975$$

(4) 相关系数的标准性检验

根据 $\alpha = 0.05$、$n - 2 = 14$ 由表9-2查得 $r_{\alpha=0.05} = 0.497$，显然 $|r| = 0.975 > r_{\alpha=0.05} = 0.497$，所以用直线拟合 X 与 Y 之间的相互关系是合理的、有意义的。

由回归直线方程

$$Y = -8.9494 + 2.4251X$$

可表示为

$$\lg \frac{da}{dN} = -8.9494 + 2.4251 \lg \Delta K$$

式中：$\lg c = -8.9494$，则 $c = 1 \times 10^{-9}$

$$m = 2.4251 \approx 2.42$$

则

$$\frac{da}{dN} = 1 \times 10^{-9} (\Delta K)^{2.43}$$

上式即为某实验的 $\frac{da}{dN}$ 与 ΔK 关系的经验公式。

例3 某水电工程结构的动力试验，在离结构表面为22cm处的测点测试分析得到：振动作用时间为 $t = 1.52s$；样本采集时间为 $T = 8s$；加速度均方值为 $X(1) = 37418.89$；有效标定值为 $K = 70.7$，则可通过下式

$$a = \frac{\sqrt{\frac{T}{t}} \cdot \sqrt{X(1)}}{K} g = \frac{\sqrt{\frac{8}{1.52} \times \sqrt{37418.89}}}{70.7} g = 6.27g \quad (m/s^2)$$

计算出离结构表面为 22cm 处的测点的振动响应加速度为 6.27 $g(m/s^2)$。同理即可换算出各次振动的结构各测点的振动响应加速度值,如表 9-4 所示。

表 9-4　　某结构的各次振动响应加速度值 $g(m/s^2)$

离结构表面的距离(cm) \ 振动次数	1	2	3	4	5	6	7	8	9	10	平均值
10	4.38	5.53	5.95	6.75	5.50	6.48	6.02	6.78	6.68	6.69	6.08
22	4.44	4.66	4.61	5.83	4.10	5.91	5.31	6.27	5.50	6.04	5.27
33	2.91	3.72	4.11	5.05	3.80	4.76	4.09	4.69	4.41	4.53	4.21
48	3.31	3.76	4.54	4.35	3.57	3.87	4.64	4.14	4.44	4.45	4.11

试根据表 9-4 所提供的离结构表面的距离 X 与加速度 a 二者之数据找出二者之间关系的经验公式。并检验 a 与 X 之间的线性相关关系(设 $\alpha = 0.05$)。

解:

(1) 作散点图(此处没有给出),由图可知,可用线性模拟。

(2) 回归分析:根据散点图,假定其关系为一指数函数曲线,曲线的方程为

$$a = a_0 g e^{bx} \tag{9-14}$$

式中:a——结构内测点的振动加速度,由表 9-4 可知 (m/s^2);

X——加速度计离结构表面的距离 (cm);

a_0——结构表面最大分析加速度 (m/s^2)。

令

$$a_0 = e^{a'_0} \tag{9-15}$$

$$a'_0 = \frac{1}{n} \left(\sum a' - b \sum X \right) \tag{9-16}$$

$$a' = \ln a \tag{9-17}$$

b——衰减指数的系数。

$$b = \frac{\sum Xa' - \dfrac{\sum X \sum a'}{n}}{\sum X^2 - \dfrac{(\sum X)^2}{n}} \qquad (9\text{-}18)$$

其中,n 为加速度计安置数量,此处 $n = 4$。

现列表计算如下(表 9-5):

表 9-5　　　　　各参数计算值表

X(cm)	$a(9.81\text{m/s}^2)$	$a' = \ln a$	Xa'	X^2	$(a')^2$
10	6.08	1.81	18.1	100	3.28
22	5.27	1.66	36.52	484	2.76
33	4.21	1.44	47.52	1089	2.07
48	4.11	1.41	67.68	2304	1.99
$\sum X = 113$	$\sum a = 19.67$	$\sum a' = 6.32$	$\sum Xa' = 169.32$	$\sum X^2 = 3977$	$\sum (a')^2 = 10.10$

依式(9-18)、式(9-16)和式(9-15),算得

$b = -0.011$

$a'_0 = 1.89$

$a_0 = 6.62$

又依式(9-14)得回归分析后,该结构加速度衰减的指数函数曲线方程为

$$a = a_0 g e^{bX} = 6.62 g e^{-0.011X} \qquad (9\text{-}19)$$

上式即为离结构表面的距离 X 与加速度 a 二者之间的经验公式。

(3)依下式计算相关系数

$$r = \frac{n\sum Xa' - \sum X \sum a'}{\sqrt{n\sum X^2 - (\sum X)^2} \cdot \sqrt{n\sum (a')^2 - (\sum a')^2}} \qquad (9\text{-}20)$$

计算结果:$r = -0.921$,说明 X 与 a 为负相关,但是关系密切。

(4) 相关系数的标准性检验

根据 $\alpha=0.05$, $n-2=2$。由表9-2查得 $r_\alpha=0.950$, 显然, $|r|<r_\alpha$, 说明 a 与 X 之间存在的非线性关系, 经过变量转化为线性关系后, 在对数坐标系中, 经验公式(9-19)的直线相关性好。因此, 用指数函数曲线配以 X 与 a 之间的非线性关系是合理的、有意义的。所以式(9-19)就是 X 与 a 之间的关系的经验公式。

(5) 回归方程的精度检验

可通过式(9-21)

$$S_{a'X}=\sqrt{\frac{\sum (a')^2-a'_0\sum a'-b\sum Xa'}{n-2}} \quad (9-21)$$

计算出估计误差 $S_{a'X}$ 来说明回归方程的精确程度。计算结果为 $S_{a'X}=\pm 0.12$。可依据 $S_{a'X}$ 值对各层深处的加速度进行修正估算。如 $X=48cm$ 处的修正估算加速度为 $(3.90\pm 0.12)g$, 即此处的加速度为 $(3.78\sim 4.02)g$。

回归分析是以最小二乘法为基础的, 所以, 确定回归方程应首先考虑最小二乘法。回归分析可分为线性回归和非线性回归分析, 一元回归分析和多元回归分析。研究两个变量之间的相互关系称为一元回归分析; 研究两个以上变量之间的相互关系称为多元回归分析。若两个变量之间的内在关系不是线性的, 而是某种曲线关系, 则称为一元非线性分析(如例3)。例2的处理方法是一元线性回归分析法, 此法是最基本的、最常用的方法。对应非线性回归问题, 可以通过适当的变量转化为线性回归问题, 如在例3中, 通过对方程两边取对数, 并令 $a'=\ln a$、$a_0=e^{a'_0}$、$a'_0=\frac{1}{n}\left(\sum a'-b\sum X\right)$ 等进行变换, 将 X 与 a 的非线性方程转化为线性方程表示在对数坐标系中, 这就是"变量转换法"。此外还可用"多项式拟合法"等, 将非线性的曲线方程转化为线性方程, 将多元回归问题转化为一元回归问题, 这样就可使多元线性或非线性问题和一元非线性问题得以解决。

9.8 闸门应力折减系数

过去我国水电科技工作者将主要精力用于发展大、新工程结构上,对旧闸门结构评定研究不多,特别是容许应力折减系数的给定,没有相应的规程和方法。如何确定闸门钢板的容许应力折减系数,这是目前面临的一个关系到水利电力事业发展的普遍问题。折减系数取得过大,可能给安全生产带来隐患,反之,会将安全闸门评判为危险结构,造成重大经济损失。本节结合上世纪 50 年代初期建设的某一重大工程,对闸门钢板容许应力折减系数的确定给出了一个初步方法——比例法。

9.8.1 力学性能测试

在实验室液压式万能试验机上进行了力学性能实验。将溢洪道弧门钢板加工成两件表面未经处理、带有腐蚀坑的拉伸试件和两件弹模试件,它们分别编号为 $1^\#$、$2^\#$、$3^\#$、$4^\#$,如图 9-12 所示,其尺寸如下(拉伸试验见图 9-14):

$1^\#: A_0 = 30.40 \text{mm} \times 20.20 \text{mm}, L_0 = 100 \text{mm}$;

$2^\#: A_0 = 30.40 \text{mm} \times 20.06 \text{mm}, L_0 = 100 \text{mm}$;

$3^\#: A_0 = 30.20 \text{mm} \times 18.80 \text{mm}, L_0 = 100 \text{mm}$;

$4^\#: A_0 = 29.90 \text{mm} \times 18.68 \text{mm}, L_0 = 100 \text{mm}$。

图 9-12 加工试件

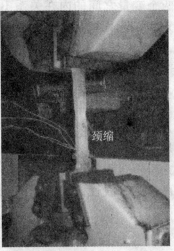

图 9-13 拉伸试验

测试情况如图 9-13 和图 9-14 所示,测试结果如表 9-6 所示。

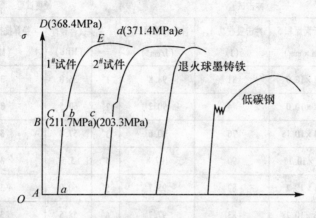

图 9-14 拉伸曲线对比图

表 9-6 　　　　　　　　拉伸试验测试结果

力学指标 试件	屈服拉力 F_s(kN)	极限拉力 F_b(kN)	断裂长度 L(mm)	断裂断面 (mm×mm)	弹性模量 E(GPa)
1#	130	226.2	142	21.2×13.8	201.4
2#	124	226.5	139	21.2×13.5	190.8
平均	127	226.35	140.5	21.2×13.65	196.1

溢洪道弧门 A3 钢板同时也加工了 6 件 U 形缺口冲击试件和 6 件材料硬度试件,它们分别在冲击试验机和洛氏硬度试验机进行材料冲击试验和硬度测试,其结果如表 9-7 所示。

溢洪道弧门 A3 钢板屈服强度 σ_s 为

$$\sigma_s = \frac{F_s}{A_0} = \frac{127\text{kN}}{0.0304\text{m} \times 0.02013\text{m}} = 207.5\text{MPa}$$

溢洪道弧门 A3 钢板极限强度 σ_b 为

$$\sigma_b = \frac{F_b}{A_0} = \frac{226.35\text{kN}}{0.0304\text{m} \times 0.02013\text{m}} = 369.9\text{MPa}$$

溢洪道弧门 A3 钢板延伸率 δ 为

表 9-7　　弧门 A3 钢板冲击试验和硬度测试结果

试件	冲击试验			试件	硬度试验	
	缺口断面面积 S_0 (mm×mm)	冲击吸收功 A_{KU} (J)	冲击韧性值 α_{KU} (J/cm²)		试件硬度 (HRB)	换算抗拉强度 σ_b (MPa)
1#	8.2×10.0	81	98.8	1#	56.0	358
2#	8.2×10.0	74	90.2	2#	60.5	377
3#	8.24×10.18	76	90.6	3#	57.0	363
4#	8.2×10.18	90	107.8	4#	5.5	356
5#	8.4×10.2	82	95.7	5#	60.0	375
6#	8.26×10.28	83	97.7	6#	58.5	369
平均	8.25×10.14	81	96.8	平均	57.92	366.3

$$\delta = \frac{L-L_0}{L_0} \times 100\% = \frac{140.5-100}{100} \times 100\% = 40.5\%$$

溢洪道弧门 A3 钢板断面收缩率 Ψ 为

$$\Psi = \frac{A_0-A}{A_0} \times 100\% = \frac{30.40 \times 20.13 - 21.20 \times 13.65}{30.40 \times 20.13} \times 100\% = 52.7\%$$

溢洪道弧门钢板的力学性能测试结果与标准 A3 钢板力学性能对比如表 9-8 所示。

表 9-8　　弧门 A3 钢板力学性能对比表

力学性能指标	屈服强度 σ_s (MPa)	极限强度 σ_b (MPa)	延伸率 δ (%)	断面收缩率 Ψ (%)	冲击韧性值 α_{KU} (室温·J/cm²)	弹性模量 E (GPa)
标准 A3 钢板	>225	375~460	>25	40~60	80~140	190~206
弧门 A3 钢板	207.5	369.9	40.5	52.7	96.8	196.1

9.8.2 结果分析

从图 9-13 可见,溢洪道弧门 A3 钢板经过 40 年时效及腐蚀后,力学性质有一定程度的变化,试件没有明显的屈服点,基本上没有产生屈服变形(图 9-14BC 或 bc),当荷载达到极限强度后,试件还有较大的塑性,产生了较大的变形(见图 9-14DE 或 de),材料的延伸率良好;从表 9-8 可知,该材料冲击韧性值 α_{KU} 达到 96.8J/cm^2,具有较好的韧性,断面收缩率也达 52.7%,材料塑性较好;试件屈服强度至少下降 7.78%,强度极限下降 11.40%(与极限强度平均值相比),强度指标的下降从表 9-7 硬度试验结果中也可以得到证实。说明闸门钢板与新的标准 A3 钢板性质上有一定的差异。

9.8.3 应力折减系数

目前强度设计的基础是材料的力学强度条件,其一般形式可表达为:

$$\sigma \leqslant [\sigma] \qquad (9-22)$$

式中:σ 为构件工作应力,在复杂受力情况下,则可根据应力状态分析和选用的强度理论进行组合计算求得。$[\sigma]$ 为容许应力值,对于由塑性材料 A3 钢板制作的闸门,其容许应力值等于相应的材料屈服极限 σ_s 除以安全系数 N。而安全系数 N 的选择则依据于经验,取决于设计人员对结构的工作条件,例如载荷、材料质量、制作工艺水平、计算公式的有效性等的把握程度。把握大则安全系数可选取较小;反之,则选取较大的安全系数。应当指出,材质的不均匀性以及可能包含的缺陷及裂纹对结构强度的影响也笼统地在这个安全系数中加以考虑。

对于水工钢闸门的设计,安全系数 N 实际上设计规范已经确定,例如,厚 20mm 的 A3 钢板,其给出容许应力值 160MPa,而 A3 钢板的最低屈服强度为 225MPa,安全系数实际为:

$$N = \frac{\sigma_s}{[\sigma]} = \frac{225}{160} = 1.406 \qquad (9-23)$$

在此我们不必加以讨论。我们要研究的是：在考虑同样安全度的情况下，闸门经过多年时效作用，材料的力学性质产生了一定的变化，屈服强度、极限强度相应下降，容许应力应当乘以应力调整系数 K 进行折减。

相同安全系数的情况下，新材料屈服极限 σ_s 决定材料容许应力值。同样在役水工钢闸门应力调整系数 K，在材料其他性质变化不是特别大的情况下，也应由闸门材料测试屈服极限 σ_s^0 作为主要确定依据，在此推荐采用比例法：

$$K = \frac{\sigma_s^0}{\sigma_s} = \frac{207.5}{225} = 0.922 \tag{9-24}$$

这样，在役水工闸门材料折减后的容许应力值 $[\sigma^0]$ 可表达为：

$$[\sigma^0] = K \cdot [\sigma] = 0.922 \times 160 = 147.52 (\text{MPa}) \tag{9-25}$$

闸门构件工作应力 σ 小于折减容许应力值 $[\sigma^0]$，闸门结构安全。若综合考虑材料的强度极限、硬度、塑性变化和闸门整体连接、锈蚀不均匀、表面裂纹萌生等因素，应力折减系数 K 可进一步乘以综合影响系数 α。则容许应力值可表达为：

$$[\sigma^0] = \alpha \cdot K \cdot [\sigma] \tag{9-26}$$

α 通常可以取为 1。

9.8.4 比例法是确定闸门应力折减系数的好方法

目前在闸门安全复核工作过程中，应力的折减系数 K 是根据工作经验给出的，闸门第一次安全复核时，折减系数大多取为 0.9，第二次取为 0.85，这具有很强的随意性。根据上述原理和方法以及检测实例可见，通过板材力学性能测试结果来确定应力折减系数 K 的方法简单科学，而闸门结构安全又完全有保障，具有较强的实用性和通用性。该方法主要应用于在役水工钢闸门的安全复核，若其他形式的钢结构也要进行安全检测，这一方法同样也适用。

应当注意：由于受客观条件的限制，该项研究只是在一个点取样，其结论有一定的局限性。因为材料性质的变化不仅与时间有关，而且与工作应力的大小、交变频率和次数、外部介质、环境等因素有关,所以在可能的情况下,样点应该有 3~5 个代表位置。进行力学性能测试试件的外表要保持实际状况,不能刨光处理。

若条件许可,建议应力折减系数的确定从断裂力学的角度深入研究,测试出经过多年时效及腐蚀后钢板的应力场强度因子(如 K_{IC})与 J 积分,与标准板材进行比较,以确定其发生裂纹扩散与断裂的可能性,在应力折减系数 K 中综合考虑。

9.9 闸门振动判据

水工钢闸门的运行安全问题越来越受到生产管理部门的重视,水工钢闸门的振动监测也日益普及。关于闸门的检测技术规程已发布,但闸门振动量测出后,如何判别其对结构物的危害程度,即等级划分问题,现在还缺乏相应的标准。为推动水利水电事业的发展,建立相应的国家标准,我们具体结合部分水电工程,对振动判据进行了初步研究。

9.9.1 基本思路

闸门在泄洪过程中,会产生不同程度的振动,振动会对闸门产生危害,尤其是对局部开度泄洪的闸门危害更大。闸门振动程度建议分为如下四个等级:

(1)基本不振——一级。闸门不是绝对不振动,而是振动量非常小,这类不振动的闸门在工程上很难找到,实际工程中也不多。

(2)微小振动——二级。是指振动量控制在较小的容许范围内,基本上不会对闸门结构带来安全隐患,在实际工程中普遍存在。

(3)中等振动——三级。闸门振动量接近不容许值范围,已达到黄色警示,且有可能对结构造成一定危害,运行中应对这种振动状态加强测控。

(4)严重振动——四级。闸门振动量达到不容许值范围的较高水平,已达到红色警示,对结构运行带来严重危害,实际运行中不容许出现这种振动。

建筑物的振动是一个十分复杂的物理力学现象。振动的主要物理量有位移、速度、加速度和频率,这些量值对建筑物的破坏都会产生影响。客观上讲,这些量值都应综合考虑,分别加以控制。但考虑到这些量值的内在联系和实践上的可行性,大多数规程都常用单一量值作判别标准。如水工建筑物抗震设计规范的地震设防烈度是以振动加速度划分。爆破安全规程的建筑物安全范围则是以地面振动速度来划分。

水工钢闸门的振动级别判据建议以振动位移控制为主,共振频率控制为辅。因为振动的速度、加速度与振动位移一样都是反映闸门振动能量的强弱和动应力大小的量值;其次,水工钢闸门对结构静力变形和结点位移有严格要求。同时一定要考虑因水流脉动而产生的强迫振动主频率与闸门结构的固有频率的差距,亦即闸门固有频率比强迫振动主频大或小多少,这就是要注意控制闸门产生共振的条件。

9.9.2 振动位移与脉动压力关系

水工钢闸门是一个空间结构,若直接按空间弹性结构体系来计算闸门弹性振动是难以得其解析解的。若采用有限元法,则可以方便求解,即将闸门划分为有限个小单元体(或有限个小质点),考虑其阻尼影响时的振动微分方程可以用矩阵表示为:

$$[M]\{\ddot{\delta}\} + [C]\{\dot{\delta}\} + [K]\{\delta\} = \{F(t)\} \qquad (9\text{-}27)$$

式中:$\{\delta\}$、$\{\dot{\delta}\}$、$\{\ddot{\delta}\}$ 分别表示体系各结(质)点的位移矢量、速度矢量和加速度矢量;$[M]$、$[C]$、$[K]$ 分别表示体系各结(质)点的质量矩阵、阻尼矩阵和刚度矩阵;$\{F(t)\}$ 表示水流脉动压力。

水流脉动压力 $F_i(t)$ 只激发起闸门低阶振型,可用振型叠加法(即解耦分析法)进行计算。首先由方程组(9-27)所对应的无阻尼自由振动微分方程,用适当的方法——迭代法求出体系的前 m 阶固

有频率 ω_{nm}^2 和相应的主振型 $\{A\}^{(m)}$,以主振型矩阵 $[A_p] = [\{A\}^1,\{A\}^2,\cdots,\{A\}^m]$ 作为解耦振型矩阵,如果考虑体系的阻尼 $[C]$ 的影响,使方程组(9-27)解耦时,需要用解耦正振型矩阵 $[A_N]$

$$[A_N] = \frac{1}{\sqrt{M_i}}[A_p] = \left[\frac{1}{\sqrt{M_1}}\{A_p^{(1)}\},\cdots,\frac{1}{\sqrt{M_m}}\{A_p^{(m)}\}\right] \quad (9\text{-}28)$$

来解耦。

设解耦正坐标为 $\{x_N\}$,则得

$$\{\delta\} = [A_N]\{x_N\} \quad (9\text{-}29a)$$

或

$$\{x_N\} = [A_N]^T[M]\{\delta\} \quad (9\text{-}29b)$$

将式(9-29)代入方程组(9-27),则该方程就可化为以 $\{x_N\}$ 为基本未知量的非耦合的微分方程组:

$$\{\ddot{x}_N\} + [C_N]\{\dot{x}_N\} + [K_N]\{x_N\} = \{F_N(t)\} \quad (9\text{-}30)$$

式中:
$$[C_N] = \begin{bmatrix} 2\xi_1\omega_{n1} & 0 & \cdots & 0 \\ 0 & 2\xi_2\omega_{n2} & 0 & 0 \\ \vdots & \vdots & \ddots & \vdots \\ 0 & 0 & \cdots & 2\xi_m\omega_{nm} \end{bmatrix}; \quad (9\text{-}31)$$

$$[K_N] = \begin{bmatrix} \omega_{n1}^2 & 0 & \cdots & 0 \\ 0 & \omega_{n2}^2 & 0 & \vdots \\ \vdots & 0 & \ddots & 0 \\ 0 & \cdots & 0 & \omega_{nm}^2 \end{bmatrix}; \quad (9\text{-}32)$$

$$\{F_N(t)\} = [A_N]^T\{F(t)\}; \quad (9\text{-}33)$$

ξ_i——为 i 阶振型阻尼比。

方程组(9-27)已解耦为式(9-30)。该式即可按单自由度体系求解方法求解以解耦正坐标 $\{x_N\}$ 表示的解。

依式(9-29a)用原坐标 $\{\delta\}$ 表示的初始条件变换到用解耦正坐标 $\{x_N\}$ 表示的初始条件,并代入解耦正坐标解,求其待定常数。原方程组(9-27)的初始条件为

$t=0$ 时 $\qquad \{\delta\} = \{\delta(0)\} \quad (9\text{-}34)$

$$\{\dot{\delta}\} = \{\dot{\delta}(0)\} \tag{9-35}$$

通过式(9-29b)得到以解耦正坐标表示的初始条件为

$t = t_0$ 时
$$\{x_N(0)\} = [A_N]^T[M]\{\delta(0)\} \tag{9-36}$$

$$\{\dot{x}_N(0)\} = [A_N]^T[M]\{\dot{\delta}(0)\} \tag{9-37}$$

由方程组(9-30)得到的一组非耦合方程为

$$\ddot{x}_{Ni}^{(t)} + 2\xi_i\omega_{ni}\dot{x}_{Ni}^{(t)} + \omega_{ni}^2 x_{Ni}^{(t)} = F_{Ni}(t) \quad (i=1,2,\cdots,m) \tag{9-38}$$

其初始条件就是：

$$x_{Ni}^{(t)}\Big|_{t=0} = x_{Ni}(0) \quad (i=1,2,\cdots,m) \tag{9-39}$$

$$\dot{x}_{Ni}^{(t)}\Big|_{t=0} = \dot{x}_{Ni}(0) \quad (i=1,2,\cdots,m) \tag{9-40}$$

上面方程组中的每一个方程的解均可用杜哈梅(Duhamel)积分表示为：

$$x_{Ni}^{(t)} = \frac{1}{\omega_{di}}\int_0^t F_{Ni}(\tau)\mathrm{e}^{-\xi_i\omega_{ni}(t-\tau)}\cdot\sin\omega_{di}(t-\tau)\mathrm{d}\tau$$

$$+ \mathrm{e}^{-\xi\omega_{ni}t}\cdot(a_i\sin\omega_{di}t + b_i\cos\omega_{di}t) \tag{9-41}$$

式中：$\omega_{di} = \omega_{ni}\sqrt{1+\xi_i^2}$；$a_i$、$b_i$ 为待定常数，由初始条件确定。当 $t=0$ 时，闸门不振动(即没有初始位移和初始速度)，则 a_i 和 b_i 均为零，则方程式(9-41)成为

$$x_{Ni}^{(t)} = \frac{1}{\omega_{di}}\int_0^t F_{Ni}(\tau)\mathrm{e}^{-\xi_i\omega_{ni}(t-\tau)}\cdot\sin\omega_{di}(t-\tau)\mathrm{d}\tau \tag{9-42}$$

由于脉动压力较复杂，一般是随机的，杜哈梅积分一般需用数值方法计算。在求得 $x_{Ni}^{(t)}(i=1,2,\cdots,m)$ 以后，忽略高阶振型的响应，利用式(9-29a)将解耦正坐标 $\{x_{Ni}^{(t)}\}$ 表示的结果转换为原体系的坐标 $\{\delta\}$ 表示，然后把 $1\sim m$ 阶振型的响应叠加，便得到闸门的动位移响应为

$$\{\delta\} = [A_N]\{x_{Ni}\} = \sum_{i=1}^m x_{Ni}\{A_{Ni}\} \tag{9-43}$$

从以上动位移计算过程可以看出：闸门振动位移与水流脉动压力幅值和频率、闸门自振频率和振型及闸门结构的质量和阻尼密切

相关。水流脉动压力可通过测试得到，这样就可通过计算与对闸门现场实测结果对比验证。

动位移是表征闸门振动的主要参量，它能够反映闸门构件振动变形和动应力的程度。水工钢闸门在运行工作过程中，对闸门的振动位移量必须加以控制，如何确定振动位移量的判据标准是当前急需解决的问题。

9.9.3 振动位移判据设定

9.9.3.1 闸门振动位移判据设定的背景

关于振动对闸门危害影响的判据，可分为振动加速度、振动速度、振动位移与振动频率等单项或综合对闸门的危害影响判据。如从单项考虑，对于闸门振动加速度危害程度的判据在国内、外均没有明确和统一的标准，但振动加速度和振动频率共同对人体的危害影响的标准，已在一些专著中有明确的分析与介绍，如竖向（水平）加速度极限、振动频率与人体允许暴露时间的关系曲线（图9-15、图9-16），这些人体感受曲线指的是振动直接或间接对人体的危害影响。如果人体在闸门上工作，共同感受其影响的话，这种振动加速度与频率的影响就应该作为一种振动判据。此外，也有一种振动位移与振动频率共同对人体的危害影响的明确统一标准，那就是Meister的感觉曲线，如图9-17所示，它也可以作为人体在闸门上工作时的闸门振动判据。鉴于闸门振动时，一般无人在其上工作，只考虑振动对结构的影响，结合前面分析结果，目前主要以振动位移作为闸门振动危害的判据。关于闸门振动位移对闸门的危害影响问题，考虑到闸门振动的随机性，一般采用振动位移的均方值作为衡量其对闸门振动危害程度的参量。当前国内外已有一些不大成熟的参考标准，在此我们提供两个判别标准供大家参考。

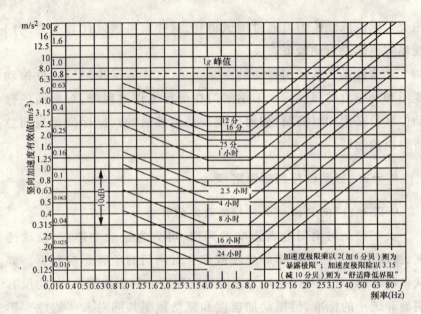

图 9-15 竖向加速度极限和允许暴露时间的关系

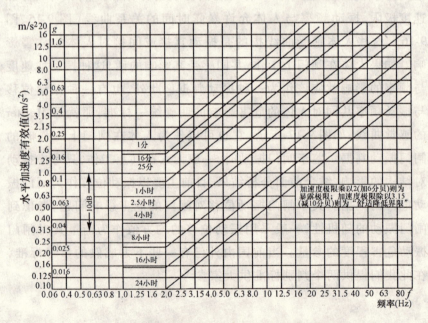

图 9-16 水平加速度极限与频率和允许暴露时间的关系

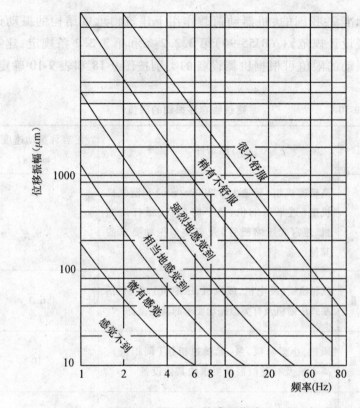

图 9-17 Meister 的感觉曲线

标准 1：美国 Arkansas 河闸门振动危害程度位移判据标准，如表 9-9 所示。

表 9-9　美国 Arkansas 河闸门振动危害程度位移判据标准

平均位移(mm)	振动危害程度
0～0.0508	忽略不计
0.0508～0.254	微小
0.254～0.508	中等
＞0.508	严重振动

标准2：我国的《机器动荷载作用下建筑物承重结构的振动计算和隔振设计规范》(YBJ55-90)第3.2.2条和第3.3.2条规定,建筑物容许振动的限值可根据机器设备的类别按图9-18和表9-10确定。

表9-10 建筑物容许振动的限值

类别		适用条件	容许振动速度 (mm/s)
动力设备基础	Ⅰ	高转速机组(转速大于3000r/min)和制氧机机组(透平压缩机、透平膨胀机、螺杆压缩机、迷宫式压缩机等)及有类似振动要求的其他设备	5
	Ⅱ	汽轮机组(发电机、鼓风机、压缩机),电机,活塞式压缩机及有类似振动要求的其他设备	6.3
	Ⅲ	风机,小型电机,泵,低转速机组(调相机),离心机及有类似振动要求的其他设备	10
	Ⅳ	各种型式的破碎机、磨机、振动筛、摇床、混合机,对辊机及有类似振动要求的其他设备	12.6
楼层和地面	垂直	振动频率f_e:1~8(Hz) 振动频率f_e:8~100(Hz)	$25.6/f_e$(25.6~3.2) 3.2
	水平	振动频率f_e:1~100(Hz)	6.4

注：①楼层是指直接承受动力设备的楼层(以构造缝为界)；②地面是指动力设备基础附近的地面。

9.9.3.2 闸门振动位移判据的设定

根据上面分析结果,在闸门振动判据的设定上,我们建议以振动位移控制为主,共振频率控制为辅。

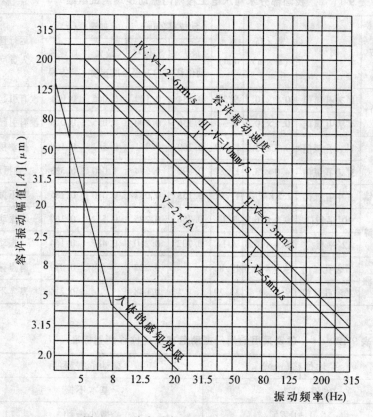

图 9-18 动力设备基础容许振动的限值

现将我们过去现场测试的部分闸门振动结果列于表 9-11 中,闸门振动位移包括最大位移和位移均方根值,同时也列出了振动加速度大小和运行管理人员对闸门振动的反映。根据表 9-11 的一些闸门振动测试结果及相关人员的反映情况和我们过去的工程经验,并考虑到实际使用简便,闸门振动危害位移判据,建议采用表 9-12 所列数据。

表 9-11　我国部分水利水电工程闸门振动现场测试结果

电站	闸门	宽×高 (m×m)	水头 (m)	动位移(mm)		加速度(g)		运行管理人员反映
				最大动位移	动位移均方根	最大加速度	加速度均方根	
黄坛口	1#表孔弧门	10.5×10.5	9.37	0.434	0.129	0.065	0.021	没有引起注意
	4#表孔弧门	10.5×10.5	9.37	0.336	0.100	0.055	0.018	没有引起注意
凤滩	1#表孔弧门	14.0×13.1	11.79	0.760	0.251	0.541	0.168	振动稍大
	3#表孔弧门	14.0×13.1	11.81	0.890	0.294	1.040	0.323	有振动
湖南镇	3#中孔弧门	2.5×4.47	47.91	0.158	0.037	0.570	0.185	不振
凌津滩	10#平板门	20.0×16.3	3.14	0.756	0.295	0.552	0.169	振动
	12#平板门	20.0×16.3	3.14	0.702	0.210	0.487	0.144	振动
高坝洲	5#表孔弧门	14.0×19.6	17.86		0.222		0.099	有点振动
	2#深孔弧门	9.0×9.7	33.29		0.048		0.214	基本不振

表 9-12　建议采用的闸门振动危害程度位移判别标准

平均位移(mm)	振动危害程度
0～0.1	基本不振
0.1～0.25	微小振动
0.25～0.50	中等振动
>0.50	严重振动

根据钢闸门设计规范，闸门主梁容许挠度的设定、闸门振动位移的大小与闸门规模有直接关系，其振动判据也应据此加以修正，修正系数 n 按闸门跨度设定为：

$$n = \frac{l}{l_0} \tag{9-44}$$

式中：l——为检测闸门的实际跨度；

l_0——为中型闸门的标准跨度，建议定为 10m。

9.9.4 结束语

综上所述,闸门振动危害程度判据是一组理论与实践(实验与体验)相结合的数据,在目前的科技水平上,它不完全取决于理论计算,更大程度上依赖于工程实践,取决于相关工程技术人员的认可程度。例如某一闸门振动振幅为 0.25mm,有人认为振动大,有人可能认为振动不大。作者在本书中所提出的判据,受水平的限制,会有许多不足之处,恳请同行、专家讨论与指正,以求共识,形成一个统一的标准。

此外,前面的分析与结果,绝不是闸门振动判据的最后结果和唯一选择,作者也期望今后有更多同行参与,通过更多的实验分析和研究,也可找到振动速度、振动加速度或它们的综合等作为闸门振动危害的另一种判据。

9.10 船闸人字门斜背拉杆预应力调试的计算与方法

9.10.1 概述

人字闸门是船闸的重要组成部分之一。如图 1-89(在第 1 章)所示,人字闸门有两扇对称的门叶,可以各绕其端部的顶枢和底枢的竖轴旋转。关门后,两门叶拱向上游,相互支承在中间的斜接柱上(相当中间铰),而两门叶又分别支承在门叶与边墩的支垫座和枕垫座接触处(相当于两个边铰),起到三铰拱作用,将水压、风荷等力传给两侧闸首边墩上;开门后,两门叶分别绕其竖轴转到两侧闸首边墩的门内。如图 9-19(a)所示为广西某水利枢纽双线千吨船闸的下闸首右门龛内的闸门。从结构上看,人字闸门由门叶、支承部件(顶枢和底枢)、止水装置(水封)及启闭设备 4 部分组成。其中,门叶是由面板、主梁、次梁、纵隔板、端板、加劲板、防撞梁及斜背拉杆(斜撑杆)等构件拼焊而成,它属于一种高耸式空间薄壁金属结构。人字闸门门叶上游面为整块挡水面板、下游面为梁格组成的空腔隔栅。此外,门叶中的主梁间隔距离沿门叶高度而变化,隔板、面板厚度也不同,同一主梁的截面也是变化的,厚度也是变化的。因此门叶的上游面的刚度大于下游面的刚度,且整个门叶的重量(质量)分布也不均匀,导致门叶重心偏离其几何中心。在门叶安装时的约束被解除后,仅由门轴支承下的闸门在自重作用下,门叶将发生下垂形变和扭曲变形——变成一个扭曲的菱形。闸门启闭运行时,闸门前的壅水压力、风压力又给门叶增加一个扭转力矩,进一步加大了门叶的扭曲变形,使闸门无法关严挡水,也无法承担承力和传力作用。为减小门叶在自由状态下及运行中的下垂与扭曲变形,提高门叶的整体刚度,必须在门叶的下游面设置一些斜撑杆——即所谓"斜背拉杆",并且对斜背拉杆施加一定的拉应力。

9.10.2 斜背拉杆预应力的数值计算

人字门门叶的下游面设置了带预拉应力的斜背拉杆。斜背拉杆的预应力与其他结构构件的应力和位移关系可通过对人字门门叶的数值计算得知。计算方法是空间三维有限元法。

9.10.2.1 门叶计算的力学模型

1. 单元划分

人字门门叶空间三维有限元计算的力学模型为:选取一个由板单元、梁单元、杆单元在空间连接而成的组合有限元模型。单元的划分主要是按门叶结构布置的特点采用自然离散的方式,将面板、主梁腹板、纵隔板、端板等构件离散为板单元,斜背拉杆、防撞梁等及启闭杆离散为杆单元,主梁翼缘、加劲板、垂直次梁等离散为梁单元。门叶的有限元计算力学模型如图 9-19(b)所示。

2. 坐标系设定

为计算方便,在力学模型上设定一个空间直角坐标系,以人字闸门的顶枢中心点为原点 O 建立一个 $Oxyz$ 空间直角坐标系,沿门叶面板宽度的水平方向指向接缝柱为 x 轴,沿门叶面板的法向指向上游为 y 轴,沿人字闸门门轴指向底枢的方向为 z 轴,轴 x、y、z 三个方向的位移分别记为 u、v、w。

3. 计算荷载

人字门门叶的计算荷载有自重、水压力、风荷压力及给斜背拉杆

 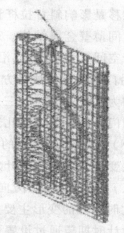

(a) 广西某水利工程船闸下闸首右门　　(b) 门叶有限元计算力学模型

图 9-19　门叶有限元计算力学模型

施加的预应力。

9.10.2.2　门叶计算的软件及工况

1. 采用 ANSYS 软件

请参阅有关资料。

2. 计算工况

分以下几种：

(1) 自重 + 预应力（各斜背拉杆分别施加）；

(2) 自重 + 水压力 + 预拉应力；

(3) 自重 + 风压力 + 水压力 + 预拉应力（开门）；

(4) 自重 + 风压力 + 水压力 + 预拉应力（关门）。

9.10.3　斜背拉杆预应力优化研究

在人字门门叶上设置了带有预拉应力的斜背拉杆就可以提高门叶的整体刚度，减少其下垂及扭转的变形。在此，必须强调在门叶自由状态下和启闭运行中，斜背拉杆自始至终要维持一定数值的预拉应力，这个预应力多大为好、如何调试和控制等是值得研究的问题。

9.10.3.1 人字门门叶位移

位移是影响斜背拉杆预应力的主要因素。人字门门叶是一个高耸式空间薄壁金属结构。若以人字闸门的顶枢中心点为原点 O 建立一个空间直角坐标系,沿门叶面板宽度的水平方向指向接缝柱为 x 轴,沿门叶面板的法线方向指向上游为 y 轴,沿人字闸门门轴向下的方向为 z 轴,轴 x、y、z 三个方向的位移分别记为 u、v、w。一般大型人字门门叶的自重可达几千至上万千牛(如三峡船闸人字门门叶重 9000kN),只有门轴约束的门叶在自重作用下质点会发生位移、结构会产生变形。人字门门叶宏观上是一个箱形板,门叶在自重作用下任意点 j 在 x、y、z 三个方向的位移分别记为 u_{jg}、v_{jg}、w_{jg}(简称自重位移),此时门叶的变形主要是下垂及扭转。

设计时期望通过设置预应力斜背拉杆来调节和控制门叶下垂与扭转变形,假设一扇门叶共有 n 根斜背拉杆,每根斜背拉杆施加的预应力对应为 $x_1, x_2, x_3, \cdots, x_n$。当 $x_i = 1$ 单独作用时,在任意点 j 上引起的位移分别记为 $\bar{u}_{ji}$、$\bar{v}_{ji}$、$\bar{w}_{ji}$(简称单位力位移)。质点 j 在预应力斜背拉杆和门叶自重共同作用下的位移可以分别表示为:

$$u_j = \sum_{i=1}^{n} \bar{u}_{ji} x_i + u_{jg} \tag{9-45}$$

$$v_j = \sum_{i=1}^{n} \bar{v}_{ji} x_i + v_{jg} \tag{9-46}$$

$$w_j = \sum_{i=1}^{n} \bar{w}_{ji} x_i + w_{jg} \tag{9-47}$$

9.10.3.2 人字门门叶形态

仅由门轴支承下的人字闸门在自重单独作用下,门叶将发生一定的下垂与扭曲变形。为使之恢复其铅直平整的矩形门叶,必须对斜背拉杆的预拉应力进行调试。对斜背拉杆预应力调试过程中,在门叶上确定一个基准点 O 和 m 个形态控制点,则门叶面板的侧向平整度 U 可以表示为:

$$U = \sum_{j=1}^{m} \text{abs} \left(\sum_{i=1}^{n} \bar{u}_{ji} - \bar{u}_{oi} \right) x_i + (u_{jg} - u_{og}) \tag{9-48}$$

式中:$\bar{u}_{ji}$、$\bar{u}_{oi}$——分别表示门叶上 j、O 点在轴 x 方向的单位力位移;

u_{jg}、u_{og}——分别表示门叶上 j、O 点在轴 x 方向的自重位移。

而门叶面板的正向平整度 V 可以表示为:

$$V = \sum_{j=1}^{m} \text{abs}\left(\sum_{i=1}^{n} (\bar{v}_{ji} - \bar{v}_{oi})x_i + (v_{jg} - v_{og}) \right) \quad (9\text{-}49)$$

式中:$\bar{v}_{ji}$、$\bar{v}_{oi}$——分别表示门叶上 j、O 点在轴 y 方向的单位力位移;

v_{jg}、v_{og}——分别表示门叶上 j、O 点在轴 y 方向的自重位移。

当只选取一个形态控制点时,式(9-49)即为现在常用的单点控制的门叶面板的正向平整度。例如选取底枢中心点 m 为基准点、门轴柱中点 K 为形态控制点,门叶面板的正向平整度演变为门轴柱的垂直度 $V_{mk} = \text{abs}\left(\sum_{i=1}^{n} \bar{v}_{ki}x_i + v_{kg} \right)$。若选取斜接柱顶点 S 为基准点、斜接柱中点 z 和底点 d 为形态控制点,此时斜接柱对应的垂直度分别表示为 $V_{sz} = \text{abs}\left(\sum_{i=1}^{n} (\bar{v}_{zi} - \bar{v}_{si})x_i + (v_{zg} - v_{sg}) \right)$ 和 $V_{sd} = \text{abs}\left(\sum_{i=1}^{n} (\bar{v}_{di} - \bar{v}_{si})x_i + (v_{dg} - v_{sg}) \right)$。若选取底枢中心点与斜接柱底点 d 连线的中点为基准点、底主梁中点 l 为形态控制点,此时门叶平整度演变为常规意义上的底主梁横向直线度 $V_{dl} = \text{abs}\left(\sum_{i=1}^{n} \left(\bar{v}_{li} - \frac{\bar{v}_{si}}{2}\right)x_i + \left(v_{lg} - \frac{v_{dg}}{2}\right) \right)$。同样,门叶的整体下垂度 W 也可以表示为:

$$W = \sum_{j=1}^{m} \text{abs}\left(\sum_{i=1}^{n} (\bar{w}_{ji} - \bar{w}_{oi})x_i + (w_{jg} - w_{og}) \right) \quad (9\text{-}50)$$

式中:$\bar{w}_{ji}$、$\bar{w}_{oi}$——分别表示门叶上 j、O 点在轴 z 方向的单位力位移;

w_{jg}、w_{og}——分别表示门叶上 j、O 点在轴 z 方向的自重位移。

当只选取一个形态控制点时,式(9-50)为单点控制的门叶下垂度。例如,选取底枢中心点 x 为基准点、斜接柱底点 d 为形态控制点,则门叶在斜接柱底点的下垂度为 $W_{xd} = \text{abs}\left(\sum_{i=1}^{n} \bar{w}_{di}x_i + w_{dg} \right)$。

为了综合反映人字门门叶的整体变形程度,可以通过闸门门叶的平整度和下垂度的合理组合而构成的一个综合描述人字门叶形态的函数:

$$D(x_1,x_2,\cdots,x_n) = \sum \lambda_U \cdot U + \sum \lambda_V \cdot V + \sum \lambda_W \cdot W$$
(9-51)

式中：$D(x_1,x_2,\cdots,x_n)$ 为人字门门叶的形态函数，λ_U、λ_V、λ_W 分别表示闸门门叶平面的侧向平整度、正向平整度和下垂度的权系数。闸门对门叶平面的平整度和下垂度要求严格的程度可以通过权系数的大小来调整。将式(9-48)、式(9-49)和式(9-50)代入式(9-51)，得

$$\begin{aligned}D(x_1,x_2,\cdots,x_n) = & \sum \lambda_U \cdot \sum_{j=1}^{m} \mathrm{abs}\left(\sum_{i=1}^{n}(\bar{u}_{ji}-\bar{u}_{oi})x_i + (u_{jg}-u_{og})\right) + \\ & \sum \lambda_V \cdot \sum_{j=1}^{m} \mathrm{abs}\left(\sum_{i=1}^{n}(\bar{v}_{ji}-\bar{v}_{oi})x_i + (v_{jg}-v_{og})\right) + \\ & \sum \lambda_W \cdot \sum_{j=1}^{m} \mathrm{abs}\left(\sum_{i=1}^{n}(\bar{w}_{ji}-\bar{w}_{oi})x_i + (w_{jg}-w_{og})\right)\end{aligned}$$
(9-52)

闸门门叶的形态函数包含了人字门门叶的面（正、侧）外变形和下垂度变形，是一个反映闸门门叶形态的解析函数。

9.10.3.3 斜背拉杆的预应力及其优化计算模型

1. 斜背拉杆的预应力

斜背拉杆预应力 $x_1,x_2,\cdots,x_n$ 在没有最后确定之前，其大小是变化的内力变量，其值不同则人字门门叶的悬挂形态就不同，因此，$x_1,x_2,\cdots,x_n$ 是其优化计算中的变量。

对斜背拉杆施加一定的预应力，其目的是调节控制门叶下垂和扭曲变形，保证门叶在自重作用下基本铅垂平直的悬挂，同时要求门叶的正、侧面平整，上、下主梁水平，门轴柱、斜接柱保持垂直，斜接柱下角点垂直位移较小。可见，闸门门叶形态函数 $D(x_1,x_2,\cdots,x_n)$ 就是斜背拉杆预应力调试的目标函数。斜背拉杆预应力调试的目的就是要使人字闸门门叶形态函数最小化。

对某一斜背拉杆施加预应力时，其各杆之间的应力会相互影响。如设在 i 根斜背拉杆上单独张拉一力 $x_i = 1$ 时，在第 j 根斜背拉杆上引起的应力为 $\bar{x}_{ji}$（简称应力影响系数，当杆件截面相同时，应力影响系数具有互等性。）由于 x_i 是第 i 根斜背拉杆单独张拉的预应力，它

与第 i 根斜背拉杆的实际应力 X_i（综合应力）是不同的,它们有：

$$X_i = \sum_{j=1}^n \bar{x}_{ij} x_j + \sigma_{ig} \quad (i = 1,2,\cdots,n) \tag{9-53}$$

式中：σ_{ig} 为闸门门叶自重引起 i 根斜背拉杆产生的应力,也称为斜背拉杆张拉前的初始应力。在自重及预应力共同作用下,各斜背拉杆的实际应力 X_i 应控制在 $[\sigma]_{\min}$ 与 $[\sigma]_{\max}$ 范围内。其中 $[\sigma]_{\min}$、$[\sigma]_{\max}$ 的取值要考虑如下几个因素：

（1）闸门运行时,水位差、风压力等作用下斜背拉杆可能产生的最小和最大应力；

（2）长期使用后可能产生的应力松弛；

（3）预应力施加设备的限制。

因此,要求 $[\sigma]_{\min}$ 不要太小,一般大于 10MPa,而 $[\sigma]_{\max}$ 不要太大,一般小于 100MPa。

2. 斜背拉杆预应力的优化计算模型

根据上述对斜背拉杆预应力的分析,人字门门叶斜背拉杆预应力优化计算模型可用公式表示为：

$$\text{目标函数：} \min\{D(x_1,x_2,\cdots,x_n)\} \tag{9-54}$$

$$\text{约束条件：} X_i \geq [\sigma]_{\min} \quad (i=1,2,\cdots,n) \tag{9-55}$$

$$X_i \leq [\sigma]_{\max} \quad (i=1,2,\cdots,n) \tag{9-56}$$

人字闸门门叶斜背拉杆预应力优化计算模型是 n 个变量的线性规划问题,工程参数的选取对优化计算结果影响较大,如形态控制点的数目、形态控制点的位置、平整度与下垂度的权系数等。

9.10.4 人字门门叶斜背拉杆预拉应力调试

我们在此结合广西某水利枢纽双线千吨船闸的人字门门叶斜背拉杆预拉应力的现场调试,介绍人字门门叶斜背拉杆预拉应力调试的目的、依据、原则、流程、方案、仪器设备、方法和注意事项等内容。

9.10.4.1 斜背拉杆预拉应力调试目的

计算结果表明,给斜背拉杆施加一定的预拉应力,其主要作用是增加门叶的抗扭刚度,矫正门叶的下垂与翘曲变形,使门叶基本上恢复到原形。

通过对人字门门叶斜背拉杆预拉应力的调试实验得知,只要给斜背拉杆施加预拉应力,门叶的形状(平整度及下垂度)立即发生变化,如果调试得当,其所施加的预拉应力达到一定值后,门叶便基本上恢复到下垂度最小、平整度最好的原形——达到最优门形。此时门叶的平整度一般为 1~4mm、门叶的下垂度一般为 0~3mm。

由于施加拉应力的加力设备和材料容许应力等条件限制,预拉应力 σ 不能过大,一般要求 $\sigma_{max} \leqslant 100MPa$;又由于运行工况的要求和时间效应的影响,要防止预拉应力可能发生的松弛,保证斜背拉杆在任何情况下都处于受拉状态,预拉应力 σ 又不能过小,一般要求 $\sigma_{min} \geqslant 10MPa$。

综上所述,斜背拉杆预拉应力调试的目的是:

(1)增加门叶的抗扭刚度。

(2)当施加的预拉应力 σ 为 $10MPa \leqslant \sigma \leqslant 100MPa$ 时,门叶的平整度(门叶的正向与侧向的平整度)最好、下垂度最小,一般要求平整度为 1~4mm、下垂度为 0~3mm。所谓门叶平整度具体是指门叶的斜接柱与门轴柱的正面(挡板)和侧面(端板)直线度的偏差值。而门叶的下垂度就是指门叶底主横梁水平度的偏差值。

9.10.4.2 斜背拉杆预应力调试依据

斜背拉杆预应力调试依据有:

(1)《水利水电工程闸门设计规范》SL74—95,水利部。

(2)《水利水电工程钢闸门制造、安装及验收规范》(DL/T5018—2004)。

(3)调试现场的《水利枢纽船闸土建施工及金属结构安装工程》。

(4)现场调试所需图纸和相关资料:

①如所调试的船闸人字门门叶斜背拉杆装配图等。

②所调试的船闸人字门门叶几何尺寸、斜背拉杆的设计预应力值等,如表 9-13 与表 9-14 所示。

表 9-13　1# 船闸人字门门叶尺寸及斜背拉杆设计预应力值

			宽×高×厚 = 34m×17.05m×2.98m		
上闸首门叶	几何尺寸		根数	长 L (mm)	设计预应力值 σ (N/mm²)
	主斜背拉杆		4	17950	66.7
	副斜背拉杆		3	17950	24.7
			宽×高×厚 = 34m×25m×2.98m		
下闸首门叶	几何尺寸		根数	长 L (mm)	设计预应力值 σ (N/mm²)
	上层	主斜背拉杆	4	15950	61.3
		副斜背拉杆	3	15950	37.6
	下层	主斜背拉杆	4	14150	70.0
		副斜背拉杆	3	14150	40.3

表 9-14　2# 船闸人字门门叶尺寸及斜背拉杆设计预应力值

			宽×高×厚 = 23m×17.1m×1.7m		
上闸首门叶	几何尺寸		根数	长 L (mm)	设计预应力值 σ (N/mm²)
	主斜背拉杆		3	17000	39.30
	副斜背拉杆		2	17000	22.20
			宽×高×厚 = 23m×24.05m×1.7m		
下闸首门叶	几何尺寸		根数	长 L (mm)	设计预应力值 σ (N/mm²)
	上层	主斜背拉杆	3	13880 / 13620	35
		副斜背拉杆	2	13880	30
	下层	主斜背拉杆	3	13230	43
		副斜背拉杆	2	13230	43

9.10.4.3 斜背拉杆预应力调试原则

斜背拉杆预应力调试原则有如下几项：

(1) 人字门门叶应获得最优门形及较大刚度。

(2) 满足工程单位提出的控制性工期要求。

(3) 采用先进、合理和可行的调试方法，贯彻执行技术规范和操作规程，确保工程质量和调试安全，降低实验成本。

(4) 加强与施工、设计、监理和建设单位的协调配合。

9.10.4.4 斜背拉杆预应力调试流程图

斜背拉杆预应力调试工作的流程图如图 9-20 所示。

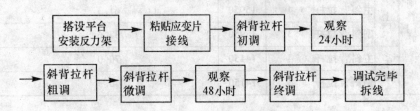

图 9-20　单扇人字门斜背拉杆预应力调试流程图

9.10.4.5 斜背拉杆预应力调试仪器设备

1. 斜背拉杆预应力调试仪器设备

斜背拉杆预应力调试仪器设备如表 9-15 所示。

表 9-15　　　　调试仪器设备表

序号	设备名称	数量	备注
1	应变片式传感器	300 片	自购
2	高速静态应变仪	2 台	自购
3	三芯屏蔽电缆	15 根	自购
4	直流焊机	2 台	
5	N_3 水准仪	1 台	
6	50t 螺旋千斤顶	4 台	自购
7	测量尺	1 把	
8	铅垂线（含铅头）	2 根	
9	预应力张拉反力架	2 个	

2. 预应力张拉反力架

门叶斜背拉杆预应力调试时要用到一种预应力张拉反力架装置，这个反力架装置是根据斜背拉杆张拉的实际情况与需要自行设制的，如图9-21所示。

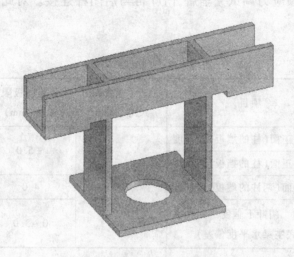

图9-21　预应力张拉反力架示意图

9.10.4.6　斜背拉杆预拉应力调试方案

1. 方案要求

（1）严格按图调试操作，遵守规范（DL/T 5018—94）和图纸中的各项规定、要求。

（2）人字门斜背拉杆调试是在自由悬挂状态下进行，调试前斜背拉杆不受力。

（3）斜背拉杆的调试预应力可分步参照表9-13、表9-14中的设计预应力值进行调整。

（4）门轴柱和斜接柱的正面（柱的挡板）直线度、侧面（柱的端板）直线度不得超过表9-16有关规定。

（5）门叶底主横梁在斜接柱下端点的位移不得大于：顺水流方向（y方向）±2.0mm，垂直方向（z方向）±2.0mm。

（6）斜背拉杆终调完毕并旋紧防松螺母后，用结构加固胶粘结防松螺母和斜背拉杆上的螺杆,并将裸露的螺杆涂抹防锈漆。

(7)一般情况下,在7节门叶安装完毕且与启闭机连接好后,才能安装预应力斜背拉杆。但考虑到门叶形状未稳定情况下与启闭机连接,则门叶会受到斜背拉杆张拉的影响。因此,在本调试中,建议斜背拉杆预应力调试完毕后,门叶再与启闭杆连接。对此,设计单位无异议。

表 9-16　　　　　　　　船闸人字门门叶容许偏差

序号	项目	门叶(宽或高)尺寸(mm)	公差或极限偏差(mm)	备注
1	门轴柱正面(柱的挡板)直线度	>10000	±5.0	
	斜接柱正面(柱的挡板)直线度			
2	门叶侧面(两柱的端板)直线度		4.0	
3	门叶下垂度 (底主梁水平度偏差)		0~3.0	

2. 测点布置与应变片粘贴

(1)测点布置方案

所测得的斜背拉杆应力以纯净的轴向张拉应力为准,如果检测应力中混入温度应力、弯曲应力或扭曲应力就会导致斜背拉杆的欠载或过载现象,为避免上述结果,根据现场情况,确定在每根斜背拉杆上布置两个测点,每个测点粘贴互相垂直工作的应变片。

具体方法为:在斜背拉杆所选定的测点位置上同一断面的正、反两面,沿杆轴向与垂直轴向粘贴应变片。设正面的二片应变片编号为1、2,反面的二片应变片编号为1′、2′。将四片应变片接成如图9-22所示的电桥路,通过桥路的加减变化,便可获得纯净的拉应变。

仪器读数:$\varepsilon_{仪} = (1+\mu) \times \varepsilon$

实际应变:$\varepsilon = \dfrac{\varepsilon_{仪}}{(1+\mu)}$

实际应力:$\sigma = E \times \varepsilon = \dfrac{E \times \varepsilon_{仪}}{(1+\mu)}$

式中:E——材料弹性模量;

μ——材料泊松比。

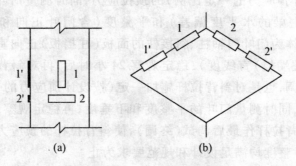

图 9-22 应变片连接电桥示意图

(2)温度补偿

如果门叶巨大,斜背拉杆根数多,设置温度补偿块,很容易导致补偿与斜背拉杆测点处的温度不同,使测试结果带来误差或仪器读数不稳定,所以在本实验中,采用测点自补偿。

(3)应变片粘贴

为固定应变片,可在测点位置的斜背拉杆表面上,根据应变片的形状与大小把斜背拉杆中间表面的金属防腐层打磨掉,露出金属表面;再用环氧或 502 粘合剂将应变片固定在斜背拉杆上,并做好防潮保护;然后将检测导线引出接至测试仪器上。在测试过程中,若测点损坏,则闸门斜背拉杆预应力调试就要停止,前期所加预应力需重新归零,导致调试工作重复,即重新贴片、布线,将防护工作做好,再进行调试。

3. 斜背拉杆预应力张拉调试

(1)首先将斜背拉杆应力值调零——通过初拧螺母将斜背拉杆预应力贴片值调整到"0"位。

(2)将反力架安装在人字门门叶的斜背拉杆顶端,放松螺母固定好反力架,用 2 台 50t 螺旋千斤顶放在反力架两边,对称顶在反力架上,将斜背拉杆施加预紧力。对于有单层斜背拉杆的上闸首人字门加力的顺序是先加主杆后加副杆;对于有双层斜背拉杆的下闸首人字门的加力顺序是按照上副、下副、上主、下主逐步加力。调试的流程为:首先对人字门斜背拉杆进行加力初调,即对斜背拉杆施加一定(按设计预应力的一定比例)的预拉应力,同时测量门叶的下垂度(门叶底主梁的水平度偏差)和平整度(含门叶正向和侧向平整度——具体为门叶门轴柱、斜接柱的面板(柱挡板)正向直线度和门叶侧向(柱端板)直线度),稳定观察24小时后,再对斜背拉杆进行粗调和微调,也是对斜背拉杆施加一定(按设计预应力的一定比例)的预应力,同时测量门叶的平整度和下垂度,再稳定观察48小时后对门叶斜背拉杆作最后调试(终调),使斜背拉杆的预应力和门叶的下垂度、平整度均满足设计和规范要求为止。

在斜背拉杆预应力调试过程又可分为两种方法:

①以安装平台支承状态下的门叶作为闸门最优门形作参照对比进行调试,最后门叶的下垂度、平整度和斜背拉杆的预应力也应满足设计和规范要求为止;

②在自由悬挂状态下进行斜背拉杆预应力张拉,调试,最后以调试后的门叶下垂度、平整度和斜背拉杆预应力均满足设计与规范要求为止。

两种方法我们均已用过,下面分别介绍。

9.10.4.7 斜背拉杆预应力现场调试

1. 方法1(此法用于广西某水利枢纽 2# 船闸人字门门叶斜背拉杆预应力调试)

(1)现场调试的具体做法

在斜背拉杆预应力张拉前,先对门叶在安装平台支承状态下其门轴柱、斜接柱的面板(两柱的挡板)正向直线度和门叶的侧向(两柱的端板)直线度以及底主梁的水平度偏差进行测量分析,记录数据。拆去安装平台后,门叶处于自由悬挂状态下,再测量门叶门轴柱、斜接柱的面板正向直线度和门叶侧向直线度以及底主梁的水平度偏差,记录数据。然后,按前面所述的斜背拉杆预应力张拉的调试方法,对门叶斜背拉杆进行预应力张拉,使张拉的预应力达到设计范围内,并使门叶门轴柱、斜接柱的面板正向直线度、门叶侧向直线度和门叶底主梁的水平度偏差逐步向门叶在安装平台支承状态下它们的水平度偏差靠拢,最终使斜背拉杆预应力以及门叶门轴柱、斜接柱的面板正向直线度(平整度)和门叶侧向直线度(平整度)以及门叶的底主梁水平度偏差(下垂度)均能满足规范与设计要求。

(2)2#船闸下闸首人字门斜背拉杆预应力调试

下闸首人字门门叶(宽×高×厚)尺寸为23m×24.05m×1.7m,每扇门叶的斜背拉杆分上、下两层,从上游向下游分别为上主一、上主二、上主三、上副一、上副二、下主一、下主二、下主三、下副一、下副二共10根斜背拉杆。左、右人字门在安装平台状态下、自由悬挂状态下、调整状态下及调整完毕后闸门门叶的门轴柱、斜接柱测点和门叶横向测点的位移测量值见表9-17至表9-22,并绘制成图9-23至图9-30。调整完毕后下闸首人字闸门门轴柱、斜接柱的门叶正面直线度(平整度)、门叶侧面直线度(平整度)和门叶下垂度与斜背拉杆施加的预应力值等见表9-23。

表9-17 下闸首左人字门斜接柱测点在各状态下的位移测量值(mm)

测点	斜接柱挡板(面板正向)					斜接柱端板(门叶侧向)				
	支承平台	自由悬挂	初调	微调	最终结果	支承平台	自由悬挂	初调	微调	最终结果
1	101.0	101.0	101.0	101.0	101.0	83.0	83.0	83.0	83.0	83.0
2	97.0	94.0	94.0	96.0	96.0	87.0	88.0	87.5	87.5	86.5
3	100.0	97.0	98.0	99.0	100.0	89.0	92.0	91.0	90.0	89.0
4	91.0	82.0	85.0	88.0	90.0	86.0	90.0	88.0	87.0	87.0
5	89.0	77.0	83.0	86.0	88.0	85.0	90.0	88.0	87.0	85.0
6	90.0	75.0	80.5	86.0	89.0	86.0	92.0	88.5	88.0	86.0
7	89.0	71.0	84.0	87.0	88.5	82.0	90.0	80.0	82.5	83.0
8	93.0	74.0	81.0	87.0	94.0	82.0	91.0	85.0	87.0	83.0
9	89.0	67.5	77.5	84.5	91.0	85.0	95.0	90.0	88.0	85.0
10	86.0	62.0	76.0	82.0	89.0	87.0	98.0	93.0	91.0	86.0
11	96.0	67.0	82.0	90.0	98.0	85.0	98.0	92.5	90.0	85.0

表9-18　下闸首左人字门门轴柱测点在各状态下位移测量值(mm)

测点	门轴柱挡板(面板正向)					门轴柱端板(门叶侧向)				
	支承平台	自由悬挂	初调	微调	最终结果	支承平台	自由悬挂	初调	微调	最终结果
1	87.0	87.0	87.0	87.0	87.0	57.0	57.0	57.5	57.0	57.0
2	82.5	83.0	83.0	83.0	83.0	62.5	62.0	62.0	62.0	61.5
3	87.0	87.5	88.0	88.0	89.0	63.0	63.0	63.0	63.0	63.0
4	88.0	87.5	89.0	90.0	90.0	65.0	65.0	64.5	64.5	65.0
5	86.0	86.0	87.0	87.5	87.0	65.0	65.0	65.5	65.0	66.0
6	83.0	84.0	84.0	85.0	84.0	66.0	66.0	65.0	65.0	65.0
7	83.5	82.5	84.5	86.0	83.0	69.0	70.0	68.5	68.5	70.0
8	87.0	87.0	88.0	90.0	85.0	69.0	70.0	68.0	68.0	69.0
9	87.0	87.0	86.0	86.0	87.0	67.5	66.5	66.5	67.0	66.5
10	87.0	86.0	87.0	87.0	86.0	66.5	66.0	66.0	66.0	66.0
11	85.0	83.0	84.0	84.0	84.0	63.0	64.0	62.0	62.0	62.0

表9-19　下闸首左人字门门叶横向(沿门宽方向)测点在各状态下下垂位移测量值(mm)

	支承平台	自由悬挂	初调	微调	最终结果
门轴柱底端测点	361.5	352.0	189.0	176.0	160.0
斜接柱底端测点	360.0	354.5	189.0	176.0	159.0
门叶下垂度(底主梁水平度偏差)	-1.5	2.5	0.0	0.0	-1.0

表9-20 下闸首右人字门斜接柱测点在各状态下位移测量值(mm)

测点	斜接柱挡板(面板正向)					斜接柱端板(门叶侧向)				
	支承平台	自由悬挂	初调	微调	最终结果	支承平台	自由悬挂	初调	微调	最终结果
1	80.5	80.5	80.0	81.0	80.0	84.0	84.0	84.0	84.5	84.5
2	85.0	82.0	81.0	82.0	83.0	92.0	94.5	93.0	93.5	93.5
3	80.0	75.0	80.0	76.0	77.0	94.5	98.0	95.0	97.0	96.0
4	71.5	65.0	75.0	66.0	68.0	96.0	101.0	98.0	99.5	99.0
5	78.0	68.0	65.0	71.0	74.0	100.0	106.0	103.0	103.0	102.5
6	77.0	67.0	67.0	72.0	73.0	101.0	109.0	108.0	105.5	105.0
7	76.0	63.0	69.5	68.5	72.0	101.0	109.0	108.0	105.0	104.5
8	78.5	65.0	69.0	73.5	74.5	102.0	112.0	109.0	107.0	106.0
9	78.5	64.0	70.0	73.0	74.5	102.0	113.0	111.5	106.0	106.0
10	79.0	63.0	70.0	75.0	76.0	100.0	111.0	111.0	105.0	104.0
11	82.0	63.0	72.0	79.0	79.5	101.0	111.0	110.0	106.0	104.5

表9-21 下闸首右人字门门轴柱测点在各状态下位移测量值(mm)

测点	门轴柱挡板(面板正向)					门轴柱端板(门叶侧向)				
	支承平台	自由悬挂	初调	微调	最终结果	支承平台	自由悬挂	初调	微调	最终结果
1	115.0	115.0	114.0	114.0	115.0	71.0	71.0	71.0	71.0	71.0
2	103.0	108.5	109.0	108.0	106.0	73.0	74.5	74.0	74.5	75.0
3	113.0	116.0	106.0	116.5	116.0	63.0	65.5	71.0	66.5	66.0
4	116.0	116.5	117.0	116.0	117.0	62.0	63.5	66.5	64.5	64.0
5	114.0	114.5	115.0	113.0	113.0	63.0	65.0	67.0	66.0	66.0
6	114.0	113.5	115.0	112.5	114.0	55.0	58.0	62.0	58.5	58.5
7	117.0	114.5	114.0	113.5	115.0	53.0	56.0	58.5	57.0	56.0

续表

测点	门轴柱挡板（面板正向）					门轴柱端板（门叶侧向）				
	支承平台	自由悬挂	初调	微调	最终结果	支承平台	自由悬挂	初调	微调	最终结果
8	120.0	116.0	113.0	115.0	117.0	52.0	54.5	59.0	55.0	55.0
9	120.5	121.0	114.0	121.0	121.0	58.0	58.5	57.0	59.0	59.5
10	116.0	115.5	116.0	116.0	116.0	53.0	66.5	62.0	55.5	55.5
11	116.0	115.5	115.0	113.0	115.0	53.0	57.0	56.0	56.5	56.0

表 9-22　下闸首右人字门门叶横向（沿门宽方向）测点在各状态下下垂位移测量值（mm）

	支承平台	自由悬挂	初调	微调	最终结果
门轴柱底端测点	69.0	69.5	58.0	56.0	63.0
斜接柱底端测点	67.0	71.0	58.5	56.0	64.0
门叶下垂度（底主梁水平度偏差）	-2.0	1.5	0.5	0.0	1.0

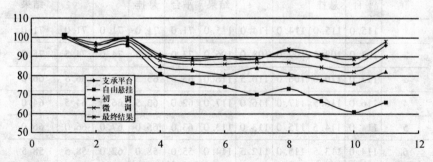

图 9-23　下闸首左人字门斜接柱挡板测点在各状态下的测量值（门叶面板正向平整度）

第9章 闸门检测的若干技术问题 459

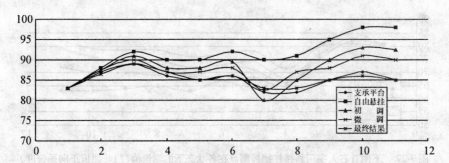

图9-24 下闸首左人字门斜接柱端板测点在各状态下的测量值（门叶侧面平整度）

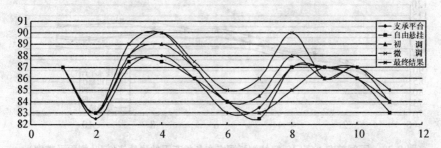

图9-25 下闸首左人字门门轴柱挡板测点在各状态下的测量值（门叶面板正向平整度）

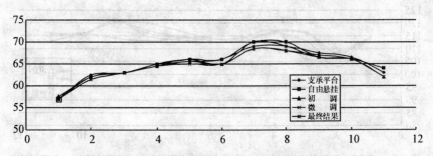

图9-26 下闸首左人字门门轴柱端板测点在各状态下的测量值（门叶侧面平整度）

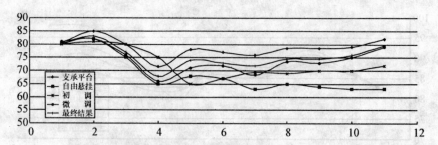

图 9-27 下闸首右人字门斜接柱挡板测点在各状态下的测量值(门叶面板正向平整度)

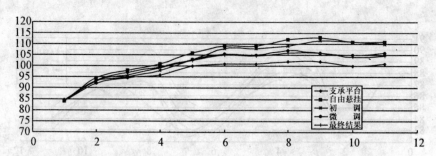

图 9-28 下闸首右人字门斜接柱端板测点在各状态下的测量值(门叶侧面平整度)

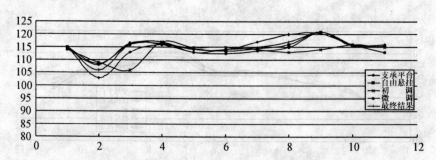

图 9-29 下闸首右人字门门轴柱挡板测点在各状态下的测量值(门叶面板正向平整度)

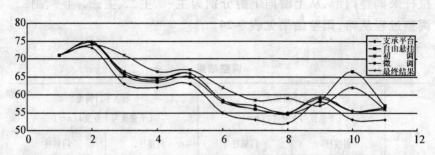

图 9-30 下闸首右人字门门轴柱端板测点在各状态下的测量值(门叶侧面平整度)

表 9-23 最终状态下下闸首人字门门叶的平整度与下垂度和斜背拉杆预应力表

直线度 (平整度) (mm)	左人字门偏差(平整度与下垂度)(mm)				右人字门偏差(平整度与下垂度)(mm)			
	斜接柱		门轴柱		斜接柱		门轴柱	
	门叶 正面 (柱挡板)	门叶 侧面 (柱端板)	门叶 正面 (柱挡板)	门叶 侧面 (柱端板)	门叶 正面 (柱挡板)	门叶 侧面 (柱端板)	门叶 正面 (柱挡板)	门叶 侧面 (柱端板)
门叶正面 与侧面 平整度	3.0	1.0	2.0	1.0	-4.0	4.0	3.0	3.5
门叶 下垂度	-1.0				1.0			
斜背拉杆 预应力 (MPa)	上主一 34	上主二 33	上主三 36	上副一 26	上副二 28	上主一 24	上主二 24	上主三 24	上副一 18	上副二 17
	下主一 48	下主二 46	下主三 47	下副一 30	下副二 31	下主一 38	下主二 38	下主三 38	下副一 20	下副二 20

(3)2#船闸上闸首人字门斜背拉杆预应力调试

上闸首人字门门叶(宽×高×厚)尺寸为 23m×17.1m×1.7m。每扇门叶均为单层斜背拉杆,分别由 3 根主斜背拉杆和 2 根副斜背拉杆来调整门形，从上游向下游分别为主一、主二、主三，副一、副二。调整过程从略，调整结果见表9-24。

表9-24　　　　　　　　　　调整结果

直线度 (mm) (平整度)	左人字门偏差 (平整度与下垂度)(mm)				右人字门偏差 (平整度与下垂度)(mm)			
	斜接柱		门轴柱		斜接柱		门轴柱	
	门叶正面（柱挡板）	门叶侧面（柱端板）	门叶正面（柱挡板）	门叶侧面（柱端板）	门叶正面（柱挡板）	门叶侧面（柱端板）	门叶正面（柱挡板）	门叶侧面（柱端板）
门叶正面与侧面平整度	2.0	3.0	2.0	3.0	1.5	1.0	1.0	1.0
门叶下垂度	-4.5				3.0			
斜背拉杆预应力 (MPa)	主一 19	主二 19	主三 18	副一 2	副二 3			
	主一 29	主二 28	主三 28	副一 12	副二 13			

（4）结论

通过2#船闸人字门门叶斜背拉杆预应力初调、粗调、微调与终调，上、下闸首共4扇人字门门叶的平整度（门轴柱、斜接柱的门叶正面直线度和门叶侧面直线度）和下垂度均满足规范及设计要求，且斜背拉杆上的预应力值均在设计预应力值和材料强度的容许范围内。

2. 方法2（此法曾用于广西某水利枢纽1#船闸人字门门叶斜背拉杆预应力调试）

（1）现场调试的具体做法

本法的特点是不必测量门叶在安装平台支承状态下其门轴柱、

斜接柱的面板(或柱挡板)正向直线度和门叶的侧向(柱端板)直线度,有关这方面的数据亦可由闸门安装施工单位提供。因此,测试前就拆除安装平台,使闸门门叶处于自由悬挂状态,直接测量门叶的门轴柱、斜接柱的面板(柱挡板)正向直线度和门叶的侧向(斜接柱端板)直线度,记录数据。然后,按前面所述的斜背拉杆预应力张拉的调试方法,对门叶斜背拉杆进行预应力张拉,当张拉的预应力达到设计要求,并且门轴柱下端点的面板正向(柱挡板)最大偏差(平整度)、面板侧向(柱端板)最大偏差(平整度)、斜接柱下端点的面板正向(柱挡板)最大偏差(平整度)、面板侧向(柱端板)最大偏差(平整度)与底主梁最大水平度偏差(下垂度)均满足规范与设计要求时,调试结束。

(2) 1#船闸上闸首人字门斜背拉杆预应力调试

上闸首人字门门叶(宽×高×厚)尺寸为 34m×17.05m×2.98m,每扇门叶均由 4 根主斜背拉杆和 3 根副斜背拉杆来调整门形(从门轴柱往斜接柱方向看分别为主一、主二、主三、主四、副一、副二、副三)。调试前和调整完毕后,上闸首人字闸门左、右门叶门轴柱、斜接柱的面板正向(柱挡板)平整度(柱的下端点面板正向偏差)、面板侧向(柱端板)平整度(柱的下端点面板侧向偏差)、门叶下垂度(底主梁的水平度偏差)与斜背拉杆最后施加的预应力值如表 9-25、表 9-26 所示。

表 9-25　　1#船闸上闸首右边人字门斜背拉杆预应力及各测点在各状态下的位移测量值

测点	自由悬挂状态				
	斜接柱(上至下)		门轴柱(上至下)		底主梁
	面板侧向 (x)(mm)	面板正向 (y)(mm)	面板侧向 (x)(mm)	面板正向 (y)(mm)	门轴柱底端 (mm)
1	55.0	117.0	93.2	75.0	709.0
2	57.5	118.0			斜接柱端(mm)

续表

自由悬挂状态					
测点	斜接柱(上至下)		门轴柱(上至下)		底主梁
	面板侧向 (x)(mm)	面板正向 (y)(mm)	面板侧向 (x)(mm)	面板正向 (y)(mm)	门轴柱底端 (mm)
3	55.5	119.5			704.0
4	55.8	131.5	89.0	79.0	
5	56.3	135.7			
6	60.8	140.4			
7	52.6	149.4	89.0	78.0	
最大偏差数值(平整度与下垂度)	斜接柱下端点的面板侧向偏差 x				-2.4
	斜接柱下端点的面板正向偏差 y				32.4
	门轴柱下端点的面板侧向偏差 x				-4.2
	门轴柱下端点的面板正向偏差 y				3.0
	底主梁水平度偏差即下垂度（以斜接柱端高为"+"）				-5.0

斜背拉杆施加预应力值(MPa)

主1	主2	主3	主4	副1	副2	副3
55	58	63	55	27	25	26

调试后状态					
测点	斜接柱(上至下)		门轴柱(上至下)		底主梁
	面板侧向 (x)(mm)	面板正向 (y)(mm)	面板侧向 (x)(mm)	面板正向 (y)(mm)	门轴柱底端 (mm)
1	43.5	114.2	77.1	76.2	709.8
2	55.6	114.8	81.7	79.5	斜接柱底端
3	53.1	115.2	85.6	79.1	709.1
4	53.5	115.4	87.6	78.8	

续表

调式后状态

测点	斜接柱(上至下)		门轴柱(上至下)		底主梁
	面板侧向 (x)(mm)	面板正向 (y)(mm)	面板侧向 (x)(mm)	面板正向 (y)(mm)	门轴柱底端 (mm)
5	56.7	115.0	89.8	74.1	
6	62.8	112.6	80.5	73.7	
7	60.4	114.8	73.4	78.2	
最大偏差数值	斜接柱下端点的面板侧向偏差				16.9
	斜接柱下端点的面板正向偏差				0.6
	门轴柱下端点的面板侧向偏差				-3.7
	门轴柱下端点的面板正向偏差				2.0
	底主梁水平度偏差(以斜接柱端高为"+")				-0.7

表9-26　1#船闸上闸首左边人字门斜背拉杆预应力及各测点在各状态下的位移测量值

自由悬挂状态

测点	斜接柱(上至下)		门轴柱(上至下)		底主梁
	面板侧向 (x)(mm)	面板正向 (y)(mm)	面板侧向 (x)(mm)	面板正向 (y)(mm)	门轴柱底端 (mm)
1		65.0	110.0	65.0	
2			108.0	69.0	斜接柱端(mm)
3			111.0	60.0	
4			107.0	62.0	
5			108.0	55.0	
6			110.0	80.0	
7			110.0	64.0	

续表

测点	自由悬挂状态				
	斜接柱(上至下)		门轴柱(上至下)		底主梁
	面板侧向 (x)(mm)	面板正向 (y)(mm)	面板侧向 (x)(mm)	面板正向 (y)(mm)	门轴柱底端 (mm)
8			112.0	80.0	
9			112.0	74.0	
10			114.0	78.0	
11		90.0		75.0	

最大偏差数值		
斜接柱下端点的面板侧向偏差		25.0
斜接柱下端点的面板正向偏差		4.0
门轴柱下端点的面板侧向偏差		10.0
门轴柱下端点的面板正向偏差		10
底主梁水平度偏差(以斜接柱端高为"+")		-7.0

斜背拉杆施加预应力值(MPa)

主1	主2	主3	主4	副1	副2	副3
34	31	30	30	3	2	2

测点	调试后状态				
	斜接柱(上至下)		门轴柱(上至下)		底主梁
	面板侧向 (x)(mm)	面板正向 (y)(mm)	面板侧向 (x)(mm)	面板正向 (y)(mm)	门轴柱底端 (mm)
1		87.0		71.0	645.0
2				73.0	斜接柱端(mm)
3				82.0	646.0
4				77.0	
5				89.0	
6				75.0	

续表

测点	调试后状态				
	斜接柱(上至下)		门轴柱(上至下)		底主梁
	面板侧向 (x)(mm)	面板正向 (y)(mm)	面板侧向 (x)(mm)	面板正向 (y)(mm)	门轴柱底端 (mm)
7				87.0	
8				88.0	
9				75.0	
10				81.0	
11		87.0		71.0	
最大偏差数值	斜接柱下端点的面板侧向偏差				
	斜接柱下端点的面板正向偏差				0.0
	门轴柱下端点的面板侧向偏差				
	门轴柱下端点的面板正向偏差				0.0
	底主梁水平度偏差(以斜接柱端高为"+")				+1.0

(3) 1#船闸下闸首人字门斜背拉杆预应力调试

下闸首人字门门叶(宽×高×厚)尺寸为 34m×25m×2.98m。每扇门叶斜背拉杆分上下两层,从上游向下游排序分别为上主一、上主二、上主三、上主四,上副一、上副二、上副三,下主一、下主二、下主三、下主四,下副一、下副二,下副三共 14 根斜背拉杆。调试前和调整完毕后,下闸首人字闸门左、右门叶门轴柱、斜接柱的面板正向(挡板)平整度(柱的下端点面板正向偏差)、面板侧向(端板)平整度(柱的下端点面板侧向偏差)、门叶的下垂度(底主梁的水平度偏差)与斜背拉杆最后施加的预应力值如表 9-27、表 9-28 所示。

表 9-27　下闸首右人字门斜背拉杆预应力及各测点在各状态下的位移测量值（mm）

自由悬挂状态					
测点	斜接柱（上至下）		门轴柱（上至下）		底主梁
	面板侧向 (x)(mm)	面板正向 (y)(mm)	面板侧向 (x)(mm)	面板正向 (y)(mm)	门轴柱底端 (mm)
1	75.0	84.0	112.0	101.0	666.0
2	89.0	97.0	103.0	110.0	斜接柱端(mm)
3	95.0	107.0	105.0	107.0	671.0
4	89.0	115.0	109.0	109.0	
5	88.0	138.0	100.0	107.0	
最大偏差数值	斜接柱下端点的面板侧向偏差				13.0
	斜接柱下端点的面板正向偏差				54.0
	门轴柱下端点的面板侧向偏差				−12.0
	门轴柱下端点的面板正向偏差				6.0
	底主梁水平度偏差（以斜接柱端高为"＋"）				＋5.0
斜背拉杆施加预应力值（MPa）					
上主1	上主2	上主3	上主4	上副1	上副2	上副3
40	48	46	49	2	2	3
下主1	下主2	下主3	下主4	下副1	下副2	下副3
61	58	55	54	14	16	15
调试后状态					
测点	斜接柱（上至下）		门轴柱（上至下）		底主梁
	面板侧向 (x)(mm)	面板正向 (y)(mm)	面板侧向 (x)(mm)	面板正向 (y)(mm)	门轴柱底端 (mm)
1	22.0	280.0	110.0	102.0	666.0
2	34.0		103.0	110.0	斜接柱端
3	37.0		104.0	107.0	663.0
4	28.0		109.0	109.0	
5	19.0	280.0	100.0	107.0	
最大偏差数值	斜接柱下端点的面板侧向偏差				−3.0
	斜接柱下端点的面板正向偏差				0.0
	门轴柱下端点的面板侧向偏差				−10.0
	门轴柱下端点的面板正向偏差				5.0
	底主梁水平度偏差（以斜接柱端高为"＋"）				＋3.0

表 9-28　下闸首左人字门斜背拉杆预应力及各测点在各状态下位移测量值(mm)

测点	自由悬挂状态				
	斜接柱(上至下)		门轴柱(上至下)		底主梁
	面板侧向 (x)(mm)	面板正向 (y)(mm)	面板侧向 (x)(mm)	面板正向 (y)(mm)	门轴柱底端 (mm)
1	58.0	60.0	101.0	82.0	644.0
2	47.0	59.5	103.0	86.0	斜接柱端(mm)
3	59.0	62.0	101.0	79.0	645.0
4	60.0	64.0	98.5	80.0	
5	61.0	67.0	99.0	84.0	
6	71.0	80.0	100.0	86.0	
7	64.0	84.0	100.5	90.0	
8	61.0	86.0	102.0	92.0	
9	55.0	90.0	104.0	90.0	
最大偏差数值	斜接柱下端点的面板侧向偏差				-3.0
	斜接柱下端点的面板正向偏差				30.0
	门轴柱下端点的面板侧向偏差				3.0
	门轴柱下端点的面板正向偏差				8.0
	底主梁水平度偏差(以斜接柱端高为"+")				+1.0
斜背拉杆施加预应力值(MPa)					
上主1	上主2	上主3	上主4	上副1	上副2	上副3
31	33	30	32	2	2	1
下主1	下主2	下主3	下主4	下副1	下副2	下副3
40	39	40	39	2	3	3

续表

测点	调试后状态				
	斜接柱(上至下)		门轴柱(上至下)		底主梁
	面板侧向 (x) (mm)	面板正向 (y) (mm)	面板侧向 (x) (mm)	面板正向 (y) (mm)	门轴柱底端 (mm)
1		60.0			644.0
2					斜接柱端(mm)
3					641.5
4					
5					
6					
7					
8					
9		59.5			
最大偏差数值	斜接柱下端点的面板侧向偏差				0.5
	斜接柱下端点的面板正向偏差				
	门轴柱下端点的面板侧向偏差				
	门轴柱下端点的面板正向偏差				
	底主梁水平度偏差(以斜接柱端高为"+")				+3.5

说明:顺水流方向为侧向。顺坝轴方向为正向。

(4)结论

通过1#船闸人字门门叶斜背拉杆预应力的调试,上、下闸首共4扇人字门门叶的平整度(门轴柱、斜接柱下端的面板正向偏差值和侧向偏差值)、门叶的下垂度(底主梁的水平度偏差)均满足规范及设计要求,且斜背拉杆最后施加的预应力值均在设计预应力值和材料强度的容许值范围内。

9.11 冲击荷载作用下的闸门安全监测方法

9.11.1 概述

与逐步加载的常规安全监测不同。在工程中冲击荷载作用下的闸门安全监测,对于了解闸门安全状况与闸门实际承载基本上是一个同步过程,监测结果可以对闸门安全状况进行评价,并指导或预期今后相似工程条件下的工程措施与结果,但冲击荷载作用下的闸门安全监测不能对被监测闸门加以保护,也就是当冲击荷载对闸门结构可能产生破坏时,监测只能知道结果,无法避免损失。这就要求我们在实施安全监测之前,首先要对被监测闸门有一个合理预估。这样的预估可以借鉴过去类似的工程经验,也可以通过模拟冲击荷载进行估算。

9.11.2 闸门安全估算

在闸门安全监测之前,为进行冲击荷载响应计算、预估闸门动力响应时的振动幅值与应力,在模型试验(或现场小型冲击试验)的基础上,研究冲击荷载的频谱、幅值大小与密度,确定作用在面板上冲击荷载的分布特征,可以采用三角级数模型式(9-56)将冲击荷载转换成模拟压力过程荷载$\{P(t)\}$。

$$P(t) = \sum_{i=1}^{N} p_i \cos(\omega_i t + \varphi_i) \tag{9-56}$$

为确保精度,N 应该取得充分大。得到模拟的压力过程荷载 $\{P(t)\}$ 后,即可根据振动微分方程进行冲击荷载作用下的闸门响应估算。

9.11.3 闸门安全监测方法

与一般动态检测方法不同,我们在金沙江某巨型水电站对其导流隧洞闸门进行了一次冲击荷载下的闸门安全监测,监测结果较好。下面通过该具体工程监测实例简单介绍冲击荷载作用下的闸门安全监测方法,供读者参考。

9.11.3.1 基本情况

某巨型水电站坐落在金沙江下游某峡谷河段,是金沙江下游河段规划开发的第三个梯级。该水电站枢纽由混凝土双曲拱坝、左右岸引水发电系统及泄洪建筑物等组成。工程是以发电为主,兼有防洪、拦沙和改善下游航运条件等综合效益。电站坝高 278m,坝顶高程 610m,正常蓄水位 600m 以下库容 115.7 亿 m^3,调节库容 64.6 亿 m^3,左右岸地下发电厂房各装 9 台单机容量 70MW 发电机组。总装机容量 12600MW。

该水电站初期导流采用一次断流围堰挡水,隧洞导流,如图 9-31 至图 9-33 所示。左右岸共对称布置 6 条导流洞,导流洞采用城门洞型,过水断面 18.0m×20.0m(单洞泄流量 5 333m^3/s,水流平均流速 16m/s)。$1^\#$、$2^\#$ 导流洞后期分别与水工 $2^\#$、$3^\#$ 尾水洞结合,$5^\#$、$6^\#$ 导流洞分别与水工 $4^\#$、$5^\#$ 尾水洞结合,$3^\#$ 导流洞将改建为水工竖井式泄洪洞。导流洞进口底板高程为 368.0m,$1^\#$、$2^\#$、$5^\#$、$6^\#$ 导流洞均采用尾水洞出口底板高程 362.0m,$3^\#$、$4^\#$ 导流洞出口底板高程均为 364.5m。

图 9-31 某巨型水电站初期导流洞进水口

第9章 闸门检测的若干技术问题 473

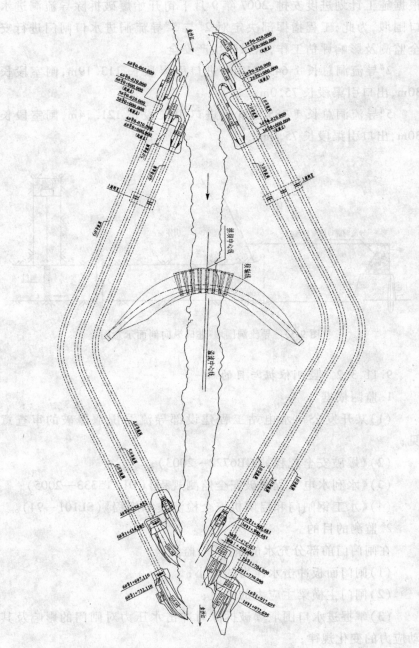

图9-32 初期导流洞平面布置图

根据施工计划进度安排,2007年9月下旬开始爆破拆除导流洞进水口围堰,为此,工程指挥部决定对2#与5#导流洞进水口闸门进行安全监测及影响评估工作,以保障生产安全。

2#导流洞总长1 649.912m,进口引渠段长113.19m,闸室段长30m,出口引渠段长75.0m。

5#导流洞总长1 385.605m,进口引渠段长121.74m,闸室段长30m,出口引渠段长75.0m。

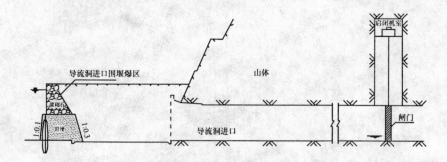

图9-33 导流洞围堰-进口纵向剖面示意图

9.11.3.2 监测依据与目的

1. 监测依据

(1)某开发公司水电站工程建设部导流洞围堰爆破的审查意见;

(2)《爆破安全规程》(GB6722—2003);

(3)《水利水电工程爆破安全监测规程》(DL/T5333—2005);

(4)《水工钢闸门和启闭机安全检测技术规程》(SL101—94)。

2. 监测的目的

在闸门门前部分充水的条件下,监测:

(1)闸门面板冲击水压力的大小;

(2)闸门主横梁主应力的幅值;

(3)掌握进水口围堰爆破拆除时冲击水压力对闸门的影响及其动应力的变化规律;

(4)根据测试结果,评定闸门的安全可靠性。

9.11.3.3 监测内容

1. 冲击水压力

(1)闸门面板充水表层法向水压力变化频率及幅值。

(2)闸门面板充水中部法向水压力变化频率及幅值。

(3)闸门面板底部法向水压力变化频率及幅值。

2. 横梁主应力

(1)闸门中部主横梁主应力变化频率及幅值。

(2)闸门中下部主横梁主应力变化频率及幅值。

(3)闸门底部主横梁主应力变化频率及幅值。

3. 闸门中下部及其门槽的振动加速度

闸门测点布置示意图如图 9-34 所示。

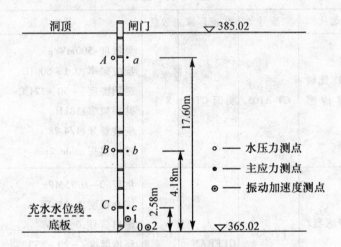

图 9-34 闸门测点布置示意图

9.11.3.4 监测系统示意图

监测系统示意图如图 9-35 所示。

9.11.3.5 监测仪器

监测仪器如表 9-29 所示。

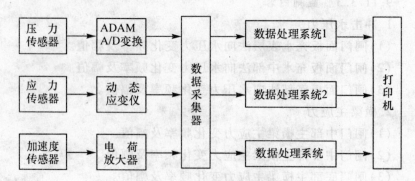

图 9-35 监测系统示意图

表 9-29 监测仪器一览表

设备名称	型号	生产厂家	数量	基本参数
CT-A105 低频加速度传感器	CT-A105	美国 CTC	8 个	灵敏度:500mV/g 反应频率:0.1~500Hz 适用温度:-50~121℃ 共振频率:18kHz 安装螺牙:1/4-28 输出接头:Side.2pin
压力传感器/变送器	PTP504	意大利 GEFRAN	12 个	量程:0~0.75MPa 综合精度:0.1%FS 输出信号:0~10V 环境温度:-20~85℃ 振动影响:小于0.1%FS(机械振动频率20Hz~1 000Hz)
智能信号采集分析系统	INV(306)	北京东方振声技术所	2 套	
动态数据分析仪	CF-930	日本小野测器	2 台	

续表

设备名称	型号	生产厂家	数量	基本参数
可程控压阻式压力传感器	MPM420型	中美麦克传感器有限公司	12个	精度：≤±0.5% 长期稳定性：≤±0.2% 工作温度：−10～+80°C 湿度：≤±90%RH 大气压：5～40kPa
信号转换器	ADAM	航天部702所	1台	
动态应变仪	DPM-8H	日本共和	2台	量程±5 000με，频率范围0～10kHz，信噪比＞80dB，误差＜±0.1%
计算机动态模拟系统		自研	1套	

9.11.3.6 导流洞进水口闸门监测

9.11.3.6.1 2#导流洞进水口闸门监测

9.11.3.6.1.1 相关条件

2#导流洞进水口采用两扇 9×20-96.67/22.15m 平板闸门挡水，洞口至闸门的沿程距离为 368.5m。1#、2#、3#导流洞位于金沙江的左岸，1#导流洞上游围堰已先期爆破拆除。2007 年 9 月 22 日 18 时同时爆破拆除了 2#、3#导流洞上游围堰，上游围堰爆破拆除之前，导流洞闸门前基本无水，堰外水位 390.82m，流量 10 200m^3/s。

2#导流洞进水口平板闸门主体（面板、主横梁、边梁、纵隔板等）材料均采用 Q345B 钢板，其第一组钢板（δ≤16mm）和第二组钢板（16mm＜δ≤40mm）的抗拉强度应力容许值均为：[σ]＝290MPa。

9.11.3.6.1.2 2#导流洞闸门监测结果

上游围堰起爆后，2#导流洞闸门在爆破冲击波通过空气与基础的激振下产生了第一轮较大冲击振动，最大振动加速度为

21.34m/s²。经过 35s 后涌水到达闸门面板,此时闸门振动幅度较大,面板压力正、负交替变化,大约持续 20s 之后,面板水压呈现明显的激烈冲击状态(含有负压),最大冲击水压力约为 42.5m 水柱(远小于设计水头:96.67m),冲击周期约为 23s;经过 60s 后,面板压力波表现为缓变的冲击与消退激荡状态,直至最后趋于平稳的静压状态,闸门水压力及振动加速度实测波形如图 9-36 所示。

闸门最大振动加速度出现在涌水到达闸门面板的初期,此时闸门与门槽的接触不紧密,有较大的刚体移动成分,振动加速度大约为 2 个重力加速度,随着水体大量涌入闸门受水阻尼的影响其振动加速度迅速减少(见图 9-36)。

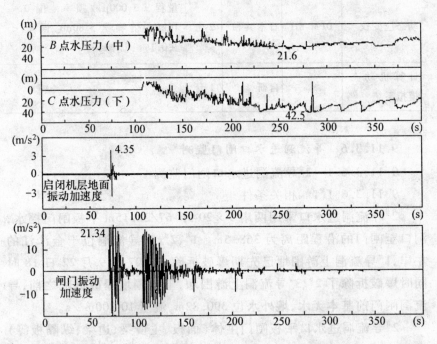

图 9-36 2#导流洞进水口闸门水压力及振动加速度实测波形图

主横梁的应力与闸门振动加速度不同,涌水到达闸门面板的初期主横梁的应力并不大,刚开始横梁应力有一个爬升过程,其最大值出现在水流的第二次冲击时,横梁最大应力(动、静应力之和)约

25.9MPa,如图 9-37 所示,横梁此时应力远小于闸门钢材的应力容许值 290MPa。测试结果表明主横梁应力与闸门面板水压力的变化表现了较好的一致性。

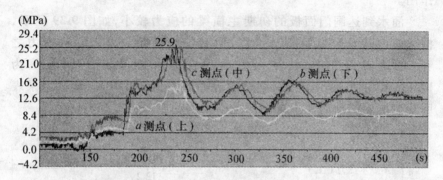

图 9-37　2#导流洞进水口闸门总应力(静、动应力之和)实测波形图

9.11.3.6.2　5#导流洞进水口闸门监测

9.11.3.6.2.1　相关条件

4#、5#、6#导流洞均位于金沙江的右岸。5#导流洞的上游围堰于 2007 年 9 月 24 日 18 时和 4#导流洞上游围堰一起同时进行爆破拆除,爆破前,导流洞闸门前大约充 4m 深的水,堰外水位为 388.53m,流量 7 770m³/s,洞口至闸门的沿程距离为 266.0m。其他相关条件与 2#导流洞相同,不再赘述。

9.11.3.6.2.2　5#导流洞闸门监测结果

上游围堰起爆后,5#导流洞闸门在爆破冲击波通过空气与基础的激振下产生了一个较大冲击振动,最大振动加速度为 15.75m/s²。受金沙江水位和导流洞闸门前蓄水影响,经过 57s 涌水到达闸门面板,此时闸门振动加速度相对 2#导流洞闸门较小,面板下部有交替压力作用,上部暂时还没有水压力作用,大约经过 50s 之后,面板上部才有明显的冲击水压力作用,这一规律与 2#导流洞闸门不同,压力过程曲线如图 9-38 所示,闸门最大冲击水压力约为 33.2m 水柱;面板压力经过平缓的冲击与消退激荡过程后,逐渐趋于平稳的静压状态,闸门振动加速度实测波形见图 9-38。

围堰起爆后涌水在闸门上产生的振动量不大,这是因为:①导流洞闸门前蓄水缓解了涌水对闸门的冲击速度;②导流洞闸门前蓄水对闸门起到阻尼作用。导流洞闸门前的充水对闸门防振减振有明显作用。

涌水到达闸门面板的初期主横梁的应力较小,如图9-39所示,横梁应力有一个低幅爬升过程,但闸门主横梁应力(动、静应力之和)的绝对值并不大,最大值出现在涌水过程的后期,其值为17.8MPa,该值远小于闸门钢材的应力容许值290MPa。测试结果表明导流洞闸门前的充水对闸门主横梁的动应力也有缓解作用。

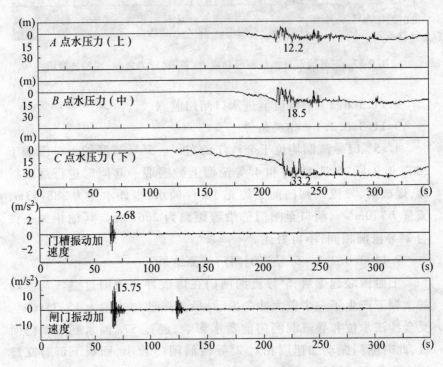

图9-38 5#导流洞进水口闸门水压力及振动加速度实测波形图

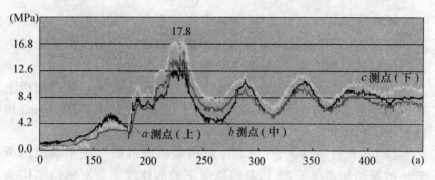

图 9-39 5#导流洞进水口闸门总应力(静、动应力之和)实测波形图

9.11.4 总结与结论

9.11.4.1 总结

将 2#、5#导流洞进水口闸门监测的结果汇总在表 9-30 中。

表 9-30 导流洞进水口围堰爆破拆除时闸门振动监测结果一览表

导流洞	测试类型	测点编号	部位	监测方向	测量值(极值)	参考值
2#	冲击水压力	B	面板中部	面板法向	21.6m	设计水头 96.67m
		C	面板下部	面板法向	42.5m	
	应力	a	上部横梁	跨中水平向	16.9MPa	应力容许值 290MPa
		b	中部横梁	跨中水平向	25.4MPa	
		c	下部横梁	跨中水平向	25.9MPa	
	加速度	加地	门槽	顺流向	4.35m/s²	
		加闸	下部横梁	顺流向	21.34m/s²	
5#	冲击水压力	A	面板上部	面板法向	12.2m	设计水头 96.67m
		B	面板中部	面板法向	18.5m	
		C	面板下部	面板法向	33.2m	
	应力	a	上部横梁	跨中水平向	14.7MPa	应力容许值 290MPa
		b	中部横梁	跨中水平向	15.7MPa	
		c	下部横梁	跨中水平向	17.8MPa	
	加速度	加地	门槽	顺流向	2.68m/s²	
		加闸	下部横梁	顺流向	15.75m/s²	

9.11.4.2 结论

根据 2#、5# 导流洞进水口闸门面板冲击水压力与主横梁动应力监测的过程与测试结果,我们可以得到如下结论:

(1)上游围堰爆破拆除时导流洞中的涌水在进水口闸门面板上产生的冲击水压力与闸门所能承受的水压力(设计水头 96.67m)相比较小。

(2)在现有条件下,导流洞上游围堰爆破拆除时进水口闸门所产生的振动加速度不大,该量值范围下的加速度不会对闸门结构安全产生影响。

(3)上游围堰爆破拆除时,实测的闸门主横梁最大应力(动、静应力之和)为 25.9MPa,该值远小于闸门钢材的应力容许值 290MPa,表明闸门强度足够抵御冲击水荷载作用。

(4)上游围堰爆破拆除时,2# 闸门实测最大振动加速度为 21.34m/s^2,5# 闸门实测最大振动加速度为 15.75m/s^2,表明闸门前预充水对缓解导流洞涌水对闸门冲击有明显的作用。

据此可以肯定:2007 年 9 月 22 日与 2007 年 9 月 24 日,该水电站左、右岸导流洞上游围堰爆破拆除时进水口闸门结构是安全的,上游围堰爆破过程对闸门的影响在许可范围内。

第 10 章

误差与检测数据分析

闸门动力测试系统所提供的实测数据,通常是物理量的历程,它是隐含事物内在变化规律的原始资料。为了能从原始记录中得到有用的信息,须对所测参量的幅值域、时间域和频率域的变化特征及其规律性进行分析与处理,并消除测量误差的影响。本章在介绍误差与检测数据的分析时,还将对误差理论、概率论、数理统计和计算数学等基础知识作简要论述。

10.1 测试的基础知识

10.1.1 测试

测试专业人员借助专门设备,通过实验方法对被检测的闸门取得数量观念的认识过程,称为测试。

测试结果可能表现为一定的数字、曲线,或某种图形、频率谱等。不论何种形式,其结果总包含一定的数值(大小或符号)以及相应的单位。

在测试过程中,不可避免地存在误差,在表示测试结果时,必须把测试结果的实际误差同时表示出来,以便掌握测试结果的可信赖程度。下面首先介绍误差分析中要用到的一些基础知识。

10.1.2 数理统计的一些基本概念

现将有关的数理统计基础理论与概率解释如下:

1. 总体

数理统计把研究对象(为被测数据)的全体称为总体,或称为母体。

2. 个体

个体是指总体中的每一个基本单元。

3. 样本

从总体中抽取出来的部分个体,称为样本,或称为子样。

总体、个体、样本三者之间的关系就像图 10-1 所示的方格数那样,方格总数代表总体,以 C 表示;一个方格代表一个个体,以 B 表示;若干个方格组成一组代表样本,以 A 表示。一般情况下,总体包含的个体数目可以很多,甚至趋于无限多。因此,不可能把所有个体都加以研究,为了推断总体的性质,常从总体中抽取一部分个体进行研究,即通过研究样本的性质去推断总体的性质。

样本可分为"有意取样"和"随机取样"。在工程结构可靠度分析中,一般采用随机取样。随机取样又可分为单纯随机取样、系统随机取样以及分段、分层、分块或分群等随机取样,这可根据问题的实际情况而定。工程结构可靠度分析中,通常用单纯(或可能)随机取样,因此,常用抽签法或随机数表,以保证总体中每个个体有同等的被抽取机会。

4. 样本的算术平均值

样本的算术平均值 $\overline{X}$ 定义为:

$$\overline{X} = \frac{1}{n}\sum_{i=1}^{n} X_i \tag{10-1}$$

式中:n——是样本中观测数据 X_i 的个数,称为样本的大小或子样的容量。

X_i——是样本中第 i 个试样的观测数据值。

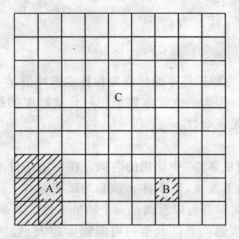

图 10-1　总体、个体、样本的关系

显然,样本算术平均值 $\overline{X}$ 是反映数据的平均性质的。

5. 样本方差

样本方差 S^2 定义为:

$$S^2 = \frac{1}{n-1}\sum_{i=1}^{n}(X_i - \overline{X})^2 = \frac{1}{n-1}\left[\sum_{i=1}^{n}X_i^2 - n\overline{X}^2\right] \quad (10\text{-}2)$$

它是各观测数据 X_i 与均值 $\overline{X}$ 之偏差的平方和除以样本的大小 n 减去 1。因为所有偏差的和为零,即

$$\sum_{i=1}^{n}(X_i - \overline{X}) = 0 \quad (10\text{-}3)$$

所以 n 个偏差中只有 $(n-1)$ 个是独立的。因此,我们就称它具有 $(n-1)$ 个"自由度"。

方差 S^2 的正平方根称为数据样本标准差,即

$$S = \sqrt{\frac{\sum_{i=1}^{n}(X_i - \overline{X})^2}{n-1}} = \sqrt{\frac{\sum_{i=1}^{n}X_i^2 - n\overline{X}^2}{n-1}} \quad (10\text{-}4)$$

样本大小 n 越大,则样本的算术平均值 $\overline{X}$、标准差 S 就越接近于数据总体均值 μ 和数据总体标准差 σ。在实际工程测试换算时,算术平均值与标准差的有效数字位数应比原测试值多 1 位。

6. 变异系数

变异系数 C_V 定义为：

$$C_V = \frac{S}{\overline{X}} \times 100\% \qquad (10-5)$$

式中：S、$\overline{X}$ 分别为数据样本的标准差和算术平均值。

变异系数可作为一组样本数据相对分散程度的指标，常用百分数表示。它是无量纲数。

7. 概率

概率是"随机事件"中使用的名词。在一定条件下，某事件 A 可能发生，也可能不发生，则事件 A 就称为随机事件。于是，我们进行的每一个试验结果都可以看成是一个随机事件。某事件的概率则是在一定条件下该随机事件发生的可能程度的大小。一般地，事件 A 的概率可记做 $P(A)$。

概率有古典的定义和统计的定义。由于古典定义有很大的局限性，所以本书只介绍概率的统计定义。概率的统计定义是以大量的重复性实验和统计资料为基础的，故它与"频率"有关。

所谓"频率"是设事件 A 在 n 次随机试验中发生了 m 次，则其比值 m/n 叫做事件 A 发生的"频率"，记做 $f(A) = m/n$。

当试验次数足够多时，就可以把频率 $f(A)$ 作为事件 A 的概率的近似值。这就是概率统计定义的重要思想，如前所述记做 $P(A)$。显然，任何随机事件的概率都是介于 0 和 1 之间的，即 $0 \leqslant P(A) \leqslant 1$。但要强调的是，随机事件的频率与我们已进行的试验次数有关，而随机事件的概率都是完全客观地存在的，它反映了频率的稳定性。

8. 样本的正态分布

样本的正态分布是一个极其重要的分布，人们对构件尺寸、疲劳寿命、材料的某些力学性能、测试的误差等数据进行了大量的统计分析。根据这些研究对象所作出的实验频率曲线如图 10-2 所示，大多具有如下几个特征：

(1) $f(x)$ 是单峰，对称的悬钟形曲线，对称轴在 $x = \mu$ 处。

(2) 对于所有的 x 值，$f(x)$ 值大于零。

(3) 曲线 $f(x)$ 下方的总面积等于 1，即 $\int_{-\infty}^{+\infty} f(x) \mathrm{d}x = 1$。

(4) x 的取值范围是整个 x 轴,即 $-\infty < x < +\infty$。
(5) 在对称轴两边曲线上,各有一个拐点。

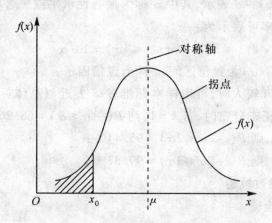

图 10-2　样本正态分布图

能满足上述几个特征的数字表达式为:

$$f(x) = \frac{1}{\sqrt{2\pi}\sigma} e^{-(x-\mu)^2/2\sigma^2} \tag{10-6}$$

式中:$e = 2.78$ 是自然对数的底;μ 是总体的算术平均值;σ 是总体标准差。

随机变量 X 具有上述特征的分布称为正态分布。在正态分布中,$x \leq x_0$ 的概率等于图 10-2 中阴影部分的面积,即

$$P(x \leq x_0) = \int_{-\infty}^{x_0} f(x) \, dx \tag{10-7}$$

9. 总体参数的置信区间

某个物理量客观存在的量值——真值是不可知的,也是无法测得的。实验所得的测试值只是真值的近似反映,也即用估计值去近似,如数据总体平均值 μ 的估计就用样本算术平均值 $\overline{X}$ 来估计。但是,样本的算术平均值 $\overline{X}$ 不一定正好等于总体平均值 μ,这就会带来较大的误差,而且误差的范围难以确定。为了弥补上述缺点,为总体参数的估计提供更多的信息,特提出了区间估计。

所谓区间估计,就是估计总体参数以某一概率包含在什么样的

一个区间之中。此时,这个区间就称为总体参数的置信区间,而置信区间内包含数据总体参数的概率——置信概率,也称为置信度或置信水平,常以 $1-\alpha$ 表示,其中 α 称为显著性水平或显著度。

置信概率可表示为:

$$P(-k\sigma \leqslant x \leqslant k\sigma) = 1-\alpha \quad (10\text{-}8)$$

式中:$(-k\sigma, k\sigma)$ 为置信区间,k 称为置信因子。

当样本 n 较大时,可用样本标准差 S 去近似总体标准差 σ。当数据 x 服从正态分布时,若 $k=1$,则 $P(-\sigma \leqslant \sigma) = 68.26\%$;

若 $k=2$,则 $P(-2\sigma \leqslant 2\sigma) = 95.44\%$;

若 $k=3$,则 $P(-3\sigma \leqslant 3\sigma) = 99.87\%$。

10. 非参数检验

(1) χ^2 检验

现在来检验假设 H:"X 的分布函数 $F(x)$ 为 $F_0(x)$",$F_0(x)$ 为某已知分布函数。

对 X 进行 N 次独立的观察得到观察值 $x_1, x_2, \cdots, x_N$,将样本观察值的范围 $R_1 = (-\infty, +\infty)$ 分成 m 个子区间 (x_{i-1}, x_i),其中 $-\infty = x_0 < x_1 < \cdots < x_m = +\infty$,以 v_i 表示 $x_1, x_2, \cdots, x_N$ 落于 (x_{i-1}, x_i) 中的个数,即满足 $x_k \in (x_{i-1}, x_i)$ 的 $k(\leqslant N)$ 个数,显然,$\sum_{i=1}^{m} v_i = N$。

另设 H:"$F(x) = F_0(x_0)$" 正确,令 $p_i = F_0(x_i) - F(x_{i-1}) > 0$。

考虑统计量

$$\eta = \sum_{j=1}^{m} \frac{(v_j - N_{P_j})}{N_{P_j}} = \sum_{j=1}^{m} \frac{v_j^2}{N_{P_j}} - N \quad (10\text{-}9)$$

η 依赖于 N 及 m,以下总固定 m。注意如 H 正确,可由强大数定理 $\frac{v_i}{N} \to p_i$(以概率 1 收敛),当 N 甚大时,$v_i \approx N p_i$。

皮尔逊定理:如 H 正确,则

$$\lim_{N \to \infty} P\left\{ \sum_{j=1}^{m} \frac{(v_j - N_{P_j})^2}{N_{P_j}} \leqslant x \right\} = \int_0^x K_{m-1}(y) \mathrm{d}y \quad (x > 0)$$

$$(10\text{-}10)$$

其中：
$$K_{m-1}(y) = \frac{1}{2^{\frac{m-1}{2}} T\left(\frac{m-1}{2}\right)} y^{\frac{m-3}{2}} e^{-\frac{y}{2}} \quad (y > 0) \quad (10\text{-}11)$$

是 $\chi^2(m-1)$ 分布的密度函数。

由此定理可知，当 N 充分大时，可以认为 η 近似服从 $\chi^2(m-1)$ 分布，对已给 $p > 0$，可以由 χ^2 分布表求得常数 η_p，使

$$P\{\eta > \eta_p\} = \frac{p}{100}$$

以子样值代入 η 后，如 $\eta > \eta_p$，则相对信度 $p/100$ 而言，应否定 H。实际中运用该定理时，通常取 m 为 7～14。即子样容量 N 一般要取 20 以上，即要取大子样，否则结果不准。

例 1 以下是某大坝 1 号表孔弧形闸门各个部位的腐蚀测试数据。如表 10-1 所示。试根据测试数据来计算闸门的可靠度。

解：(1) 支臂腹板厚度测试结果的可靠度

测量结果的可靠度分析方法为：首先画出支臂腹板厚度测试结果的直方图，然后计算其均值与方差，再利用 χ^2 检验测试结果是否服从正态分布，最后确定其可靠度（或置信概率）为 95% 时支臂腹板厚度的置信区间。

① 画出支臂腹板厚度测试结果的直方图

支臂腹板厚度的直方图见图 10-3。

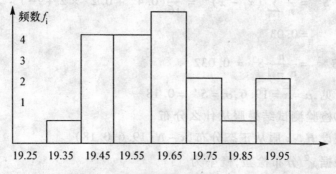

图 10-3　支臂腹板厚度测试结果的直方图

表 10-1　　　　　　　　溢洪道 1 号弧门腐蚀测量表　　　　　　　　单位：mm

测量部位 \ 厚度	制造厚度	实测点厚度	锈蚀量	实测点厚度	锈蚀量	实测点厚度	锈蚀量	实测点厚度	锈蚀量
支臂腹板	20	19.6	0.4	20.0	0.0	19.9	0.1	19.7	0.3
		19.5	0.5	19.5	0.5	19.6	0.4	19.5	0.5
		19.4	0.6	19.4	0.6	19.5	0.5	19.6	0.4
		19.8	0.2	19.6	0.4	19.4	0.6	19.7	0.3
中主梁以下面板	12	11.7	0.3	11.6	0.4	11.8	0.2	11.4	0.6
		11.4	0.6	11.5	0.5	11.6	0.4	11.5	0.5
		11.5	0.5	11.8	0.2	11.7	0.3	11.6	0.4
		11.4	0.6	11.6	0.4	11.5	0.5	11.8	0.2

②计算支臂腹板厚度的均值与标准差

支臂腹板厚度的均值 $\bar{x}$ 与方差 S^2 为

$$\bar{x} = \frac{1}{n}\sum_{i=1}^{n} x_i = \frac{1}{16}(19.3 + 19.4 \times 3 + \cdots + 11.9 \times 2)$$

$$= 19.6$$

$$S^2 = \frac{1}{n}\sum_{i=1}^{n}(x_i - \bar{x})^2 = \frac{1}{16}(0.4^2 + 0.2^2 \times 2 + \cdots)$$

$$= 0.03$$

$$S^{*2} = \frac{n}{n-1}S^2 = 0.032$$

可见，$\mu = \bar{x} = 19.6, \sigma = S^* = 0.18$

③检验测试结果服从什么分布

假设 $H_0: x$ 服从正态分布，$x \sim N(19.6, 0.18)$

根据 χ^2 分布检验，概率为

$$P_i = \Phi\left(\frac{a_i - \bar{x}}{\sigma}\right) - \Phi\left(\frac{a_{i-1} - \bar{x}}{\sigma}\right)$$

$$P_1 = \Phi\left(\frac{19.35 - 19.6}{0.18}\right) - \Phi\left(\frac{19.25 - 19.6}{0.18}\right)$$
$$= \Phi(-1.39) - \Phi(-1.94)$$
$$= 1 - \Phi(1.39) - [1 - \Phi(1.94)]$$
$$= \Phi(1.94) - \Phi(1.39)$$
$$= 0.9738 - 0.9177$$
$$= 0.0561$$

同理：$P_2 = 0.1210, P_3 = 0.1864, P_4 = 0.2206, P_5 = 0.1864, P_6 = 0.1210, P_7 = 0.0561$，$\chi^2$ 值计算过程如表 10-2 所示。

表 10-2 　　　　χ^2 值计算过程

区　间	频数 f_i	概率 p_i	总概率 np_i	$\dfrac{(f_i - np_i)^2}{np_i}$
19.25 ~ 19.35	1	0.0561	0.90	0.011
19.35 ~ 19.45	3	0.1210	1.94	0.579
19.45 ~ 19.55	3	0.1864	2.98	0.001
19.55 ~ 19.65	4	0.2206	3.53	0.063
19.65 ~ 19.75	2	0.1864	2.98	0.322
19.75 ~ 19.85	1	0.1210	1.94	0.455
19.85 ~ 19.95	2	0.0561	0.90	1.344

$$\chi^2 = \sum_{i=1}^{n} \frac{(f_i - np_i)^2}{np_i} = 2.20$$

$$\chi^2_{0.05}(7 - 2 - 1) = 9.488 > 2.20$$

因此，接受假设 H_0，表明支臂腹板厚度测量结果服从正态分布。

④确定其可靠度为 95% 时支臂腹板厚度的置信区间

当置信概率为 95% 时，

$$P\left\{\frac{\bar{x} - \mu}{\frac{\sigma_0}{\sqrt{n}}} < \mu_{\frac{\alpha}{2}}\right\} = 1 - \alpha$$

置信区间为

$$P\left\{\bar{x} - u_{\frac{\alpha}{2}}\frac{\hat{\sigma}}{\sqrt{n}} < \mu < \bar{x} + u_{\frac{\alpha}{2}}\frac{\hat{\sigma}}{\sqrt{n}}\right\} = 1 - 5\%$$

$u_{\frac{\alpha}{2}}$ 是标准正态分布关于 $\frac{\alpha}{2}$ 的上侧分位数,当概率为 $1 - \alpha = 95\%$ 时, $u_{\frac{\alpha}{2}} = 1.96$

置信上限:$\bar{x} + u_{\frac{\alpha}{2}}\frac{\hat{\sigma}}{\sqrt{n}} = 19.6 + 1.96\frac{0.18}{\sqrt{16}} = 19.7$

置信下限:$\bar{x} - u_{\frac{\alpha}{2}}\frac{\hat{\sigma}}{\sqrt{n}} = 19.6 - 1.96\frac{0.18}{\sqrt{16}} = 19.5$

因此,支臂腹板厚度的可靠度为 95% 的概率时的置信区间为 $(19.7, 19.5)$。

(2)中主梁以下面板测试结果的可靠度

①中主梁以下面板厚度的直方图见图10-4。

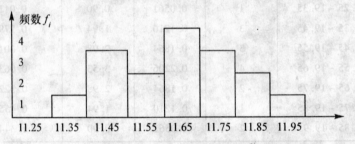

图 10-4 中主梁以下面板厚度测试结果的直方图

②确定其可靠度为95%时中主梁以下面板厚度的置信区间

当置信概率为95%时,

$$P\left\{\frac{\bar{x} - \mu}{\frac{\sigma_0}{\sqrt{n}}} < \mu_{\frac{\alpha}{2}}\right\} = 1 - \alpha$$

置信区间为

$$P\left\{\bar{x} - u_{\frac{\alpha}{2}}\frac{\hat{\sigma}}{\sqrt{n}} < \mu < \bar{x} + u_{\frac{\alpha}{2}}\frac{\hat{\sigma}}{\sqrt{n}}\right\} = 1 - 5\%$$

$u_{\frac{\alpha}{2}}$ 是标准正态分布关于 $\frac{\alpha}{2}$ 的上侧分位数。当概率为 $1 - \alpha = 95\%$ 时,

$u_{\frac{\alpha}{2}} = 1.96$。

置信上限：$\bar{x} + u_{\frac{\alpha}{2}} \frac{\hat{\sigma}}{\sqrt{n}} = 11.6 + 1.96 \frac{0.17}{\sqrt{16}} = 11.7$

置信下限：$\bar{x} - u_{\frac{\alpha}{2}} \frac{\hat{\sigma}}{\sqrt{n}} = 11.6 - 1.96 \frac{0.17}{\sqrt{16}} = 11.5$

因此，中主梁以下面板厚度的可靠度为95%的概率时的置信区间为(11.5,11.7)。（例毕）

(3) K-S 检验

柯尔莫哥洛夫-斯米尔洛夫检验简称 K-S 检验，其基本思想是，用子样分布 $F_n(x)$ 与总体（原假设）的理论分布 $F(x)$ 作比较，来建立统计量 D_n，进行检验。

设随机变量 X 的分布函数为 $F(x)$，而且假定 $F(x)$ 是 x 的连续函数。对 X 作几次独立观察得 $X_1, X_2, \cdots, X_n$，根据此子样作经验分布函数 $F_n(x)$，由格里文科定理断定：

$$P\{\lim_{n\to\infty} \sup_{-\infty < x < \infty} |F_n(x) - F(x)| = 0\} = 1$$

该定理表明：随机变量 $D_n = \sup_{-\infty < x < \infty} |F_n(x) - F(x)| = 1$ 以概率 1 是无穷小（$n \to \infty$ 时）。下面的定理进一步说明：以概率 1 D_n 是与 $\frac{1}{\sqrt{n}}$ 同级的无穷小。

柯尔莫哥洛夫定理：如函数是 x 的连续函数，则

$$\lim_{n\to\infty} P\left\{\sqrt{n} \sup_{-\infty < x < \infty} |F_n(x) - F(x)| < y\right\}$$

$$= K(y) = \begin{cases} 0 & (y \leq 0) \\ \sum_{l=-\infty}^{\infty} (-1)^l e^{-2l^2 y^2} & (y > 0) \end{cases}$$

$K(y)$ 的值有表可查。采用统计量 $\sqrt{n}D_n$ 后，可以像利用皮尔逊定理一样，利用柯尔莫哥洛夫定理来检验假定 H："X 的分布函数为某个已知分布函数 $F(x)$"，注意这里要求 $F(x)$ 已知为连续函数。为此，只要对已给信度 $\frac{p}{100}$，由 $K(y) = 1 - \frac{p}{100}$ 解出 $y = y_p$ 即可；然后由上式，当 n 充分大时，可以认为：

$$P\{\sqrt{n}D_n < y\} \approx K(y)$$

以子样$(X_1, X_2, \cdots, X_n)$代入$\sqrt{n}D_n$后,如果$\sqrt{n}D_n < y_p$,则相对信度$\frac{p}{100}$而言,可接受H;如$\sqrt{n}D_n \geqslant y_p$,则否定$H$。

柯尔莫哥定理除可用做检验法外,还可用来估计未知发布函数$F(x)$。实际上,对已给信度$\frac{p}{100}$,仿上取定y_p,由上式得知:当n充分大时,以近于$1-\frac{p}{100}$的概率,有$\sqrt{n}D_n < y_p$;亦即对一切$x \in R_1$,有

$$F_n(x) - \frac{y_p}{\sqrt{n}} < F(x) < F_n(x) + \frac{y_p}{\sqrt{n}}$$

这说明,当n充分大时,以$1-\frac{p}{100}$左右的概率,$F(x)$的图形,完全被包含在$F_n(x) - \frac{y_p}{\sqrt{n}}$与$F_n(x) + \frac{y_p}{\sqrt{n}}$所围成的区域内。这区域构成$F(x)$的置信区域,置信系数约为$1-\frac{p}{100}$。K-S检验应取大子样,否则结果不够准确。但是在实际问题中,经验分布与理论分布应相当接近,即一般来说,D_n不应太大,因此,检验理论分布为给定的$F(x)$这一假定的否定域为:$D_n > D_{n,p}$,p为给定的信度,临界值$D_{n,p}$由$P\{D_n > D_{n,p}\} = p$确定。这一检验法称为柯尔莫哥洛夫检验。限于篇幅,这里不再举例说明。

10.2 误差分析

在水工钢闸门的检测中,由于以下原因:①计量、实验、测量所用的仪器设备在制造、安装和调整方面不可能绝对灵敏、准确,在使用时,电源、电阻和附件有影响,仪器的动态特性(相频、幅频)产生畸变,各种噪声引起有源仪器信号产生失真等引起误差;②温度、压力、湿度和振动等环境条件与仪器使用条件不一致引起误差;③计量、测试方法不可能达到完善理想程度等引起误差;④测试人员的技术素质、生理上的最小分辨率、反应速度以及个人固有的习惯等造成的误

差,因此,任何计量和测试结果都不可能完全准确地等于被测试的某物理量客观存在的真值,即不可避免地存在误差。

10.2.1 误差的基本概念

测试误差贯穿于整个闸门检测的始终,这是不以人的意志为转移的客观事实。随着科技水平的发展和提高,人们可以把测试误差控制在最小限度,但不可能使之消失。为此必须了解误差概念和进行误差分析。

10.2.1.1 误差

所谓误差就是测量值与真值之间的差值。计量、测试的误差常用绝对误差和相对误差来表示。

1. 绝对误差 Δ

测试值与真值的差值称为绝对误差。如果用 x_i 表示测试值,x_0 表示真值,则绝对误差 Δ 可表示为:

$$\Delta = x_i - x_0 \tag{10-12}$$

在钢闸门测试中,设测量 n 次,根据误差理论,采用正平方根误差来表示其算术平均值的绝对误差,即

$$\Delta_{平方} = S = \sqrt{\frac{\sum_{i=1}^{n}(\bar{x} - x_i)^2}{n-1}} \tag{10-13}$$

式中:x_i 为第 i 次测量值;$\bar{x}$ 为 n 次测试值的算术平均值。

由概率论知,被测试对象的真值可表示为:

$$x_0 = \bar{x} \pm e\Delta_{平方} \tag{10-14}$$

式中:e 是由概率论确定的系数。式(10-14)给出了真值的范围。若 $e = 0.6745$,真值 x_0 落在区间 $(\bar{x} - e\Delta_{平方}, \bar{x} + e\Delta_{平方})$ 的概率为 50%;若 $e = 3$,则此概率为 99.73%。

正平方根误差又称标准差。

2. 相对误差 δ

为了方便地判别测试精度,通常用相对误差 δ 表示,即用绝对误差 Δ 与真值 x_0 的比值的百分比表示:

$$\delta = \frac{\Delta}{x_0} \times 100\% = \frac{x_i - x_0}{x_0} \times 100\% \qquad (10\text{-}15)$$

真值 x_0 是指某一被测试对象客观存在的物理量，并且在理论上具有的确定值，或称为标称值。通常真值是未知的，但在实际测试中，当测试次数相对多时，所得到的测试值的算术平均值将是最可信赖值，可定义其为真值，即

$$x_0 = \frac{1}{N} \sum_{i=1}^{N} x_i \qquad (10\text{-}16)$$

式中：N——相同条件下总体的测试次数；

x_i——被测参量第 i 次的测试值。

上述两种误差值均可表示测试结果的精确度，即反映实测值偏离真值的大小程度。但在实际测试中，用相对误差表示比较科学，更能说明测试的准确度。

10.2.1.2 误差的分类

误差按其性质、产生原因和表现形式，大致可分为 3 类。

1. 过失误差

过失误差是一种明显与事实不符合的误差。它主要是由于人为的错误引起的。例如读错看错刻度值，记录错误，等等。此类误差无规则可寻，如果实验时能加以注意，细心进行操作，过失误差是可以避免的。

2. 系统误差

系统误差是指在测试中未发觉或未确认的固定不变的因素引起的误差。这些因素的影响结果永远朝一个方向偏向，其大小与符号在同一实验中完全相同，此种误差产生的原因、变化规律是已知的，一般为：

（1）仪器不良，如刻度不准，砝码未校正等。

（2）周围环境的改变。如外界温度、压力、湿度的变化等。

（3）个人习惯与偏向。如读数常偏高或偏低等。

上述误差只要依据仪器的缺点，外界条件变化影响的大小，个人的偏向，分别加以校正，就可以把系统误差清除掉。

3. 偶然误差

偶然误差是指如果已经消除过失误差和系统误差后的一种不易控制的多种因素造成的误差。这种误差时大时小、时正时负,没有固定偏向的规律性,也是不可预见的,故亦称为随机误差。偶然误差产生的原因一般不详,因而也就无法控制。例如千分尺测试某闸门变形值,在相同条件下测量多次,所测数据都不尽相同,但若测试次数足够多,即可发现其偶然误差一般服从正态分布的统计规律,属于随机误差。这种误差与测量次数有关,随着测试次数的增加,偶然误差的算术平均值将逐渐接近于零。因而,多次测试结果的算术平均值将更接近于真值。其测试误差大小由其出现的概率决定。

10.2.1.3 测试数据的精度

反映测试结果与真值接近程度的量,就称为测试误差,测试误差的大小可用精度表示,精度可分为以下几种。

1. 精密度

实验的精密度是衡量随机误差大小的程度,它表示在一定条件下进行重复测试时,各次测试结果相互接近的程度,它是衡量实测结果相互接近的程度,即衡量实测结果的重复性的尺度。

2. 正确度

实验的正确度是衡量测试结果中系统误差大小的程度,它是衡量测试数据接近真值的尺度。

3. 精确度

实验的精确度是综合衡量系统误差与随机误差的大小,即测试值与真值的一致程度。它与精密度、正确度紧密相关。精确度好需要精密度与正确度好,它们的关系可用打靶结果作比喻。图10-5(a)表示精密度高,即随机误差小,而正确度低,即系统误差大;图10-5(b)表示正确度高,即系统误差小,而精密度低,即随机误差大;图10-5(c)表示精确度高,即精密度和正确度都高。

10.2.2 误差分析

10.2.2.1 间接测试误差分析

在测试中,有些物理量可通过直接测试而得,如长度、时间等;而有些物理量不能直接测试,如材料的弹性模量 E,它是通过测试试样

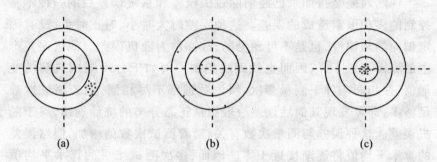

图 10-5　打靶结果精度比较示意图

的横截面面积 A_0、标距 L_0、伸长 ΔL 和荷载 F 四个量,再依胡克定律计算出来的,即 $E = \dfrac{FL_0}{A_0 \Delta L}$,$E$ 为上述四个直接测试值的函数。其误差取决于各个直接测量值的误差,故可称之为间接测试误差。它可根据上述函数的误差求解。

设某测试对象 x,与 n 个独立直接测试值 $x_1, x_2, \cdots, x_n$ 有如下函数关系:

$$x = f(x_1, x_2, \cdots, x_n) \tag{10-17}$$

若设 $\Delta x_1, \Delta x_2, \cdots, \Delta x_n$ 分别代表测试值 $x_1, x_2, \cdots, x_n$ 的绝对误差,则得

$$x + \Delta x = f(x_1 + \Delta x_1, x_2 + \Delta x_2, \cdots, x_n + \Delta x_n) \tag{10-18}$$

将上式等号右边按泰勒级数展开,得

$$\begin{aligned} & f(x_1 + \Delta x_1, x_2 + \Delta x_2, \cdots, x_n + \Delta x_n) \\ = & f(x_1, x_2, \cdots, x_n) + \Delta x_1 \frac{\partial f}{\partial x_1} + \Delta x_2 \frac{\partial f}{\partial x_2} + \cdots \\ & + \Delta x_n \frac{\partial f}{\partial x_n} + \frac{1}{2}(\Delta x_1)^2 \frac{\partial^2 f}{(\partial x_1)^2} + \cdots + \frac{1}{2}(\Delta x_n)^2 \frac{\partial^2 f}{(\partial x_n)^2} \\ & + 2\Delta x_1 \Delta x_2 \frac{\partial^2 f}{\partial x_1 \partial x_2} + \cdots \end{aligned}$$

略去式中的高阶微量 $(\Delta x_1)^2, \cdots, (\Delta x_n)^2$,得

$$x + \Delta x \approx f(x_1, x_2, \cdots, x_n) + \Delta x_1 \frac{\partial f}{\partial x_1} + \cdots + \Delta x_n \frac{\partial f}{\partial x_n} \tag{10-19}$$

将式(10-19)两边乘以$\frac{1}{x}$,便得到测试对象 x 的相对误差

$$\delta = \frac{\Delta x}{x} = \frac{\partial f}{\partial x_1}\frac{\Delta x_1}{x} + \frac{\partial f}{\partial x_2}\frac{\Delta x_2}{x} + \cdots + \frac{\partial f}{\partial x_n}\frac{\Delta x_n}{x}$$

$$= \frac{1}{x}\left(\frac{\partial f}{\partial x_1}\Delta x_1 + \frac{\partial f}{\partial x_2}\Delta x_2 + \cdots + \frac{\partial f}{\partial x_n}\Delta x_n\right) \quad (10\text{-}20)$$

显然,式(10-19)用以计算测试对象的绝对误差,而式(10-20)用以计算对象的相对误差。

例 2 某实验需测试 K_{1c} 值,其试件 K_1 表达式为:$K_1 = K_Q = \dfrac{P_Q}{BW^{\frac{1}{2}}} y\left(\dfrac{a}{W}\right)$,则其相对误差为多少?

解 根据式(10-20),K_{1c} 的相对误差可表示为:

$$\frac{\Delta K_Q}{K_Q} = \frac{1}{K_Q}\left[\frac{\partial K_Q}{\partial B}\Delta B + \frac{\partial K_Q}{\partial W}\Delta W + \frac{\partial K_Q}{\partial P_Q}\Delta P_Q + \frac{\partial K_Q}{\partial y}\Delta y\right]$$

$$= \frac{1}{K_Q}\left[-\frac{P_Q}{B^2 W^{1/2}} y\left(\frac{a}{W}\right)\Delta B - \frac{1}{2}\frac{P_Q}{BW^{3/2}} y\left(\frac{a}{W}\right)\Delta W \right.$$
$$\left. + \frac{1}{BW^{1/2}} y\left(\frac{a}{W}\right)\Delta P_Q + \frac{P_Q}{BW^{1/2}}\Delta y\left(\frac{a}{W}\right)\right]$$

$$= \frac{1}{K_Q}\left[-\frac{\Delta B}{B}K_Q - \frac{1}{2}\frac{\Delta W}{W}K_Q + \frac{\Delta P_Q}{P_Q}K_Q + \frac{\Delta y}{y}K_Q\right]$$

$$= -\frac{\Delta B}{B} - \frac{1}{2}\frac{\Delta W}{W} + \frac{\Delta P_Q}{P_Q} + \frac{\Delta y}{y}$$

由于 ΔB、ΔW、ΔP_Q、Δy 可正可负,故求最大相对误差时取各误差的绝对值,即

$$\delta = \frac{\Delta K_Q}{K_Q} = \left|\frac{\Delta B}{B}\right| + \frac{1}{2}\left|\frac{\Delta W}{W}\right| + \left|\frac{\Delta P_Q}{P_Q}\right| + \left|\frac{\Delta y}{y}\right|$$

若已知 $\dfrac{\Delta B}{B} \leqslant 0.5\%$,$\dfrac{\Delta W}{W} \leqslant 0.25\%$,$\dfrac{\Delta P_Q}{P_Q} \leqslant 2\%$,$\dfrac{\Delta y}{y} \leqslant 7\%$,

则 $\delta = \dfrac{\Delta K_Q}{K_Q} = (0.5 + 0.25 + 2 + 7)\% = 9.75\%$

故 $\delta = \dfrac{\Delta K_Q}{K_Q} < 10\%$ （例毕）

在钢闸门测试中,常涉及的函数多为代数函数,下面给出由式(10-20)导出的常用函数的相对误差表达式:

(1)积的误差

$$x = x_1 x_2$$
$$\delta_x = \delta_{x_1} + \delta_{x_2} \tag{10-21}$$

(2)商的误差(取两项同号的最不利情况的组合)

$$x = \dfrac{x_1}{x_2}$$
$$\delta_x = \delta_{x_1} + \delta_{x_2} \tag{10-22}$$

(3)幂的误差

$$x = x_1^n x_2^m$$
$$\delta_x = n\delta_{x_1} + m\delta_{x_2} \tag{10-23}$$

(4)开方的误差

$$x = x_1^{1/n}$$
$$\delta_x = \dfrac{\delta_{x_1}}{n} \tag{10-24}$$

如前面所述,测试材料的弹性模量 E 的相对误差时,若其试样截面为圆形的,则可由式(10-21)、式(10-22)和式(10-23)得到 E 的相对误差为

$$\delta_E = \delta_{\Delta F} + \delta_L + \delta_{(\Delta L)_{\Delta F}} + 2\delta_d \tag{10-25}$$

式中:δ_E 为弹性模量的相对误差;$\delta_{\Delta F}$ 为力的相对误差;δ_L 为标距的相对误差;$\delta_{(\Delta L)_{\Delta F}}$ 为变形的相对误差;δ_d 为直径的相对误差。

此式表明,试件直径的测试误差对 E 的误差影响较大,因此测试直径的量具和测试变形的仪器在精度上应当协调匹配。

如果 $x = f(x_1, x_2, \cdots x_n)$ 中的 $x_1, x_2, \cdots, x_n$ 也分别进行了 n 次测试,则 $x_1, x_2, \cdots, x_n$ 的算术平均值为

$$\bar{x}_1 = \dfrac{\sum_{i=1}^{n} x_{1i}}{n}, \bar{x}_2 = \dfrac{\sum_{i=1}^{n} x_{2i}}{n}, \cdots, \bar{x}_n = \dfrac{\sum_{i=1}^{n} x_{ni}}{n}$$

x 的算术平均值为

$$\bar{x} = f(\bar{x}_1, \bar{x}_2, \cdots, \bar{x}_n) \tag{10-26}$$

但若在测 E 时,只对于力及变形分别测得许多数据,则最后的 $\bar{E}$ 值应为

$$\bar{E} = \frac{\overline{\Delta F} L_0}{A_0 \delta(\overline{\Delta L})} \tag{10-27}$$

综上所述,可得到如下结论:

(1) 系统误差应设法避免或减少。

(2) 偶然误差无法消除,但可反复多次测量,最后取其平均值 $\bar{x}$,此值又称为最优值。一般情况下,测试次数愈多,其算术平均值愈接近真值。因此,增加测试次数,是提高实验精度的有效措施。

(3) 如果已知理论值 x_0,则可与 $\bar{x}$ 比较,计算相对误差。

(4) 若理论值未知,则应计算 $\bar{x}$ 的正平方根误差(式(10-13)),以此来估算真值(式(10-16))。

(5) 已知测试值的精度,就可依靠它们的组成函数情况,估计测试结果的最大相对误差(式(10-20))。

(6) 根据各种物理量的测试值的误差所占比例(如式(10-25)所示),应对测试精度提出相应的要求,以选择合适的仪器和设备,进行实验方案设计。

10.2.2.2 异常可疑测试数据的分析

试验测得的数据产生误差是正常的。若出现个别数据值与多数数据值相差较大,或者记录曲线中产生异常跳变,这表明可能存在过失误差。在闸门测试中应尽量避免上述的过失误差,但若出现上述情况,则需要及时发现和剔除,以保证测试结果的正确性。

检验异常可疑的测试数据值的方法有两大类,即物理判别法和统计判别法。统计判别法中有拉依达准则、格拉布施准则、肖维纳准则、狄克逊准则和 t 检验准则等。本章仅介绍格拉布施和 t 检验两种准则。

1. 格拉布施(Grubbss)准则

格拉布施准则为:

$$G > G(\alpha, n) \tag{10-28}$$

式中：$G(\alpha,n)$ 为格拉布施系数，如表 10-3 所示；n 为测试次数；α 为危险率，常用的 α 有 0.01、0.05 等。

表 10-3　　　　　格拉布施系数 $G(\alpha,n)$ 值

n \ α	0.01	0.025	0.05	n \ α	0.01	0.025	0.05
3	1.15	1.15	1.15	20	2.88	2.71	2.56
4	1.49	1.48	1.46	21	2.91	2.73	2.58
5	1.75	1.71	1.67	22	2.94	2.76	2.60
6	1.94	1.89	1.82	23	2.96	2.78	2.62
7	2.10	2.02	1.94	24	2.99	2.80	2.64
8	2.22	2.13	2.03	25	3.01	2.82	2.66
9	2.32	2.21	2.11	30	3.10	2.91	2.74
10	2.41	2.29	2.18	35	3.13	2.98	2.81
11	2.48	2.36	2.23	40	3.24	3.04	2.82
12	2.55	2.41	2.29	45		3.09	2.87
13	2.61	2.46	2.33	50	3.34	3.13	2.96
14	2.66	2.51	2.37	60		3.20	3.03
15	2.71	2.55	2.41	70		3.26	3.09
16	2.75	2.59	2.44	80		3.31	3.14
17	2.79	2.62	2.48	90		3.35	3.18
18	2.82	2.65	2.50	100		3.38	3.21
19	2.85	2.68	2.53				

格拉布施判别法为：

假设测试数据按其大小，从小到大排列成数列，即 $x_1, x_2, \cdots, x_n$，且数列 x_i 服从正态分布。其算术平均值为 $\bar{x}$，样本标准差为 S。试根据格拉布施准则判别其中 x_k 是否异常数据。判别步骤如下：

（1）确定危险率 α。

（2）设统计量

$$G = \frac{|x_k - \bar{x}|}{S} \tag{10-29}$$

将异常可疑值 x_k、算术平均值 $\bar{x}$、样本标准差 S 代入式(10-29)，可求出 G 值。

(3) 依 α、n 可在表 10-3 中查得临界值 $G(\alpha, n)$。

(4) 如果 $G > G(\alpha, n)$，则可判处 x_k 为异常可疑数据，将它舍弃；反之就保留。

注意：

(1) 危险率表示犯了"将本来不是异常可疑数据当做异常可疑数据舍弃"这类错误的概率。

(2) 格拉布施准则可适用于测试次数 $n < 25$ 的情况，这对于钢闸门测试较为适用。

例 3 已知某闸门结构应力的测试数据(N/mm^2)为：

236.33	226.47	250.38	263.22	251.66	288.84
240.35	247.76	231.42	256.86	270.25	177.12

问有否可疑数据要舍弃？

解：

(1) 此测试数据的 $n = 12$，$\bar{x} = 245.06$，$S = 27.54$，现确定 $\alpha = 0.05$，并怀疑最小值 177.12 为可疑数据。

(2) 根据式(10-29)，有

$$G = \frac{|x_k - \bar{x}|}{S} = \frac{|177.12 - 245.06|}{27.54} = 2.47$$

(3) 依 $n = 12$，$\alpha = 0.05$，在表 10-3 中查得临界值 $G(\alpha, n) = 2.29$。

(4) 显然 $G = 2.47 > G(\alpha, n) = 2.29$，即可判定最小数据值 177.12 为异常可疑数据。所以 177.12 应舍弃。

(5) 对剩下的 11 个数据重新计算，由 $\alpha = 0.05$，$n = 11$ 在表 10-3 中查得 $G(\alpha, n) = 2.23$，再对其中最大值 288.84 表示怀疑，由于 $n = 11$，$\bar{x} = 251.25$，$S = 18.18$，故

$$G = \frac{|x_k - \bar{x}|}{S} = \frac{|288.84 - 251.25|}{18.18} = 2.07$$

则 $G = 2.07 < G(\alpha, n) = 2.23$，所以最大数据值 288.84 不是异常可疑数据，应予保留。

2. t 检验准则

t 检验准则为：

$$K > K(\alpha, n) \tag{10-30}$$

式中：$K(\alpha, n)$ 为 t 检验系数，如表 10-4 所示。n 为测试次数；α 为危险率，常用 0.01 及 0.05。K 的大小仍然用式（10-29）计算而得。$K(\alpha, n)$ 大小由表 10-4 查得。

t 检验判别步骤如下：

(1) 首先确定危险率 α。

(2) 选定异常可疑数据 x_k，计算不包括 x_k 在内的测试数据列的算术平均值 $\bar{x}$ 和标准差 S，代入式（10-29）

表 10-4　　　　t 检验临界值 $K(\alpha, n)$ 数值表

n \ α	0.01	0.05	n \ α	0.01	0.05
4	11.46	4.97	18	3.01	2.18
5	6.53	3.04	19	3.00	2.17
6	5.04	3.04	20	2.95	2.16
7	4.30	2.78	21	2.93	2.15
8	3.96	2.62	22	2.91	2.14
9	3.71	2.51	23	2.90	2.13
10	3.54	2.43	24	2.88	2.12
11	3.41	2.37	25	2.86	2.11
12	3.31	2.33	26	2.85	2.10
13	3.23	2.29	27	2.84	2.10
14	3.17	2.26	28	2.83	2.09
15	3.12	2.24	29	2.82	2.09
16	3.08	2.22	30	2.81	2.08
17	3.04	2.20			

$$K = \frac{|x_k - \bar{x}|}{S}$$

计算得 K 值。

(3) 依 α, n 在表 10-4 中查得临界值 $K(\alpha, n)$。

(4) 进行比较,若 $K > K(\alpha, n)$,即可判别 x_k 为异常可疑数据,将之舍弃;反之就保留。(例毕)

例 4 已知某实验的 8 个试件测试数据(N/mm^2)为:274.54,263.20,228.95,265.04,274.28,261.15,262.94,266.95。试用 t 检验准则判别其有否异常可疑数据。

解:将上列数据依从小到大排列为:228.95,261.15,262.94,263.20,265.04,266.95,274.28,274.54。

现假定 $\alpha = 0.01$,并认为数据 228.95 是可疑数据,则计算不包括其在内的 $\bar{x}$ 和 S 为

$$\bar{x} = \frac{1}{7} \sum_{i=2}^{8} x_i = 266.87$$

$$S = \sqrt{\frac{1}{7-1} \sum_{i=2}^{8} (x_i - \bar{x})^2} = 5.46$$

$$K = \frac{|x_k - \bar{x}|}{S} = \frac{|228.95 - 266.87|}{5.46} = 5.94$$

根据 $\alpha = 0.01$ 与测量次数 $n = 8$ 查表 10-4,得到其临界值 $K(\alpha, n) = 3.96$。

由上可知,因 $K = 5.94 > K(\alpha, n) = 3.96$,则可判定数据 228.95 是异常可疑数据,应予以舍弃。(例毕)

10.3 检测数据处理分析

水工钢闸门动力测试所获得的一系列试验数据大多是以模拟量形式出现的时间历程记录曲线,通常称之为振动参量的波形,实测闸门振动记录曲线是一条较复杂的曲线,需要进行处理分析。检测数据的处理分析是通过数学的方法,突出闸门振动的有关信息,抑制和排除无关的信息,以便从复杂的现象中揭示其内在的规律性,把握事

物的本质。

根据闸门振动的特点,振动信号可分为确定性信号和非确定信号。

1. 确定性信号

确定性信号又称为规则信号。它是指振动量随时间变化而有确定的规律,能用明确的数学关系式描述,在相同试验条件下重复试验的信号基本不变。确定性信号按其特征又可分为周期性信号(谐波的)和非周期性信号(瞬态的)。一般结构的动力响应信号类似于周期信号。

2. 非确定信号

非确定信号又称随机信号。它是指振动量随时间变化没有确定的规律,不能用确定的函数关系式来描述,在相同条件下重复试验,所测得的结构可能很不相同的信号。但在大量的重复测试中又呈现出一定的统计规律性,因而可以用概率统计的方法来描述和研究。闸门水流脉动激励及其动力响应都属于随机信号。

10.3.1 确定性信号波形分析

确定性信号波形分析是指在幅值域和时间域内对确定性信号的波形进行各种分析。其目的是为了确定实测波形的最大幅值,各谐波分量的幅值、频率和相位滞后等。

10.3.1.1 振动波形的幅值表示及计算

波形幅值有峰值、平均值和有效值等 3 种表示方式,如图 10-6 所示。

1. 峰值

峰值表达式为

$$x_{峰} = A \tag{10-31}$$

即振动参量(或测试信号)x 的最大值。

2. 平均值

其表达式为

$$x_{平均} = \frac{1}{T}\int_0^T x(t)\mathrm{d}t \tag{10-32}$$

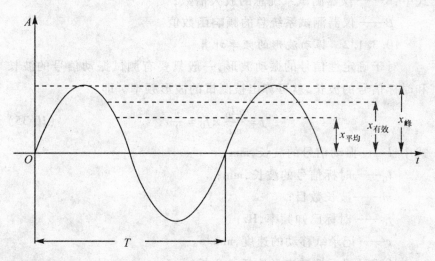

图 10-6 正弦波的峰值、平均值和有效值

对于简谐波形，$x_{平均} = 0.637 x_{峰}$。

3. 有效值

其表达式为

$$x_{有效} = \sqrt{\frac{1}{T} \int_0^T x^2(t) \, dt} \quad (10\text{-}33)$$

对于简谐波形，$x_{有效} = 0.707 x_{峰}$。

在闸门动力测试中，一般采用有效值来描述其幅值的大小。因为振动幅值与振动能量直接有关，该幅值也可能是速度或者加速度，其中位移的有效值代表振动体系(闸门)的势能，速度的有效值则代表振动体系的动能，加速度的有效值则代表振动体系的功率谱密度。此外，有效值还兼顾了振动过程的时间历程，而峰值只代表一个瞬时值，所以有效值在目前被认为是一个全面描述振动过程的指示值，因而被广泛采用。

在实际振动波形记录中，当基线不易确定时，读取波形峰－峰值即为被测全振幅值A_{P-P}。可按式(10-34)计算实际振幅：

$$x = \frac{A_{P-P}}{2K\beta} \quad (10\text{-}34)$$

式中：K——仪器测试系统总的放大倍数；

　　　β——仪器测试系统总的频响函数值。

10.3.1.2　振动波形的频率计算

对于确定性信号的振动波形，一般只要有测试振动信号的波长和时标信号的波长，就可算出被测试的波形频率。即

$$f = \frac{ml_0}{ml} \times f_0 = \frac{v}{l} \tag{10-35}$$

式中：l——振动信号的波长，mm；

　　　l_0——时标信号的波长，mm；

　　　m——波长数目；

　　　f_0——时标已知频率，Hz；

　　　v——记录纸移动的速度，mm/s。

10.3.1.3　振动波形的频谱分析

所谓频谱分析就是对振动信号在频率域内进行分析。此内容在下一节中专门介绍。

10.3.2　随机信号波形分析

水工钢闸门的水流脉动激励及其对闸门的动力响应等信号都属于随机信号，对其分析及处理仍然在幅值域、时间域和频率域内进行。

10.3.2.1　随机信号波形的幅值域分析

随机信号波形的幅值域分析的主要内容有均方值、均值和方差、概率密度函数等，具体分析如下。

1. 均方值、均方根值

均方值表示随机信号的强度，它可定义为：

$$\psi_x^2 = \lim_{T \to \infty} \frac{1}{T} \int_0^T x^2(t)\,\mathrm{d}t \tag{10-36}$$

式中：$x(t)$——测试样本函数，即测试信号的时间记录曲线。

均方根值 ψ_x 是均方值 ψ_x^2 的正平方根值，即

$$\psi_x = \sqrt{\psi_x^2} = \sqrt{\lim_{T \to \infty} \frac{1}{T} \int_0^T x^2(t)\,\mathrm{d}t} \tag{10-36'}$$

2. 均值、方差和标准差

均值等于样本函数 $x(t)$ 的时间平均值，即

$$\mu_x = \lim_{T \to \infty} \frac{1}{T} \int_0^T x(t) \mathrm{d}t \tag{10-37}$$

T 为样本长度或采样长度，单位为秒(s)。$T \to \infty$ 为理想情况，下同。

方差定义为：

$$\sigma_x^2 = \lim_{T \to \infty} \frac{1}{T} \int_0^T [x(t) - \mu_x]^2 \mathrm{d}t \tag{10-38}$$

标准差是方差的正平方根值，即

$$\sigma_x = \sqrt{\sigma_x^2} \tag{10-39}$$

显然，方差是描述随机信号 $x(t)$ 偏离其均值 μ_x 的程度，即均值 μ_x 是描述数据的静态分量，而方差、标准差是描述数据的动态分量。若将 σ_x^2 的表达式展开得

$$\begin{aligned}
\sigma_x^2 &= \lim_{T \to \infty} \frac{1}{T} \int_0^T [x^2(t) - 2x(t)\mu_x + \mu_x^2] \mathrm{d}t \\
&= \lim_{T \to \infty} \frac{1}{T} \int_0^T x^2(t) \mathrm{d}t - \lim_{T \to \infty} \frac{1}{T} \int_0^T 2x(t)\mu_x \mathrm{d}t + \\
&\quad \lim_{T \to \infty} \frac{1}{T} \int_0^T \mu_x^2 \mathrm{d}t \\
&= \lim_{T \to \infty} \frac{1}{T} \int_0^T x^2(t) \mathrm{d}t - 2\mu_x \lim_{T \to \infty} \frac{1}{T} \int_0^T x(t) \mathrm{d}t + \mu_x^2 \lim_{T \to \infty} \frac{1}{T} \int_0^T \mathrm{d}t \\
&= \psi_x^2 - 2\mu_x \mu_x + \mu_x^2 = \psi_x^2 - 2\mu_x^2 + \mu_x^2 = \psi_x^2 - \mu_x^2
\end{aligned}$$

可见，均值、方差与标准差三者之间的关系为：

$$\psi_x^2 = \mu_x^2 + \sigma_x^2 \tag{10-40}$$

因此，随机信号的均方值包括静态分量和动态分量。由于均方值是提供数据强度方面的基本描述，则当随机信号表示振动速度或位移时，方差 σ_x^2 就是与随机振动的能量和功有关的量，它的单位是速度或位移的平方的单位，而振动体系的动能、势能及阻尼消耗的能量都是与之成比例的。当均值 μ_x 为零时，方差 σ_x^2 就等于均方值 ψ_x^2，即 $\psi_x^2 = \sigma_x^2$。

3. 概率密度函数及概率分布函数

概率密度函数表示瞬时随机数据值落在某一指定范围内的概

率。它的主要用途是用来描述随机信号瞬时值的概率及幅值分布情况。

概率密度函数定义为：

$$p(x) = \lim_{\Delta x \to 0}\frac{1}{\Delta x}\left[\lim_{T \to \infty}\frac{\Delta t}{T}\right] \qquad (10\text{-}41)$$

式中：T——样本记录时间（即采样时间）；

Δt——表示在观察时间 T 内，样本记录 $x(t)$ 落在 $(x, x+\Delta x)$ 范围内的总时间，如图10-7所示，则

$$\Delta t = \Delta t_1 + \Delta t_2 + \Delta t_3 + \Delta t_4 + \Delta t_5 = \sum_{i=1}^{5}\Delta t_i$$

所以 $p(x)$ 恒为实值非负函数。

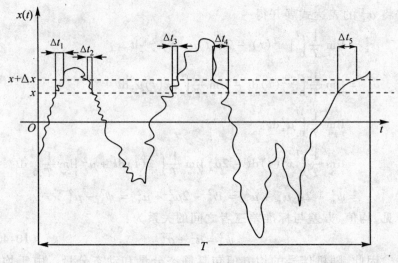

图10-7 概率测量图

概率分布函数可定义为：

$$P(x) = \int_{-\infty}^{x} p(x)\,\mathrm{d}x$$

如果一个随机过程 $x(t)$ 是平稳的，t 为任意值时的随机变量的概率密度函数和概率分布函数是相同的，都可以用 $x(t)$ 计算出来。

由于用概率密度函数描述随机振动信号能全面地反映测试数据

的波形,能够认识和区别各种不同的随机信号,因此,在随机振动研究中比较普遍和比较经常地使用概率密度函数,如图 10-8 所示。

10.3.2.2 随机信号波形的时域分析

时域分析又称相关分析。相关分析的主要内容包括自相关函数和互相关函数。分析如下:

1. 自相关函数

依概率论知识,2 阶原点混合矩称为随机变量 $x(t)$ 的自相关函数,用 $R_{xx}(\tau)$ 表示,定义为

$$R_{xx}(\tau) = \lim_{T \to \infty} \frac{1}{T} \int_0^T x(t) x(t+\tau) \mathrm{d}t \qquad (10\text{-}42)$$

式中:$x(t)$——样本函数在时间 t 的数据;

$x(t+\tau)$——样本函数在时刻 $(t+\tau)$ 时的数据;

T——观测时间。

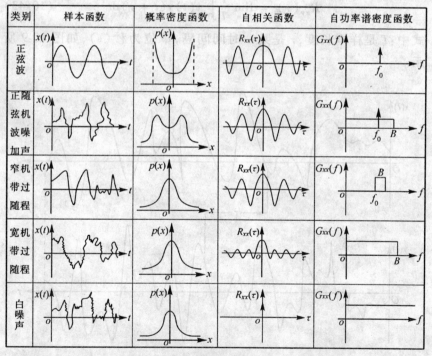

图 10-8　5 种典型振动信号的时间历程图及统计特征图

式(10-42)表示乘积 $x(t) \cdot x(t+\tau)$ 在足够长的观测时间 T 内的平均值。它描述了随机过程某时刻 t 与另一时刻 $(t+\tau)$ 的数据值之间的依赖关系,即描述了随机过程不同时刻之数据值的相关关系。$R_{xx}(\tau)$ 是以时间 τ 为自变量的实偶函数,可正可负,且在 $\tau=0$ 时有最大值。在周期振动中,当 $\tau=nT$ 时,因为周期函数 $x(t)$ 与 $x(t+\tau)$ 相同,它们有最大的相关性。而在随机振动中,$x(t)$ 与 $x(t+\tau)$ 不会相同,当 $\tau\to\infty$ 时,它们越来越不相关。此时,$R_{xx}(\tau)$ 趋向一固定值 u_x^2,当 $u_x=0$ 时,$R_{xx}(\tau)$ 趋向零。在水工闸门测试技术中主要用来检验混杂在随机波形中的周期性信号。同时,它还能计算功率谱密度函数。几种典型的振动信号的自相关函数如图10-8中第3栏所示。

2. 互相关函数

若 $x(t)$ 是一个随机信号的样本函数,而 $y(t)$ 是另一个随机信号的样本函数,则这两组随机数据的互相关函数可定义为

$$R_{xy}(\tau) = \lim_{T\to\infty} \frac{1}{T}\int_0^T x(t)y(t+\tau)\mathrm{d}t \qquad (10\text{-}43)$$

式中:T 是样本长度,τ 是某一时间间隔,单位为秒(s),如图10-9所示。

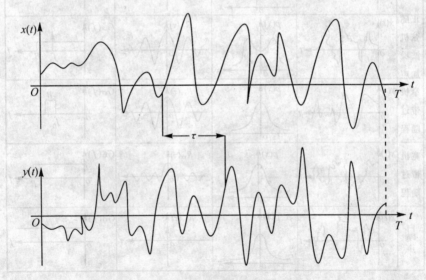

图10-9 互相关的两个样本函数

互相关函数 $R_{xy}(\tau)$ 是 τ 的函数,它描述两组数据值之间的依赖关系。某 τ 值时的 $R_{xy}(\tau)$ 也可以理解为图形 $x(t)$ 与将 $y(t)$ 向左平移 τ 所得图形 $y(t+\tau)$ 的相似性的描述。

$R_{xy}(\tau)$ 是实值函数,可正可负。当 $R_{xy}(\tau) = 0$ 时表示 $x(t)$ 与 $y(t)$ 不相关。$R_{xy}(\tau)$ 主要表示 $x(t)$ 波形与 $y(t)$ 波形移动 τ 时间差后,两者的相似程度。在水工钢闸门测试技术中,可用来确定信号的传递通道、计算功率谱密度函数和用于测试系统的脉冲响应函数。

10.3.2.3 随机信号波形的频域分析

由于随机振动信号的随机性,它不能作幅值谱和相位谱分析,也不能用离散谱来描述,一般只能用功率谱分析。功率谱就是用连续来描述随机信号的幅值、相位和功率等随频率变化的连续分布情况。功率谱分析要求得到功率谱函数、凝聚函数和传递函数等。

1. 功率谱(均方谱)密度函数

对水工钢闸门的随机振动信号进行频率分析时,一般要用到功率谱密度函数。功率谱密度函数可分为自功率谱密度及互功率谱密度函数,而自功率谱密度函数根据频率范围不同,又可分为单边谱和双边谱。功率谱密度函数一般由自相关函数推导出来。

自功率谱密度函数记为 $S_{xx}(f)$,根据傅立叶变换理论,假设自相关函数 $R_{xx}(\tau)$ 绝对可积,则可定义为:

$$S_{xx}(f) = \int_{-\infty}^{+\infty} R_{xx}(\tau) e^{-j2\pi f\tau} d\tau \tag{10-44}$$

式中:$S_{xx}(f)$——自功率谱函数,简称功率谱。

根据傅立叶积分理论,$S_{xx}(f)$ 的逆变换为 $R_{xx}(\tau)$,故

$$R_{xx}(\tau) = \int_{-\infty}^{+\infty} S_{xx}(f) e^{j2\pi f\tau} df \tag{10-45}$$

自功率谱函数主要用来建立随机信号的频率结构,以便为分析其频率组成以及相应量的大小提供数据,几种典型随机信号的自功率谱图见图 10-8 第 4 栏。

自功率谱 $S_{xx}(f)$ 中的 f 包括正值和负值,所以,$S_{xx}(f)$ 又叫做双边谱。现令

$$\begin{cases} G_{xx}(f) = 2S_{xx}(f) = 2\int_0^\infty R_{xx}(\tau)\mathrm{e}^{-\mathrm{j}2\pi f\tau}\mathrm{d}\tau & (f \geq 0) \\ G_{xx}(f) = 0 & (f < 0) \end{cases}$$

(10-46)

即在 $G_{xx}(f)$ 中，只有当 f 为正值时才存在。此时，$G_{xx}(f)$ 叫做单边谱，如图 10-10 所示。

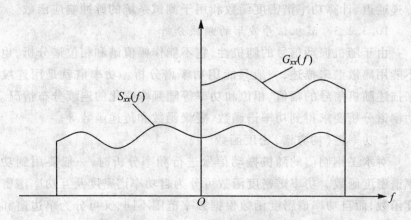

图 10-10 单边谱与双边谱图

互谱密度函数记为 $S_{xy}(f)$，它是由两组随机数据的互相关函数的傅立叶变换直接求得的。即两个各态历经随机过程的样本函数 $x(t)$、$y(t)$ 中，若 $R_{xy}(\tau)$ 是它们的互相关函数，当其绝对可积条件 $\int_{-\infty}^{+\infty}|R_{xy}(\tau)|\mathrm{d}\tau < \infty$ 成立时，则可定义双边互谱密度为

$$S_{xy}(f) = \int_{-\infty}^{+\infty} R_{xy}(\tau)\mathrm{e}^{-\mathrm{j}2\pi f\tau}\mathrm{d}\tau \qquad (10-47)$$

f 的取值范围为 $(-\infty, +\infty)$。

$S_{xy}(f)$ 的相应逆变换是

$$R_{xy}(\tau) = \int_{-\infty}^{+\infty} S_{xy}(f)\mathrm{e}^{\mathrm{j}2\pi f\tau}\mathrm{d}f \qquad (10-48)$$

由于 $R_{xy}(\tau)$ 不是偶函数，所以双边互谱密度函数 $S_{xy}(f)$ 是复数，可表示为：

$$S_{xy}(f) = \int_{-\infty}^{+\infty} R_{xy}(\tau)\cos 2\pi f\tau \,d\tau - j\int_{-\infty}^{+\infty} R_{xy}(\tau)\sin 2\pi f\tau \,d\tau$$
$$= C'_{xy}(f) - jQ'_{xy}(f) \tag{10-49}$$

式中：
$$C'_{xy}(f) = \int_{-\infty}^{+\infty} R_{xy}(\tau)\cos 2\pi f\tau \,d\tau \tag{10-50}$$

是 f 的偶函数；

$$Q'_{xy}(f) = \int_{-\infty}^{+\infty} R_{xy}(\tau)\sin 2\pi f\tau \,d\tau \tag{10-51}$$

是 f 的奇函数。

如上所述，若用单边互谱，其频率 f 只取正值，单位赫兹（Hz），单边互谱可定义为：

$$\begin{cases} G_{xy}(f) = 2S_{xy}(f) & (f \geq 0) \\ G_{xy}(f) = 0 & (f < 0) \end{cases} \tag{10-52}$$

于是
$$G_{xy}(f) = |G_{xy}(f)|e^{-j\theta_{xy}(f)} = C_{xy}(f) - jQ_{xy}(f) \tag{10-53}$$

式中：实部 $C_{xy}(f)$ 称为单边共谱、协谱或余谱；

虚部 $Q_{xy}(f)$ 称为单边正交谱、方谱或重谱；

模 $|G_{xy}(f)| = \sqrt{[C_{xy}(f)]^2 + [Q_{xy}(f)]^2}$ (10-54)

相位角 $\theta_{xy}(f) = \arctan\dfrac{Q_{xy}(f)}{C_{xy}(f)}$ (10-55)

显然有

$C_{xy}(f) = 2C'_{xy}(f) \quad (f \geq 0)$
$C_{xy}(f) = 0 \quad (f < 0)$
$C_{xy}(f) = 2Q'_{xy}(f) \quad (f \geq 0)$
$C_{xy}(f) = 0 \quad (f < 0)$

互谱满足如下不等式：
$$|G_{xy}(f)|^2 \leq G_{xx}(f)G_{yy}(f) \tag{10-56}$$

2. 传递函数（频率响应函数）及测量滞后时间

可依功率谱来研究体系的传递函数与测量滞后时间。若在闸门的某点单点输入一平稳随机信号 $x(t)$，则其任一点 i 的输出也是平稳随机信号，记为 $y_i(t)$。根据随机振动理论，对应于该输入点与输出点的体系的传递函数可由

$$H(f) = \frac{G_{xy_i}(f)}{G_{xx}(f)} \tag{10-57}$$

求得。这是互谱密度函数在闸门动力试验中的重要应用,特别是闸门的模态分析及系统的动态特性参数识别中常用到。至于 $H(f)$ 的测试精度的置信程度可通过计算相干函数 $\gamma_{xy_i}^2(f)$ 得到。

此外,若闸门输入为 $x(t)$,输出为 $y_i(t)$,其互谱的相角 $\theta_{xy_i}(f)$ 表示当频率为 f 时的简谐输入、输出信号间的相位差。因此,在任一频率 f 处信号通过闸门的滞后时间为:

$$\tau(f) = \frac{\theta_{xy_i}(f)}{2\pi f} \tag{10-58}$$

3. 凝聚函数(相干函数)

凝聚函数是在频率域内描述两种平稳随机过程 $x(t)$ 与 $y_i(t)$ 的相关关系,又称相干函数。记为 $\gamma_{xy_i}^2(f)$,定义为:

$$\gamma_{xy_i}^2(f) = \frac{|S_{xy_i}(f)|^2}{S_{xx}(f) S_{y_i y_i}(f)} = \frac{|G_{xy_i}(f)|^2}{G_{xx}(f) G_{y_i y_i}(f)} \tag{10-59}$$

式中:$S_{xy_i}(f)$、$G_{xy_i}(f)$——分别表示随机过程 $x(t)$ 与 $y_i(t)$ 的双边、单边的互谱密度函数;

$S_{xx}(f)$、$G_{xx}(f)$——分别表示随机过程 $x(t)$ 的双边、单边的自谱密度函数;

$S_{y_i y_i}(f)$、$G_{y_i y_i}(f)$——分别表示随机过程 $y_i(t)$ 的双边、单边的自谱密度函数。

显然,$\gamma_{xy_i}^2(f)$ 是频率的函数,且为实数。

从式(10-59)可知:

(1)当 $\gamma_{xy_i}^2(f) = 1$ 时,表示两种平稳随机过程 $x(t)$ 与 $y_i(t)$ 之间完全相关,完全凝聚,即表示输出 $y_i(t)$ 完全是该输入 $x(t)$ 引起的,干扰等于零。

(2)当在某一频率 f_i 上的 $\gamma_{xy_i}^2(f_i) = 0$ 时,表示两种随机过程 $x(t)$ 与 $y_i(t)$ 在此频率 f_i 上是不相干的。若在所有频率 f 上的 $\gamma_{xy_i}^2(f) = 0$ 都成立,则表明两种随机过程 $x(t)$ 与 $y_i(t)$ 是完全独立

的、不相干的、不凝聚的。

(3) 在 $0 \leq \gamma_{xy_i}^2(f) \leq 1$ 中，$\gamma_{xy_i}^2(f)$ 越小表示输入 $x(t)$ 与输出 $y_i(t)$ 之间的关系越小，即越不相干，越不凝聚。

我们由式(10-56)亦可证明：

$$0 \leq \gamma_{xy_i}^2(f) \leq 1 \tag{10-60}$$

在工程实际中，一般当 $\gamma_{xy_i}^2(f) \geq 0.707$ 时，就认为两种随机过程 $x(t)$ 与 $y_i(t)$ 是相干的、凝聚的。就可用它来判断、评定频率响应(传递函数)函数测试结果的好坏了。

10.3.3 试验数据的回归分析

回归分析是对测试数据分解处理的重要内容，因为通过回归分析可找到一个比较符合事物内在规律的数学表达式，以此来揭示和描述变量之间的相互关系。回归分析作为钢闸门检测技术中的一个重要问题，已在 9.7 节介绍过，本节不再叙述。

10.4 钢闸门振动信号频谱分析

水工钢闸门在地震荷载，水流脉动压力、启闭过程的摩擦和水中漂浮物冲击等作用下产生振动，振动响应信号较为复杂(一般为随机振动)，振动频率成分丰富，振动强度激烈，对闸门造成较大危害。为此，必须对闸门振动信号进行频谱分析，以了解闸门的动态特性(固有频率，主振及阻尼等)、闸门的动力响应及振动信号的频率成分等，进而采取一些防震、隔震及消震措施，以保证闸门的安全运行。

在第 6 章闸门动态检测中曾介绍了闸门动力检测的原理与方法，其中包括对闸门的振动信号的谱分析方法。关于频谱分析问题，本节主要结合闸门的动态检测介绍频谱分析的基本概念，各类信号的频谱分析的原理、数学上的傅立叶变换，数字信号分析仪及系统等内容。

10.4.1 频谱分析基础

频谱分析基础知识包含谱、频谱及频谱分析的基本概念。

10.4.1.1 谱

谱在自然界中普遍存在,如音乐中有乐谱;自然当中有光谱(按其波长大小排列);将复杂的谱音分解为单纯的音调,并按其频率的高低排列,便得到音响谱,等等。通俗说法是,把复杂成分的物质分解成简单的物质成分,并把其具有的特征量按其一定的顺序排列起来,就构成所谓的谱。

10.4.1.2 频谱

频谱这一词汇,在振动分析中用得较多,亦即把振动的时域信号波形分解成许多不同频率的谐波,按各谐波频率的高低排列起来,所形成的波形称为频谱图或简称频谱。

例如,在闸门检测中,所测的振动波形是一个宽带随机波形,若将之分解,使其由许多谐波组成,而这些谐波分量又都具有不同的振幅与相位。以振幅或相位作纵坐标,以频率作横坐标,这就得到了各种振幅和相位以频率为变量的频谱函数,作出的曲线或谱线,即为该振动波形的频谱或频谱图。这样,原测的时域信号便变成了频率域信号了。如图10-8第4项第4栏所示。

10.4.1.3 频谱分析

所谓频谱分析就是把时间域的各种动态信号变换到频率域的分析。分析结果得到以频率为横坐标的各种动态参量的谱线与曲线。如振动幅值谱、相位谱及功率谱等。

(1) 幅值谱——动态信号中所包含的各次谐波幅度(振幅)值的全体,它表征振动幅值随其频率的分布情况。

(2) 相位谱——表示各次谐波相位值的全体。它表征振动相位随其频率的分布情况。

(3) 功率谱——表示各次谐波能量(或功率)的全体,也称功率谱密度。它表征各谐波能量(或功率)随频率分布情况。

随机振动信号主要是用功率谱密度作频谱分析;对确定性信号,一般用幅值、相位谱进行分析。

通过频谱分析可以解决振动信号的频率结构、闸门的动态特性(f、A、C)及闸门的动力响应等情况,同时还可用来对实测波形进行修正,从而得到真实的振动波形。

10.4.2 确定性信号的频谱分析

确定性信号需要做频谱分析的有周期波形信号及非周期波形信号,下面分别予以介绍。

10.4.2.1 周期性信号的傅氏谱

求解任意形式的周期信号分析问题,依高等数学知识,借助于傅立叶(Fourier)分析法,把周期波展开成傅氏级数形式,即可将这个复杂的波形分解成许多不同频率的正弦和余弦谐波之和。

设任意周期函数 $X(t)$ 的周期为 $T = \dfrac{2\pi}{\omega}$(ω 为角频率),则其傅氏级数展开式为:

$$X(t) = \frac{a_0}{2} + \sum_{n=1}^{\infty}(a_n \cos n\omega t + b_n \sin n\omega t)$$

$$= \sum_{n=1}^{\infty} a_n \cos n\omega t + \sum_{n=0}^{\infty} b_n \sin n\omega t \qquad (10\text{-}61)$$

式中: $a_n = \dfrac{2}{T}\displaystyle\int_{-\frac{T}{2}}^{\frac{T}{2}} X(t)\cos n\omega t\, dt \qquad (n = 1,2,\cdots,\infty)$

$b_n = \dfrac{2}{T}\displaystyle\int_{-\frac{T}{2}}^{\frac{T}{2}} X(t)\sin n\omega t\, dt \qquad (n = 0,1,2,\cdots,\infty)$

$a_0 = \dfrac{2}{T}\displaystyle\int_{-\frac{T}{2}}^{\frac{T}{2}} X(t)\, dt$

$\dfrac{a_0}{2}$ 项表示周期 T 内的振幅平均值;而 $a_n\cos n\omega t + b_n\sin n\omega t$ 表示 n 次谐波,$n=1$ 时正弦波叫做基波。

由 $a_n\cos n\omega t + b_n\sin n\omega t = \sqrt{a_n^2 + b_n^2}\left[\dfrac{a_n}{\sqrt{a_n^2 + b_n^2}}\cos n\omega t + \dfrac{b_n}{\sqrt{a_n^2 + b_n^2}}\sin n\omega t\right]$,令 $\dfrac{a_n}{\sqrt{a_n^2 + b_n^2}} = \cos\varphi_n$,$\dfrac{b_n}{\sqrt{a_n^2 + b_n^2}} = -\sin\varphi_n$

则 $$x(t) = \frac{a_0}{2} + \sum_{n=1}^{\infty} A_n\cos(n\omega t + \varphi_n) \qquad (10\text{-}62)$$

式中: $A_n = \sqrt{a_n^2 + b_n^2}$ 表示 n 次谐波的振幅;

$\varphi_n = \arctan\left[-\dfrac{b_n}{a_n}\right]$ 表示 n 次谐波的相位角。

根据 A_n、φ_n 即可作出波形 $x(t)$ 的振幅谱及相位谱。周期波形的频谱图是离散的线谱,如图 10-11 所示。

此外,还可根据欧拉(Euler)公式,将傅立叶级数表示成复数形式:

$$x(t) = \sum_{n=1}^{\infty} F(n\omega)\mathrm{e}^{\mathrm{j}n\omega t} \qquad (10\text{-}63)$$

式中:$F(n\omega) = \dfrac{2}{T}\int_{-\frac{T}{2}}^{\frac{T}{2}} x(t)\mathrm{e}^{-\mathrm{j}n\omega t}\mathrm{d}t \qquad (10\text{-}63\mathrm{a})$

显然 $F(n\omega)$ 是个复数,可表示为:

$$F(n\omega) = |F(n\omega)|\mathrm{e}^{-\mathrm{j}\varphi_n} \qquad (10\text{-}63\mathrm{b})$$

式中:$|F(n\omega)| = \dfrac{\sqrt{a_n^2 + b_n^2}}{2}$,$\varphi_n = \arctan\left(-\dfrac{b_n}{a_n}\right)$

根据 $|F(n\omega)|$、φ_n 与频率 ω 的关系,可画出复数的振幅谱和相位谱,如图 10-11 所示。

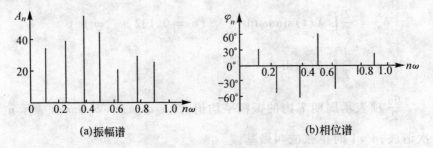

(a)振幅谱   (b)相位谱

图 10-11 周期波形频谱图

如果 $x(t)$ 不是周期函数,那么在时间 t 的有限区间 $[t_0, t_0 + T]$ 内,傅立叶级数及傅立叶系数的公式仍然成立:

$$\left.\begin{array}{l} x(t) = \displaystyle\sum_{n=-\infty}^{\infty} x(n\omega)\mathrm{e}^{\mathrm{j}n\omega t} \quad (t \in [t_0, t_0 + T]) \\ x(n\omega) = \dfrac{1}{T}\displaystyle\int_{t_0}^{t_0+T} x(t)\mathrm{e}^{-\mathrm{j}n\omega t}\mathrm{d}t \quad (n = 0, 1, 2, \cdots) \end{array}\right\} \quad (10\text{-}64)$$

上述表明,在有限时间区间上一个复杂波可分解成无限多个简谐波。

10.4.2.2 非周期波形的傅立叶谱

非周期波形包括冲击、脉冲和瞬态振动等波形,它们的频谱不能用线谱来表示,因此,非周期波形不能直接展开成傅立叶级数。但可将其看成一个周期为无穷大的周期波形来研究。

周期波的频率是离散的线谱(见图 10-11),而相邻谱线的间隔是波形的重复频率,$\Delta f = \frac{1}{T}$。显然,周期 T 越长,相邻间隔就越小,谱线的密度则越大。当 $T \to \infty$ 时,$\Delta f \to 0$。亦即非周期波(含冲击波及瞬态振动等)的频谱是连续频谱,如图 10-12 所示。

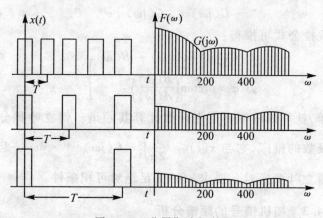

图 10-12　非周期波频谱图

研究连续频谱的主要目的是了解其各次谐波的振幅随频率增加而变化的状况,即各谱线长度之间的关系,其次才是谱线长度本身。其振幅随频率增加而变化的状态可用谱线的包络线来表示。如上所述,令 $T \to \infty$,则上述的无穷级数就变成了无穷积分,这就是傅立叶级数变换。

由图 10-12 可见,形状相同但周期不同的波形,它们的频谱的包络线具有相似的形状,只是高度不同而已。且周期增加一倍,包络线的高度则按比例降低一半。如果将各谱线长度都乘以该波形的周期

T,就得到一条与周期无关的包络线 $G(j\omega)$,即频谱特性曲线。频谱特性曲线的函数表达式称为频谱函数,它反映振幅随频率的变化规律。

若将周期波的傅立叶级数展开式的复数形式的振幅 $F(n\omega)$ 乘以其周期 T,则得到频谱特性曲线的积分表达式,即

$$G(n\omega) = T \cdot F(n\omega) = \int_{-\frac{T}{2}}^{\frac{T}{2}} x(t) e^{-jn\omega t} dt \qquad (10\text{-}65)$$

当 $T \to \infty$ 时,上式中 $x(t)$ 变成非周期波形,此时,$\Delta\omega \to d\omega$,即对 $n\omega$ 求和变成对 ω 积分,并将 $n\omega$ 记为 $j\omega$,于是

$$G(j\omega) = \int_{-\infty}^{+\infty} x(t) e^{-j\omega t} dt \qquad (10\text{-}66)$$

由上式可得:

$$G(j\omega) = |G(j\omega)| e^{j\varphi} \qquad (10\text{-}67)$$

由欧拉公式可推得:

$$\left. \begin{array}{l} G(j\omega) = A(\omega) + jB(\omega) \\ \varphi = \arctan\left(\dfrac{B(\omega)}{A(\omega)}\right) \end{array} \right\} \qquad (10\text{-}68)$$

这样,就可以根据非周期函数计算其频谱。傅立叶积分可看做傅立叶级数的推广,它与 $x(t) = \dfrac{1}{2\pi} \int_{-\infty}^{+\infty} G(j\omega) e^{j\omega t} \cdot d\omega$ 一起是复数形式的傅立叶变换对。要求 $x(t)$ 满足绝对可积条件。

10.4.3 随机信号的频谱分析

随机信号的频谱分析通常又称之为谱密度分析。它的频谱是连续谱。用连续来说明随机波的幅值、相位及功率谱等随频率变化的连续分布情况。

频谱分析的数学基础是傅立叶变换,为此,我们首先给读者介绍傅立叶变换。

10.4.3.1 傅立叶变换

傅立叶变换可分为有限离散傅立叶变换(DFT)和快速傅立叶变换(FFT)。下面分别叙述。

1. 有限离散傅立叶变换(DFT)

前面已介绍,频谱分析的数学基础是傅立叶变换,即

$$x(t) = \int_0^\infty x(t) e^{-j2\pi ft} dt \qquad (10-69)$$

求解任意时间函数 $x(t)$ 的傅立叶变换的前提是该时间函数有解析解。但实际测试得到的振动记录曲线是一条连续的波形线,很难用数学表达式描述,而且也不适用数字计算机计算。为此,必须对所记录的连续波形线进行离散采样和模数转换,得到该波形信号的无穷离散数值序列 $x_0, x_1, \cdots, x_\infty$。显然,由于计算机的容量有限,不可能接受无限个离散采样数值,只能对有限个(n)的离散数值序列 $\{x_n\}$ 进行傅立叶变换,称之为有限离散傅立叶变换(DFT)。

一个连续变化的波形线 $x(t)$,对其离散采样,其频谱分析采样图如图 10-13 所示。

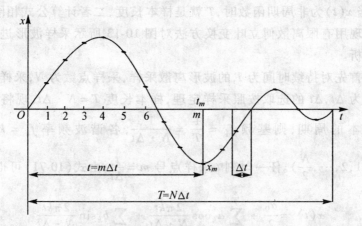

N——采样点数;Δt——采样时间间隔;T——样本长度

图 10-13 频谱分析采样图

设一次记录的波形样本,长为 T,采样时间间隔 Δt,采样点数为 N(取偶数),则 $T = N\Delta t$。设 $N = 16$ 个采样点,则其各点的数值构成离散值序列

$$\{x_m = x(m\Delta t)\} \quad (m = 0, 1, 2, \cdots, N-1)$$

m 号采样点处的时刻为 $t_m = m\Delta t$,该时刻的数据为 $x_m = x(m\Delta t)$,于是就可以得到在 $[0, T]$ 区间内 $x(t)$ 的有限傅立叶级数。

根据式(10-61),得

$$x(t) = \frac{a_0}{2} + \sum_{k=1}^{\frac{N}{2}} a_k \cos\frac{2\pi k}{T}t + \sum_{k=1}^{\frac{N}{2}-1} b_k \sin\frac{2\pi k}{T}t \quad (10\text{-}70)$$

在 $t_m = m\Delta t (m = 0,1,2,\cdots,N-1)$ 处有:

$$x_m = \frac{a_0}{2} + \sum_{k=1}^{\frac{N}{2}} a_k \cos\frac{2\pi km}{N} + \sum_{k=1}^{\frac{N}{2}-1} b_k \sin\frac{2\pi km}{N} \quad (10\text{-}71)$$

式中:傅立叶系数 a_k、b_k 分别为:

$$\left.\begin{aligned} a_k &= \frac{2}{N}\sum_{m=0}^{N-1} x_m \cos\frac{2\pi km}{N} \quad \left(k = 0,1,2,\cdots,\frac{N}{2}\right) \\ b_k &= \frac{2}{N}\sum_{m=0}^{N-1} x_m \sin\frac{2\pi km}{N} \quad \left(k = 0,1,2,\cdots,\frac{N}{2}-1\right) \end{aligned}\right\} \quad (10\text{-}72)$$

进行有限的傅立叶变换计算时,当 $x(t)$ 为周期函数时,T 就是周期,当 $x(t)$ 为非周期函数时,T 就是样本长度,二者计算公式相同。

现用有限离散傅立叶变换方法对图 10-13 所示采样波形进行频谱分析。

首先对持续时间为 T 的波形离散采样,采样点数为 N,采样时间间隔为 Δt,Δt 的选取按照采样定理,样本长度 $T = N \cdot \Delta t$,现将 T 视为样本的周期,则基频 $f_1 = \frac{1}{T} = \frac{1}{N \cdot \Delta t}$,各谐波频率 $f_k = k \cdot f_1$ ($k = 1,2,\cdots,\frac{N}{2}$)。任一时刻 t 采样点号 $m = \frac{t}{\Delta t}$,由式(10-71)可得

$$\begin{aligned} x(t) &= \frac{a_0}{2} + \sum_{k=1}^{\frac{N}{2}} a_k \cos\frac{2\pi kt}{N \cdot \Delta t} + \sum_{k=1}^{\frac{N}{2}-1} b_k \sin\frac{2\pi kt}{N \cdot \Delta t} \\ &= \frac{a_0}{2} + \sum_{k=1}^{\frac{N}{2}} a_k \cos 2\pi f_k t + \sum_{k=1}^{\frac{N}{2}-1} b_k \sin 2\pi f_k t \quad (10\text{-}73) \end{aligned}$$

式中:

$$a_k = \frac{2}{N}\sum_{m=0}^{N-1} x_m \cos\frac{2\pi kt}{N \cdot \Delta t} = \frac{2}{N}\sum_{m=0}^{N-1} x_m \cos 2\pi f_k t$$

$$b_k = \frac{2}{N}\sum_{m=0}^{N-1} x_m \sin\frac{2\pi kt}{N \cdot \Delta t} = \frac{2}{N}\sum_{m=0}^{N-1} x_m \sin 2\pi f_k t \quad (10\text{-}74)$$

相应各频率 f_k 的谐波的振幅及相位为:

$$A_k = \sqrt{a_k^2 + b_k^2} \quad (10\text{-}75)$$

$$\varphi_k = \arctan\left(-\frac{b_k}{a_k}\right) \quad (10\text{-}76)$$

以 $f_k = k \cdot f_1$ 为横坐标,对应 f_k 的振幅 A_k(或相位 φ_k)为纵坐标就可得出该连续波形的功率谱和相位谱,这些频谱都是离散线谱。

2. 快速傅立叶变换(FFT)

离散傅立叶变换已在计算机上实现了傅立叶变换,但若计算点数很多时,运算量很大,计算就出现麻烦。例如用复数形式表示一离散傅立叶变换为:

$$x(n) = \sum_{k=0}^{N-1} x(k) e^{-j\frac{2\pi k n}{N}} \quad (n = 0, 1, 2, \cdots, N-1)$$

时,直接计算 $x(n)$ 值的工作量太大,对于 K 个 $x(n)$ 中的每一个必须作 N 次 $x(k)$ 乘以 $e^{-j\frac{2\pi k n}{N}}$,所以总共有 N^2 次复数乘法运算,而且还要作 $N(N-1)$ 次复数加法运算,当 N 较大时,即便使用大容量电子计算机也有困难。如 $N = 1024$,则仅复数相乘的次数就为 $N^2 = 1048576$,即一百多万次。可见即使离散傅立叶变换在计算机上能算也是不实用的。1965 年柯立(J. W. Cooley)和杜开(Tukey)提出了 DFT 的快速方法,并编出了该方法的计算程序,称之为快速傅立叶变换(FFT)。也就是计算随机信号 $x(t)$ 的有限傅立叶变换的快速方法。

快速傅立叶变换的具体算法很多,有时域分解法,频域分解法等。在此仅介绍一种时域分解法的基本原理。时域分解法是把离散时间序列 $\{x_n\}$ 分割成若干较短序列(如先分成一半,再分成 1/4……),分别计算每个短序列的离散傅立叶变换,然后,想法"合并",得到原始序列的离散傅立叶变换。具体如下:

首先,利用两个 $N/2$ 点的离散傅立叶变换表示一个 N 点的离散傅立叶变换。

设 $\quad x(n) = \sum_{k=0}^{N-1} x(k) W_N^{nk} \quad (n = 0, 1, 2, \cdots, N-1)$

式中: $W_N^{nk} = e^{-j\frac{2\pi}{N} nk}$。 $\quad (10\text{-}77)$

现将样本 $x(k)$ 按顺序标号奇偶性分成两列,并考虑 $W_N^{2nk} = W_{\frac{N}{2}}^{nk}$,

故
$$x(n) = \sum_{k=0}^{\frac{N}{2}-1} x(2k) W_N^{2nk} + \sum_{k=0}^{\frac{N}{2}-1} x(2k+1) W_N^{n(2k+1)}$$

$$= \sum_{k=0}^{\frac{N}{2}-1} x(2k) W_{\frac{N}{2}}^{nk} + \sum_{k=0}^{\frac{N}{2}-1} x(2k+1) W_{\frac{N}{2}}^{nk} W_N^n$$

取
$$B(n) = \sum_{k=0}^{\frac{N}{2}-1} x(2k) W_{\frac{N}{2}}^{nk}$$

$$C(n) = \sum_{k=0}^{\frac{N}{2}-1} x(2k+1) W_{\frac{N}{2}}^{nk}$$

则
$$x(n) = B(n) + C(n) W_N^n \tag{10-78}$$

式(10-78)表明：$B(n)$、$C(n)$ 实质上是两个周期为 $N/2$ 的具有 $N/2$ 个独立值的周期性频率函数。即

$$B(n) = B\left(n + \frac{N}{2}\right)$$

$$C(n) = C\left(n + \frac{N}{2}\right)$$

(由于 $W_{\frac{N}{2}}^{\frac{N}{2}k} = e^{-j2\pi k} = 1, W_{\frac{N}{2}}^{(n+\frac{N}{2})k} = W_{\frac{N}{2}}^{nk} \cdot W_{\frac{N}{2}}^{\frac{N}{2}k} = W_{\frac{N}{2}}^{nk}$)

所以，$x(n) = B(n) + C(n) W_N^n$ 只能给出 $x(n)$ 的 $N/2$ 个独立值，而

$$x\left(n + \frac{N}{2}\right) = B\left(n + \frac{N}{2}\right) + C\left(n + \frac{N}{2}\right) W_N^{n+\frac{N}{2}} = B(n) + C(n) W_N^{n+\frac{N}{2}}$$

因为 $\quad W_N^{n+\frac{N}{2}} = -W_N^n \quad \left(W_N^{\frac{N}{2}} = e^{-j\left(\frac{2\pi}{N}\right)\cdot\frac{N}{2}} = -1\right)$

故 $x\left(n + \frac{N}{2}\right) = B(n) + C(n) W_N^n \quad \left(n = 0, 1, \cdots, \frac{N}{2} - 1\right)$

由此可见，具有 N 个样本点的时间序列傅立叶变换，可分成 $N/2$ 个点的傅立叶变换。

同理，按上述分法，再将 $N/2$ 点的傅立叶变换分成 $N/4$，再将 $N/4$ 点分成 $N/8$ 点……以至分成 m 个两点的有限离散傅立叶变换（DFT）为止，求两点的傅立叶变换，只需进行加减换算。这就是快速

傅立叶变换的原理。

用 BASIC、FORTRAN……甚至 C++ 等各种语言编写的 FFT 计算程序,已在很多频谱分析仪或作为计算机的动力分析软件中使用,读者可参考有关资料。

10.4.3.2 功率谱密度函数

功率谱函数也称自谱密度函数或简称功率谱。由于功率谱会突出该信号的主频率,故功率谱的主要用途是用来建立信号的频率结构,分析频率组成和相位量的大小。

1. 功率谱密度函数计算表达式

由于功率谱密度函数一般可以从自相关函数推导出来。按照傅立叶变换理论可得到(参见前面公式):

双边自谱: $\quad S_{xx}(f) = \int_{-\infty}^{+\infty} R_{xx}(\tau) e^{-j2\pi f \tau} d\tau \quad$ (10-44)

自相关: $\quad R_{xx}(f) = \int_{-\infty}^{+\infty} S_{xx}(f) e^{j2\pi f \tau} df \quad$ (10-45)

单边自谱: $\begin{cases} G_{xx}(f) = 2S_{xx}(f) = 2\int_{0}^{\infty} R_{xx}(\tau) e^{-j2\pi f \tau} d\tau & (f \geq 0) \\ G_{xx}(f) = 0 & (f < 0) \end{cases}$

$$\text{(10-46)}$$

双边互谱: $S_{xy}(f) = \int_{-\infty}^{+\infty} R_{xy}(\tau) e^{-j2\pi f \tau} d\tau \quad$ (10-47)

互相关: $R_{xy}(f) = \int_{-\infty}^{+\infty} S_{xy}(f) e^{j2\pi f \tau} df \quad$ (10-48)

单边互谱: $\begin{cases} G_{xy}(f) = 2S_{xy}(f) & (f \geq 0) \\ G_{xy}(f) = 0 & (f < 0) \end{cases} \quad$ (10-52)

特殊情况的 $\tau = 0$ 时,随机信号 $x(t)$ 的自相关函数为:

$$R_{xx}(0) = \psi_x^2 = 2\int_0^{\infty} S_{xx}(f) df = \int_0^{\infty} G_{xx}(f) df$$

由此可得:

$$\psi_x^2 = \int_0^{\infty} G_{xx}(f) df \quad (10\text{-}79)$$

式(10-79)表明随机信号的均方值 ψ_x^2 等于 $G_{xx}(f) df$ 对全部频率求

和，$G_{xx}(f)\mathrm{d}f$ 就等于频率 $\left(f-\dfrac{\mathrm{d}f}{2}, f+\dfrac{\mathrm{d}f}{2}\right)$ 范围内的均方值，即 $G_{xx}(f)$ 表示随机波信号 $x(t)$ 在每单位频带的分量的均方值。由于 $G_{xx}(f)$ 是频率 f 的函数，且是每单位频率上均方值的大小，因此它是均方值的"谱密度"。

在闸门振动中，功和能量与其振幅的平方成正比例，即 $x^2(t)$ 可看做闸门振动体系的能量或功的量度，所以功率谱 $G_{xx}(f)$ 是随机振动在单位频带内的谐波分量的能量（功）按频率 f 分布的量度。

2. 功率谱密度函数的计算方法

功率谱密度函数有两种数字计算方法。

（1）按上面所述，通过自相关函数 $R_{xx}(\tau)$ 作傅立叶变换得到相应的谱密度函数。称之为布克拉门-杜开（Blackman-Tukey）方法。

（2）对原始测试数据 $x(t)$ 直接进行快速傅立叶变换得到相应的谱密度函数。称之为柯立-杜开（Cooley-Tukey）方法。

此外，还可以通过模拟滤波技术求得。此方法是在数字信号设备出现前常用的方法，现在仍有个别单位采用。但在数字信号设备（数模转换器及专门分析仪）出现及计算机广泛应用后，功率谱密度就主要通过上述两种计算方法求得。两种数字计算方法相比，从计算效率来看，方法（2）较好，当时域信号采样容量 N 越大时，越显出方法（2）比方法（1）计算效率高。所以，方法（2）的直接快速傅立叶变换在功率谱计算中得到广泛使用。

10.4.3.3 功率谱密度函数的换算

现以自谱密度函数为例，用上述两种数字计算方法对功率谱密度函数换算分别给予说明。互谱密度函数也可采用相应方法。

1. 由相关函数求得谱密度函数

根据谱密度函数与相关函数之间的关系式（10-46），有

$$G_{xx}(f) = 2\int_{-\infty}^{+\infty} R_{xx}(\tau)\mathrm{e}^{-\mathrm{j}2\pi f\tau}\mathrm{d}\tau = \int_{0}^{\infty} R_{xx}(\tau)\cos 2\pi f\tau \mathrm{d}\tau$$

其中自相关函数可依式（10-42）得到

$$R_{xx}(\tau) = \lim_{T\to\infty}\dfrac{1}{T}\int_{0}^{T} x(t)x(t+\tau)\mathrm{d}\tau$$

若相关函数的计算采用的是数字计算的方法，则 $G_{xx}(f)$ 也可以

由数字计算方法求得,都可采用数据序列直接计算得到。

2. 用直接快速傅立叶变换计算谱密度函数(以自谱为例)

考虑一个平稳随机过程$\{x(t)\}$,对其第k个长度为T的时间记录进行有限傅立叶变换(DFT),有

$$x_k(f,T) = \int_0^T x_k(t,T) e^{-j2\pi ft} dt \qquad (10\text{-}80)$$

其谱密度定义为:

$$G_{xx}(f) = \lim_{T\to\infty}\frac{2}{T} E[x_k^*(f,T) x_k(f,T)] \qquad (10\text{-}81)$$

式中:期望值运算子E表示是对下标k的平均运算。这个式子定义的谱密度函数,等价于用相关函数的傅立叶变换所定义的相应的函数。$x_k^*(f,T)$是$x_k(f,T)$的共轭复数。

去掉极限值和期望值运算,可得到$G_{xx}(f)$的原始估计

$$\hat{G}_{xx}(f) = \frac{2}{T} x^*(f,T) x(f,T) = \frac{2}{T}|x(f,T)|^2 \qquad (10\text{-}82)$$

若考虑平稳随机过程$\{x(t)\}$的双边自谱密度,则有

$$S_{xx}(f) = \lim_{T\to\infty}\frac{1}{T} E[x_k^*(f,T)\cdot x_k(f,T)] \qquad (10\text{-}83)$$

同理,对于两个平稳的各态历经的随机振动过程$\{x(t)\}$和$\{y(t)\}$的双边互谱密度为

$$S_{xy}(f) = \lim_{T\to\infty}\frac{1}{T} E[x_k^*(f,T)\cdot y_k(f,T)] \qquad (10\text{-}84)$$

$$S_{yx}(f) = \lim_{T\to\infty}\frac{1}{T} E[y_k^*(f,T)\cdot x_k(f,T)] \qquad (10\text{-}85)$$

为求得$\hat{G}_{xx}(f)$的离散值,一般采样柯立-杜开(Cooley-Tukey)方法,即对原始数据直接进行快速傅立叶变换(FFT)得到。

设对$x(t)$采样的点数为N,采样间距为h,则样本长度$T=Nh$,作FFT时离散频率取

$$f_k = k f_0 = k\frac{1}{T} = \frac{k}{Nh} \qquad (k=0,1,2,\cdots,N-1)$$

那么,$G_{xx}(f)$的离散值G_k为

$$G_k = G_{xx}(f)\Big|_{f=f_k} = \frac{2}{Nh}\left[\sum_{n=0}^{N-1} x(nh)\cdot e^{j\frac{2\pi knh}{Nh}}\cdot h\right]\cdot$$

$$\left[\sum_{n=0}^{N-1} x(nh) \cdot e^{-j\frac{2\pi knh}{nh}} \cdot h\right]$$

$$= \frac{2h}{N} \sum_{n=0}^{N-1} x_n e^{j\frac{2\pi kn}{N}} \sum_{n=0}^{N-1} x_n e^{-j\frac{2\pi kn}{N}} \quad (10\text{-}86)$$

复数形式表示的离散傅立叶变换为

$$x_k = \frac{1}{N} \sum_{n=0}^{N-1} x_n e^{-j\frac{2\pi kn}{N}} \quad (n=0,1,2,\cdots,N-1) \quad (10\text{-}87)$$

时,则

$$x_k^* = \frac{1}{N} \sum_{n=0}^{N-1} x_n e^{j\frac{2\pi kn}{N}} \quad (10\text{-}88)$$

此时,x_k^* 是 x_k 的共轭复数。

故

$$G_k = 2Nh x_k \cdot x_k^* = 2Nh |x_k|^2 \quad (k=0,1,2,\cdots,N-1)$$
$$(10\text{-}89)$$

此即柯立-杜开方法计算功率谱密度函数的公式。

$x_k = \frac{1}{N} \sum_{n=0}^{N-1} x_n e^{-j\frac{2\pi kn}{N}}$ 即为 $x(t)$ 的傅立叶变换 $x(jf) = \int_{-\infty}^{+\infty} x(t) e^{-j2\pi ft} dt$ 在离散频率 $f_k = k f_0 = \frac{k}{Nh}$ 处的离散值。

显然可见:

(1) $\{x_k\}$ 具有周期性,即

$$x_{N+k} = x_k$$

其周期为 $f_N = N \cdot \Delta f = N \cdot \frac{1}{T} = \frac{1}{h}$。

(2) x_k 是复数,其实部是偶函数,虚部是奇函数。因而 x_k 也具有这种奇偶函数的特性。又 x_k 以 $f_N = \frac{1}{h}$ 为周期,故 N 个复数只有 $N/2$ 个是独立的。可见,当时域采样容量为 $N=1024$ 时谱线为 512。

由 N 个 x_n 值可得到 $x_k (k=0,1,2,\cdots,N-1)$。由 x_k 能否计算 $x_n (n=0,1,2,\cdots,N-1)$ 呢?回答是可以的。这个计算过程称之为有限离散傅立叶变换,即

$$x_n = x(nh) = \int_{-\infty}^{+\infty} x(f) e^{j2\pi ft} df \bigg|_{t=nh} = \sum_{k=0}^{N-1} x_k \cdot e^{j\frac{2\pi kn}{N}} \quad (10\text{-}90)$$

式中：$x_k = \Delta f \cdot x(f_k)$。

当 $f_k = 0$ 时，$k = 0$，则

$$x_0 = \frac{1}{N}\sum_{n=0}^{N-1} x_n \qquad (10\text{-}91)$$

正好是 $\{x_n\}$ 的均值表达式。

10.4.3.4 加窗处理

用 FFT 方法计算功率谱密度函数时，由于各种条件的限制，我们实际测得并进行分析的样本函数记录仅仅是整个振动信号中的一小部分。这相当于用一高为 1，长为 T 的矩形时间窗函数乘以原时间函数，即

$$x(t)_r = x(t) \cdot b_0(t) \qquad (10\text{-}92)$$

式中：$x(t)$——原时间函数；

$x(t)_r$——实际分析用的样本记录；

$b_0(t)$——时间矩形窗函数。

其中：

$$b_0(t) = \begin{cases} 1, & |t| \leq T, \\ 0, & |t| > T. \end{cases} \qquad (10\text{-}93)$$

时间矩形窗函数的截断必使窗外的信息全部失掉，时域中的这种信号损失将导致频域内附加一些频率分量，从而给傅立叶变换带来误差，这种现象称为泄漏误差。

在对钢闸门振动测试进行功率谱分析时，都要进行加窗处理。对原始数据 $x(t)$ 进行加窗处理，即乘以一个窗函数，等于对原始数据进行不等的加权，结果会使计算出来的功率谱函数的值减小，因此，对计算结果要进行修正。即加窗后计算出来的功率谱密度函数应乘以修正系数 K_0，见表 10-5。

常用的窗函数除矩形窗以外，还有海宁窗（Hanning）、汉明窗（Hamming）、钟形窗、1/10 余弦坡度窗等，如表 10-5 所示。具体选用什么窗要根据问题的需要及窗的特点而定。

表 10-5　　　　　　　　　　　　五种窗内容比较表

比较项目 窗类	时域图形	频域图形	离散表达式及优点	第一旁瓣高度 主瓣高度	K_0
矩形窗			$u_n = 1 (n = -\dfrac{N}{2}, -\dfrac{N}{2}+1, \cdots, -1, 0, 1, \cdots, \dfrac{N}{2}-1)$ 此窗非常容易获得	21%	1.0
海宁窗 (Hanning)			$u_n = \dfrac{1}{2}\left(1 + \cos\dfrac{2\pi n}{N}\right)$ $(n = -\dfrac{N}{2}, \cdots, -1, 0, 1, \cdots, \dfrac{N}{2}-1)$ 比较容易获得,经常使用	2.5%	2.67
汉明窗 (Hamming)			$u_n = 0.54 + 0.46\cos\dfrac{2\pi n}{N}$ $(n = -\dfrac{N}{2}, \cdots, -1, 0, 1, \cdots, \dfrac{N}{2}-1)$ 泄漏很小容易获得,常用	0.8%	2.52
钟形窗			$u_n = e^{-\alpha(n/N)^2}$ $(\alpha > 0, n = -\dfrac{N}{2}, \cdots, -1, 0, 1, \cdots, \dfrac{N}{2}-1)$ 一般 $16 > \alpha > 28$ 较好	/	4.0 ($\alpha = 24$ 时)
$\dfrac{1}{10}$ 余弦坡度窗			$u_n = \begin{cases} \dfrac{1}{2}\left(1 - \cos\dfrac{10\pi n}{N}\right) & \left(n < \dfrac{N}{10}\right) \\ 1 & \left(\dfrac{N}{10} \leq n \leq \dfrac{9}{10}N\right) \\ \dfrac{1}{2}\left[1 + \cos\dfrac{10\pi\left(n - \dfrac{9}{10}N\right)}{N}\right] & \left(n > \dfrac{9}{10}N\right) \end{cases}$ 旁瓣很小,泄漏也很小	很小	1.143

10.4.3.5 用 FFT 算法计算 $G_{xx}(f)$ 的一般步骤

(1) 根据采样定理,对信号 $x(t)$ 进行采样得到数据序列 $\{x_r\}$,采样点数最好为 $N=2^p$,p 为任意整数;否则,应对原始数据截去一段或增加一些零点使其长度为 $N=2^p$,得到新的序列 $\{x_r\}$,$r=0,1,\cdots,N-1$。目前,用得较多的是 $N=1024,2048$ 或 4096。

(2) 运用适当的窗函数 $\omega\left(\dfrac{t}{T}\right)$ 对 $\{x_r\}$ 进行修正,得到

$$\{\tilde{x}_r\} = \{x_r\}\omega_r \tag{10-94}$$

(3) 用 FFT 计算 $\{\tilde{x}_r\}$ 的离散傅立叶变换得到序列 $\{x_k\}$,在此

$$x_k = \frac{1}{\Delta t}x(f_k,T) \tag{10-95}$$

(4) 利用式(10-89)

$$G'_k = 2Nhx_k \cdot x_k^* = 2Nh|x_k|^2 \quad (k=0,1,2,\cdots,N-1) \tag{10-96}$$

即柯立-杜开方法计算谱密度函数的估计值 $G'_k(f_k)$。

(5) 为修正窗函数的影响,用适当的比例因子 K_0 来修正这些谱密度函数的估计值,即根据表 10-5 中所列 K_0 值修正 G'_k,最后便得到修正后的谱密度函数估计值 $G_k(f_k)$:

$$G_k(f_k) = K_0\left(\frac{N}{N_0}\right)G'_k(f_k) = \frac{2hK_0N^2}{N_0}|x_k|^2 \quad (k=0,1,\cdots,N-1) \tag{10-97}$$

式中:N_0 为采样容量,即 $N_0 = \dfrac{1}{B_e \cdot e^2 \cdot h} = \dfrac{T}{h}$。 (10-98)

式中:B_e 为最大有效分析带宽;e 为随机误差,即 $e = \dfrac{\sigma}{\mu}$。σ 为标准差,μ 为均值。

采用不同的时间窗,就有不同的 K_0 值,这就得到单边功率谱密度函数的估计值 $G_x(f)$ 的 N 个离散值 $G_k(f_k)$。

10.4.3.6 数字信号分析的仪器及其系统

在闸门动力测试中,对其振动信号的频谱分析的仪器及系统有:模拟式频率分析仪、数字信号分析仪、计算机信号分析系统和数模混

合分析系统等。在电子计算机问世前,由于由测试系统所获得的振动信号多是模拟信号,早期的信号分析多采用人工的模拟量分析法,它比较直观、方便,仪器的功能单一,精度及灵活性方面均较差。1980年前,我们用过此法。随着测试设备的发展,电子计算机的出现为信号分析提供了更快、更方便、更精确的分析手段,出现了数字信号分析方法。此法是通过A/D转换器(模数转换器)将连续模拟信号转换成离散数据,再由电子计算机分析处理,最后由打印机输出数据,或经D/A转换器(数模转换器)将数据转换成模拟量,在示波器或X-Y绘图仪上绘出图像,如功率谱图、凝聚函数图等。目前我们对闸门动力测试分析全采用数字分析法。

自从1965年柯立和杜开提出了计算随机信号的有限傅立叶变换的快速方法(FFT)以来,随着大规模集成电路及电子计算机的飞速发展,数字信号分析仪及其系统便占据了主导地位,成了今后的发展方向。

数字信号分析仪及其分析系统按其控制方式大致可分为4类。

1. 软件控制式专用信号分析仪

这类分析仪内装专用计算器,将各种信号分析功能事先编制好程序并录制在磁带上或装在计算器的存储器内,根据分析目的要求,调入相应的程序就可工作。这种分析仪的特点是功能较多,理论上可以无限扩展。但分析速度稍慢,操作不很方便。这类仪器的典型产品有TT08,TT08S,TT17S等。

2. 硬件控制式专用分析仪

由于大规模集成电路的发展及快速乘法器等的出现,这类仪器中的FFT及控制逻辑均可用硬件实现,其主要特点如下:

(1)计算速度极快,1024点FFT运算时间在毫秒级。

(2)频率分辨率很高,带有频率细仪(ZOOM)功能的分析仪,其分辨率极高,在低频段很容易达到千分之几赫兹。

(3)操作、显示、存储、记录、再处理等非常方便。这类仪器一般把所有运算功能的程序都固化在ROM(输入、输出存储管理元件)中,操作时只要按相应的功能键,即可完成。CRT(阴极射线显示器)显示结果,一目了然。配备的X-Y记录仪或数字绘图仪记录方便。

通用接口 GP-IB 还可以与其他计算机系统连接，便于进行数据的再处理或组成自动测试系统。

（4）分析仪内装有微型计算机（或微处理器），可对整个分析仪进行控制管理和一般数据处理。

这类仪器的典型产品有 HAI、TD4070（国产）、CF-900 系列、SM-2100（日本产）、HP5423A、HP3582A、SD-375（美国产）、B&K2081（丹麦产）等。

3. 以微型计算机为主的信号分析系统

以通用微型计算机为主配以 A/D 和 D/A 转换板、必要的外围设备以及各种软件即可构成数字信号采集、分析与处理系统。这类系统的主要特点如下：

（1）软件丰富，通用性强。

（2）兼有信号数据采集、存储、分析、再处理等多种功能。

（3）便于同其他仪器或微机系统连接。系统中还配有 GP-IB 及 RS-232C 两种通用接口，它可以同带有 GP-IB 接口的微机、仪器直接相连，组成可编程的自动测试系统。

在钢闸门动力测试中，曾用过两种分析系统：早期（20 世纪 80 年代）用过上海同济大学与浙江黄岩机械厂研制的，包括 AF-1 数据采样放大器、AD-1 型模数转换器、配用 APPLE-Ⅱ 微机组成的 TJAP 数据处理系统和 FFT 分析软件系统等。绘图仪是日产的 DXY-880 型绘图仪；随着电子仪器及计算机的发展，我们现在常用的是 XR-510 多用记录仪，其分析系统由 INV306 型数据采集分析仪、便携式计算机和打印机组成。该系统由计算机直接控制测点扫描及数据采集，可进行自动调零，进行时域分析和频域分析等。该系统全部采用进口国际标准集成电路设计和制造，性能稳定、抗干扰性能好，使用方便可靠，尤其适用于大数据量的采集和分析处理。

4. 小型机同 FFT 硬件相结合的综合性信号分析系统

这种分析系统兼有小型机，其软件丰富、编程灵活以及 FFT 硬件运算速度快等优点，相当于上述 2、3 种仪器系统相结合的产物。其主要特点是：分析功能齐全、处理速度快、能作各种谱分析等；既有专用程序，又可自编程序，也可作通用计算机使用。这是一种较高水平的综合性信号分析系统。典型产品有美国生产的 HP-5451C 傅立叶分析系统。

常用频谱分析仪（部分）及其基本性能参见表 10-6。

表 10-6　　部分常用的频谱分析仪及其基本性能表

名称	型号	通道数	频率范围（kHz）	谱线数	功能	生产厂家
FFT 信号分析仪	JS4072	1	0~20	/	窄带频谱分析、多功能	中国北京长城无线电厂
实时信号分析仪	HA1 HA2	2	0~10	512	硬件实现 FFT、IFFT、相关、功率谱、卷积	中国天津电子仪器厂
信号分析仪	MT401	4	0~10	/	幅值谱、相关、功率谱等	中国宝应振动仪器厂
实时数字频谱分析仪	NW6270	1	0.8~20	/	实时频谱瞬态捕捉	中国南京无线电仪器厂
频谱响应分析仪	1250	2	10~65535 MHz	/	对数扫频、以 1~16 次谐波分析	中国引进英国输力强公司产品
信号处理机	7T085	4	0~50	512	软件实现 FFT、自谱、互谱、自相关、互相关、概率密度。	日本三荣测器
实时双通道频谱分析仪	SD375 I	2	1~100	/	有 48 种功能	中国与美国 SD 公司合作生产，天津电子仪器厂

续表

名称	型号	通道数	频率范围（kHz）	谱线数	功能	生产厂家
快速傅立叶分析仪	TSM-4040	2	0~100 实时 0~85.3	512	功能中等	法国 THOMSON CSF
数字信号分析仪	5451A HP5451B 5451C	2 可扩	0~100 0~100 0~50	能细化	功能齐全；模态分析；振动控制；动态范围 75dB	美国 HEWLETT-PACKARD
INV 系列频谱分析系统	INV 303/306	2,4,8,16,32	0.01~200MHz	140万	时域分析及频域分析，功能齐全	中国北京振动与噪声研究所
CRAS 随机信号与振动分析系统	QL108 QL116 QL123 QL216	2 4 8 16	0~51.2	/	数据采集、时域分析、频域分析	中国南京汽轮高新技术开发公司

第 11 章
闸门的可靠度鉴定

闸门在水、空气的大自然条件下长期运行后,其面板、梁格系统、行走支承(支臂、滚轮、滑块等)系统等会损伤、锈蚀和老化,其连接构件也可能损坏、裂缝、松动和脱落,其止水装置中的止水元件(橡皮)会老化、磨损或脱落,其启闭机构及其相关的电器设备也会老化、损坏等,这一切变化均使闸门的整体或部分构件的使用功能减弱,甚至失去其使用价值。通过前面介绍的对闸门的检测与分析,我们得到了闸门整体或其部分结构、构件的锈蚀、老化及损伤的规律和程序,若加之及时采取有效的处理措施(细心保护、经常维修、加固或及时更换部分结构),就可以延缓闸门的锈蚀、老化及损伤过程,达到延长闸门的使用寿命(或终止使用,以旧换新),保证整体水工建筑物的运行效果和安全的目的。

因此,闸门进行检测分析后,根据需要可以对其作可靠度鉴定和耐久性评估。

11.1 闸门可靠度鉴定的基础知识

11.1.1 概率极限状态

11.1.1.1 极限状态的定义

闸门整体或闸门某一关键重要部分,超过某一特定状态时就不能满足规定的某一功能(安全性、适用性或耐久性)要求时,此特定状态就称之为功能的极限状态。

11.1.1.2 极限状态的分类

一般情况下,极限状态可分为两类。

1. 承载能力极限状态

闸门整体或其中某一关键部分(或重要部件)达到最大承载能力或不能再承载的变形状态,称为承载能力极限状态。

当闸门整体或其中某一关键部分(或重要部件)出现下列情况之一时,即认为超过了承载能力极限状态:

(1)闸门整体或某一关键部分作为刚体失去平衡(如倾倒等)。

(2)闸门中某一关键部分(或重要部件)或连接件因材料强度不足而破坏(含疲劳破坏、过度塑性变形影响了其使用功能等)。

(3)闸门整体变成了几何可变体系。

(4)闸门中某一关键部分(或重要部件)丧失了稳定(如压屈等)。

2. 正常使用极限状态

闸门整体或其中某一关键部分(或重要部件)达到正常使用或耐久性能的某项规定极值的状态,称为正常使用极限状态。

当闸门整体或其中某一关键部分(或重要部件)出现下列情况之一时,即认为超过了正常使用极限状态,而丧失了正常使用和耐久性功能:

(1)影响正常使用或外观的闸门整体或其中某一关键部分(含主要部件)变形(如弧门的支臂严重弯曲变形)。

(2)影响正常使用或耐久性能的局部破坏(如止水元件严重老

化、磨损或脱落,出现大量漏水;面板严重锈穿;梁隔板严重损伤等)。

(3)影响正常启闭或使用的振动(启闭时由动水压力引起的严重振动)。

(4)影响正常使用的其他特定状态。

11.1.1.3 极限状态的计算与验算内容

闸门整体或各部分设计时,一要保证它们不超过其承载能力极限状态,二要保证它们不超过其正常使用极限状态。需要计算和验算的内容有:

(1)闸门整体结构的所有构件都必须进行承载力(含压屈失稳)计算。

处于地震区的水库、水电站工程,尚须进行闸门整体结构及其所有构件的抗震承载力计算。

(2)启闭频繁的闸门吊装构件应进行疲劳强度验算。

(3)对闸门整体及其某些需要控制变形的构件,应进行变形验算。

11.1.1.4 按承载能力极限状态的计算方法

参照工民建和水利水电工程的有关规范,一般采用以概率理论(又称为可靠度理论)为基础的极限状态设计法和用多个分项系数表达的计算式进行设计。闸门整体及其各构件的承载能力设计应根据荷载效应(内力)的基本组合和偶然组合进行,其一般表达式为:

$$\gamma_0 S \leq R \tag{11-1}$$

式中:γ_0——闸门整体及其各构件的重要性系数,根据闸门的重要程度、使用年限、安全等级等确定;

S——内力组合设计值;

R——闸门整体及其各构件的承载能力设计值(亦称为抗力)。

满足式(11-1)的闸门整体及其各构件就是安全可靠的,就能保证闸门的正常使用功能。

1. 关于闸门及其构件的重要性系数 γ_0

根据水电工程的重要程度,闸门的大小、设计水头的高低、闸门位置等,亦即依闸门破坏后果的严重程度,我们建议将闸门划分为三个安全等级:水库容量在 1 亿 m^3 以上、水电站装机容量在 30 万 kW 以上,或设计水头在 30m 以上的大孔口闸门的安全等级可定为一级;水库容量在 1000 万～1 亿 m^3、水电站装机容量为 5～30 万 kW,或设计水头为 10～30m 的中孔口闸门的安全等级可定为二级;水库容量在 1000 万 m^3 以下、水电站装机容量为 5 万 kW 以下,或设计水头为 10m 以下的闸门的安全等级可定为三级。同一闸门的各种构件及其相关设备,其等级与闸门整体的等级相同。

对安全等级为一级或设计使用年限 50 年及以上的闸门构件,取 $\gamma_0 \geq 1.1$;

对安全等级为二级或设计使用年限 20 年及以上的闸门构件,取 $\gamma_0 \geq 1.0$;

对安全等级为三级或设计使用年限 5 年及以上的闸门构件,取 $\gamma_0 \geq 0.9$。

随着科学技术发展,设计施工技术更先进,管理监测水平更高,上述等级标准及系数还可作些调整。

2. 关于内力组合设计值 S(荷载响应值)

通常采用结构力学方法计算构件截面在荷载作用下产生的内力。作用在构件上的不同荷载会引起不同的荷载响应,所以荷载响应组合可分为基本和特殊(非常)组合。对于基本组合,其计算公式一般可表述为:

$$S = \gamma_G S_{GK} + \gamma_{Qi} S_{Q1K} + \sum_{i=2}^{n} \gamma_{Qi} \psi_{ci} S_{QiK} \quad (11\text{-}2)$$

式中:S_{GK}——恒荷载的标准值在计算截面上产生的内力;

S_{Q1K}、S_{QiK}——活荷载的标准值在计算截面上产生的内力(其中:S_{Q1K} 为主要活荷载在计算截面上产生的内力,S_{QiK} 为主要活荷载以外的其他活荷载在计算截面上产生的内力);

γ_G——恒荷载分项系数;

γ_{Qi}——第 i 个活荷载分项系数;

ψ_{ci}——第 i 个活荷载组合系数。

同理,对于特殊组合,其内力的组合设计值可按下面规定:特殊荷载(为地震)的计算值不乘分项系数;与特殊荷载同时出现的活荷载,可依观测资料和工程经验采用适当的设计值。

3. 关于闸门构件承载力设计值 R

闸门构件承载力设计值的大小,与构件截面的几何尺寸、截面材料等因素有关,它的一般形式为：

$$R = R(f_s, a_k, \cdots) \tag{11-3}$$

式中：f_s——钢材的强度设计值;

a_k——几何参数的标准值。

关于闸门构件承载力极限状态的计算公式,是以荷载标准值和材料强度标准值作为基本指标的,并且用闸门构件重要性系数、荷载分项系数、材料分项系数以及内力组合系数等多个系数参与表达。

11.1.1.5 按正常使用极限状态的验算方法

对于需要控制变形的闸门构件,除了要进行极限承载力计算以外,还要进行正常使用情况下的变形极限状态验算。

正常使用极限状态和承载能力极限状态对应于闸门的两个不同的工作阶段,因而要采用不同的荷载效(响)应代表值和荷载响(效)应组合进行验算和计算。因此,在讨论变形的荷载响(效)应组合时,应该区分荷载效应的标准值和准永久组合。对于闸门构件进行正常使用极限状态的验算时,应该根据不同要求,分别按荷载效(响)应的标准组合、频遇组合或准永久组合并考虑荷载长期作用的影响进行验算,以保证其变形计算值在相应的容许值范围之内。

1. 荷载的标准组合和准永久组合

(1)荷载的标准组合

荷载的标准组合计算式为

$$S = S_{GK} + S_{Q1K} + \sum_{i=2}^{n} \psi_{ci} S_{QiK} \tag{11-4}$$

(2)荷载的频遇组合

荷载的频遇组合计算式为

$$S = S_{GK} + \psi_{f1} S_{Q1K} + \sum_{i=2}^{n} \psi_{qi} S_{QiK} \tag{11-5}$$

(3)荷载的准永久组合

荷载的准永久组合计算式为

$$S = S_{GK} + \sum_{i=1}^{n} \psi_{qi} S_{QiK} \tag{11-6}$$

式中：ψ_{qi}——第 i 个可变荷载的准永久值系数。可参考我国《建筑结构荷载规范》中有关结构的系数选取。

2. 变形的验算

闸门中受弯构件的挠度验算公式为

$$f_{\max} \leq [f] \tag{11-7}$$

式中：$f_{\max}$——闸门中受弯构件按荷载的标准值组合，并考虑长期作用影响的计算最大挠度；

$[f]$——规范规定的容许挠度。

11.1.2 荷载

11.1.2.1 荷载的代表值

作用在闸门上的荷载有闸门结构自重、静水压力、动水压力（水柱压力、上托力、下吸力）、波浪压力、泥沙压力、漂浮物撞击力、地震力和风荷载等。这些荷载中有的是永久荷载，有的是可变荷载（含随机性）。

对永久荷载采用标准值作为代表值。永久荷载的标准值可分为两种情况：一是设计时按规范或生产单位所提供的标准值计算，如钢闸门构件自重，可由《建筑结构荷载规范》（GB5009-2001）附录一查得，钢材自重为 $78.5 kN/m^3$；二是在校核鉴审时，按实际测试结果进行计算。

对于可变荷载，应根据设计要求或鉴审需要，分别取不同的荷载值作为其代表值。

1. 标准值

可变荷载的标准值是可变荷载的基本代表值。一般按规范或实测结果作为代表值。对于上述除结构自重之外的荷载，其标准值都应根据我国《水利水电工程钢闸门设计规范》（SL74-95 或 DL/T5039-95）中附录 D 的要求与公式确定，风荷载按现行《工业与民用建筑结构荷载规范》有关规定采用。

2. 组合值

若闸门承受两种以上(如波浪压力、漂浮物撞击力或地震力等)的可变荷载,这两种以上的可变荷载同时达到最大的可能性较小,因此,可以将它们的标准值乘以一个小于 1 或等于 1 的荷载组合系数。这种将两种以上的可变荷载标准值乘以荷载组合系数以后的数值,称为可变荷载的组合值。

3. 准永久值

可变荷载虽然在设计基准期内其值会随时间而发生变化,但是,不同的可变荷载在闸门上的变化情况不一样。如地震力的作用时间较短,而波浪压力作用的时间较长(主要是对露顶式或称为非淹没式闸门),则可变荷载在整个设计基准期内,超越的总时间约为设计基准期一半的那部分荷载值,称为该可变荷载的准永久值。该值的大小为可变荷载的标准值乘以荷载准永久值系数。荷载准永久值系数可由有关规范查得。

对于特殊荷载(地震力、波浪力等)应根据试验资料和工程经验综合考虑确定其代表值。

11.1.2.2 荷载分项系数、荷载设计值

1. 荷载分项系数

在闸门设计中,一般以材料性能标准值、几何参数标准值以及荷载代表值为基本参量。但是,对应于不同的极限状态和不同的设计与使用要求,对闸门可靠度的要求也不相同。在各类极限状态的表达式中,引入材料性能分项系数和荷载分项系数等多个分项系数来反映不同情况下的可靠度。因此,分项系数是当按极限状态设计时,为了保证所设计的(或现存的)闸门或闸门构件具有规定的可靠度而在计算模式中采用的系数。

荷载分项系数是设计或鉴定审查计算中反映荷载不定性并与闸门可靠度相关联的分项系数。下列为我们建议的一些分项系数参考值。

(1)永久性荷载的分项系数 γ_G

若其响(效)应对闸门不利且由可变荷载效应控制的组合,取 1.2;

若其效应对闸门不利且由永久荷载效应控制的组合,取1.35;

若其效应对闸门有利,取1.0;

对某些特殊情况,应按有关规范的规定确定。

(2)可变荷载的分项系数γ_Q

一般情况下,可变荷载的分项系数取$\gamma_Q=1.4$。

2. 荷载设计值

荷载设计值等于荷载代表值乘以荷载分项系数后的值。只有在按承载力(容许应力)状态设计时才需要考虑荷载分项系数和荷载设计值。在按正常使用极限状态设计中,当按荷载标准值组合时,恒荷载和活荷载都用标准值;当按荷载准永久组合时,恒荷载用标准值,活荷载用准永久值。

11.1.3 材料设计指标取值

11.1.3.1 强度标准值

水工钢闸门在可靠度设计上尚未制定"可靠度设计统一标准",因此,其材料性能的标准值在《闸门设计可靠度统一标准》制定前,可以参考借用《建筑结构可靠度设计统一标准》(GB50068—2001)的规定,把材料性能的标准值f_K作为闸门设计时采用的材料性能的基本代表值。材料强度的概率分布宜采用正态分布或对数正态分布,材料强度的标准值可取其概率分布的0.05分位数确定,即取$\mu-1.654\sigma$的值(即保证率为95%)。当测试数据不足时,材料性能标准值可采用有关标准的规定值,也可结合工程经验、分析判断后确定。

11.1.3.2 强度分项系数

闸门验算应以钢材性能标准值、几何参数标准值和荷载代表值为基本参量。但是,对不同的极限状态和不同的设计、鉴审标准,要求的闸门可靠度也不相同。在计算表达式中,引入了钢材性能分项系数和荷载分项系数来体现不同情况下的可靠度要求。因此,钢材性能分项系数和荷载分项系数,是计算时为了保证所设计的闸门或其构件具有规定的可靠度而在计算模式中采用的参数。

我国建筑规范根据可靠度指标和材料、几何参数、荷载基本参数,给出了钢材的强度分项系数为 $\gamma_s = 1.10$。

11.1.3.3 强度设计值

钢材强度设计值可以定义为：

$$钢材强度设计值 = \frac{钢材强度标准值}{钢材强度分项系数}$$

在按承载能力极限状态进行设计或鉴审时,可按钢材强度设计值进行计算。

11.1.3.4 弹性模量(E)和泊松比(v)

钢材的弹性模量及泊松比也是进行钢闸门设计计算时常要用到的材料性能参数。在《建筑结构可靠度设计统一标准》(GB50068—2001)中,规定钢材的弹性模量和泊松比的标准值可根据其概率分布的0.5分位数确定,即取其平均值作为标准值。如 $E = 2.0 \times 10^5 \text{N/mm}^2$, $G = 0.38E$, $v = 0.3$,线膨胀系数 $\gamma = 1.2 \times 10^{-5}/℃$。

11.2 闸门可靠度鉴定的方法及特点

11.2.1 闸门可靠度鉴定的方法

闸门可靠度鉴定的方法应该从传统经验法或实用鉴定法向概率法过渡,但是,目前仍然较普遍地使用传统经验法和实用鉴定法,概率法尚未达到实用阶段。

11.2.1.1 传统经验法

传统经验法是找一些有经验的工程技术人员通过实地调查、现场目测检查,并按照原设计程序进行校核,根据这些工程技术人员的资历、知识、经验和验算结果进行评估。这种方法过多地依赖个人的资历、知识和经验,人为因素较多,缺乏一套科学客观的评估程序和现代的测试技术,因此鉴定结果具有很大的随机性和主观性。由于这一方法简单、方便、鉴定经费较少,至今有人仍在采用。

11.2.1.2 实用鉴定法

实用鉴定法是在传统经验法的基础上,通过专业人员用一些现代的测试仪器在现场实地试验检测,并结合室内的结构验算(电算)

或实验结果,经逐项评估后,综合得出较为准确的鉴定结论。本书前面部分就是介绍这种方法的主要内容。这种方法强调利用现代检测技术和电算获取多种结构信息,是目前广泛采用的一种闸门鉴定方法。

实用鉴定方法一般要进行以下几项工作:

(1)初步调查。调查涉及闸门的水电工程的概况,包括水电工程的规范、图纸资料、环境、闸门的种类、型式、大小、位置、水头大小、设计荷载、校核荷载、已使用年限以及鉴定目的等。

(2)根据鉴定目的要求,拟订闸门检测内容、项目,并准备好相关测试仪器,到现场对闸门进行原型检测。

(3)根据闸门鉴定的目的要求,针对闸门的具体情况,拟订闸门结构验算项目和闸门室内模型实验内容。

(4)对现场闸门原型检测、室内的结构验算与模型实验的结果进行综合分析,并提出分析结论。

11.2.1.3 概率法

概率法是根据结构可靠度理论,用闸门失效概率来衡量闸门的可靠性程度。由于闸门结构诸多的复杂因素,并且目前有关闸门可靠度鉴定标准尚未制定出来,概率法只能作为闸门可靠度鉴定方法在理论和概念上的基础和完善。实用上有待于水利水电工程界进一步推动和肯定。

将来闸门可靠度鉴定标准制定出来后,就可以进行可靠度鉴定。根据鉴定对象的不同、鉴定的出发点和目的不同,闸门可靠度鉴定可分两类:一是危险闸门的安全性鉴定,确定闸门是否需要加固、更新零部件或更换新闸门;二是一般闸门的可靠度鉴定,主要是闸门使用的耐久性鉴定,确定闸门的正常使用年限——闸门剩余寿命。

显然,闸门的两类可靠度的鉴定结果,均是为水利水电工程管理单位提供对闸门的维修、加固、继续使用和终止使用、更换新闸门的科学依据。

11.2.2 闸门可靠度鉴定的特点

闸门可靠度鉴定的特点是指其与闸门设计的区别点。闸门设计是在闸门可靠性与经济性之间选择一种合理的平衡,使所建造的闸门能满足各项预定功能的要求。鉴定则是对已建成或运行若干年的闸门的材料、表面生锈腐蚀、构件磨损、老化、脱落、损伤、内力变化等等进行检查、测定、验算、分析判断并作出结论的过程。闸门的可靠度亦可用闸门结构出现破坏(失效)的概率来表示。但是,闸门结构的破坏模式非常复杂,影响因素很多,有时无法用数学方程表示。所以,一般采用评估定级方法,而不是直接计算闸门的可靠度。

闸门可靠度是指闸门在设定的时间和条件下,能完成预定的功能的能力。这个能力包括闸门的安全性、适用性和耐久性,若用数学上的概率度量,称之为可靠度。但是,对运行若干年的闸门来说,闸门在许多方面已发生了变化,对一些问题的定义和依据也有所不同了。因此,闸门可靠度的鉴定有其特殊之处,其特点如下。

11.2.2.1 设计基准期和目标使用期

闸门设计中的设计基准期为编制规范采用的基准期,这个时间应该由将来编制《闸门可靠度设计统一标准》所规定的年限、目标使用年限确定,应根据国民经济和社会发展状况、工程的大小、工程的重要程度、工艺更新、运行管理机构的技术状况(含已使用年限、破损老化状况、危险程度、维护状态)等综合确定。

11.2.2.2 设计荷载和验算荷载

设计荷载是指闸门设计时采用的荷载,它是根据《水利水电工程钢闸门设计规范》(SL74-95 或 DL/T5039-95)及生产工艺要求而确定的。验算荷载是根据对运行若干年的现役闸门在使用期间的实际荷载选取,并考虑闸门规范规定的基本原则经过分析研究核准确定的。若无规范可循的荷载,可根据新制定的《闸门可靠度设计统一标准》的基本原则和现场测试数据的分析结果综合确定。

11.2.2.3 最大承载力(抗力)计算依据

闸门设计的最大承载力是根据闸门设计规范规定的材料容许强度和构件截面的几何特性来计算确定的。而在闸门可靠度鉴定中验算闸门的最大承载力时,闸门各构件的材料性质和几何尺寸,是根据原设计图纸、施工文件、现场检测及室内试验结果综合考虑确定的。验算的模式可依具体情况对规范提供的计算模式加以修正。如图纸已找不到、个别构件难以计算等,则可根据室内结构试验来确定。总之,闸门最大承载力的验算要尽可能反映鉴定时构件的实际最大承载力情况。

11.2.2.4 可靠度控制等级

在闸门设计中可靠度控制以满足现行设计规范为准则,其设计结果只有满足与不满足两种结论。在闸门可靠度鉴定中,就不能那么简单,其可靠度如何,是根据某个等级而定。可靠度的等级应该根据闸门设计规范的变迁、闸门的运行效果、闸门大小、闸门重要程度及对闸门在目标使用期内的要求等综合确定。《闸门可靠度设计统一标准》未制定出来之前,建议参照目前已颁布的工业建筑可靠性鉴定标准和民用建筑可靠性鉴定标准的办法,也将闸门可靠度等级分为A、B、C、D(Ⅰ、Ⅱ、Ⅲ、Ⅳ)四个级别来反映现役运行闸门的可靠度标准。

11.3 闸门可靠度鉴定

闸门的可靠度应包括闸门的安全程度、适用程度和耐久程度。因此闸门可靠度鉴定,如前所说,根据闸门功能的极限状态和鉴定目的可分为安全性鉴定和可靠度鉴定两类。根据鉴定目的和要求可选择其中之一进行鉴定或两者均进行鉴定。

11.3.1 鉴定程序和内容

闸门在下列情况下可进行可靠度鉴定:闸门定期安全检查;超期服役的闸门尚须延长使用期;闸门在大修前须全面检查;为闸门维修改造制定计划所需的普查等。

可靠度鉴定一般程序如图11-1所示。

可靠度鉴定的主要步骤为:立项调查、检测调查和鉴定评级。

立项调查是按有关文件精神和要求,成立鉴定领导小组(委员会),确定鉴定目的、范围和内容,提供与鉴定内容相关的资料。如被鉴定闸门的水利水电工程所在地、工程用途、江河流域地形图、流域面积、水文资料、水库库容、水电站装机容量、闸门的用途与规模、

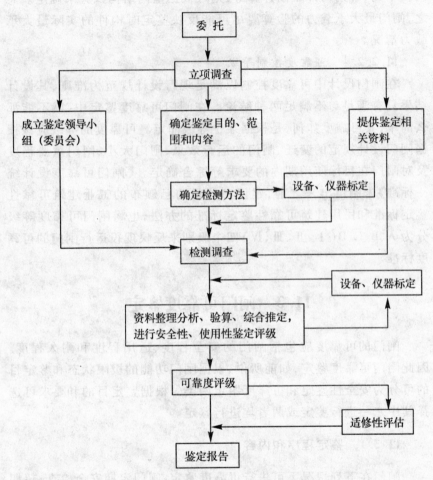

图 11-1 闸门可靠度鉴定程序框图

工程历史、工程已使用时间、闸门施工图纸、闸门使用观测记录、历次洪水记录、历次维修记录等,并到现场核对、调查了解闸门运行情况、自然环境、是否漏水和损伤,查看已发现的问题,听取有关人员的意见。然后,根据如下文件:①《当地水利工程闸门及启闭机安全检测与复核工程招标文件》;②《水库大坝安全评价导则》,SL258—2000,水利部;③《水工钢闸门和启闭机安全检测技术规程》,SL101—94,

水利部;④《水利水电工程闸门设计规范》,SL74—95,水利部;⑤《水利水电工程启闭机设计规范》,SL41—93,水利部;⑥《水利水电工程钢闸门制造安装及验收规范》,DL/T5018—94,电力部;⑦《水利水电工程启闭机制造安装及验收规范》,DL/T5019—94,电力部;⑧《水利水电工程闸门及启闭机、升船机设备管理等级评定标准》,SL240—1999;⑨《钢焊缝手工超声波探伤方法和探伤结果的分级》,GB11345—89;⑩《起重机械安全规范》,GB6067—85;⑪《黑色金属硬度及强度换算值》,GB/T1172—1999等,确定鉴定检测内容。进一步填写立项调查表,制定详细检测调查计划和实验大纲,确定检测方法、检测仪器设备,进行设备仪器的标定。

在上述工作的基础上,便可进入检测调查阶段。检测调查是可靠性鉴定的基础,其目的是为闸门的质量评定,闸门的强度、刚度及稳定性验算和可靠度鉴定,以及后续的加固、改造与换新提供可靠的资料和科学的依据。闸门的检测调查内容如下：

1. 巡视检查

检查闸墩、门槽、牛腿、门叶正、反面、水封橡皮、钢丝绳和连接件等部位是否有裂缝、锈蚀、剥落、老化、磨损、漏水等异常现象;检查闸门和启闭机及其附属设施是否完善与破损、电气控制系统能否正常工作。

2. 闸门完整性检测

闸门完整性检测的内容主要是闸门结构外观形态检查和闸门结构表面腐蚀检测,以目测为主,辅以一些必要的量具。具体方法如下。

(1) 闸门外观检查

外观检查主要是对闸门门体及其支承行走系统的外表形态进行检查,主要检查金属构件的变形、损伤、裂缝及脱落等。对有疑问处做好笔录和描述,并进行拍照或摄像。

(2) 闸门门体锈蚀状况及构件厚度检测

闸门门体锈蚀状况检测的主要部位为门叶面板、主纵梁、主横梁、支臂等。结合测厚情况提供各构件的蚀余厚度、锈蚀面积、锈蚀深度和锈蚀分布状况等。

(3) 构件及焊缝超声波探伤检测

闸门构件及主要受力焊缝（一、二类焊缝）采用超声波探伤检测。若闸门使用年限较长，其中一类焊缝检测 20% 以上，二类焊缝检测 10% 以上。超声波探伤按《钢焊缝分工超声波探伤方法和探伤结果的分级》进行。

3. 闸门材料性质检测

运行时间不长的闸门一般不再进行材料性质检测。对于运行时间较长的闸门，在大坝安全定检中可以在闸门构件（面板、横梁、纵梁等）的非受力部位钻取屑样进行化学分析和硬度检测，确定材料的牌号，并对材料进行力学性能检测。

4. 闸门静力、动力观测和结构的安全复核

(1) 试验测点布置

根据鉴定目的及其他工程现场试验的经验，一般选定闸门主横梁及支腿（对弧门）控制截面上的控制点，作为应力位移测点位置。

(2) 试验水位

由试验时现场实际水位确定。

(3) 静应力测试

一般检查闸门主梁及支腿（对弧门）等部位的静应力和静位移；复核闸门结构的强度、刚度和稳定性。

(4) 动力测试

①闸门主梁及支腿等部位的动应力。

②闸门在空气中的自振频率。

③闸门在水中的自振频率。

④闸门动力响应试验：

a. 闸门从全关——开启——一定开度时的动应力、动位移及振动加速度的时程曲线及它们（动应力、动位移、加速度）在此开度时的最大值、最小值及均方根值。

b. 闸门从全开——关闭——一定开度时的动应力、动位移及振动加速度的时程曲线及它们在此开度时的最大值、最小值及均方根值。

5. 闸门应力复核计算

按照检测后的闸门现状（几何尺寸、材料性质等）进行应力验算。如弧门要求计算精度较高时，可用空间三维有限元计算；一般的平面闸门用平面有限元法计算即可。

(1) 挡水状态下的闸门静应力和静位移计算，可用最大水头下的工况。

(2) 闸门动态特性计算：

① 闸门在空气中自振频率和振型的计算。

② 闸门在设计水位下及不同开度时的自振频率和振型的计算。

6. 启门力和闭门力的检测

(1) 测定闸门实际挡水水头下的启门力、持住力、闭门力及闸门"全关——开启——一定开度"过程的启门力时程曲线和闸门"全开——关闭——一定开度"过程的闭门力时程曲线。

(2) 找出最大启门力、最大持住力和最大闭门力；并由此推断闸门在设计水头下相应的启门力、持住力和闭门力。

7. 水质检测

在闸门附近各取水样3种，检测水质的pH值、总酸度、总碱度、Cl^-、S^-、CO_2含量等指标，分析它们对闸门的不利影响。

对闸门检测调查后，进行资料整理、分析与验算。为了获得较准确的评定结果，在评审定级过程，对那些资料不全、不够充分的项目，应作补充检测调查。

鉴定评审的最后一项工作是撰写鉴定报告，报告的内容包括：闸门鉴定的有关概况，鉴定的目的、氛围和内容，检测调查的内容、分析与验算结果及鉴定结果，结论与建议，附页等。

11.3.2 鉴定评级层次与分级标准

闸门在设计时就已确保其运行时安全可靠、功能完好和经久耐用。但是，闸门经过多年运行后，由于管理人员的操作水平、保护维修、水质、空气、环境条件与使用频率等影响下，原闸门的安全可靠性，功能完好性和经久耐用性等也会发生变化。这个变化可通过现场闸门检测、室内试验和结构计算确定。因此，水工钢闸门可分为安全性、正常使用性（耐久性）和可靠性（度）三个方面鉴定评级。与土木工程建筑物相比,钢闸门的构造功能、材质等较简单,因此,我们建议水工钢闸门的鉴定评级只分为评定项目和评级单元两个层次,每一个层次分为四个安全性、可靠性(度)等级及三个使用性等级。这里所指的评定项目内涵较广,包括单个构件或局部结构及其他与评定单元有关的内容等。如把"检修规程及检修记录"作为评级单元,则"检修规程及其内容"就可当成评定项目。又如"止水装置"作为评级单元,则"止水密封性及漏水量"就可作为一个评定项目,等等。

评级单元是根据闸门的种类、构造、运行管理等内容划分的。每个评级单元可以独立地评级鉴定。如门体状况、行走支承装置、止水装置、闸门槽及埋设件、启闭机构、检修规程及检修记录、防腐蚀要求等都可作为闸门的评级单元。

鉴定评级是根据各评定项目的观察、检测调查和验算结果,按其等级标准确定单个项目内容、构件或局部结构的鉴定等级;然后,根据各评定项中的各项内容的评级结果,依其等级标准确定评级单元的等级。

11.3.2.1 安全性鉴定标准

闸门安全性鉴定的层次与等级关系如图 11-2 所示。

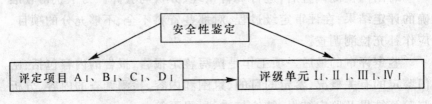

图 11-2 安全性鉴定的层次与等级关系图

闸门评级单元(评定项目)的安全性鉴定一般包括承载能力、构造和不适于继续承载的位移(或变形)等的验算和检测。鉴定的 4 个等级标准如下:

$I_I(A_I)$——评级单元(评定项目)的安全性完全符合规范的安全标准要求,承载力验算结果为 $R/\gamma_0 S \geq 1$,具有足够的承载能力;闸门及其附件完好,各构件间连接方式正确,构造符合规范要求,无缺陷,工作无异常。对于 I_I 级单元(A_I 级项目)的闸门不必采取任何安全处理措施。

$II_I(B_I)$——评级单元(评定项目)的安全性略低于规范的安全标准要求,承载力验算结果为:$1 > R/\gamma_0 S \geq 0.95$(一般构件为 $1 > R/\gamma_0 S \geq 0.90$),且尚不显著影响闸门的承载能力;闸门及其附件较完好,各构件间连接方式正确,构造符合规范要求,无缺陷,工作无异常,仅有局部表面缺陷等。一般情况下,此时的闸门不必采取任何安全处理措施,只有少数构件作适当的安全处理即可。例如启闭机系统中的钢丝绳表面有点断股,虽然暂时不影响使用,也应作适当修复处理。

$III_I(C_I)$——评级单元(评定项目)的安全性不符合规范的安全标准要求,承载力验算结果为:$(0.95 > R/\gamma_0 S \geq 0.90$(一般构件为:$0.90 > R/\gamma_0 S \geq 0.85$),且已显著影响闸门的承载能力;闸门及其附件尚完好,各构件间连接方式不当,构造有一定的缺陷(包括施工遗留缺陷),构造或连接有些裂缝或锐角切口,焊缝、铆钉、螺栓有变形、滑移、松脱或其他损坏。此时应采取安全处理措施,对个别主要构件须立即采取安全性处理措施。例如止水橡皮严重老化、磨损、漏水厉害,必须更换新止水装置。

$IV_I(D_I)$——评级单元(评定项目)的安全性极不符合规范的安全标准要求,承载力验算结果为:$R/\gamma_0 S < 0.90$(一般构件为:$R/\gamma_0 S < 0.85$),且已严重影响闸门的承载能力;闸门及其附件基本完好,但各构件间连接方式不当,构造有严重缺陷(包括施工遗留缺陷);构造或连接有较多裂缝或锐角切口,焊缝、铆钉、螺栓有变形、滑移、松动、脱落、剪坏、变形或其他损坏等。同时要注意,上述I_I、II_I、III_I级中,当构件或连接出现脆性断裂或疲劳开裂时,就直接定为IV_I级。此时,必须立即采取安全处理措施。例如闸门体使用长久,主梁断裂,面板大面积锈蚀,已不好修复,必须更换新闸门。

此外,在闸门评级单元(评定项目)的安全性鉴定中还须考虑两个问题:一是不适于继续承载的位移(变形)评定;二是不适于继续承载的锈蚀评定。下面逐一予以介绍。

(1)刚度验算。主要验算闸门中受弯构件的挠度。对于实测验算结果,满足规范的刚度标准要求者,可评为A_I或B_I级;若实测验算的挠度超过规范的安全刚度标准要求,而又需要按不适于继续承载的位移(变形)进行评级,可按表 11-1 的规定评级。

表 11-1　　钢闸门受弯构件不适于继续承载的变形的评定

实测构件	构件类别	评定标准	评定等级
挠度 (δ)	潜孔式工作闸门与事故闸门的主梁	$\delta > l_0/750$	C_I 或 D_I 级
	露顶式工作闸门与事故闸门的主梁	$\delta > l_0/600$	C_I 或 D_I 级
	检修闸门与拦污栅的主梁	$\delta > l_0/500$	C_I 或 D_I 级
	次梁	$\delta > l_0/250$	C_I 或 D_I 级

注:l_0 为梁的计算跨度。

(2)锈蚀问题。当实测构件截面的锈蚀深度满足了规范的安全标准要求时,可评为 A_I 或 B_I 级;当锈蚀深度超过规范的安全标准要求,而又需要按不适于继续承载的锈蚀进行评级时,除应按锈后剩余截面验算其承载能力外,可按表 11-2 进行评级。

表 11-2　　钢闸门不适于继续承载的锈蚀的评定

实测构件(含面板)的主要受力部位截面的壁厚或板厚 t	构件截面平均锈蚀深度	评定标准	评定等级
	Δt	$0.1t > \Delta t > 0.05t$	C_I
	Δt	$\Delta t > 0.1t$	D_I

此外,对受拉构件因锈蚀、截面减少超过原截面的 10%,也应定为 D_I 级。

11.3.2.2　正常使用性鉴定标准

正常使用性鉴定的主要依据是现场对闸门外观形态的调查和对闸门内部的仪器检测结果,同时需要结合检测结果进行验算分析,按现行标准和规范规定的限值进行评级。

钢闸门构件或整体的正常使用性鉴定主要包括位移和锈蚀两项检测内容。对闸门中的受拉(压)构件,尚应以长细比作为检测内容参与评级。位移主要是受弯构件的挠度(δ)。

钢闸门正常使用性鉴定的层次划分与安全性鉴定相同,也是从第一层开始,逐层进行评审,只是每一层只分为三个等级,层次与等级关系如图 11-3 所示。

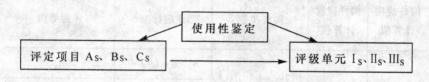

图 11-3　安全性鉴定的层次与等级关系图

闸门评级单元(评定项目)正常使用性鉴定的三个等级标准如下:

$I_S(A_S)$——评级单元(评定项目)的使用性完全符合规范的使用标准要求:①受弯构件的挠度(δ)检测值标准如表 11-3 所示的 A_S 级要求;②锈蚀标准为面漆及底漆完好,漆膜尚有光泽;③构件的长细比检测值,符合表 11-4 所示的 A_S 级要求。此时闸门具有正常的使用功能,不必对闸门采取任何处理措施。

$II_S(B_S)$——评级单元(评定项目)的使用性略低于规范的使用标准要求:①挠度检测值(δ)标准符合表 11-3 所示的 A_S 级要求;②锈蚀检测值标准为面漆脱落(包括起鼓)面积,对于普通钢结构不大于 15%,对薄壁型钢和轻钢结构不大于 10%,而底漆基本完好,但边角处可能有锈蚀,易锈部位的平面上可能有少量点蚀;③构件的长细比检测值符合表 11-4 所示的 B_S 级要求。此时闸门的使用功能尚未受到显著影响。一般情况下,对闸门也不必采取处理措施。但可能有少数构件需作适当处理。

$III_S(C_S)$——评级单元(评定项目)的使用性不符合规范的使用标准要求:①挠度检测值(δ)标准如表 11-3 所示的 C_S 级要求;②锈蚀检测值标准为面漆脱落(包括起鼓)面积,对于普通钢结构大于

15%,对薄壁型钢和轻钢结构大于 10%,底漆锈蚀面积正在扩大,易锈部位可见到麻面状锈蚀;③构件的长细比检测值如表 11-4 所示的 C_S 级要求。此时闸门的使用功能已受到显著影响,对闸门必须尽快采取停止使用的处理措施。

表 11-3　　　　　　　闸门受弯构件挠度的等级评定

构件挠度计算值	构件挠度计算值	构件类别	评定标准	评定等级
δ'	δ	潜孔式工作闸门和事故闸门的主梁	$\delta' > \delta < l_0/750$	A_S
			$\delta' \leq \delta \leq l_0/750$	B_S
			$\delta < l_0/750$	C_S
		露顶式工作闸门和事故闸门的主梁	$\delta' > \delta < l_0/600$	A_S
			$\delta' \leq \delta \leq l_0/600$	B_S
			$\delta > l_0/600$	C_S
		检修闸门与栏污栅的主梁	$\delta' > \delta < l_0/500$	A_S
			$\delta' \leq \delta \leq l_0/500$	B_S
			$\delta > l_0/500$	C_S
		所有次梁	$\delta' > \delta < l_0/250$	A_S
			$\delta' \leq \delta \leq l_0/250$	B_S
			$\delta > l_0/250$	C_S

注:l_0 为梁的计算跨度。

表 11-4　　闸门构件长细比等级的评定

构件类别		实测长细比	等级评定标准	评定等级
受压	主要构件	λ	$\lambda \leqslant 120$	A_S 或 B_S
			$\lambda > 120$	C_S
	次要构件		$\lambda \leqslant 150$	A_S 或 B_S
			$\lambda > 150$	C_S
	联系构件		$\lambda \leqslant 200$	A_S 或 B_S
			$\lambda > 200$	C_S
受拉	主要构件	λ	$\lambda \leqslant 200$	A_S 或 B_S
			$\lambda > 200$	C_S
	次要构件		$\lambda \leqslant 250$	A_S 或 B_S
			$\lambda > 250$	C_S
	联系构件		$\lambda \leqslant 350$	A_S 或 B_S
			$\lambda > 350$	C_S

11.3.3　评级单元的可靠度评定

闸门的可靠度鉴定也是按评定项目和评级单元两个层次、四个等级进行。各层次评级是以该层次的安全性和使用性的评审结果为依据综合评定,评定的原则为:

(1) 当该层次安全性级别低于 II_I (B_I)级时,就按安全性的等级确定。

(2) 此外,可按安全性等级和使用性等级中较低一级确定。

(3) 若需要考虑闸门的特殊性(如三峡船闸闸门)或重要性,可允许对所评定的结果作不大于一级的调整(上调或下调)。

如果不需要可靠度鉴定,直接提供各层次的安全性和使用性等级即可。

11.3.4 闸门的可修性

闸门的可修性评定,也是按评定项目和评级单元两个层次进行,每一层次分三个等级,三个等级的评定标准如下:

$I_K(A_K)$——闸门中的评级单元或构件被评为Ⅰ(A)级,这些单元或构件易于加固、易于更换(如止水装置),所涉及的相关构造问题易处理。修后易恢复原功能,且修复费用远低于换新闸门的费用,此种情况下闸门应该修复。

$Ⅱ_K(B_K)$——闸门中的评级单元或构件被评为Ⅱ(B)级,这些单元或构件稍难加固或更换,所涉及的相关构造问题也稍难处理。修后可恢复或接近于原功能,且所需的修复费用为更换新闸门费用的30%~70%。此种情况下,闸门也宜于修复。

$Ⅲ_K(C_K)$——闸门中的评级单元或构件被评为Ⅲ(C)级或Ⅳ(D)级,这些单元或构件难以修复或加固,所涉及的相关构造问题也难以处理,所需的修复费用为更换新闸门费用的70%以上者。这类闸门可修性差,一般情况下不宜再修复,应该换新闸门。

11.3.5 闸门与闸门构件的危险性鉴定

闸门或闸门构件的危险性就是闸门或闸门构件的最不安全性。因此,闸门或闸门构件的危险性鉴定的检测内容与闸门构件的安全性鉴定的检测内容基本相同。其危险性鉴定内容应包括:承载能力(含强度、稳定性等验算)、锈腐、磨损、老化、损伤、变形、构造与连接、行走与支承、止水等。重点应检查闸门面板、梁格系统中的主梁、弧门支臂、支铰、各构件间的连接节点的焊缝、螺栓、铆钉,止水橡皮、启闭机构中的钢丝绳、电机、传动系统等。

闸门与闸门构件的危险性主要表现在安全性鉴定等级中的第Ⅳ级,即:

(1)承载力验算结果为:$R/\gamma_0 S \leq 0.9$。验算中应采用实测的构件截面(应扣除锈腐等因素造成的截面损失)、实测的钢材化学成分和力学特性。

(2)构件或连接件出现脆性断裂或疲劳开裂。

(3) 构件或连接件中有裂纹或锐角切口,焊缝、铆钉、螺栓有拉开、脱落、滑移、变形、松动、剪切或其他损坏等严重损坏。

(4) 潜孔式工作闸门与事故闸门的主梁的挠度大于 $l_0/750$(l_0 为计算跨度),露顶式工作闸门的主梁的最大挠度大于 $l_0/600$,检修闸门与拦污栅的主梁的最大挠度大于 $l_0/500$,闸门中的次梁的最大挠度大于 $l_0/250$。

(5) 构件的锈蚀平均深度超过原构件截面的壁厚或板厚的 10%,或对受拉构件因锈蚀使截面减少超过原截面的 10%。

(6) 受压主要构件的长细比 λ 大于 120、次要构件的 λ 大于 150、连接构件的 λ 大于 200,受拉主要构件的 λ 大于 200、次要构件的 λ 大于 250、连接构件的 λ 大于 350。

(7) 各构件间的连接方式不当,构件有严重缺陷(包括施工遗留的缺陷)。

(8) 闸门面板大面积锈蚀或主梁已断裂等。

11.4 闸门耐久性评估

闸门的止水装置、行走支承装置以及启闭机装置等部分在运行中较容易磨损和老化,同时也较易维修或更换。因此,评估闸门的耐久性主要评估闸门门体的钢结构部分(亦可以包括闸门的全部内容)。

闸门的耐久性是指闸门的耐久年限。耐久年限是指闸门从建成到失去使用功能所经历的预期(设计)时间。闸门的使用年限是指闸门的实际使用时间。闸门的剩余年限是指闸门使用一段时间后,经检测、鉴定,容许继续使用的时间。所以,闸门的使用年限为已经使用的年限和剩余年限之和。如闸门经安全性检测、鉴定为第Ⅳ级后,认为该闸门属于危险性闸门,不能继续使用,则其剩余年限为零,其使用年限也就没有了。

显然,由于环境因素、管理水平、维护能力和使用频率等影响。闸门的使用年限与耐久年限不会完全相同。有的闸门的环境条件较好、管理水平高、使用频率较低,且经常维修护理,其使用年限比耐久年限长；反之，其使用年限比耐久年限短。

对闸门作耐久性评估和鉴定有两种作用：一是推断闸门可继续使用的年限；二是对闸门的管理、维护、改造、加固或更换新闸门等提供参考依据。

11.4.1 闸门耐久性系数 K_n

闸门耐久性评估与一般建筑结构一样，可用一个称为"闸门耐久性系数 K_n"来表示。假设闸门的估算剩余年限为 y_r，已使用年限为 y_0，预期耐久年限为 y，而在正常使用与维护条件下，继续使用年限为 y_m，则

$$K_n = \frac{y_r}{y_m} = \frac{y - y_0}{y_m} \tag{11-8}$$

根据 K_n 值来评估闸门耐久性等级。如表 11-5 所示。

表 11-5 闸门耐久性等级评估

闸门耐久性评估系数	闸门维修保护膜	评估标准	评估等级
K_n	尚起作用	$K_n \geq 1.5$	A 级
		$1.5 > K_n \geq 1.0$	B 级
		$K_n < 1.0$	C 级
	已不起作用	$K_n \geq 1.0$	C 级
		$K_n < 1.0$	D 级

注：当 $K_n < 1.0$ 时，应对闸门进行安全性验算。

11.4.2 闸门耐久性评估

闸门耐久性评估主要是门体的钢结构部分，门体的止水装置虽然易于维修或更换，但它亦存在耐久性问题。在此，首先介绍闸门止水装置中的止水元件的耐久性评估，然后介绍门体的钢结构部分的耐久性评估。

11.4.2.1 止水元件的耐久性评估

闸门止水装置中最易磨损、老化的是止水元件。由于止水元件

的材料大多采用橡胶类材料,这种材料具有体积不可压缩、易变形、粘弹性能、蠕变和应力松弛,表现为物理松弛、化学松弛及压缩时效变形等特点,同时,还会受环境温度、环境流体和工作环境等影响,这一切都可能影响到止水元件的耐久性。因此,对止水元件耐久性的定量预测显得非常重要。

对止水元件耐久性的预测方法包含所有影响止水元件功能的各个方面。首先要明确限定止水元件的功能以得出判断止水元件破坏的标准,确定了判断破坏标准后,才可以分析材料的性能变化导致止水元件破坏的程度。在此基础上,就可以定量定义止水元件的耐久性。

对于采用橡胶类止水材料的止水元件,一般有如下破坏标准:
(1)止水材料刚度的降低不满足设计极限值。
(2)止水材料的时效硬化超出了容许值。
(3)止水材料过度容胀引起弱化。
(4)止水材料产生了表面裂纹。
(5)止水材料的应力松弛导致止水元件密封力损失。
(6)止水元件渗漏和渗透过量气体积聚。
(7)止水元件工作中的动态裂纹扩展到不合格限度。
(8)止水材料与刚性压板的结合面强度低于设计极限值。
(9)化学侵蚀引起的止水元件降解。

止水材料出现裂纹且随时间增长是引起材料性能变化最显著的因素,时效硬化、材料在液体中溶胀或液体的渗透也属于其中之一。虽然国外大量文献表明断裂力学分析是预测橡胶类材料裂纹增长速率的有效方法,但是材料的其他变化(如氧化老化增硬)也可能影响裂纹增长速率。或者,材料也可能只发生硬化而不出现裂纹增长,这些因素的交错为准确预测止水元件的寿命带来难度。因此,不管哪种破坏机理,必须确定每一个过程,并对其速率进行单独描述。只有这样才能考虑到不同破坏机理间的相互作用,在科学的基础上预测止水元件的使用寿命。具体预测方法流程图如图11-4所示。

11.4.2.2 闸门门体钢结构部分的耐久性评估

闸门门体钢结构耐久性破坏主要指钢结构的保护膜、母材、焊

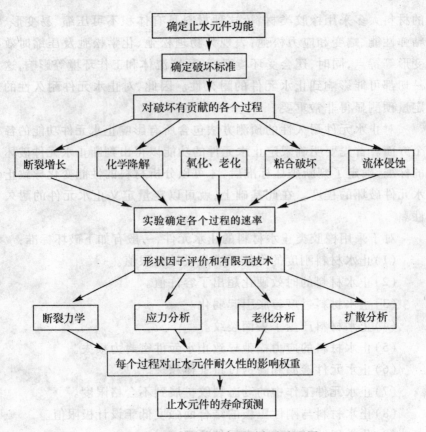

图 11-4 止水元件寿命预测方法流程图

缝、螺栓、铆钉等随闸门运行时间较长,由于其受到上游水压、水中杂物撞击、水面波浪冲击、空气与水的化学腐蚀、疲劳损伤(动水荷载作用下的振动断裂、裂缝开展与连接疲劳等)、应力腐蚀、积累变形、失稳等而造成的累积损伤。与止水元件破坏机理相同,闸门钢结构部分的耐久性破坏机理与理论也有很多种。如钢结构的保护膜破坏耐久性理论、大气与水的化学腐蚀母材断面损伤耐久性理论、大气、水与应力联合作用下承载能力耐久性理论、疲劳累积损伤耐久性理论、按常见钢结构耐久性破坏规律判断理论,等等。不管哪种破坏理论,都必须根据其每一过程,对其耐久性破坏的速率进行单独的描述和推算,进行综合分析,从而得到闸门门体钢结构的剩余使用年限。

下面我们列举两种钢结构耐久性破坏理论的推算方法与公式。

1. 保护膜破坏与母材截面耐久性损伤理论

当门体结构的主要构件的保护膜破坏,母材截面耐久性损伤超过 10%,即使进行一般性维修或局部更换,也不能使其达到可靠性鉴定评级中的 B 级,此种状态的年限称为该结构耐久性的自然腐蚀剩余年限 y_{r1},可按下式推算:

$$y_{r1} = y_0 \left(\frac{0.1 t_0}{t_0 - t_r} - 1 \right) \alpha_s \qquad (11-9)$$

式中:y_{r1}——门体钢结构耐久性的自然腐蚀剩余年限;

y_0——门体钢结构已使用年限;

t_0——门体钢结构构件原钢材厚度;

t_r——门体钢结构构件腐蚀后钢材的剩余厚度;

α_s——钢结构腐蚀系数,如表 11-6 所示。

表 11-6　　　　　　钢结构腐蚀系数 α_s

$\dfrac{t_0 - t_r}{y_0}$	<0.01mm/a	0.01~0.05mm/a	>0.05mm/a
α_s	1.20	1.00	0.80

2. 主应力影响耐久性理论

在上面条件下,当门体结构中的主要构件的主应力较大时,应按下式推算该结构耐久性自然腐蚀剩余年限 y_{r2}:

$$y_{r2} = y_0 \left\{ \frac{0.5 t_0}{t_0 - t_r} \left[1 - \left(\frac{\sigma_0}{f_y} \right)^{\frac{1}{m}} \right] - 1 \right\} \alpha_s \qquad (11-10)$$

式中:σ_0——门体钢结构主要构件在正常荷载下的最大主应力;

f_y——门体结构主要构件钢材的屈服强度;

m——考虑钢结构应力影响下耐久性腐蚀的截面形状和受力系数,如表 11-7 所示。

表 11-7　　钢结构应力影响下截面形状和受力系数 m

门体结构主要构件的截面形状及受力种类	系数 m
薄板、受力构件、长细比小于 100 的受压构件	1
薄板、受弯构件	2
薄板、长细比大于 100 的受压构件	3

综上所述,水工钢闸门可靠度等级评定、耐久性评估不但重要与必要,而且也是可能的。此前,水利水电工程系统虽然没有对钢闸门的可靠度及耐久性进行过系统的、全面的评估与鉴定,但是,在钢闸门的安全检测与复核中已经为闸门的可靠度鉴定与耐久性评估提供了必要的资料、信息与数据。例如:

(1)在闸门外观形态检查中,已完成"水利水电工程闸门及启闭机设备管理等级评定"的调查,如表 11-8 所示。

(2)对闸门钢结构母材的强度与刚度的测试与分析,得到其容许应力 $[\sigma]$、$[\tau]$、折算系数 η 及折算应力 $[\sigma_{zh}]$、挠度最小容许值 $[f]$ 等。

(3)闸门腐蚀状况检测包括:①闸门外观腐蚀状况检查;②闸门腐蚀量测量,如表 11-9 所示。

(4)闸门钢结构母材硬度检测,如表 11-10 所示。

(5)焊缝无损探伤——超声波探伤。如表 11-11 所示。

(6)闸门结构的静力计算——强度、刚度及稳定性验算。

(7)闸门结构的静力测试。

(8)闸门结构的动力计算——计算闸门结构的动态特性(振动周期与固有频率、阻尼)和结构的动力响应。

(9)闸门结构的动力测试——测试闸门动态特性及动力响应。

(10)启闭机结构系统的外观检测、启闭力检测与验算。

由此可见,若水利水电工程单位需要,就可以对所检测与计算分析的资料、信息及数据进行整理、分析,提供给有关方面,进行闸门可靠度分析与鉴定,对闸门耐久性进行评估,对闸门维修、加固或更换新闸门提供科学依据。

在此,我们建议水利水电工程系统大力提倡对运行多年、老旧的水工钢闸门结构的可靠度进行鉴定,对闸门结构的耐久性进行评估。

表 11-8　水利水电工程闸门与启闭机设备管理等级评定表

单位	名称	××水电厂左溢洪道弧门检测	单项设备	名称	(左溢洪道弧)门	数量	3	备注
工程	等级	二等		等级	二等	规格		

评级单元	评定项目	单项设备编号及项目评估等级								单项设备编号及项目评估等级							
		1#门				2#门				1#门				2#门			
		A	B	C	D	A	B	C	D	I	II	III	IV	I	II	III	IV
1.检修规程及检修记录	检修规程及其内容	√				√											
	检修规程及其内容									√				√			
2.润滑	润滑单位加油及灵活程度	√				√											
	润滑油脂选用合理,油脂合格																
	润滑设备及零件齐全、完好									√				√			
	油路系统畅通无阻																
3.防腐蚀要求	外观涂层	√				√											
	锈蚀坑	√				√											
	防腐蚀措施	√				√				√				√			
	门体附件腐蚀状况	√				√											

续表

评级单元	评定项目	单项设备编号及项目评估等级 1#门				2#门				单项设备编号及项目评估等级 1#门				2#门				备注
		A	B	C	D	A	B	C	D	I	II	III	IV	I	II	III	IV	
4.设备运行状况	闸门启闭平稳、准确、灵活						√			√				√				2#弧门启动门时有振动现象
	无异常振动及响应																	
5.门体状况	门体整体结构局部变形状况	√				√				√				√				1#、2#弧门面板均有向下游面弯曲的情况;2#弧门主梁及次梁翼缘均有明显变形
	梁系结构局部变形状况	√				√												
	弧门支臂变形状况	√					√											
	一、二类焊缝裂纹状况	√				√												
	吊耳板大修后探伤记录状况																	
	紧固件松动与缺件状况	√				√												
	多节闸门节间连接牢靠状况																	
	面板腐蚀、变形状况																	
6.行走支承装置	平面闸门的行走轮、台车、链轮										√				√			
	平面闸门滑道																	
	弧形闸门支铰	√				√												
7.止水装置	止水密封性及漏水量				√			√				√				√		弧门漏水量较大
	止水零件齐全,橡皮老化、磨损程度	√				√												

续表

评级单元	评定项目	单项设备编号及项目评估等级 1#门				单项设备编号及项目评估等级 2#门				单项设备编号及项目评估等级 1#门				单项设备编号及项目评估等级 2#门			
		A	B	C	D	A	B	C	D	I	II	III	IV	I	II	III	IV
8. 充水装置	充水阀止水严密，启闭平稳																
	旁通阀止水严密，运行无噪声																
9. 锁定装置	工作可靠，操作方便																
	移动式锁定																
	每扇闸门两侧锁定受力均匀																
10. 闸门槽及埋设件	门槽及底板处杂物清除	√				√											
	主轨、弧门轨板等啃轨、气蚀	√				√											
	导向轨道工作表面清洁平整	√				√					√				√		
	门槽一二期混凝土接缝渗水					√											
	输水洞、深孔闸门井的通气孔																
	闸门防冰设备																
11. 安全防护	弧门支臂与支铰处走道、爬梯		√			√											
	扶梯、拦杆、门槽盖板	√					√				√				√		

续表

评级单元	评定项目	单项设备编号及项目评估等级 1#门				2#门				单项设备编号及项目评估等级 1#门				2#门			
		A	B	C	D	A	B	C	D	I	II	III	IV	I	II	III	IV
12.工作场所	整齐、清洁、油污痕迹	√				√				√				√			
	闸门门库	√				√											
	闸门及其附件	√				√											
13.启闭机运行状况	启闭机达到规定额定能力	√				√				√				√			
	启闭机完好状况	√				√											
	按指令操作	√				√											
14.操作系统	电源、备用电源可靠	√				√				√				√			
	线路布线及绝缘	√				√											
	开关及继电器	√				√											
	电气保护装置	√				√											
15.指示系统及信号装置	高度指示器、风速仪	√				√				√				√			
	各种表计	√				√											
	各种信号指示	√				√											
16.润滑要求	润滑的油质、油量	√				√											
	按规定注入或更换润滑剂	√				√											
	密封好,不漏油	√				√				√				√			
	润滑设备、零件齐全、完好																
	油路系统畅通																

续表

评级单元	评定项目	单项设备编号及项目评估等级 1#门				单项设备编号及项目评估等级 2#门				单项设备编号及项目评估等级 1#门				单项设备编号及项目评估等级 2#门			
		A	B	C	D	A	B	C	D	I	II	III	IV	I	II	III	IV
17. 电机	功率达标,能随时运行	✓				✓											
	定子、转子绕组的绝缘电阻	✓				✓				✓				✓			
	电机温升和轴承温度	✓				✓											
	电机的电刷及滑环	✓				✓											
	外壳接地应牢固可靠	✓				✓											
18. 传动系统	轴和轴承	✓				✓											
	联轴节	✓				✓				✓				✓			
	减速器及开式齿轮	✓				✓											
19. 制动器	制动器应工作可靠、动作灵活	✓				✓											
	表面无裂纹、无划痕	✓				✓											
	闸瓦及制动带	✓				✓				✓				✓			
	闸瓦的退程间隙	✓				✓											
	主弹簧及轴销螺钉	✓				✓											
	电磁铁在通电时无杂音	✓				✓											
20. 启闭机构	卷扬式启闭机的卷筒装置	✓				✓											
	油压启闭机的作用缸																
	螺杆式启闭机的螺杆																
	油泵出油量压力									✓				✓			
	油的油质、油量及油路																
	缸体及活塞杆密封																
	液压管路及液压阀附件等																

续表

评级单元	评定项目	单项设备编号及项目评估等级 1#门 A	B	C	D	2#门 A	B	C	D	单项设备编号及项目评估等级 1#门 I	II	III	IV	2#门 I	II	III	IV
21. 机架	机架结构(变形、裂缝、损伤)	√				√											
	钢架结构件的连接、高强螺栓的紧固	√				√				√				√			
22. 防腐蚀要求	机械的金属结构表面防腐蚀处理	√				√											
	涂层均匀,整机涂料颜色协调美观	√				√				√				√			
23. 安全防护	严禁堆放易燃易爆品,设有消防器具	√				√											
	启闭机上的行人梯及平台	√				√				√				√			
	电气	√				√											
24. 工作场所	启闭室或启闭工作平台与外界隔离																
					√			√			√				√		
	整齐、清洁,油污、废弃物	√				√											

表 11-9　　　　　左溢洪道 1# 弧门腐蚀量测量表　　　　　单位：mm

厚度测量部位	制造厚度	实测点厚度	锈蚀量	实测点厚度	锈蚀量	实测点厚度	锈蚀量	实测点厚度	锈蚀量	平均实测厚度	平均腐蚀量
支臂腹板	不详	13.8		13.9		13.6		13.7		13.8	
		14.0		13.8		13.4		13.5			
		13.9		14.1		13.5		13.9			
		14.0		13.9		13.9		13.8			
支臂翼缘内板	不详	18.4		18.1		18.6		18.7		18.4	
		18.5		18.2		18.4		18.8			
		18.3		18.3		18.5		18.6			
		18.4		18.5		18.3		18.5			
支臂翼缘外板	不详	9.0		9.0		9.1		9.0		9.1	
		9.1		9.2		9.2		9.2			
		8.9		9.3		9.1		9.1			
		9.0		9.1		9.3		9.2			
面板	不详	9.6		9.4		9.2		9.6		9.5	
		9.5		9.2		9.3		9.7			
		9.6		9.5		9.8		9.5			
		9.5		9.5		9.9		9.6			
主梁隔板	不详	9.0		8.9		8.9		8.9		8.9	
		8.8		9.0		8.8		8.8			
		9.2		8.9		8.8		8.7			
		8.9		9.1		8.8		9.0			
主梁腹板	不详	9.8		9.8		10.0		9.8		9.8	
		9.9		9.9		9.6		9.7			
		9.9		9.7		9.9		9.5			
		9.7		9.9		9.8		9.6			

主梁翼缘内板	不详	5.8	5.6	4.3	5.0	5.5
		5.4	6.0	5.9	5.8	
		5.7	6.1	5.0	5.6	
		5.9	5.7	4.9	5.8	
主梁翼缘外板	不详	9.0	8.9	9.3	8.8	9.1
		8.8	9.2	9.4	9.3	
		8.7	9.3	9.0	9.1	
		9.2	9.9	8.9	9.3	
小次梁	不详	8.2	7.1	6.0	5.9	7.1
		8.3	6.6	6.9	5.2	
		8.1	7.7	7.9	6.8	
		7.8	6.4	7.5	7.1	
纵梁腹板	不详	6.2	6.3	6.3	6.1	6.2
		6.1	6.2	6.2	6.2	
		6.2	6.2	6.0	6.2	
		6.4	6.2	6.3	6.3	

表 11-10　　左溢洪道 1# 弧形门硬度检测结果表

闸门部位	硬度	1	2	3	4	5	平均值	换算抗拉强度 σ_b(MPa)
支臂腹板	HLD	398	363	396	398	370	385	418
	HV	126	110	125	126	114	120	
支臂翼缘	HLD	370	372	388	378	376	377	409
	HV	114	115	123	118	117	117	
主横梁腹板	HLD	355	349	354	360	362	356	381
	HV	106	104	106	108	109	107	

第11章 闸门的可靠度鉴定　575

续表

闸门部位	硬度	1	2	3	4	5	平均值	换算抗拉强度 σ_b(MPa)
主横梁翼缘	HLD	390	370	356	372	359	369	399
	HV	124	114	107	115	108	114	
面板	HLD	357	372	370	362	374	367	395
	HV	107	115	114	109	116	112	
纵隔板	HLD	362	357	360	375	381	367	395
	HV	109	107	108	117	120	112	

表 11-11　　　　超声波探伤报告

工件名称	左溢洪道1#弧形门	制造单位		使用试块	CSK-IB RB-3
委托单位	江口水电厂	检测级别	B	扫查灵敏度	DAC-16dB
仪器型号	HS510	执行标准	GB11345-89	耦合剂	机油
探头规格	2.5P13×13 2.5P14—0	工件厚度		表面补偿	4dB
检测方法	UT	焊缝长度		折射角K值	K2.5
检测方式	单面单侧、双面双侧、直、斜探头	检测长度		比例	深度调节 1:1
探伤结果	焊缝⑨	M 距下侧小次梁 400mm,M_B54.9,6.5,+5.3,25		Ⅲ级	密集气孔
	焊缝⑩	M 距上侧小次梁 120mm,M_B26.1,4.9,-2.4,5		Ⅱ级	
	焊缝⑫	M 距下侧小次梁 500mm,M_A48.8,3.9,+3.3,5		Ⅱ级	夹渣
	焊缝⑭	M 距下侧小次梁 400mm,M_B31.3,2.9,-2.5,15		Ⅱ级	气孔
	焊缝㉚	M 距下侧小次梁 500mm,M_B20.1,3.3,+3.8,10		Ⅱ级	气孔
操作者	×××	报告人	×××	技术负责人	×××

参考文献

1. [苏]博罗恩斯基 ΓA 著.陆望程,罗崇贤译.水工建筑物的深孔闸门[M].北京:电力工业出版社,1981.
2. 任士伟,等.黄河下游涵闸工程老化防治与管理技术[M].郑州:黄河水利出版社,2001.
3. 陈宝华,张世儒.水闸[M].北京:中国水利出版社,2003.
4. 谈松曦.水闸设计[M].北京:水利电力出版社,1986.
5. 武汉水利电力学院、大连工学院、华东水利学院合编.水工钢闸门[M].北京:水利出版社,1980.
6. Erbiste,P.C.F. Historical development of hydraulic gates. International Journal on Hydropower and Dams,1999,6(2):49-54
7. 刘礼华,等.某电站平板闸门的结构应力计算分析[J].水电站设计,2003.
8. 水利水电工程钢闸门设计规范(DL/T 5013-95)[S].北京:水利电力出版社,1995.
9. 安徽省水利局勘测设计院.水工钢闸门设计[M].北京:水利电力出版社,1983.
10. 徐贤良.长湖水电站2号进水口事故闸门检测与事故分析[J].大

坝与安全,2001.
11. 水电站机电设计手册编写组.水电站机电设计手册金属结构（一）[M].北京:水利电力出版社,1988.5
12. Kim, Jae-Yeol, Yoo, Young-Tae, Song, Kyung-Seok, Kim, Chang-Hyun and Yang, Dong-J. O. UT system composition and welding flaw classification for SWP stability estimation. Key Engineering Materials, v 261-263, n II, Advances in Fracture and Failure Prevention: Proceedings of the Fifth International Conference on Fracture and Strength of Solids (FEOFS2003): Second International Conference on Physics and Chemistry, 2004, 1385-1390.
13. 曹双寅,邱洪兴,王恒华.结构可靠性鉴定与加固技术[M].北京:中国水利水电出版社,2002.
14. 袁海军,姜红.高小旺主审.建筑结构检测与加固鉴定手册[M].北京:中国建筑工业出版社,2003.
15. Levin S. F. Indeterminateness of the results of calibrating measuring instruments in the narrow and the broad sense. MEASUREMENT TECHNIQUES 50 (9): 921-928 SEP 2007.
16. 欧珠光.工程振动[M].武汉:武汉大学出版社,2003.
17. 戴诗亮.随机振动实验技术[M].北京:清华大学出版社,1984.
18. 庄表中,陈乃立.随机振动的理论及实例分析[M].北京:地震出版社,1985.
19. [日]井丁勇.尹传家,黄怀德译.机械振动学[M].北京:科学出版社,1979.
20. 吴一红,等.水工结构流固耦合动力特性分析[J].水利学报.1995.
21. Bhargava, Ved P. and Narasimhan, S. Pressure fluctuations on gates. Journal of Hydraulic Research, 1989, 25(2):215-231.
22. Thang, Nguyen D. Gate vibrations due to unstable flow separation. Journal of Hydraulic Engineering,1990,116(3): 342-361.
23. Pejovic, Stanislav. Hydraulic vibration and stability of hydropowerplant. American Society of Mechanical Engineers (Paper), 1991: 1-7.

24. 刘礼华,欧珠光. 结构力学实验[M]. 武汉:武汉大学出版社,2006.
25. 刘礼华,欧珠光. 动力学实验[M]. 武汉:武汉大学出版社,2006.
26. 蒋友谅. 非线性有限元法[M]. 北京:北京工业学院出版社,1988.
27. 殷有泉. 固体力学非线性有限元引论[M]. 北京:北京大学出版社,清华大学出版社,1987.
28. 卓家寿. 非线性固体力学基础[M]. 北京:中国水利水电出版社,1996.
29. Pani P. K and Bhattacharyya S. K. Fluid-structure interaction effects on dynamic pressure of a rectangular lock-gate. FINITE ELEMENTS IN ANALYSIS AND DESIGN,2007, 43 (10): 739-748.
30. Dere, Yunus and Sotelino, Elisa D. Modified iterative group-implicit algorithm for the dynamic analysis of structures. Journal of Structural Engineering,2004,130(10):1436-1444.
31. 刘礼华,陈安元,等. 启闭机启门力单应变片检测方法[J]. 武汉大学学报(工学版),2001.
32. 刘细龙,陈福荣. 闸门与启闭设备[M]. 北京:中国水利水电出版社,2003.
33. 孟吉复,惠鸿斌. 爆破测试技术[M]. 北京:冶金工业出版社,1992.
34. 李正农,袁文阳,秦明海. 渡槽抗风抗震计算与分析[M]. 武汉:湖北科学技术出版社,2001.
35. 崔广涛,等. 水流动力荷载与流固相互作用[M]. 北京:中国水利水电出版社,1999.
36. 刘礼华,等. 黄坛口溢流闸门材料检测和应力折减系数分析[J]. 大坝与安全,2002.
37. 袁海得. 冲击振动计量与测试[M]. 武汉:湖北科学技术出版社,1985.
38. 应怀樵. 波形和频谱分析与随机数据处理[M]. 北京:中国铁通出版社,1985.
39. [英]纽兰 D E 著. 方同,等译. 随机振动与谱分析概论[M]. 北京:机械工业出版社,1980.
40. 刘礼华,等. 风滩弧形闸门局部开启原型振动实验研究[J]. 武汉水利电力大学学报. 1997.
41. Paulauskas V. Special issue on probability theory and mathematical statistics, part I – Foreword. ACTA APPLICANDAE MATHEMATICAE 96 (1-3),2007,(5):1-2.
42. Putcha, C. S, Patev, R. and Leggett, M. A. Time-dependent reliability analysis of steel miter gates. International Journal of Modelling and Simulation, 2003,23(1):1-12.
43. 姜绍飞. 基于神经网络的结构优化与损伤检测[M]. 北京:科学出版社,2002.
44. 闻新,周露,等. MATLAB 神经网络仿真与应用[M]. 北京:科学出版社,2003.
45. 陆秋海,李德葆,张维. 利用模态试验参数检测结构损伤的神经网络法[J]. 工程力学,1999.16(1):35-42.

武汉大学学术丛书 书目

中国当代哲学问题探索
中国辩证法史稿（第一卷）
德国古典哲学逻辑进程（修订版）
毛泽东哲学分支学科研究
哲学研究方法论
改革开放的社会学研究
邓小平哲学研究
社会认识方法论
康德黑格尔哲学研究
人文社会科学哲学
中国共产党解放和发展生产力思想研究
思想政治教育有效性研究（第二版）
政治文明论
中国现代价值观的初生历程
精神动力论
广义政治论
中西文化分野的历史反思
第二次世界大战与战后欧洲一体化起源研究
哲学与美学问题
行为主义政治学方法论研究
政治现代化比较研究
调和与制衡
"跨越论"与落后国家经济发展道路
村民自治与宗族关系研究
中国特色社会主义基本问题研究
一种中道自由主义：托克维尔政治思想研究
社会转型与组织化调控

国际经济法概论
国际私法
国际组织法
国际条约法
国际强行法与国际公共政策
比较外资法
比较民法学
犯罪通论
刑罚通论
中国刑事政策学
中国冲突法研究
中国与国际私法统一化进程（修订版）
比较宪法学
人民代表大会制度的理论与实践
国际民商新秩序的理论建构
中国涉外经济法律问题新探
良法论
国际私法（冲突法篇）（修订版）
比较刑法原理
担保物权法比较研究
澳门有组织犯罪研究
行政法基本原则研究
国际刑法学
遗传资源获取与惠益分享的法律问题研究
欧洲联盟法总论
民事诉讼辩论原则研究

当代西方经济学说（上、下）
唐代人口问题研究
非农化及城镇化理论与实践
马克思经济学手稿研究
西方利润理论研究
西方经济发展思想史
宏观市场营销研究
经济运行机制与宏观调控体系
三峡工程移民与库区发展研究
２１世纪长江三峡库区的协调与可持续发展
经济全球化条件下的世界金融危机研究
中国跨世纪的改革与发展
中国特色的社会保障道路探索
发展经济学的新发展
跨国公司海外直接投资研究
利益冲突与制度变迁
市场营销审计研究
以人为本的企业文化
路径依赖、管理哲理与第三种调节方式研究
中国劳动力流动与"三农"问题
新开放经济宏观经济学理论研究
关系结合方式与中间商自发行为的关系研究
发达国家发展初期与当今发展中国家经济发展比较研究

武汉大学学术丛书 书目

中日战争史（1931~1945）(修订版)
中苏外交关系研究（1931~1945）
汗简注释
国民军史
中国俸禄制度史
斯坦因所获吐鲁番文书研究
敦煌吐鲁番文书初探（二编）
十五十六世纪东西方历史初学集（续编）
清代军费研究
魏晋南北朝隋唐史三论
湖北考古发现与研究
德国资本主义发展史
法国文明史
李鸿章思想体系研究
唐长孺社会文化史论丛
殷墟文化研究
战时美国大战略与中国抗日战场（1941~1945年）
古代荆楚地理新探·续集
汉水中下游河道变迁与堤防
吐鲁番文书总目（日本收藏卷）
用典研究
《四库全书总目》编纂考
元代教育研究
中国实录体史学研究
分歧与协调
明清长江流域山区资源开发与环境演变
清代财政政策与货币政策研究
"封建"考论（第二版）

随机分析学基础
流形的拓扑学
环论
近代鞣论
鞅与banach空间几何学
现代偏微分方程引论
算子函数论
随机分形引论
随机过程论
平面弹性复变方法（第二版）
光纤孤子理论基础
Banach空间结构理论
电磁波传播原理
计算固体物理学
电磁理论中的并矢格林函数
穆斯堡尔效应与晶格动力学
植物进化生物学
广义遗传学的探索
水稻雄性不育生物学
植物逆境细胞及生理学
输卵管生殖生理与临床
Agent和多Agent系统的设计与应用
因特网信息资源深层开发与利用研究
并行计算机程序设计导论
并行分布计算中的调度算法理论与设计
水文非线性系统理论与方法
拱坝CADC的理论与实践
河流水沙灾害及其防治
地球重力场逼近理论与中国2000似大地水准面的确定
碾压混凝土材料、结构与性能
喷射技术理论及应用
Dirichlet级数与随机Dirichlet级数的值分布
地下水的体视化研究
病毒分子生态学
解析函数边值问题（第二版）
工业测量
日本血吸虫超微结构
能动构造及其时间标度
基于内容的视频编码与传输控制技术
机载激光雷达测量技术理论与方法
相对论与相对论重力测量
水工钢闸门检测理论与实践

文言小说高峰的回归
文坛是非辩
评康殷文字学
中国戏曲文化概论（修订版）
法国小说论
宋代女性文学
《古尊宿语要》代词助词研究
社会主义文艺学
文言小说审美发展史
海外汉学研究
《文心雕龙》义疏
选择·接受·转化
中国早期文化意识的嬗变（第一卷）
中国早期文化意识的嬗变（第二卷）
中国文学流派意识的发生和发展
汉语语义结构研究
明清词研究史
新文学的版本批评
中国古代文论诗性特征研究
唐五代逐臣与贬谪文学研究

中国印刷术的起源
现代情报学理论
信息经济学
中国古籍编撰史
大众媒介的政治社会化功能
现代信息管理机制研究
科学信息交流研究
比较出版学
IRM-KM范式与情报学发展研究
公共信息资源的多元化管理